高等学校教学用书

钒钛材料

主　编　杨绍利
副主编　刘国钦　陈厚生

北京
冶金工业出版社
2013

内 容 提 要

本书内容包括国内外钒、钛的资源概况；钒、钛及其主要化合物的物理化学性质、用途；国内外钒钛产业概况。重点介绍了钒材料、钛材料的制备原理、工艺及其用途；简要介绍了钒钛新材料及钒钛材料的最新发展趋势。

本书不仅可作为高等院校材料专业师生的教学用书，而且可供冶金、机械、化工、航空航天、国防等领域从事材料研究的科研人员阅读。

图书在版编目(CIP)数据

钒钛材料/杨绍利主编．—北京：冶金工业出版社，2007.8
(2013.7 重印)

高等学校教学用书

ISBN 978-7-5024-4327-6

Ⅰ．钒…　Ⅱ．杨…　Ⅲ．①钒—稀有金属—金属材料—高等学校—教学参考资料　②钛—轻有色金属—金属材料—高等学校—教学参考资料　Ⅳ．TG146

中国版本图书馆 CIP 数据核字(2007)第 129698 号

出 版 人　谭学余
地　　址　北京北河沿大街嵩祝院北巷 39 号，邮编 100009
电　　话　(010)64027926　电子信箱　yjcbs@cnmip.com.cn
责任编辑　卢　敏　王雪涛　美术编辑　李　新　版式设计　张　青
责任校对　符燕蓉　李文彦　责任印制　李玉山
ISBN 978-7-5024-4327-6
冶金工业出版社出版发行；各地新华书店经销；三河市双峰印刷装订有限公司印刷
2007 年 8 月第 1 版，2013 年 7 月第 4 次印刷
787mm×1092mm　1/16；17.25 印张；457 千字；263 页
35.00 元

冶金工业出版社投稿电话：(010)64027932　投稿信箱：tougao@cnmip.com.cn
冶金工业出版社发行部　电话：(010)64044283　传真：(010)64027893
冶金书店　地址：北京东四西大街 46 号(100010)　电话：(010)65289081(兼传真)

重印说明

《钒钛材料》一书作为一本高等学校教学用书于 2007 年 8 月正式出版后，承蒙读者的厚爱，3000 册书在不到两年的时间内售罄，为满足读者要求出版社决定重印。

鉴于这两年来国内对钒钛材料需求的增加与钒钛材料的发展，同时考虑到重印要求，在本次重印中，仅对一印书中存在的字词疏忽等做了校正，对正文、图、表中一些数据做了必要的调整和修改。希望本次重印书的发行能够更好地满足和适应高校相关专业师生教学需求和专业读者阅读要求。

作　者

2009 年 9 月 11 日

前　言

本书为四川攀枝花学院材料类专业共用的技术基础课特色教材，学时数控制在40～50学时。

本书介绍了国内外钒钛磁铁矿资源及其开发概况，钒、钛及其主要化合物的物理化学性质、用途，国内外钒钛产业概况，还介绍了钒钛材料的最新发展趋势；重点介绍了钒材料、钛材料制备原理及主要工艺。

本书由四川攀枝花学院杨绍利任主编，刘国钦、陈厚生任副主编。其中第1章由陈厚生编写，第2章由陈厚生、刘松利编写，第3章由高仕忠、张利民编写，第4章由陈厚生、邹建新、刘松利编写，第5章由陈厚生、杨绍利、方民宪、刘方舒编写。第6章由刘国钦、邹建新、刘松利编写，第7章由陈厚生、杨绍利、刘松利编写。

本书还可供钒钛及其相关企业单位的工程技术人员、研究人员、项目开发商、投资者及管理人员参考。

本书编写过程中，参阅了国内公开发表的大量文献资料，在此向各位作（译）者致谢。由于篇幅所限，书末仅列出部分主要参考文献，敬请各位文献作者及读者见谅。

由于作者水平有限，经验不足，加之时间紧迫，书中不妥之处，恳请专家和读者批评指正。

编著者

2007年5月31日

目　录

1 概　　述

本章要点：

(1) 中国钒的发展历程；

(2) 钒产品的主要应用方向（领域）；

(3) 钒在冶金和化工领域的应用；

(4) 钒的应用新方向；

(5) 中国钛的发展历程；

(6) 钛的应用新方向。

1.1 世界钒的发展历史

钒（V）呈银灰色，原子序数为23，相对原子质量为50.942，在元素周期表中属ⅤB族，具有体心立方晶格。

1801年，墨西哥矿物学家德尔·里奥（A. M. del Rio）在研究基马潘（Zimapan）铅矿时，发现一种化学性质与铬、铀相似的新元素，由于它的盐类在酸中加热时呈红色，故命名为红色素（Erythronium）。德尔·里奥当时错误地认为它是一种铬的不纯物，含80.72%的氧化铅和14.8%的铬酸。

1830年，瑞典化学家尼尔斯·格·塞夫斯特姆（Nrls. G. Sefström）用瑞典Taberg附近的矿石炼生铁时，分离出一种新元素，尼尔斯·格·塞夫斯特姆根据其化合物具有绚丽的颜色，以希腊神话中美丽女神娃娜迪斯（Vanadis）的名字为其命名为钒（Vanadium）。同年，德国化学家沃勒尔（F. Wöhler）证明，Vanadium与早期德尔·里奥发现的红色素（Erythronium）是同一种元素——钒。

1834年，在俄国别列召夫斯克（Березовск）矿山的铅矿中发现了钒，1839年在苏联的彼尔姆斯克（Пермск）的含铜砂岩中也发现了钒。1840年，俄国矿物工程师苏宾（Шубин）写道“含铜生铁、黑铜、铜锭是含钒合金，由于钒的存在，它们具有较高的硬度”。

1867年，英国化学家娄斯科（H. E. Roscoe）用氢还原氯化钒（VCl_3），首次制得金属钒。他在1869～1871年间发表了一系列论文，为钒化学奠定了一定的基础。同时，他在研究英国西部的铜矿时，制备了V_2O_5、V_2O_3、VO、$VOCl_3$、$VOCl_2$和VOCl等钒化合物，并详细研究了它们的性质。1882年，列·克鲁佐特钢铁公司用含钒1.1%的炼钢炉渣制得钒的磷酸盐，年产量约为60t。用户是生产苯胺黑的染料厂。

在19世纪末20世纪初，俄国开始利用碳还原法还原铁和钒氧化物，首次制造出钒铁合金（含钒35%～40%）。1902～1903年俄国进行了铝热法制取钒铁的试验。

直到1927年，美国的马尔登（J. W. Marden）和赖奇（M. N. Rich）用金属钙还原五氧化二钒（V_2O_5），才第一次制得了含钒 99.3%～99.8%的可锻性金属钒。19 世纪末，研究发现了钒在钢中能显著改善钢材的力学性能后，钒在工业上才得到广泛应用。至 20 世纪初，人们开始大量开采钒矿。

到目前为止，世界上生产钒的矿石主要以钒钛磁铁矿为主，在俄罗斯、南非、中国、澳大利亚及美国等国家都有丰富的钒钛磁铁矿资源。此外，钒铀矿、铝土矿、磷岩矿、碳质页岩、石油燃烧灰渣等矿物均含有钒，都可作为提钒的原料。还有二次资源如废催化剂等也可作为回收钒的资源。

1.2　中国钒的发展

在 20 世纪 30 年代，我国地质学家常隆庆等人发现四川攀枝花地区蕴藏有大量钒钛磁铁矿。

1937 年发现河北承德大庙铁矿中含有钒。

1942 年日本帝国主义为了掠夺中国的钒资源，在锦州建立了“制铁所”生产钒铁。

1943 年 5 月 1 日生产出第一炉钒铁（含钒为 30%），到 1945 年日本投降共生产出 100 多吨低钒铁。

1955 年西南地质局 531 地质勘探队对攀枝花钒钛磁铁矿进行了详细勘探。在进行地质勘探的同时，1956 年起我国进行了矿石选矿的可行性研究。

1955 年发现马鞍山磁铁矿中含有钒。

1957 年在马钢 0.5t 侧吹转炉进行吹炼钒渣试验。

1958 年恢复了锦州铁合金厂，利用承德含钒铁精矿为原料，1958 年 9 月 4 日沉淀出第一罐 V_2O_5，10 月 20 日炼出了新中国第一炉钒铁（含钒 35%）。

1958 年 9 月提交了攀枝花矿的勘探报告。冶金部在西昌成立了西昌钢铁公司。以后分别进行了 0.5 m^3、1 m^3、11 m^3、28m^3 高炉炼铁试验。

1958 年在马钢 1t 侧吹提钒转炉进行吹钒试验。承德进行侧吹转炉提取钒渣试验。1958 年锦州铁合金厂研制出金属钒。

1960 年建成上海第二冶炼厂提钒车间，生产 V_2O_5。

1962 年在马钢建成 3t 侧吹提钒转炉车间并投产。

1964 年冶金工业部组织 10 多个单位 100 余人参加高炉冶炼攀枝花钒钛磁铁矿的试验攻关。

1965 年先后在马钢建成 8t、在承钢建成 10t 侧吹提钒转炉生产钒渣，从此结束了我国用钒精矿生产 V_2O_5 的历史。但是钒的供应满足不了我国工业需要，每年还要进口 V_2O_5 或钒铁。

1965 年在承钢 100m^3 高炉冶炼钒钛磁铁矿试验成功。

1966 年攀枝花钢铁研究院等单位在首钢进行了雾化提钒小型试验。

1967 年在首钢 516m^3 高炉炼铁、30t 氧气顶吹转炉双联法提钒炼钢，直到轧材联动试验成功，制得钒渣在锦州铁合金厂生产出 V_2O_5 和钒铁。

1970 年 7 月攀钢组成雾化提钒试验组，到 1973 年先后建成 3 座 60t 雾化提钒试验炉。到 1978 年，共生产雾化钒渣 6 万 t。与此同时建成了峨眉铁合金厂和南京铁合金厂钒车间，生产 V_2O_5 和钒铁。

1972 年锦州铁合金厂可生产 99.9%品位的金属钒。

1978 年在攀钢建成雾化提钒车间，有两座 120t 雾化提钒炉，进行钒渣生产。

1979 年锦州铁合金厂开发了品位 55%～60%的钒铁和含钒 40%～80%的钒铝合金。

1980 年开始出口钒渣（3208t）、V_2O_5（1041t）、钒铁（1882t）。从此中国从钒进口国变为钒出口国。

1987 年承德钢铁厂和马钢将原有提钒转炉扩建到 20t，每座转炉年产钒渣都可达到 2 万 t 以上。

1980～1985 年间，锦州铁合金厂开发了高钒铁、硅钒铁、碳化钒、氮化钒铁等炼钢钒合金添加剂。

1984 年攀枝花钢铁研究院（以下简称攀研院）开发出钒渣一次焙烧水浸提钒技术，并在国内推广，并获得了国家发明专利。

1990 年攀钢建成了产量为 2000t/a 的 V_2O_5 生产车间。

1992 年攀钢建成了用电铝热法冶炼高钒铁试验车间，生产能力为 600t/a。

1993 年攀钢引进了卢森堡电铝热法冶炼高钒铁设备，在北海建成了生产能力 1 万 t 的铁合金生产车间，其中高钒铁设计能力为 1300t/a。

1994 年攀钢开发了用煤气还原多钒酸铵制取 V_2O_3 技术。在西昌分公司进行了半工业试验，取得成功并获得国家发明专利。

1995 年，攀钢将雾化提钒改为转炉提钒，建成并投产了两座 120t 提钒转炉设计能力为 11 万 t/a 钒渣。

1998 年攀钢从德国引进设备，建成了年产 2400t V_2O_3 的车间。同时，进行了 V_2O_3 冶炼高钒铁的试验。西昌分公司建成年产 1200t V_2O_5 生产车间。同时，攀钢钒渣产量达到并超过了设计能力，创下历史最高水平。

1998 年攀钢与东北大学合作开发了氮化钒产品，并获得了国家发明专利。

1998 年攀钢从德国引进设备（其中 V_2O_3 设备已卖给奥地利），建成年产 3350t V_2O_5 的车间。以后又扩建使总 V_2O_5 生产能力达到了 5150t/a。

1998 年中国工程物理研究院研制成功我国第一组 1kW 的全钒氧化还原电池样品。

1999 年攀钢建成年产 60t 氮化钒试验装置。

2000 年攀钢开始进行二步法冶炼钒铝中间合金的试验。

2001 年攀钢建成了年产 100t 的氮化钒试验生产装置。

2004 年攀钢建成了设计能力 2000t/a 氮化钒的生产车间，攀研院又建成了 300t/a 的生产装置。

近年来，我国钒的生产发展速度极快，产量已居世界第一位。2004 年到 2006 年，承德市通过矿产普查，探明承德市截止 2006 年底，超贫钒钛磁铁矿保有资源储量 71.92 亿 t；伴生 V_2O_5 资源储量 703.06 万 t；为承德地区钒的发展提供了丰富的钒资源。目前，攀枝花与承德市的钒生产能力分列全国第一、第二位。

1.3 钒的应用发展方向

世界钒的产品目前主要是 V_2O_5、V_2O_3 等化合物及钒铁、钒铝、氮化钒等。钒大量应用在钢铁中用来改善钢的性能，钢中加入 0.1%～0.5%V 则与碳生成碳化物，细化基体晶粒，V_2O_5 大部分用来制 FeV，80%～85%FeV 用于各类钢材。1999 年世界钢消耗钒平均 0.043kg/t，而西方国家平均 0.05kg/t。表 1-1 列出了钒在一些合金钢中的含量。

表 1-1　钒在一些合金钢中的含量

钢　　种	钒含量（质量分数）/%	钢　　种	钒含量（质量分数）/%
HSLA 钢		合金钢	
低合金管线钢	0.05	氮化钢（Cr/Mo 钢）	0.15～0.25
淬火/回火容器钢	0.35	碳化物强化钢	0.09
双相钢	0.01～0.02	弹簧钢（例如硅/锰钢）	0.15

除应用于钢铁材料中外，钒的另一个重要用途是用在化工催化剂（表 1-2）、钛合金等方面。如用作 SO_2 转成 SO_3 制硫酸的催化剂，以生产树脂和玻璃纤维。钒在钛合金中作为稳定剂和强化剂，使合金具有较好的延展性和可塑性，可用于生产喷气式发动机、高速飞行器骨架和火箭发动机机壳。钒通常以钒铝基合金形式加入钛合金中。

表 1-2　钒化合物在化学工业中的应用

钒化合物	用　　途	最终应用领域
五氧化二钒（V_2O_5）	把 SO_2 氧化为 SO_3 的催化剂	生产磷肥
	把环己烷氧化为己二酸的催化剂	生产尼龙
偏钒酸铵（NH_4VO_3）	把 SO_2 氧化为 SO_3 的催化剂	生产磷肥
	把苯氧化为顺丁烯二酸酐的催化剂	生产不饱和聚酯（涤纶等）
	用作把萘氧化为苯二酸酐的催化剂	生产聚氯乙烯
三氯氧钒（$VOCl_3$）	用作乙烯和丙烯的交联	生产乙烯，丙烯和汽车工业用的橡胶
四氯化钒（VCl_4）	生产合成橡胶的催化剂	合成橡胶

在美国大约 8%～10%钒用于生产航天工业用的钛-钒-铝合金。

钒还用于生产锂离子电池和高导磁体、汞蒸气灯的变颜（调）色剂、X 光靶子、定影剂，各种漆、涂料中的颜色剂、还原剂、生产杀虫剂、黑颜料、墨汁，以及用于陶瓷、涂料与纺织工业的染料等。

目前，由于钒的生产厂家逐年增加，产量急剧上升，从而使钒产品生产过剩，市场疲软，价格降低，一时很难有新的起色。因此，对钒的应用拓展是目前各国发展的趋势。

从应用角度出发，首先是扩大钢铁中钒的应用途径，开发新的含钒钢种，以达到增加钒使用量的目的。

其次，对钒的研究表明较新的应用领域是在功能材料方面。开发新的钒产品，扩大钒的应用范围是解决钒过剩问题的可行途径之一。钒比较有潜力的应用开发方向有以下几个方面：

（1）全钒蓄能电池。全钒电池是近年开发的采用 $VOSO_4$ 作为电解液、碳为电极的新型电池。这种电池具有充放电效率高（可达 90%）、自放电流低（年自放电低于 10%）等优点，是一种很有前途的新产品。大容量钒电池，可以作为大公司、孤岛和偏僻地区的电力来源。钒电池的另一个潜在市场是作为电动汽车的动力。

目前发展无污染的电动汽车的核心问题就是动力来源。如果钒电池能在这一领域取得突破，无疑将大大提高对钒的需求量，缓解钒资源过剩问题。据日本介绍，目前日本已经在钒电池方面形成产业化规模，计划达到年产 100000kW 电池的能力，每年需求 V_2O_5 近 7000t，这将拓宽钒的应用，是很有发展潜力的。

（2）钒基固溶体储氢合金。储氢合金可在适当的温度压力下可逆地吸收和释放氢，可以储存比自身体积大1000倍以上的氢气，可解决传统用氢气瓶及液态储氢存在的不安全、能耗高、经济差、储氢量小等问题，广泛应用在燃料电池、电动车、镍氢电池、储氢和输送氢等方面。世界上已经应用的储氢合金主要有：稀土系AB5型，储氢量小于1.3%；钛锆系AB2型，储氢量小于2.0%。其他类型的储氢合金由于成本高或吸、放氢条件苛刻而难以应用。

钒是唯一在常温下吸氢、放氢的金属，吸氢量理论上可达到3.8%。许多国家对钒基固溶体BBC型储氢合金研制了很多品种，由于是用金属钒作为合金元素，金属钒价格昂贵，制作成本太高限制了其应用。2003年，攀研院与四川大学合作开发钒基固溶体储氢合金，目前已经开发出吸氢量大于3.3%，放氢量大于2.3%，放氢温度小于100℃的较为理想的钒基储氢合金。攀研院正在开发用氧化物制取这种合金的技术，用这种合金来取代金属钒制造储氢合金，将会大大降低制取成本，成功之后将会给这种储氢合金的应用带来广阔的前景。

（3）光学转换涂层。研究已经发现，在环境温度变化时，VO_2涂层光学透过性能会发生变化。这也是钒资源利用的一个重要方向。在钒的功能材料中，溶胶-凝胶技术制备的VO_2涂层是很有发展前途的一种材料，其应用前景广阔，利用其相变后光学、电学等特殊性质可用于太阳能控制材料、红外辐射测温计、热敏电阻、热致开关、可变反射镜、红外脉冲激光保护膜、光盘介质材料、全息存储材料、点致变色显示材料、滤色镜、热致变色显示材料、非线性或线性电阻材料、温度传感器、可调微波开关装置、红外光学调制材料、高灵敏度应变传感器、透明导电材料、抗静电涂层等方面。美国OCLI公司在1988年就已经着手研究一种快速阻挡脉冲激光辐射的复合膜系，关键在于采用了一种具有光学透过率突变性能的功能陶瓷材料二氧化钒薄膜。

美国匹斯堡的威斯汀豪斯公司研究成功一种实用的、具有高度复现性的非真空方法进行的表面涂层VO_x，基底是由烷氧基钒制备的溶胶-凝胶原料溶液内旋转或浸渍来沉积薄膜，可均匀地涂覆大面积和弯曲的表面，沉积厚度可达到1μm，当航空航天飞机在需要减弱红外光时，可使用透明又能转换成不透明的氧化钒薄膜，在受热时能阻止红外光和电磁辐射透过。因此，开发钒氧化物涂层是很有前途的应用领域。

（4）钒的发光材料。掺Eu^{3+}离子的钒酸盐$LnVO_4$：Eu^{3+}（Ln为La、Y）通过调变阳离子的成分和含量，可使钒酸盐$LnVO_4$：Eu^{3+}发出不同波长的光。含钒的发光材料将有广阔的应用前景。钒磷酸钇铕$Y(VO_4)PO_4$：Eu^{3+}和钒酸钇铕YVO_4：Eu^{3+}都是高效的红色发光材料，曾被作为彩色电视荧光粉的红色组分，现在仍然广泛地用在高压汞蒸气放电荧光灯中，作为调整色度的发光材料。

发光材料已广泛地应用于科技、工业、农业以及人们的日常生活中，例如照明用荧光灯和各种特殊光源、阴极射线管和电视荧光屏、电离辐射探测晶体、X射线荧光屏和增感屏，以及各种电致发光平板、数字、符号和图像显示器等。发光橡胶、发光塑料类产品、发光树脂产品、发光涂料、发光油墨产品、长余辉蓄能夜光材料等。可以预言，发光材料必将在21世纪得到广泛的应用。

（5）钒颜料及变色材料。钒作为颜料在陶瓷工业中早有应用，但许多传统工艺目前已不能适应市场越来越高的要求。目前利用最新的溶胶-凝胶技术，在微孔玻璃凝胶中掺入钒氧化物得到的干凝胶玻璃在与不同气体接触时就会产生不同的颜色变化。这种智能材料的发展也可能为钒的应用带来新的机遇。

近年来，钒与铋等元素形成的无机颜料发展较快，其中主要是各种钒酸铋类颜料，不仅是在色彩与装饰方面的应用，它还具有提高涂膜强度、防腐、耐光、耐候等特殊性能。锆钒蓝色料是一种热化学稳定性高和着色力强的高温釉用色料，已被陶瓷及相关工业使用并产生出巨大的商业价值。

（6）纳米钒氧化物催化剂。V_2O_5 是化学工业上使用的催化剂，它是硫酸、橡胶合成等重要化工反应的特效催化剂。虽然目前市场上已有相关产品，但从催化角度看，催化剂的比表面越大其催化的效果会越好。因此开发纳米级的钒氧化物催化剂仍有一定的意义。要想使 V_2O_5 催化剂达到纳米尺度，需要解决粉体制备、分散性的保持、催化活性和耐久度等一系列问题。另外开发钒氧化物在其他催化反应中的用途，也是一个值得关注的产品开发方向。

（7）钒酸钇（YVO_4）。钒酸钇晶体是一种双折射晶体，具有接近玻璃的硬度、不潮解，加工镀膜容易等特点，因此用于光学偏振器的材料。在光纤通讯中，每一个光源和光纤线路中每隔 1km，需要有一个光隔离器，光纤通讯用户的第一分支，都需要一个环行器，而每个光隔离器和环行器，分别需要两片和三片钒酸钇晶体，因此对钒酸钇的需求量很大。

钒酸钇的主要产地在中国，大部分在福州，每年向国外提供几十万片，价格是黄金的三倍，目前国内福建、浙江、广东、北京、吉林、山东、上海、湖南等地都能生产这种产品了。

以上几种钒的功能材料，如果能大量使用，将使钒具有更广泛的发展前景。

1.4 世界钛的发展历史

由于钛优异的物理化学性能，早在 19 世纪，许多学者都试图从含钛矿物中提取钛，但是，他们无不以失败而告终，因为在提炼过程中，均未使体系与大气隔离，而钛在高温下的化学性质极其活泼，很容易与大气中的氧气、氮气等作用，因此，尽管有人曾声称得到了钛，但事实并非如此，他们真正得到的很可能是碳化物（TiC）、氮化物（TiN）和低价氧化物（TiO）及其固溶体，因为这些物质的外观都很像金属。自从 1795 年德国化学家克拉普罗特发现元素钛，直到 1945 年克劳尔（Kroll W. A.）在美国的杜邦（du Pont）公司首次制造两吨海绵钛经历了近 150 年的时间，终于实现了海绵钛的工业化生产。在实现工业化生产之前，钛提取冶金发展过程中的几项重要方法见表 1-3。

表 1-3 钛冶金发展史上几项重要方法

时间/年份	发明者	方法概要	时间/年份	发明者	方法概要
1875	克利洛夫	钠还原法	1925	阿尔克尔、捷克尔	在热钨丝上分解 $TiCl_4$
1876	伯齐厄斯	钾还原 K_2TiF_6	1932	克劳尔	钙还原 $TiCl_4$
1887	厄尔森、彼得森	钠还原 $TiCl_4$	1940	克劳尔	在氩气保护下，用镁还原 $TiCl_4$
1910	亨特	在钢瓶内用钠还原 $TiCl_4$			

1.5 中国钛的发展

我国的钛工业主要是依靠自己的科学技术力量开发出来的。早在 1954 年，有色金属试验所（北京有色金属研究总院的前身）就开始从热河大庙钛铁精矿中提取钛的研究，1956 年与北京有色金属设计院（后名设计研究总院）共同设计年产 60～100t 海绵钛的试验工厂。当时曾将此设计送往苏联请其帮助审核修改，结合苏联经验，采用的流程为：电炉脱铁炼高钛渣—制团竖炉氯化—收尘、淋洗、蒸馏分馏、精制四氯化钛—镁热还原—真空蒸馏—海绵钛。此流程奠定了以后工业生产流程的基础。

20 世纪 50 年代，我们还研究过电解低价氯化钛制取金属钛和以氢化钙还原二氧化钛制得氢化钛、再经脱氢制取金属钛等方法，都因产品质量差、成本高而未采用。还曾研究过碘化法提纯钛获得高纯钛（布氏硬度达到 70～80），并达到工业化生产规模。

抚顺铝厂的海绵钛生产车间（即前述的 60t 规模海绵钛实验厂）在 1958 年四季度开始试车，1959 年 6 月投产。由于缺乏实践经验，所制非标准生产设备尚不完善，致使生产不正常，产品质量也不合格当年只生产了 8t 海绵钛，当然成本也高得多。前苏联第一个年产 300t 海绵钛的实验工厂，在试车投产后因设备不适用而拆换的高达 75%。抚顺铝厂钛车间职工积极努力，改进工艺和设备，简化流程，提高产能，做了不少工作，到 1961 年海绵钛产量达到 54t，接近设计的 60t/a 能力。同时与研究单位合作，系统地研究提高产品质量，到 1964～1965 年期间，初步解决了海绵钛的质量问题。一、二级品合格率从 50%提高到 95%。这些经验都为进一步建设千吨规模海绵钛厂积累了经验。

抚顺铝厂的钛实验车间建成后，上海在 20 世纪 50 年代末期依靠当地的技术力量，在万茂冶炼厂进行镁热还原法制取海绵钛的试验；并在研究基础上，设计建设上海第二冶炼厂（901 厂）的海绵钛车间，于 1966 年投产。

遵义钛厂是我国规模最大、流程最完善的专业海绵钛厂。它是在 1964 年下半年为建设三线而开始筹建的，但因受十年动乱的影响，延至 1969 年 9 月才投产，1970 年 9 月才生产出第一炉海绵钛。

上述工厂都是按千吨规模设计的，但在那个时期产量质量较低，成本较高，造成亏损。

在此期间，抚顺铝厂的钛车间也不断改造，加大炉型，扩建新系统，1960 年生产海绵钛的能力从原设计的年产 60t 增为 120t。以后连年扩充，最后达到年产 800t 能力。

1968 年我国又在英国、美国之后，自主开发了钠热还原生产海绵钛的方法，并先后在邢台电解铜厂和天津化工厂分别建成年产 200t 到 500t 的海绵钛车间。20 世纪 70 年代初，在广东湛江化工厂也建成钠还原海绵钛车间。这些钠还原法钛厂都曾生产出含铁低、质量好的海绵钛，但因生产规模小、钠价高、成本高、产品含氯高等原因，销路不好，以致纷纷停产。但这几个厂为钠还原法生产低铁海绵钛和钛粉积累了经验，起到了技术储备作用。

与此同时，从 1965 年开始，我国研究开发高钛渣的沸腾氯化。当时世界上采取沸腾氯化制四氯化钛的生产所用原料，都是含二氧化钛在 95%以上的金红石。而氯化含二氧化钛较低（约 80%）、含杂质较高的高钛渣的氯化设备，不是竖炉（如前苏联、日本）就是熔融盐氯化炉（如前苏联）。将沸腾氯化用在氯化高钛渣的生产上，是自我国开始的。首先在邢台，继之在天津、抚顺和上海，最后推广到遵义钛厂。80 年代在进行攀枝花资源综合利用攻关过程中，我国科研人员成功地将此工艺用于含镁钙高的攀枝花高钛渣氯化。当然相应的沸腾氯化炉是经过必要改造的，将高钛渣的沸腾氯化用于工业上，我国在国际上还算居于领先地位。

这一时期，我国还曾继续开发用电解四氯化钛制取海绵钛的方法，先后从 620A、1000A、2000A、6000A 直做到 12000A 电解槽规模，并都得到合格率在 85%以上的海绵钛产品。但因电流效率低（50%）、电耗高（大于 4 万 kWh），不适用于生产而停止进行。

在钛的合金加工方面，这一时期最大的成就是建成了宝鸡有色金属加工厂和宝鸡有色金属研究所（现名西北有色金属研究院）。这是我国第一个专门研制生产稀有金属材料的单位。它的特点是科研生产、材料和设备制造三结合的联合体，是 1964 年提出的三线建设的产物。它是将北京有色金属研究院十几年培养起来的与稀有金属合金加工有关的科研人员、熟练工人、多年积累和引进的稀有金属的熔炼、加工和理化检测研究设备，全部调往宝鸡，成了门类齐全、人才济济的稀有金属材料研究和生产相结合的单位。在这时期，国内从事稀有金属材料研究的单位，还有科学院系统的沈阳金属研究所、上海冶金所，冶金系统的上海钢铁研究所、上海有色金属研究所，三机部的六院六所；工厂除苏家屯加工厂、宝鸡加工厂外，还有抚顺钢厂、上钢三厂和上钢五厂这些单位都为发展我国钛工业做出了积极的贡献。

在这一阶段，海绵钛厂从一厂增为六厂，产量从不到60t增加到1971年的1200多t，钛材的生产从无到有，1971年有近300t的生产规模，为钛材的应用推广创造了条件。

1978年至现在我国钛工业与整个国民经济的发展一同健康成长。前10年，方毅同志亲自挂帅，推动攀枝花、包头、金川三大资源综合利用。攀枝花综合利用中解决钛资源的利用方针方法是重中之重。因为攀枝花钒钛磁铁矿的开采利用，是做为攀枝花钢铁厂的原料——铁矿石来生产的，每年开采上千万吨。精矿之后的尾矿，是选钛精矿的好原料。用现行选矿方法，每年可回收50万t钛精矿，利用这些钛精矿，可供生产上万吨海绵钛和20多万吨的钛白。如不加利用，不但浪费资源，造成金沙江的污染，更将降低攀钢在市场中的竞争能力。

攀枝花钛资源利用的难点在氯化。无论用它生产海绵或氯化法钛白，都需先过这一关。之所以难，在于攀枝花钛精矿含镁钙杂质高。经过攻关，1978年解决了利用竖炉氯化，获得成功。当年取得用攀西地区钛铁精矿生产出70多吨海绵钛的好成绩，这是我国第一批用攀西地区钛资源产出的金属钛。随后，研究、设计、生产单位大力协同，努力攻关，先后解决了用沸腾氯化和熔融盐氯化法氯化攀枝花钛精矿，生产四氯化钛的工艺，并都达到了工业化规模。

在攀枝花资源综合利用攻关的带动下，除解决了攀西地区原生钛铁矿的氯化工艺外，还系统地完善了整个钛生产工艺。包括：

(1) 确定攀枝花选钛工艺，建成攀枝花选钛厂，年产规模从5万t扩大为10万t，现向20万t发展。

(2) 掌握了自攀枝花钛精矿制取富钛料的两种工艺，即电炉高钛渣法和盐酸法制取金红石法，都达到了工业规模。

(3) 氯化除掌握上述两种方法外，对设备结构和产品精制都有所改善。

(4) 对海绵钛生产用还原蒸馏联合法的开发，从3t炉到5t炉都获得成功，并用于生产实际。

(5) 掌握了用攀枝花钛精矿硫酸法制取金红石型钛白的工艺。

(6) 推动氯化氧化法制取钛白的研究，达到千吨级的规模，积累了经验，培养了人才。

为发展我国钛工业，必须广为开辟国内外钛的市场，因此狠抓钛的应用推广工作是重要的一环。1978年方毅同志领导攀枝花综合利用工作后，取得大量进展，1982年7月促成有国家经委、计委、科委领导参加的共16个部门组成的全国钛的应用推广领导小组，并于1983年4月召开了全国钛的应用推广会议，同时举办了钛的展览会。这一系列活动起到了发展我国钛工业的里程碑作用。如前所述，自1974年三个工业部在上海召开钛的民用推广会议后，我国钛材的用量几年间增加到1978年的500多吨。但由于市场没有进一步打开，钛材用量逐年下降，1982年回降到近350t。而在1983年9月开会后，当年见效，钛材用量超过过去最高纪录，达到533t，而且以后每年大幅度递增，1985年超过千吨，到1997年达到1750t。1986年1月经国家科委的批准，成立了钛的技术开发中心。

四十多年来，我国钛工业逐渐发展，海绵钛的生产方法趋同一致，两个海绵钛厂都用镁热还原法生产，这与世界的趋势也相同。钠还原法虽有一定长处，但竞争不过镁还原法而被淘汰。从铝的发展史来看，我们原也希望能以电解法代替金属热还原法生产钛，以求大幅度降低钛的生产成本，但至今未获得成功。随着市场经济的发展，我国钛和钛材的生产渐趋集中。现在海绵钛厂以遵义钛厂为主（其产能已成倍扩充），生产能力占全国75%左右；宝鸡有色金属加工厂钛材的产量已占全国90%左右。当前宝鸡有色金属加工厂正将联合遵义钛厂，形成我们钛工业的主力军。这是有利于发展我国钛工业的。

1.6 钛的应用发展方向

钛原料主要用来生产钛白、金属钛（海绵钛）、含钛钢以及焊条涂料。

钛白不仅是性能优异的白色颜料，而且是重要的化工原料。它广泛用于涂料、油墨、塑料、橡胶、造纸和化纤工业。钛白涂料，色彩鲜艳，色调纯正；钛白是纸张的高级填料，使纸张薄而不透明，白度高、光泽好、强度大和光滑好用。钛白用于塑料工业，是不透明的着色剂；用于橡胶工业，使白色和浅色橡胶强度高、伸展率大，耐老化和不易褪色。它也是化学纤维的最佳消光材料，使透明的化纤具永久性消光效果，并可提高韧性。此外，还用于搪瓷、电器、电子原料等方面。

钛精矿经冶炼成海绵钛后，再铸锭并制成工业纯钛和钛合金钛材。钛和钛合金钛材主要用于航空和宇航部门。与合金钢相比，钛合金可使飞机重量减轻40%。其他如人造卫星外壳、飞船蒙皮、火箭发动机壳体、导弹等，钛合金都可大显身手。非宇航部门使用工业纯钛和钛合金主要在于发电站冷凝器、接触海水装置、化学装置和机械工程等方面。尤其是海水淡化加热器用钛是钛工业发展中的划时代事件。兵工部门将钛主要用于舰船和兵器生产。

金属钛除主要用于生产工业纯钛和钛合金外，另一用途是为钢铁工业生产钛铁合金和含钛钢。钛在钢中作为添加元素，可以改变钢的性能。使钢在同样回火温度下，具有更高的强度和硬度，或同样硬度要求下，回火到更高的温度。目前，我国含钛钢有高强度低合金钢、结构钢、不锈钢、耐热合金、超高强度钢和磁钢等钢种系列，广泛用于汽车、船舶和石油钻探等方面，已发展成为仅次于锰钢的第二大钢系。

主要含钛矿物金红石还是优质电焊条涂层不可缺少的原料。

本章小结：

本章概括介绍了国内外钒、钛的生产发展历史，钒、钛的应用及其发展方向，以及钒钛材料在国民经济中的地位。

思 考 题

(1) 中国钒的发展历程简况是什么？
(2) 国内主要钒产品有哪些？
(3) 钒产品的主要应用方向（领域）是什么？
(4) 钒在冶金领域的应用主要是什么？
(5) 钒在化工领域的应用主要是什么？
(6) 中国钛的发展历程简况是什么？
(7) 钛产品的主要应用方向是什么？

参 考 文 献

1 廖世明，柏谈论．国外钒冶金．北京：冶金工业出版社，1985
2 黄道鑫等．提钒炼钢．北京：冶金工业出版社，2000
3 陈厚生．中国钒工业的创建和发展．钒钛，1992 (6)：25～28

2　钒钛资源概况

本章要点：

国外、国内钒、钛资源概况。

2.1　国外钒资源概况

2.1.1　钒的主要矿物

钒在自然界分布很广，约占地壳质量的0.02%，但其分布却十分分散，主要是和金属矿如铁、钛、铀、钼、铜、铅、锌、铝等矿共生，或与碳质矿、磷矿共生。在石油及其加工产品中也含有钒。在开采与加工这些矿石时，钒作为共生产品或副产品予以回收。从黏土矿、石油渣和废催化剂中也能回收少量的钒。

含钒矿物种类繁多，已发现有70多种，但只有少数矿物具有开采价值。表2-1列出了重要的含钒矿物及其主要产地。

表2-1　重要的含钒矿物及主要产地

矿物名称	颜色	化学式	主要产地
钒钛磁铁矿	黑灰	$FeO \cdot TiO_2\text{-}FeO\ (Fe,\ V)_2O_3$	南非、前苏联、新西兰、中国、加拿大、印度等
钾钒铀矿	黄	$K_2O \cdot 2UO_3 \cdot V_2O_5 \cdot 3H_2O$	美国
钒云母	棕	$2K_2O \cdot 2Al_2O_3(Mg,Fe)O \cdot 3V_2O_5 \cdot 10SiO_2 \cdot 4H_2O$	美国
绿硫钒矿	深绿	$V_2S_n\ (n=4\sim5)$	秘鲁
硫钒铜矿	赤褐	$2Cu_2S \cdot V_2S_6$	澳大利亚、美国
磷酸盐钒铁矿		$Ca_5\ (VO_4,\ PO_4)_3 \cdot\ (Fe,\ Cl,\ OH)$	美国、俄罗斯
钒铅矿	红棕	$Pb_5\ (VO_4)_3Cl$	墨西哥、美国、纳米比亚
钒铅锌矿	樱红	$(Pb,\ Zn)\ (OH)\ VO_4$	纳米比亚、墨西哥、美国
铜钒铅锌矿	绿棕	$4\ (Cu,\ Pb,\ Zn)\ O \cdot V_2O_5 \cdot H_2O$	纳米比亚、墨西哥、美国

在钒的矿物中，最有开发意义的有以下几种：

(1) 钒钛磁铁矿。$(Fe,\ Ti,\ V)_3O_4$ 是一种分布最广泛的含钒矿物，是生产钒的主要工业开采价值矿物原料。一般原矿含 V_2O_5 0.1%～2%，大于1%就可以直接作为提钒的原料，也可以通过选矿得到精矿，一般在精矿中 V_2O_5 可富集到0.5%以上。然后通过高炉炼铁或电炉炼铁得到含钒的铁水，再从铁水吹炼出钒渣，使 V_2O_5 含量富集到10%～20%，作为提钒的原料。

(2) 钒云母。是一种复杂的硅铝酸盐，在纯矿物中含有 $V_2O_5$16%，而在矿石中含 $V_2O_5$1%～3%。在钒云母矿物中含有少量的铀。

(3) 复合多金属矿。成分中含有钒铅矿、钒铅锌矿、钾钒铀矿等，这类矿石中含有铀、镭、铜、铅、锌、锰、钼等。含钒铝土矿也属于这一类矿床的变种。钾钒铀矿是一种钾铀的钒酸络盐，它的化学式为 $K_2O \cdot 2UO_3 \cdot V_2O_5 \cdot (1\sim3)H_2O$，呈浅黄色或浅绿黄色，矿石含 $V_2O_5$1.5%～2.0%，美国科罗拉多高原等地是这种矿物的主要产地，在提铀时可制得 V_2O_5。

(4) 磷酸盐矿。钒含在磷酸盐岩和磷酸盐页岩中，含 V_2O_5 从微量到 1%，还含有少量的氟、铀、硒。在用磷矿生产磷和磷肥所得到的副产物磷铁中含有钒，作为提钒原料。

(5) 碳质页岩（石煤）。储量很大，分布极广，结构复杂。一般还含镍、钼、铀等，含 $V_2O_5$0.1%～1.5%。钒的品位与地质年代和矿化条件有关，含碳较高的矿层钒含量较高，以硅质页岩为主的矿层品位较低。

(6) 有机基原料矿床。钒与其他有机化合物形成络合物。高硫石油、沥青质岩等，通常中东的原油 V_2O_5 含量 20～150g/t，有的高达 300～400g/t。因此，这些有机燃油的渣、灰及脱硫用的废催化剂等含有大量的钒，有的还含有钼、镍等二次资源，可作为提钒的重要原料。

2.1.2　世界钒资源

世界钒钛磁铁矿的分布列于表 2-2。

表 2-2　世界钒钛磁铁矿分布（不包括中国）

国家或地区	矿床名称或所在地	储量/t		矿石		精矿中含量/%	
		富矿	贫矿	类型	Fe/TiO_2	TiO_2	V_2O_5
美国	纽约州阿德朗达克					(16)	
	圣弗尔德·列克	200×10^6		TCTK-TTK	1.5～2.5	9～12	0.6～0.9
	艾伦·梅津	58×10^6	120×10^6	TTK-TCTK	2.0～2.5	19	
	纽约州桑福德湖	200×10^6				18～20	0.45
	加利福尼亚州洛杉矶圣加勃里山区					20	0.53
	德卢斯矿山						(1.0)
	科罗拉多州加里布和铁山						(0.3)
	怀俄明铁山						(0.4)
	罗得岛铁矿山						(0.3)
	阿拉斯加西南部		10000×10^6	TCTK	7～10	2～3	0.3～0.5
加拿大	魁北克阿德湖					(35)	(0.27～0.35)
	摩　林	5×10^6	2000×10^6	TCTK-CTK	1.5～4.0	1.5～6.0	0.3～0.5
	多里列克、齐博嘎梅	—	72×10^6	TTK-TCTK	3～6	10～12	1.2～1.4
	拉克圣焦	3×10^6	200×10^6	TTK-TCTK	2～4	0.1～16	0.1～0.8
	圣依列斯	2×10^6	1000×10^6	TTK-TCTK	1.8～3.0	7.6～9.2	0.5～0.54
	魁北克马格皮矿床	1000×10^6	—	TTK-TCTK	4	7.6～9.2	0.5～0.54

续表 2-2

国家或地区	矿床名称或所在地	储量/t		矿　石		精矿中含量/%	
		富矿	贫矿	类型	Fe/TiO_2	TiO_2	V_2O_5
南 非	布什维尔得	2000×10^6	—	TTK-TCTK	4	12～18	1.5～2.0
	里甘加	1200×10^6			4.5		
芬 兰	奥坦马克	35×10^6		TTK-CTK	3	4.7	1.1
	木斯塔瓦拉		38×10^6	TCTK	8～9	4～8	1.6
瑞 典	塔贝格		1500×10^6	TCTK	3～5	15.3	0.5～1.0
	鲁乌特瓦尼矿山					(10～20)	(0.26)
	克腊姆斯塔						(0.4)
	基律纳						(0.1～0.2)
挪 威	特尔尼斯矿床	3000×10^6				18.4	0.5～1
	罗弗敦群岛（捷尔涅斯）	400×10^6		TTK	1	3.2	
	勒德萨德矿床	100×10^6				4	0.31
	鲁济瓦拉	50×10^6		TTK-TCTK	4		
印 度	比哈尔						(1.5～3)
	辛格布胡姆			TTK-TCTK	2～5		1.5～5.0
	梅尔布罕兹	8×10^6		TTK-TCTK	4	14	0.5～1.8
	迈索尔						1.5～3
前苏联	乌拉尔库萨矿床					12～14	0.54
	切尔诺烈申斯克矿床					10～16	0.4～0.8
	卡巴斯克矿床					14	
	科拉半岛普道日哥尔斯克					7～10	0.17
	卡奇卡纳尔						0.5～0.6
	谢布里雅夫尔			GTK-TCTK	1.0～1.5	7.8	0.2
	格列木雅哈			TTK-TCTK	2～3	14	0.4
	科夫多尔			GTK-TCTK	5～20		
	古谢夫戈尔			TCTK	10～13	2～4	0.6
	恰　津			TTK-TCTK	4～6	11～12	0.5～0.6
	萨尔马戈尔			GTK-TCTK	1～3	3.4～10.4	0.05～0.1
	维里雅尔维			GTK-TCTK	1.5～4.0	5.8～7.8	0.1～0.2
	叶列却吉尔			GTK-TCTK	2～3	9.4～12.0	0.6～0.8
	阿弗里坎德			GTK-TCTK	1～5	9.0～10.4	0.1～0.2
	维亚姆			TCTK	15～20	1.3～2.0	0.3～0.7
	沃尔柯夫			TCTK		5～8	1.0～1.2
	第一乌拉尔			TCTK	6～13	1～4	0.5～1.0
	斯瓦兰茨			TCTK	10～15	3.2～4.5	0.2～0.6
	沃　林			TCTK-TTK	1.5～4.0	8～20	0.7～1.0

续表 2-2

国家或地区	矿床名称或所在地	储量/t		矿石		精矿中含量/%	
		富矿	贫矿	类型	Fe/TiO_2	TiO_2	V_2O_5
前苏联	诺沃谢尔科夫			TTK-CTK	6	0.5～1.9	0.9
	米德维杰夫			TTK-TCTK	3	9～13	0.5～1.0
	科　潘			TTK-TCTK	3～4	9～15	0.5～0.9
	马特卡尔			TTK-TCTK	3～4	10～15	0.5～1.0
	维里霍夫			TCTK	10	3.9～5.0	0.6～0.8
	苏洛亚姆			LHS-TCTK	10	3.4	0.2～0.3
	杰宾布拉克			TCTK	8	4.7～5.6	0.1～0.5
	库　林			GTK-TCTK	4～5	10.3～18.8	0.1～0.25
	库格达			GTK-TCTK	7～8	8～11	0.1～0.22
	波尔尤思赫			GTK-TCTK	5～8	10～14	0.1～0.2
	哈尔洛夫			TTK-TCTK	2.5～3.0	5～12	0.5～0.9
	帕　延			TTK-TCTK	3.5	11～19	0.2～0.54
	里　山			TTK-TCTK	1～3	7～15	0.2～0.3
	马洛-塔古尔			CTK-TCTK	2.5～5.0	2～8	0.4～1.5
	基　吉			TTK-TCTK	2～4	7～18	0.16～0.5
	哈克特格			TTK-TCTK	4.3	8～14	0.15～0.52
	吉多依			TTK-TCTK	0.9～2.0	12～16	0.02
	阿尔申吉叶夫			TTK-TCTK	3.0～3.5	3～8	0.1～0.45
	斯留金			TCTK-TTK	2.0～2.5	5～15	0.6～0.95
	唯吉姆康			TCTK-TTK	2～3	5～11	0.67～1.0
	齐　涅			TTK-TCTK	6	8～12	0.7～1.37
	安格莎			TTK-TCTK	2.5	7～14	0.1～0.7
	朱格朱尔			TTK-TCTK	2～4	14～20	0.06～0.3
澳大利亚	新南威尔士						(0.2～1.5)
	巴拉姆比	400×10^6		TTK-TCTK	1.7	29	1.2
	文多维	40×10^6		TTK-TCTK	5	7.5	1.6
	西部钛铁矿						(0.2～0.5)
新西兰	北　岛						0.3～0.5
智　利							<0.5

注：1. TTK 为钛铁矿，TCTK 为钛磁铁矿，CTK 为磁铁矿，GTK 为钙钛矿，LHS 为磷灰石；

2. 含量有括弧的为原矿。

国外其他主要钒资源产地开发矿山见表 2-3。

表 2-3　国外其他主要钒资源产地开发矿山

国家或地区	产　地	$w(V_2O_5)$ /%	矿　种	储量（V） /t	远景储量（V） /t
美 国	科罗拉多高原	1.75	钾钒铀矿、钒云母	4500	大
	科罗拉多高原	1.64	钾钒铀矿、钒云母	36000	大
	科罗拉多高原	0.13	钾钒铀矿、钒云母	34000	大
	黑　山	0.25	钾钒铀矿、钒云母	400	中
	爱．代郝	0.2～0.3	磷酸盐矿	大	
	爱达荷、华乌姆	0.8～0.9	含钒片岩、磷酸盐	270000	很大
	科罗拉多	2.0	钒酸盐矿	中	
秘 鲁	密拉斯拉克拉	3.0	绿硫钒矿	150	小
	沥青岩和片岩	1.0	沥青岩	小	
委内瑞拉	北罗德西亚		石　油	大	
	布罗肯山		Pb-Zn 钒酸盐矿	中	
西南非	奥达亚等		Pb-Zn 钒酸盐矿	中	
法国、德国、卢森堡、比利时		0.02～0.2	滨海沉积铁矿	大	
英 国	克利夫兰山	0.01	滨海沉积铁矿	大	
瑞 典	爱留姆沙里	0.1	沥青片岩	大	
日 本	哈契诺克	0.42	海滨砂矿	大	
前苏联	卡拉坦・土尔克斯坦		磷酸盐矿	大	
	阿莱		含钒片岩	大	
	吐乌亚、莫安		铀钒矿	中	
澳大利亚	昆士兰		海滨砂矿	大	
	新南威尔士		海滨砂矿	大	
	西澳库尔加底		红　土	大	
加拿大	克鲁德	0.02	石　油		
智 利	埃尔・罗尔	0.3～0.4	磁铁矿、石油残渣等		

钒的资源各国统计的数据差异相当大。1988 年美国矿业局统计资料表明，世界钒储量为 435.36 万 t，储量基础为 1660 万 t。按目前的开采量计算，地球上的钒资源可供开采 150 年，并且集中分布在南非洲、亚洲、北美洲等地区。从储量基础看，南非占 47%，前苏联占 24.6%，美国占 13.1%，中国占 9.8%，其他国家的总和不足 6%，见表 2-4。

表 2-4 世界钒储量和储量基础

国家	储量			储量基础		
	万 t	比例/%	名次	万 t	比例/%	名次
南 非	86.17	19.79	2	780.02	47.01	1
前苏联	263.03	60.41	1	408.15	24.60	2
美 国	16.78	3.85	4	217.68	13.12	3
中 国	60.77	13.96	3	163.26	9.84	4
新西兰		—		27.21	1.64	5
澳大利亚	3.17	0.73	5	24.49	1.48	6
世界总计	435.36	100.00	—	1659.18	100.00	

根据此统计，中国储量占世界第三、四位（只供参考）。

国际钒技术委员会主席米歇尔最近列举了世界钒矿的可开采储量（现在技术可开采和提取的储量）和保有储量（可利用未开发的技术将来提取的储量），钒的总储量为 6300 万 t，其中仅有 1000 多万吨是可开采的储量，而 3110 万 t 是将来可开采的保有储量。它存在于中国、俄罗斯和南非的钒钛磁铁矿中（见表 2-5）。

表 2-5 可开采储量和保有储量

国 家	占可开采储量 1020 万 t 的百分数/%	占保有储量 3109.4 万 t 的百分数/%
澳大利亚	1.6	7.7
中 国	19.6	9.6
俄罗斯	48.9	22.5
南 非	29.4	40.2
美 国	—	12.9
其 他	0.5	7.1

按目前的使用速度计算，可使用 300 年。

2.2 中国钒资源概况

我国钒资源较大，主要是以钒钛磁铁矿和碳质页岩作为工业生产的原料。我国钒资源分布见表 2-6。

表 2-6 我国钒资源分布

地区和矿山	矿石类型	矿石储量/亿 t	V_2O_5 储量/万 t				
			工业	远景	合计	比例/%	名次
西 南							
攀西地区	钒钛磁铁矿	96.64			1786	85.53	1
贵 州	铀磷页岩	0.9	0.9	1.8	0.09		
西 北							
新 疆	钛磁铁矿	0.16	0.07	0.23	0.01		

续表 2-6

地区和矿山	矿石类型	矿石储量/亿 t	V_2O_5 储量/万 t				
			工业	远景	合计	比例/%	名次
西　北							
甘肃方口山	石煤	58	42	100	4.79	2	
华　北							
承　德	钛磁铁矿	2.4	39.27	18.62	57.89	2.77	4
北京昌平	钛磁铁矿	0.31		1.31	1.62	0.08	
山西代县	钛磁铁矿	2.02			2.02	0.10	
华　东							
江　苏	含钒铁矿	5.09		9.27	14.36	0.69	
安　徽	含钒铁矿	53.30		11.86	65.16	3.12	3
浙江诸暨	煤矸石						
江西金溪	石墨矿						
福建泉州	石墨矿						
中　南							
湖北兴山	钒银矿						
崇阳均县	石煤	7	10.6	47.02	57.62	2.76	5
河南淅川	石煤	2	26.34	6.82	33.16	1.59	6
湖南岳阳，新化，益阳等	石煤和钒铀矿	10					
广西藤县	钛磁铁矿		0.54	1.14	1.68	0.08	
广西大新至隆安	石煤						
全国合计					2088.38	100	

注：河北承德地区钒钛磁铁矿储量近年来有很大的发现，达 80 亿 t 以上。而石煤的分布也极广，遍布于 20 多省份，因此此表今后再版时要进行较大幅度的修改。

四川是我国钒储量最大的省份，分布见表 2-7。

表 2-7　四川省按地区的钒保有储量统计表（单位：V_2O_5 万 t）

地区（矿区）名称	矿区数	A+B+C	D	保有储量 A+B+C+D	占全省百分数/%
攀枝花市	22	615.7949	559.3224	1175.1191	79.54
其中：攀枝花		192.8301	76.0412	268.8371	
米易白马矿区		23.3665	260.1397	283.5062	
攀枝花红格矿区		348.5078	100.4332	448.9410	
米易安宁铁矿		32.5154	59.2976	91.8130	
攀枝花中干沟矿		15.4618	24.6973	40.1591	
攀枝花湾子田矿			12.2906	12.2906	
米易白马矿夏家坪		3.1133	8.1028	11.2161	
米易新街铁矿			10.3100	10.3100	

续表 2-7

地区（矿区）名称	矿区数	A+B+C	D	保有储量 A+B+C+D	占全省百分数/%
攀枝花马鞍山矿			4.0000	4.0000	
攀枝花中梁子矿			4.0100	4.0100	
西昌地区	5	80.7712	178.5885	257.3597	17.42
其中：太和矿区		76.4852	132.4523	208.9375	
德昌巴洞矿			2.10	2.10	
会理白草矿		4.2860	39.8264	44.1122	
会理秀水河			2.2098	2.2098	
万源县蒲家坝			42.880	42.880	2.9
云阳牛角洞			2.033	2.033	0.14
四川省合计		696.566	780.8239	1477.3918	100

注：攀枝花市按 1994 年底全省统计表，其他按 1992 四川省储量统计表。

承德地区的钒钛磁铁矿在双滦区大庙、承德县黑山—头沟一带，钒钛磁铁矿储量有 2.6 亿 t，V_2O_5 储量有 48.4 万 t。此外，2003 年普查在滦平铁马、宽城孤山子、高寺台、头沟、隆化大乌苏沟、丰宁、平泉、双滦等地还有钒含量较低的钒钛磁铁矿，矿石储量有 45 亿 t，2006 年普查又发现有 34.45 亿 t 矿石，总量达到 80 亿 t 以上，折合 V_2O_5 的储量有 800 万 t，资源相当丰富。

我国安徽马鞍山的凹山等地的含钒磁铁矿，含 V_2O_5 0.21%，探明 V_2O_5 储量 190.22 万 t，经济储量 64.7 万 t，过去曾作为提钒原料，用高炉-转炉工艺生产钒渣，对我国钒工业作出过很大贡献，但近十几年来，由于考虑到生产成本等因素，已经停止了对钒的开发利用。

我国钒钛磁铁矿经过选矿选出铁精矿，经过高炉或电炉熔炼出含钒铁水，再吹炼出钒渣（V_2O_5 含量 10%～18%）作为提钒原料使用。

据资料介绍，我国石煤储量相当丰富，据南方石煤资源综合考察报告称：湖南、湖北、浙江、江西、广东、广西、贵州、安徽、河南、陕西十省、自治区石煤总储量为 618.8 亿 t，探明储量 39.0 亿 t，仅湖南、湖北、江西、浙江、安徽、贵州、陕西 7 省的石煤中含有 V_2O_5 就达 1.1797 亿 t，其中 V_2O_5 含量不小于 0.5%的储量为 7707.5 万 t，是我国钒钛磁铁矿中钒储量的 6.7 倍（见表 2-8）。

表 2-8 我国南方十省石煤及 V_2O_5 储量分布

省 别	湖南	湖北	广西	江西	浙江	安徽	贵州	河南	陕西	合计
石煤储量/亿 t	187.2	25.6	128.8	68.3	106.4	74.6	8.3	4.4	15.2	618.8
V_2O_5 储量/万 t	4045.8	605.3	—	2400.0	2277.6	1894.7	11.2	—	562.4	11797.0

石煤中钒的品位各地相差悬殊，一般为 0.13%～1.2%，小于边界品位 0.5%的占 60%，在目前技术条件下，品位达到 0.8%以上才有开采价值。湖北省的石煤探明储量及钒品位均占优势，品位大于 1%的占 3%，0.5%～1%的占 76.7%。石煤中的平均品位及分布率见表 2-9。

表 2-9　我国石煤中钒的品位及分布率

V_2O_5/%	0.1	0.1～0.3	0.3～0.5	0.5～1.0	>1.0
分布率/%	3.1	23.7	33.6	36.8	2.8

此外，我国有些地区的石墨矿也含有钒，例如四川广元地区。

2.3　国外钛资源概况

钛在地壳中的丰度为0.56%，按元素丰度排列居第9位；如果按储量计，钛不是稀有金属。钛资源十分丰富，分布很广，几乎遍布全世界。现已发现 TiO_2 含量大于1%的钛矿物有140多种，但现阶段具有利用价值的只有少数几种矿物，主要是钛铁矿和金红石，其次是白钛矿（$TiO_2 \cdot nH_2O$）、锐钛矿和红钛铁矿（$Fe_2O_3 \cdot 3TiO_2$）。

有关国外钛资源储量的统计和报道是多种多样的，不同来源的数据相差悬殊，造成差别的原因主要是统计时包括的矿物种类不同。目前发表的数据是指现阶段技术水平和经济条件下具有利用价值的资源储量，主要是指钛铁矿（包含白钛矿）和金红石（包含锐钛矿）的矿物资源储量；不包括现阶段不具有利用价值的钛矿物资源，如钛磁铁矿、钛铁晶石（$2FeO \cdot TiO_2$）、钙钛矿（$CaTiO_3$）和榍石（$CaTiSiO_5$）等。

根据USGS等权威机构发表的资料，按储量排序将一些国家的钛资源储量列于表2-10，金红石储量列于表2-11。世界钛矿地质储量总计为（5～12）$\times 10^8$ t（以 TiO_2 计），其中钛铁矿约占80%，金红石（包括锐钛矿）约占20%。所统计的资源储量主要是砂矿资源，岩矿仅包括加拿大、挪威的品位特别高的钛铁矿富矿（原矿含钛铁矿39%～75%）。钛磁铁矿未统计在内，因为其中的钛铁矿与磁铁矿紧密结合，无法选出含钛较高的钛矿物，因而认为这类钛磁铁矿在现阶段没有利用价值。

有关国外钛资源的统计数据只具有参考价值，不是十分准确的完全统计。例如，印度最近发表资料称印度拥有 3.48×10^8 t钛铁矿资源，占世界钛铁矿资源的35%；还有 18×10^6 t的金红石资源，占世界金红石资源的10%。另外，据称加拿大和肯尼亚发现有世界级的钛矿资源；加拿大魁北克省发现有含重矿物（含Ti，Zr，Fe）5.9%的砂矿 21×10^8 t；肯尼亚有世界上最大未开发的金红石和锆英石资源。另外，俄罗斯、韩国、伊朗、芬兰、莫桑比克等都发现了大型的钛矿物资源。

表 2-10　国外钛矿资源储量

国　别	地质储量（TiO_2）/t			储量（TiO_2）/t		
南　非	14600×10^4	7130×10^4	6300×10^4	24354×10^4	7130×10^4	6300×10^4
澳大利亚	19300×10^4	17100×10^4	8800×10^4	32194×10^4	9800×10^4	3300×10^4
巴　西	10300×10^4	—	1800×10^4	17181×10^4	—	1800×10^4
美　国	7700×10^4	6080×10^4	5900×10^4	10175×10^4	1370×10^4	800×10^4
印　度	4600×10^4	4570×10^4	3800×10^4	7673×10^4	3660×10^4	3000×10^4
挪　威	4000×10^4	3980×10^4	4000×10^4	6672×10^4	5770×10^4	4000×10^4
加拿大	3600×10^4	4600×10^4	3600×10^4	6005×10^4	4000×10^4	3100×10^4
马达加斯加	—	—	1900×10^4	—	—	—
斯里兰卡	1800×10^4	—	1300×10^4	3003×10^4	—	1300×10^4

续表 2-10

国 别	地质储量（TiO_2）/t			储量（TiO_2）/t		
乌克兰	1600×10^4	250×10^4	1300×10^4	2669×10^4	250×10^4	590×10^4
马来西亚	100×10^4	—	100×10^4	167×10^4	100×10^4	—
芬 兰	—	—	140×10^4	—	—	140×10^4
埃 及	—	—	170×10^4	—	—	—
意大利	—	—	220×10^4	—	—	—
其 他	3700×10^4	33180×10^4	100×10^4	6172×10^4	11274×10^4	100×10^4
总 计	69700×10^4	76610×10^4	39900×10^4	116261×10^4	43084×10^4	24000×10^4

注：所列数据分别来自 BGS、WBMS、USGS。

表 2-11 国外金红石（包括锐钛矿）储量

国 别	地质储量（TiO_2）/t		储量（TiO_2）/t	
澳大利亚	5100×10^4	4300×10^4	1700×10^4	430×10^4
南 非	830×10^4	830×10^4	830×10^4	830×10^4
巴 西	—	8500×10^4	—	40×10^4
挪 威	1000×10^4	—	900×10^4	—
美 国	180×10^4	180×10^4	70×10^4	50×10^4
印 度	770×10^4	770×10^4	660×10^4	660×10^4
塞拉利昂	—	310×10^4	—	—
意大利	—	880×10^4	—	—
乌克兰	250×10^4	250×10^4	250×10^4	250×10^4
斯里兰卡	—	480×10^4	—	480×10^4
其他国家	18980×10^4	—	1284×10^4	—
总 计	27110×10^4	17000×10^4	5694×10^4	3000×10^4

注：所列数据分别来自 USGS、WBMS。

2.4 中国钛资源概况

中国的钛资源现居世界之首，占世界已可采储量的 64%左右。储量约占世界钛储量的 48%，共有钛矿床 142 个，分布于 20 个省区，主要产地为四川、河北、海南、湖北、广东、广西、山西、山东、陕西、河南等省。钛铁矿占我国钛资源总储量的 98%，金红石仅占 2%。我国钛矿床的矿石工业类型比较齐全，既有原生矿也有次生矿，原生钒钛磁铁矿为我国的主要工业类型。在钛铁矿型钛资源中，原生矿占 97%，砂矿占 3%；在金红石型钛资源中，绝大部分为低品位的原生矿，其储量占全国金红石资源的 86%，砂矿为 14% 。

2.4.1 钛铁矿岩矿分布

我国钛铁矿岩矿主要以钒钛磁铁矿为主。主要分布在四川省的攀枝花、红格、米易的白马、西昌的太和，河北省承德的大庙、黑山、丰宁的招兵沟、崇礼的南天门，山西省左权的桐峪，陕西省洋县的毕机沟，新疆的尾亚、哈密市香山，甘肃的大滩，河南省舞阳的赵案庄，广东省兴宁的霞岚，黑龙江省的呼玛，北京昌平的上庄和怀柔的新地。现在已探明储量的大型矿床有：

（1）攀西地区钒钛磁铁矿：其位于四川省西南部，包括攀枝花和凉山州的20余个县市。攀西地区是一个巨大的钛聚宝盆，其钛资源探明储量为世界的1/4，其中伴生着钒、钛、钴、镓等十几种稀有、贵重金属。已探明钒钛磁铁矿约9.8×10^{9}t，二氧化钛储量8.73×10^{8}t。其钛储量占全国钛资源储量的90.5%，占世界的35%，钒居全国第1位。原矿平均品位TiO_2含量为5%。

（2）承德钒钛磁铁矿：承德地区有丰富的钒钛磁铁矿资源，已探明钛资源储量达2.031×10^{7}t。其储量仅次于攀西地区，位居国内第2位。主要分布在大庙、黑山、头沟的基性、超基性杂岩体内。其原矿平均品位TiO_2含量为8%。

（3）广东省兴宁市霞岚钒钛磁铁矿：近年经普查和详查，探明矿山远景储量达4.5×10^{8}t，第1期已普查探明的矿石量为9.3454×10^{7}t，矿石中TiO_2平均品位为6.08%。

（4）陕西洋县毕机沟钒钛磁铁矿：矿区位于洋县、佛坪县、石泉县三县交界处，主体属洋县桑溪乡范围。现已探明TiO_2储量2.158×10^{6}t，据勘探论证，远景储量可达1×10^{8}t以上。其原矿TiO_2平均品位为6%。此外，陕西省紫阳县境内近年也发现钒钛磁铁矿，已详查和普查的5处矿床，钛磁铁矿储量达2.425255×10^{8}t，TiO_2储量为1.31152×10^{7}t，且伴生钒、磷等多种有用矿产。

（5）甘肃大滩钛铁矿：大滩钛铁矿地处天祝藏族自治县赛什斯镇，该矿是特大型单一钛铁矿岩浆溶离型矿床，具有矿物组分简单、规模巨大、品位低等特点。目前，共发现9个矿区，55个矿体，共提交C+D+E级资源储量3.31538×10^{7}t。其TiO_2平均品位为6.17%。

2.4.2 钛铁矿砂矿分布

我国钛铁矿砂矿资源主要分布在广东、广西、海南和云南等省区，矿点比较分散，尚未发现大型矿床。我国砂矿钛铁矿的品位，与国外的比较，相对较低，大部分精矿中的TiO_2含量在48%～52%之间，只在广西部分地区有TiO_2含量54%～60%的高品位优质钛铁矿。全国共有钛铁矿砂矿区66处，其中大型9处，中型15处，小型42处。其矿床特点是矿点比较分散、规模小、品位低。海南和云南的储量较大。

海南省的钛铁砂矿共有20处，主要分布在东南沿海一带，北起文昌经琼海、万宁、陵水直到南部的三亚市，沿海岸线断续分布，是我国目前重要的钛矿产地。万宁县的长安、保定、兴隆为3个大型矿区，其中以长安矿区规模最大。

钛矿是云南省黑色资源中除铁、锰外居第3位的重要矿种，主要分布在禄劝、武定、富民、禄丰、保山板桥、西双版纳的勐海及滇南的石屏、建水、华宁、蒙自、富宁等地区。云南省已探明的钛铁矿床有30个，其中大型15个，中型5个，小型10个，探获钛铁矿储量5.561×10^{7}t，含钙镁低，为优质富钛铁砂矿。其矿床特点是储量大、品位高、矿物组合简单、分选性能良好，钛精矿钙镁杂质低、品质好，是生产海绵钛优质原料。

广东省有钛铁砂矿8处，主要分布在湛江、汕头、水东、徐闸。

广西钛铁矿砂矿共13处，大都属于风化矿、原生矿较少。梧州地区的钛铁矿主要分布在藤县、苓溪、苍梧等地，已探明的TiO_2储量约6×10^{6}t，含矿率20～40kg/m^3，最高达160kg/m^3；玉林地区的钛铁矿主要分布在陆川、博白、贵县、玉林等地，TiO_2储量约5×10^{6}t以上，含矿率16～25kg/m^3，最高达90kg/m^3；钦州地区的钛铁矿，主要分布在钦州、防城、合浦、灵山以及北海市、北部湾一带，估计 TiO_2 储量在 5×10^6 t 以上，已探明储量 1×10^6 t 以上。此外在大新、百色、那坡等地也发现有钛铁矿，估计其储量在数千万吨以上。

此外，在江苏省邳县燕子埠和铜山县汴塘乡马头山境内又发现了两处大型钛铁砂矿床，具有埋藏浅、厚度大、品位高、矿化均匀等特点，有极好的前景。

2.4.3 原生金红石矿分布

到目前为止，我国已发现金红石矿床、矿化点 88 处，分布于 17 个省、市、区，以湖北、河南、陕西、江苏、山西及山东为主（占全国总储量的 96%）。经过勘查的有 50 处，探明储量大约 1.530×10^7 t（金红石 TiO_2）。其中大型矿床 9 个，储量约 1.4×10^7 t，占总储量的 91%；中型矿床 10 个，储量 8.4×10^5 t，占总储量的 5.4%。大型矿床中，岩矿型矿床 6 个，占总储量的 89%左右；砂矿型矿床 3 个，占总储量的 11%左右。选矿回收率较高的粗粒型矿床 1 个，仅占总储量的 6%。断续开发的有 9 处。上述矿床，其中有 9 处是近期内（1985～1995 年）发现或勘查的，新增储量 7×10^6 t。

我国天然金红石矿主要是原生金红石矿，已上平衡表的矿区有 20 多个，再加上一些尚未上平衡表的伴生、共生矿区共 30 多处，主要分布在湖北、山西、河南、陕西、安徽、江苏等省区。湖北省枣阳市大阜山金红石矿和山西省代县碾子沟金红石矿是目前国内已发现的规模最大的两个产地，占全国金红石岩矿资源总储量的 97%。

现在我国已探明的金红石矿有：

(1) 湖北枣阳大阜山金红石矿，是目前国内地质工作程度最高的金红石矿，此矿床既有原生矿又有砂矿。20 世纪 70 年代初期累计探明原生金红石矿 TiO_2 储量 5.5693×10^6 t（B+C+D 级），其原矿 TiO_2 品位平均为 2.32%；金红石砂矿 TiO_2 储量为 1×10^5 t，TiO_2 含量为 0.6%～1.71%。

(2) 山西省代县碾子沟金红石矿，是我国金红石矿的主要产区，矿石储量居全国第 2 位。该金红石矿主要由义成沟、张山沟、碾子沟、羊延寺和刘家沟 5 个矿区组成。已探明的矿石储量为 6.934×10^7 t，TiO_2 储量高于 2.5×10^6 t，远景矿石储量可达 3×10^8 t。其原矿 TiO_2 平均含量为 1.92%。该矿虽然矿石品位低，但矿石易采、易选，储量丰富，金红石纯度高，杂质少，开发利用条件较好，可综合回收钛铁矿、磁铁矿。

河南省金红石矿床自北向南可划分为方城、西峡、新县 3 个较大的金红石成矿带。河南方城一带金红石矿，已详查 TiO_2 储量 3.97×10^6 t，已控制储量达 1×10^7 t，预测整个矿区资源总量可在 5×10^7 t 以上，其 TiO_2 平均品位为 2.22%。河南西峡八庙金红石矿，仅水峡河段已探明金红石 TiO_2 储量 4.5×10^5 t，平均品位 2.86%，预计整个矿区远景金红石储量 2.25×10^7 t。河南新县金红石矿，已探明储量 TiO_2 为 8.157×10^5 t，其平均品位为 1.65%。

陕西省安康市镇坪县发现一金红石矿，目前已探明 TiO_2 储量 6.30184×10^5 t，矿石 TiO_2 含量 3.33%～6.3%，平均品位 4.16%。安康大河熊山沟金红石矿 TiO_2 储量为 1.498×10^5 t，平均品位 3.62%。陕西商南县金红石矿，已探明 TiO_2 储量 6×10^5 t，预测远景储量 $(1.5\sim2)\times10^6$ t，矿石平均品位 1.91%。陕西户县大石沟金红石矿和蓝田县古庄沟金红石矿均有一定规模，但品位低、粒度细，目前难以利用。

四川会东新山金红石矿，为一特大型原生矿床，现已探明 D 级储量高于 1.74×10^7 t，TiO_2 平均品位高达 4.17%，矿体巨厚，出露地表，覆盖层薄，开采比低，适宜露天开采。

江苏省新沂市、东海县金红石矿是区域变质榴辉岩型原生金红石矿床。矿石中富含石榴石、绿辉石和磷灰石等，其 TiO_2 平均品位高达 3.3%。新沂市北沟镇白石村探明的金红石储量

超 1×10^8t。新沂市阿湖镇金红石总储量 6.1532×10^5t，含量 2.4%～6.9%，产出率 88%。东海县的金红石矿，经详查可上平衡表的金红石 C+D 储量为 5.07493×10^6t，平均品位 TiO_2 为 3.39%，主要分布在陆湖、青龙山、安峰、石湖、曲阳一带，有大大小小 200 多个榴辉岩体，其中以安峰乡毛北岩体为最大，南北长超过 2200m，东西 100～300m 宽，储量达 2.5×10^6t，已查明的 1 号矿体，矿石中金红石含量为 2.3%，最高达 5.28%，深藏厚度仅为 1m。另外据化工部郑州物探大队资料，赣榆县石桥镇芦山脚下的榴辉岩型金红石矿，推测金红石资源量在 1×10^7t 以上。该类矿床特点：规模大、矿体厚、品位高、储量集中，露头矿、交通方便、开采条件优越。

安徽省大别山南部潜山、太湖一带不仅分布有金红石砂矿，而且发育有超高压变质榴辉岩型的巨型原生金红石成矿带，金红石矿体产于榴辉岩中，矿石中 TiO_2 一般含量为 1.6%～3.68%，据估计大别山地区原生金红石矿储量可达千万吨以上。

山东省诸城市上崔家沟金红石矿，属近年来新发现的一种榴辉岩型金红石。具有规模大，矿化均匀、便于开发利用的特点，初步计算，金红石的地质储量大于 2×10^5t，可达大型金红石矿床规模。其金红石 TiO_2 含量为 1%～2%。此外，近年河北省保定市涞水县也发现了大型金红石矿属原生矿，TiO_2 含量为 3.87%。湖北省黄石市罗田县—英山县一带也蕴藏着大量榴辉岩型金红石资源，其金红石矿品位高，TiO_2 含量为 2.5%～4%，可长期大量开采。

2.4.4 金红石砂矿分布

金红石砂矿包括海滨砂矿和残坡积风化壳型金红石矿。我国的金红石砂矿保有储量主要分布在河南、湖北、山东、湖南、陕西等 5 个省区内。其次有广东、广西、海南，共有 27 个矿区，其中大型矿区 2 处、中型 4 处，其余均为小型矿区。海滨砂矿型金红石矿主要分布在海南、广东、广西、福建等省。海南有 28 个锆英石矿中伴生有金红石矿，平均金红石含量为 $1kg/m^3$～$2\ kg/m^3$，总储量 1.9×10^4t。风化壳型金红石矿主要分布于河南、山东、湖北、湖南、陕西、福建、安徽、江苏等省区。河南方城柏树岗金红石矿为其中规模最大，金红石 TiO_2 为 1.88%；规模次之为陕西省安康大河熊山沟金红石矿和山东莱西县南墅与石墨矿伴生的金红石矿。此外还有安徽潜山黄铺古井金红石矿、河南新县红显边金红石矿、山东诸城市上崔家沟金红石矿、湖北枣阳大阜山金红石矿、湖南湘阴的望湘、岳阳的新墙河、华容的三郎堰。河南省金红石砂矿表内储量（2.1845×10^6t），占全国同类储量（2.5686×10^6t）的 85%，山东省（1.768×10^5t）占 6.9%，湖北省（9.24×10^4t）占 3.6%，湖南省（6.99×10^4t）占 2.7%，安徽省占 1.15%，海南省占 0.58%。该类矿床虽然规模较小，储量低，但由于具有易采、易碎、易选等特点，目前是我国金红石矿开发的主要矿石类型。

本章小结：

分别介绍了国外钒、钛资源和中国钒、钛资源的概况。

思 考 题

(1) 简述国外钒钛资源的概况。

(2) 简述中国钒钛资源的概况。

参 考 文 献

1 廖世明，柏谈论．国外钒冶金．北京：冶金工业出版社，1985
2 黄道鑫等．提钒炼钢．北京：冶金工业出版社，2000：1～2
3 陈厚生．中国钒工业的创建和发展．钒钛，1992（6）：25～28
4 陈厚生．钒和钒合金．化工百科全书．第4卷．北京：化学工业出版社，1993：73～92
5 中国科技情报所重庆分所．国外钒钛工业及钒钛磁铁矿的利用情况．国外钒钛，1977（8）：1～14
6 许光辉，于东明．打造中国最大的钒钛产业综合利用基地．河北国土资源，2006（7）：20

3 钒钛的基本性质

本章要点：

(1)五氧化二钒、三氧化二钒、钒铁、氮化钒、钒酸铵、钒电池及钒基储氢合金的主要性质、用途及其制备方法；

(2)钛渣、钛白(二氧化钛)、四氯化钛、金属钛的主要性质、用途及制取方法。

3.1 钒及其化合物主要性质

3.1.1 金属钒的性质

金属钒的物理性质见表3-1。

表3-1 金属钒的物理性质

性　　质	数　据
原子量	50.9451
熔点/℃	1890±10
沸点/℃	3380
密度/g·cm^{-3}	6.11
比热容(20℃)/J·(kg·K)$^{-1}$	533.72
热导率(20℃)/W·(m·K)$^{-1}$	30.98
超导转变温度/K	5.13
线膨胀系数(0～100℃)/℃$^{-1}$	8.3×10^{-6}
电阻率(20℃)/μΩ·cm	24.8～26.0
电阻温度系数/Ω·cm·℃$^{-1}$	$2.18\sim2.76\times10^{-8}$
热焓(0～100℃)/J·mol^{-1}	24.62
再结晶温度/℃	800～1000
蒸气压(1393～1609℃)/kPa	$R\ln P=121950/T-5.123\times10^{-4}T+38.8$
热中子吸收横截面/b	4.7±0.02
快中子俘获横截面/b	0.003
摩尔升华潜热/kJ·mol^{-1}	541.0
摩尔蒸发潜热/kJ·mol^{-1}	458.6
摩尔熔化潜热/kJ·mol^{-1}	16.02
摩尔焓(25℃)/kJ·mol^{-1}	5.27
摩尔熵(25℃)/kJ·(mol·℃)$^{-1}$	29.5
晶型	立方

钒是一种单晶金属，呈银灰色，具有体心立方晶格，曾发现在1550℃和−38～−28℃时有多晶转变；高熔点难熔金属，在低温时有良好的耐腐蚀性。纯钒具有良好的延展性和可锻性，在常温下可制成片、丝和箔。钒呈弱顺磁性，是电的不良导体。钒的力学性能取决于它的纯度。少量的杂质，如氧、氮、碳、氢可提高钒的硬度和抗拉强度，但降低了它的延展性。

常温下钒的化学性质较稳定，但在高温下能与碳、硅、氮、氧、硫、氯、溴等大部分非金属元素生成化合物。例如：钒在空气中加热至不同温度时可生成不同的钒氧化物。180℃温度下钒与氯作用生成四氯化钒(VCl_4)。钒在400℃时开始吸收氮，当温度超过800℃时，钒与氮反应生成氮化钒(VN)。在800～1100℃时钒与碳生成碳化钒(VC)。钒在300～400℃时强烈吸收氢，生成氢化物，高于1000℃时，氢的溶解度甚小，在高真空中，600～700℃时氢便释放出来。

钒具有较好的耐腐蚀性能，能耐淡水和海水的侵蚀，亦能耐氢氟酸以外的非氧化性酸(如盐酸、稀硫酸)和碱溶液的侵蚀，但能被氧化性酸(浓硫酸、浓氯酸、硝酸和王水)溶解。在空气中，熔融的碱、碱金属碳酸盐可将金属钒溶解而生成相应的钒酸盐。此外，钒亦具有一定的耐液态金属(铀)和合金(钠、铅-铋等)的腐蚀能力，因此，钒包套材料与核燃料之间不发生明显的相互作用与扩散作用，能可靠地防护核分裂产物。适合作钠冷却快中子反应堆的燃料包套和反应堆材料。

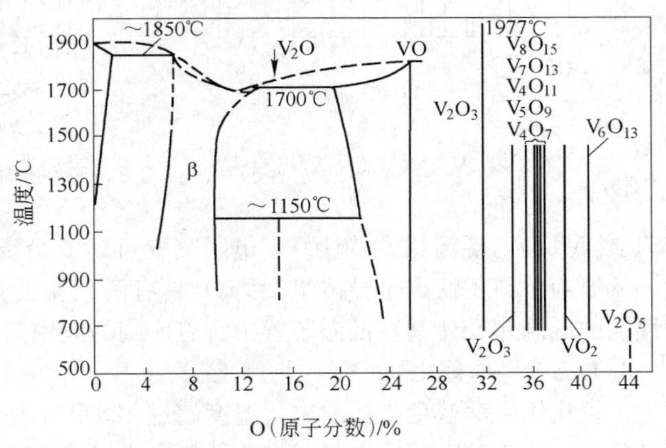

图 3-1 V-O系状态图

3.1.2 钒氧化物的性质

由钒-氧二元相图(图3-1)可知，钒有多种氧化物。V_2O_3-V_2O_5系相图见图3-2。V_2O_3和V_2O_4之间，存在着可用通式V_nO_{2n-1}($3\leqslant n\leqslant 9$)表示的同族氧化物，在V_2O_3到V_2O_5之间，已知有V_3O_5、V_3O_7、V_4O_7、V_4O_9、V_5O_9、V_6O_{11}、V_6O_{13}等。工业上钒氧化物主要是以五氧化二钒、四氧化二钒和三氧化二钒，特别是五氧化二钒的生产尤为重要。它们的主要性质列于表3-2。

表 3-2 钒氧化物的主要性质

氧化物	晶系	颜色	密度/g·cm^{-3}	熔点/℃	溶解性
V_2O_2	等轴	浅灰	5.76	1790	不溶于水，溶于酸
V_2O_3	菱形	黑	4.87	1970～2070	不溶于水，溶于HF及HNO_3
V_2O_4	正方	蓝黑	4.2～4.4	1545～1967	微溶于水，溶于酸及碱，不溶于乙醇
V_2O_5	斜方	橙黄	3.357	650～690	微溶于水，溶于酸及碱，不溶于乙醇

3.1.2.1 一氧化钒(VO或V_2O_2)

一氧化钒为浅灰色带有金属光泽的晶体粉末，是非整比氧化物，组成为$VO_{0.94\sim1.12}$，固体是离子型的并具有氯化钠型结构。由于结构中的金属-金属键，所以具有较高的导电性。具有碱性的氧化物性质，不溶于水，能溶解于酸中生成强还原性的紫色钒盐$[V(H_2O)_6]^{2+}$离子。在空气中和水中不稳定，容易氧化成V_2O_3。在真空中它发生歧化反应生成金属钒和V_2O_3。用

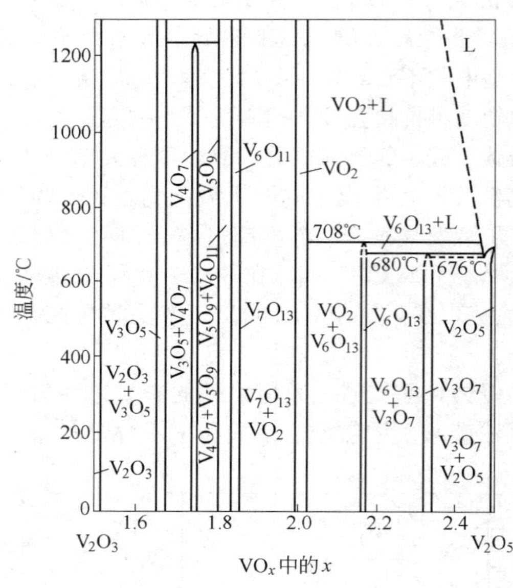

图 3-2 V_2O_3-V_2O_5系状态图

氢在 1700℃下还原 V_2O_5或 V_2O_3制得。

3.1.2.2 三氧化二钒(V_2O_3)

V_2O_3是灰黑色有光泽的结晶粉末。是非整比的化合物 $VO_{1.35\sim1.5}$，晶体结构为 α-Al_2O_3型的菱面体晶格。熔点很高(2070℃)，属于难熔化合物，并具有导电性。它是碱性氧化物，溶于酸生成蓝色的三价钒盐$[V(H_2O)_6]^{3+}$离子，已知它有相当大的八面体络合，在水中会部分水解生成 $V(OH)^{2+}$和 VO^+。在空气中缓慢被氧化，在氯气中迅速被氧化，生成三氯氧钒($VOCl_3$)和 V_2O_5。常温下暴露于空气中数月后，它变成靓青蓝色的 VO_2。不溶于水及碱，是强还原剂。高温用碳或氢还原五氧化二钒制备。纯的 V_2O_3是把 V_2O_5粉末在氢气流中(流速 10L/h)于 500℃下还原 20h 而得到黑色粉末。工业上制取方法是用氢气、一氧化碳、氨气、天然气、煤气等气体还原 V_2O_5或钒酸铵制取(见第 5 章)。

V_2O_3具有金属-非金属转变的性质(也称为 MST 或 MIT)，低温相变特性好，电阻突变可达 6 个数量级，还伴随着晶格和反铁磁性的变化，低温为单斜反铁磁半导体组。V_2O_3具有两个相变点：150～170K 和 500～530K，其中的高性能的低温相变使其在低温装置中有着广阔的应用前景。

3.1.2.3 二氧化钒(VO_2或 V_2O_4)

二氧化钒是深蓝色晶体粉末，温度超过 128℃时为金红石型结构。VO_2是整比化合物，两性氧化物，溶于酸和碱。在强碱溶液中可生成多种 $M_2V_4O_9$或 $M_2V_2O_5$四价亚钒酸盐。

VO_2溶于酸中时不能生成 V^{4+}离子，而生成正两价钒氧基 VO^{2+}离子。VO^{2+}离子在水溶液中呈浅蓝色，钒氧基盐如 $VOSO_4$、$VOCl_2$在酸性溶液中非常稳定，加热煮沸也不分解。

二氧化钒是将 V_2O_5与草酸共熔进行温和的还原作用来制备的。也可由 V_2O_5与 V_2O_3、C、CO、SO_2等还原剂制得。工业上可用钒酸铵或 V_2O_5用气体还原制得。

一般认为 VO_2也是 V_2O_5作为氧化反应催化剂使用时，催化剂本身进行的氧化还原过程中的一种存在形式。

VO_2具有金属-非金属转变的性质(也称为 MST 或 MIT)，是 20 世纪 50 年代末 F. J. Morin 发现的。V_6O_{11}、V_3O_5、V_2O_3等也具有类似的特点，这种材料发生相变时，光学和电学性质会发生明显的变化：当温度低时，在一定温度范围内，材料会突然发生从金属性质转变到非金属(或半导体)性质，同时还伴随着晶体在纳秒级时间范围内(约 20ns)向对称形式较低的结构转化，光学透过率也会同时从低透过转变为高透过。

VO_2是钒氧化物中研究最多的一种，这不仅仅是由于其性质突变十分明显，更重要的是因为其转变温度 340K(相当于 67℃)最接近室温，具有较大的应用潜力。由于 VO_2的薄膜形态不易因反复相变而受到损坏，因此，其薄膜形态受到了比其粉体、块体形态更为广泛的研究(见第 5 章)。

3.1.2.4 五氧化二钒(V_2O_5)

V_2O_5是一种无味、无嗅、有毒的橙黄色或红棕色的粉末，微溶于水(约 0.07g/L)，溶液呈微黄色。它在约670℃时熔融，冷却时结晶成黑紫色正交晶系的针状晶体，它的结晶热很大，当迅速结晶时会因灼热而发光。V_2O_5是两性氧化物，但主要是酸性的。当溶解在极浓的NaOH中时，得到一种含有八面体钒酸根离子VO_4^{3-}的无色溶液。与Na_2CO_3一起共熔得到不同的可溶性钒酸钠。反应如下：

$$V_2O_5 + 3Na_2CO_3 \longrightarrow 2Na_3VO_4 + 3CO_2$$

$$V_2O_5 + 2Na_2CO_3 \longrightarrow Na_4V_2O_7 + 2CO_2$$

$$V_2O_5 + Na_2CO_3 \longrightarrow 2NaVO_3 + CO_2$$

V_2O_5是一种中等强度的氧化剂，可被还原成各种低氧化态的氧化物。例如：V_2O_5溶于盐酸发生如下氧化还原反应：

$$V_2O_5 + 10HCl \longrightarrow 2VCl_4 + Cl_2\uparrow + 5H_2O$$

$$V_2O_5 + 6HCl \longrightarrow 2VOCl_2 + Cl_2\uparrow + 3H_2O$$

V_2O_5与Cl_2在650℃反应生成$VOCl_3$：

$$2V_2O_5 + 6Cl_2 \longrightarrow 4VOCl_3 + 3O_2$$

V_2O_5与干燥的HCl作用也能生成$VOCl_3$：

$$V_2O_5 + 6HCl \longrightarrow 2VOCl_3 + 3H_2O$$

V_2O_5与$FeSO_4$发生下列反应：

$$V_2O_5 + 2FeSO_4 + 3H_2SO_4 \longrightarrow V_2O_2(SO_4)_2 + Fe_2(SO_4)_3 + 3H_2O$$

V_2O_5可被氢还原制得一系列低价钒氧化物。可被硅、钙、铝等还原为金属：

$$2V_2O_5 + 5Si \longrightarrow 5SiO_2 + 4V\text{(加热)}$$

$$V_2O_5 + 5Ca \longrightarrow 5CaO + 2V\text{(加热)}$$

$$3V_2O_5 + 10Al \longrightarrow 5Al_2O_3 + 6V\text{(加热)}$$

V_2O_5在高温下与水蒸气作用生成挥发性的钒化合物：

$$V_2O_5 + 2H_2O \longrightarrow V_2O_3(OH)_4\text{(500～600℃)}$$

$$V_2O_5 + 3H_2O \longrightarrow 2VO(OH)_3\text{(639～899℃)}$$

在700℃以上，V_2O_5显著地挥发，其蒸气压随温度的升高呈直线上升。

将熔融的V_2O_5注入水中可制备V_2O_5溶胶，在应用上具有一定意义。

根据电导率和热电势的测定结果，可以确认V_2O_5是N-型半导体，其导电性来自氧原子的晶格缺陷。

因为在V_2O_5晶格中比较稳定地存在着脱除氧原子而得的阴离子空穴，因此在700～1125℃范围内，可逆地失去氧，这种现象可解释为V_2O_5的催化性质。

$$2V_2O_5 \rightleftharpoons 2V_2O_4 + O_2$$

V_2O_5可用偏钒酸铵在空气中于500℃左右分解制得。此时，如果空气流通不好，就被分解的氨气还原成中间氧化物$(NH_4)_2O\cdot 2V_2O_5$及$(NH_4)_2O\cdot 3V_2O_5$等。为了得到纯五氧化二钒，最好在上述温度下，通入足量的空气煅烧3h左右。此外，在瓷坩埚中制备时，最初应尽量在低温下徐徐加热分解，还要在500～550℃加热数小时，待完全红热后，加入少量不含氯的高纯度硝酸，使之完全氧化，再蒸干。为了制取结晶性的V_2O_5，可把上述方法所得到的产物放入石英玻璃管中，在通入氧气的同时，在稍高于熔点的温度加热熔融，并在熔融状态下保持较长时间后，使之缓慢冷却，析出结晶，再把结晶沿析出壁面取出。结晶最大可达7mm宽，25mm长，但这并不是完全的单晶，而是稍大的单晶集聚成的镶嵌多晶体。

V_2O_5是最重要的钒氧化物，工业上用量最大。工业五氧化二钒的生产，用含钒矿石、钒渣、含碳的油灰渣等提取，制得粉状或片状五氧化二钒。它大量作为制取钒合金的原料，少量作为催化剂(见第 5 章)。

3.1.3　钒酸盐性质

3.1.3.1　钒酸的性质

钒酸具有较强的缩合能力。在碱性钒酸盐溶液酸化时，将发生一系列的水解-缩合反应，形成不同组成的同多酸及其盐，并与溶液的钒浓度和 pH 值有关(见图 3-3)，随着 pH 值下降，聚合度增大，溶液颜色逐渐加深，从无色到黄色再到深红色。在强碱性(pH 值为 11～14)溶液中，钒以正四面体型的正钒酸根离子 VO_4^{3-} 的形式存在；加酸来降低 pH 值时，这个离子加合质子并聚合生成了在溶液中很大数目的不同含氧离子：在 pH 值为 10～12 时，以二钒酸根 $V_2O_7^{4-}$ 离子(或称之为焦钒酸根离子)存在；当 pH 值下降到 9 左右时，进一步缩合成四钒酸根 $V_4O_4^{4-}$ 离子；pH 值继续下降，将进一步缩合成多聚钒酸根离子，如 $V_6O_{17}^{4-}$、$V_6O_{16}^{2-}$、$V_{10}O_{28}^{6-}$、$V_{12}O_{31}^{2-}$ 等离子；在 pH 值为 2 左右，缩合的多钒酸根离子遭到破坏，水合的五氧化二钒沉淀析出。在极强酸存在时，这个水合氧化物即溶解并生成比较复杂的离子，直到在 pH 值小于 1 时，生成 VO_2^+ 离子的形式存在于溶液中。在不同的 pH 值条件下结晶出来许多固体化合物，但是这些化合物并不一定具有相同的结构，并且水合程度也不一样。

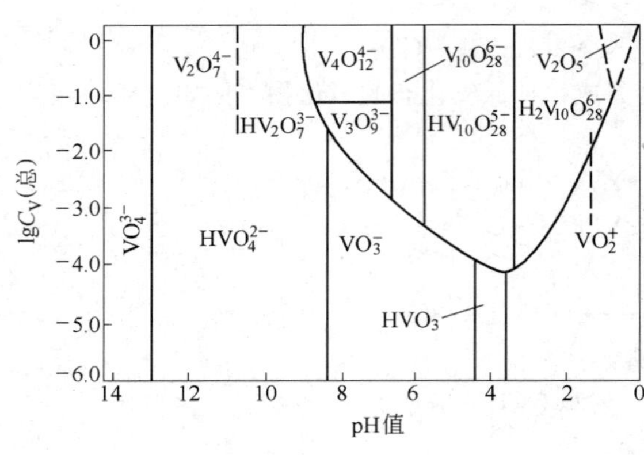

图 3-3　溶液中钒(V)的离子状态图(25℃)

钒酸根离子也能同其他酸根离子生成络合物。由于缩合在一起的酸单元不止一个，所以这些化合物叫做杂多酸。杂多酸总是由钒酸根离子和钨酸根离子同来自约 40 个元素的一个或多个较强的酸根离子(如磷酸根、砷酸根或硅酸根)结合在一起生成的。不同类型单元数目之间的比值往往是 12∶1 或 6∶1。对杂多酸的研究是很困难的，因为它们的分子量常达 3000 或更大，并且含水量是可变的。

具有工业意义的钒酸盐有偏钒酸钠($NaVO_3$)，偏钒酸钾(KVO_3)，偏钒酸铵(NH_4VO_3)，纯净的化合物是白色或浅黄色的晶体。

3.1.3.2　钒的钠盐

在研究 V_2O_5-Na_2O 体系相图时发现(图 3-4)，有 5 种化合物存在，其中正钒酸钠(Na_3VO_4)，焦钒酸钠($Na_4V_2O_7$)和偏钒酸钠($NaVO_3$)溶解于水。另外还有两类化合物

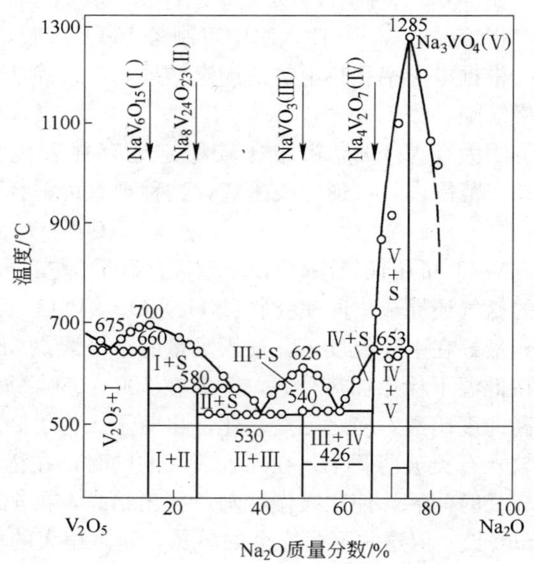

图 3-4　V_2O_5-Na_2O 体系相图

中同时含有四价钒和五价钒的化合物称为钒青铜，NaV_6O_{15}（通式为 $Na_2O \cdot xV_2O_4 \cdot (6-x)V_2O_5$（$x=0.85 \sim 1.06$））和 $Na_8V_{24}O_{23}$（通式为 $5Na_2O \cdot xV_2O_4 \cdot (12-x)V_2O_5$（$x=0 \sim 2$））。它们是在偏钒酸钠结晶时脱氧后形成的，条件不同得到不同的产物。多数钒青铜不溶于水。钒青铜和可溶性钒酸盐之间的转变具有可逆性，钒青铜在空气中氧化可变为可溶性钒酸盐，当可溶性钒酸盐熔体缓慢冷却时结晶脱氧变成钒青铜。这一特性对钒渣提钒时的氧化焙烧，具有很大的指导意义。

除了上述的钠盐外，在酸性溶液中还可制得十二钒酸钠 $Na_2V_{12}O_{31}$（熔点 635～645℃）、六钒酸钠 $Na_2V_6O_{16}$（熔点 548℃）和十钒酸钠 $Na_4V_{10}O_{27}$（熔点 581℃）等。

Na_3VO_4 水溶液加酸来降低 pH 值时，这个离子加合质子并聚合生成了在溶液中很大数目的不同含氧离子。下面反应程序可以说明观察到的实验现象，不过各种不同物种中的水合程度是不知道的。

$$[VO_4]^{3-} \xrightarrow{pH12} [VO_3 \cdot OH]^{2-} \xrightarrow{pH10} [V_2O_6 \cdot OH]^{3-} \xrightarrow{pH9} [V_3O_9]^{3-} \xrightarrow{pH7} V_5O_{14}$$

$$V_5O_{14} \xrightarrow{pH6.3} V_2O_5 \cdot [H_2O]n \xrightarrow{pH2.2} [V_{10}O_{28}]^{6-} \xrightarrow{pH<1} [VO_2]^{+}$$

其中，V_5O_{14}、$V_2O_5 \cdot [H_2O]n$ 是沉淀出了具有此结构的物质。

四价钒（V^{4+}）的钠盐有 Na_2VO_3 和 $Na_2V_2O_5$，属于四方晶系，不溶于水，溶于稀硫酸。

三价钒（V^{3+}）的钠盐有 $NaVO_2$，是六方晶系。

3.1.3.3 钒的铵盐

偏钒酸铵（NH_4VO_3）是白色或带淡黄色的结晶粉末，在水中的溶解度较小，每 100g 水中的溶解量 20℃时为 0.48g，50℃时为 1.78g，随温度升高而增大，在真空中加热到 135℃开始分解，超过 210℃时分解生成 V_2O_4 和 V_2O_5。许多人研究过偏钒酸铵在不同气氛下的热分解过程，得到很多的中间产物，如表 3-3 所示。

表 3-3 偏钒酸铵热分解条件及产物

温度/℃	气氛	分解产物
250	空气和氧气、NH_3	V_2O_5
250	空气	$(NH_4)_2O \cdot 3V_2O_5$
340	空气	$(NH_4)_2O \cdot V_2O_4 \cdot 5V_2O_5$
420～440	空气	NH_3，V_2O_5
310～325	氧气	V_2O_5
约 200	氢气	
约 320	氢气	$(NH_4)_2O \cdot 3V_2O_5$
约 400	氢气	$(NH_4)_2O \cdot V_2O_4 \cdot 5V_2O_5$
约 1000	氢气	V_6O_{13}，V_2O_3，V_2O_4
350	二氧化碳、氮或氩	$(NH_4)_2O \cdot V_2O_4 \cdot 5V_2O_5$
400～500	二氧化碳、氮或氩	V_6O_{13}
200～240	氮气和氢气	$(NH_4)_2O \cdot 3V_2O_5$
320	氮气和氢气	$(NH_4)_2O \cdot V_2O_4 \cdot 5V_2O_5$
400	氮气和氢气	V_6O_{13}
225	水蒸气	$(NH_4)_2O \cdot 3V_2O_5$

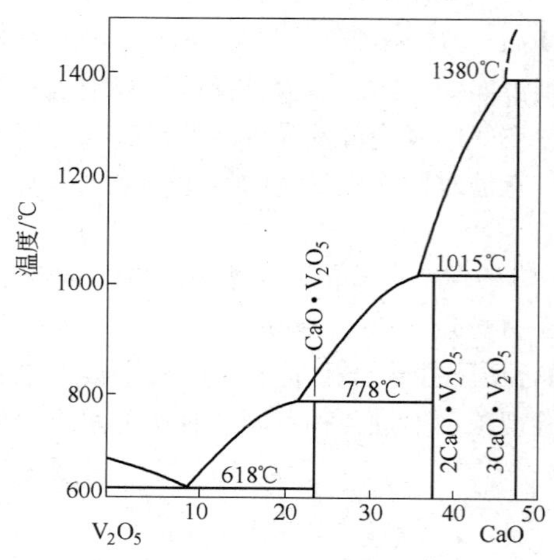

图 3-5　V_2O_5-CaO 相图

除了偏钒酸铵外，五价钒(V^{5+})的铵盐还有很多种，比如$(NH_4)_2V_4O_{11}$、$(NH_4)_2V_6O_{16}$、$(NH_4)_4V_6O_{17}$、$(NH_4)_4V_{10}O_{27}$、$(NH_4)_6V_{10}O_{33}$、$(NH_4)_2V_{12}O_{31}$、$(NH_4)_6V_{14}O_{38}$、$(NH_4)_{10}V_{18}O_{40}$、$(NH_4)_6V_{20}O_{53}$、$(NH_4)_8V_{26}O_{69}$等。工业生产五氧化二钒时，采用酸性铵盐沉钒时，在不同钒浓度和pH值等沉钒条件下，可以得到上述的钒酸铵沉淀，通常称之为多钒酸铵(英文缩写为APV)，是制取V_2O_5的中间产品，多为橙红色或橘黄色，也称为“黄饼”。在水中的溶解度较小，随着温度升高，溶解度降低。APV在空气中煅烧脱氨后，得到工业五氧化二钒。

3.1.3.4　钒酸钙

在CaO-V_2O_5体系中(图3-5)有三种钒酸钙，偏钒酸钙($CaO \cdot V_2O_5$)；焦钒酸钙($2CaO \cdot V_2O_5$)和正钒酸钙($3CaO \cdot V_2O_5$)，它们的熔点分别为778℃、1015℃和1380℃。在水中溶解度都很小，但溶解于稀硫酸和碱溶液(见第5章)。

在图3-6中说明V_2O_5-CaO系中除了有上述三种钒酸钙外，还可能生成另外三种钒酸钙，分别是熔点1100℃的四钒酸钙$Ca_7V_4O_{17}$、1250℃生成的聚合钒酸钙$Ca_4V_2O_9$和700～1300℃生成的聚合钒酸钙$Ca_5V_2O_{10}$。

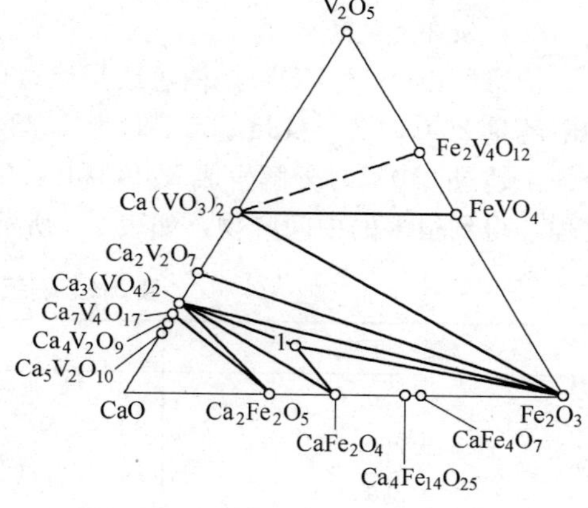

图 3-6　CaO-Fe_2O_3-V_2O_5 系

四价钒的钙盐有CaV_2O_5、$CaVO_3$。还存在含有四价钒(V^{4+})的钙钒青铜$Ca_xV_2O_5$($0.17 \leqslant x \leqslant 0.33$)，如$CaO \cdot V_2O_4 \cdot 5V_2O_5$。

三价钒的钙盐有CaV_2O_4。

3.1.3.5　钒酸镁

MgO-V_2O_5体系比较复杂，不同研究条件得到不同的镁盐，得到的钒酸镁有：偏钒酸镁$MgO \cdot V_2O_5$(熔点742～760℃)、焦钒酸镁$2MgO \cdot V_2O_5$(熔点950～980℃)、正钒酸镁$3MgO \cdot V_2O_5$(熔点1074～1212℃)以及$3MgO \cdot 2V_2O_5$(熔点760℃)、$2MgO \cdot 3V_2O_5$(熔点640℃)、$7MgO \cdot 3V_2O_5$(熔点为1162℃)等。它们在水中溶解，且随着温度升高溶解度增大。

3.1.3.6　钒酸铁

在Fe_2O_3-V_2O_5体系中发现有两种钒酸铁：正钒酸铁$FeVO_4$，当温度在870～880℃时，它分解成液态的V_2O_5和固态的Fe_2O_3；$Fe_2O_3 \cdot 2V_2O_5$，它在700℃分解为正钒酸铁$FeVO_4$和熔融物。

四价钒(V^{4+})也有铁的钒青铜$Fe_2O_3 \cdot V_2O_4 \cdot V_2O_5$，450℃开始氧化得到$Fe_2O_3 \cdot 2V_2O_5$。

三价钒(V^{3+})与FeO可生成钒尖晶石$FeO \cdot V_2O_3$，密度为4.89g/cm^3，属立方晶系。在含钒矿物钛磁铁矿和钒渣中，钒主要以三价钒(V^{3+})的状态存在于这种尖晶石相中。

3.1.3.7 钒酸锰

$MnO\text{-}V_2O_5$系存在三种钒酸锰：正钒酸锰$(Mn)_3(VO_4)_2$，焦钒酸锰$Mn_2V_2O_7$和偏钒酸锰$Mn(VO_3)_2$。后两者的熔点分别为1023℃和805℃。正钒酸锰不稳定，在高温空气加热条件下分解为焦钒酸锰$Mn_2V_2O_7$和Mn_2O_3。

四价钒与MnO生成$MnO \cdot 3VO_2$。

三价钒与MnO生成锰钒尖晶石$MnO \cdot V_2O_3$，密度为4.76g/cm^3。

3.1.4 钒卤化合物性质

钒的卤化物和卤氧化物的性质列于表3-4。

表3-4 钒的卤化物和卤氧化物性质

氧化态	分子式	颜 色	熔点/℃	沸点/℃	密度/g·cm^{-3}
+2	VF_2	蓝			3.96(20℃)
	VCl_2	浅绿	约910，升华		3.09(20℃)
	VBr_2	棕橙	约800，升华		4.52(25℃)
	VI_2	红	750～800，(真空)升华		5.0(0℃)
+3	VF_3	绿	1406，分解		3.36(19℃)
	VCl_3	红-紫	425，歧化		2.82(20℃)
	VBr_3	绿棕	400，歧化		4.20(25℃)
	VI_3	棕黑	280，(真空)分解		5.14(20℃)
	VOCl	棕	620，(真空)分解		3.44(25℃)
	VOBr	紫	约480，分解		4.00(18℃)
+4	VF_4	绿	100，升华和歧化		3.15(20℃)
	VCl_4	暗棕	−25.7	152	1.82(25.3℃)
	VBr_4	品红	−23，分解		
	VOF_2	黄			3.396(19℃)
	$VOCl_2$	绿	约300，歧化		2.88(13℃)
	$VOBr_2$	黄棕	约320，分解		
+5	VF_5	白	19.5	48.3	>2.5(20℃)
	VOF_3	淡黄	100，升华		2.495(20℃)
	$VOCl_3$	黄	−78.9	127.2	1.83(20℃)
	$VOBr_3$	深红	−59	130，分解	2.993(15℃)
	VO_2F	棕	300		
	VO_2Cl	橙	100，分解		2.29(20℃)

3.1.4.1 二卤化钒

所有的二卤化钒都是吸潮性的，具有强烈的还原性，在操作时要隔绝空气，在水中它们都生成$[V(H_2O)_6]^{2-}$离子。

VF_2：在115℃将适当比例的HF与H_2的混合物还原VF_3可得到VF_2。

VCl_2：在475℃用H_2还原VCl_3，或在N_2或CO气氛下，800℃ VCl_3歧化反应可得到VCl_3。

VBr_2：在H_2气氛下还原VBr_3可得到VBr_2。

VI_2：280℃下VI_3分解得到VI_2。

3.1.4.2 三卤化钒

三卤化钒的制备方法如下所述。

VF_3：在N_2气氛下，HF与VCl_3或VBr_3在600℃反应；HF与VH在400℃反应；VF_4 400℃歧化反应；在200℃下金属钒与F_2反应均可得到VF_3。

VCl_3：在H_2或CO_2气流中VCl_4加热到160～170℃分解得到VCl_3。

VBr_3：Br_2与氮化钒隔绝空气加热至红热；Br_2与 VC 加热到 400℃；Br_2与金属钒真空加热到 400℃；Br_2与钒铁加热到红热；CBr_4与 V_2O_5加热到 350℃均可得到 VBr_3。

VI_3：I_2与金属钒真空加热到 350～400℃可得到 VI_3。

3.1.4.3 四卤化钒

四卤化钒的制备方法如下所述。

VF_4：液态 HF 与 VCl_4在－28℃作用；F_2与金属钒 200℃反应；Ar 气氛下 F_2与 VCl_4 150℃反应均可制得 VF_4。

VCl_4：金属钒与 Cl_2在 200～500℃反应；钒铁与 Cl_2加热反应可得到 VCl_4。

VBr_4：用 Br_2与 VBr_3状态加热到 325℃生成 VBr_4。

3.1.4.4 卤化氧钒

卤化氧钒的制备方法如下所述。

VOF_2：FH 与 $VOBr_2$加热到 500～700℃可得到 VOF_2。

$VOCl_2$：用 Zn 粉在 400℃还原 $VOCl_3$可得到 $VOCl_2$。

$VOBr_2$：$VOBr_3$在 180℃热分解得到 $VOBr_2$。

VOI_2：V_2O_5与 HI 作用得到 VOI_2。

VOF_3：VF_3与 O_2加热到红热可得到 VOF_3。

$VOCl_3$：用 V_2O_5或 V_2O_3用 Cl_2在 600～800℃氯化得到 $VOCl_3$。

$VOBr_3$：Br_2与 V_2O_5或 V_2O_5与碳混合物在 600℃反应得到 $VOBr_3$。

3.1.5 钒的其他二元非金属化合物

钒的其他二元非金属化合物性质列于表 3-5 中。

表 3-5 钒的其他二元非金属化合物

名称	分子式	颜色	熔点/℃	密度/g·cm^{-3}	结构
碳化物	V_2C	暗黑	2200	5.665	立方
	VC	暗黑	2830	5.649	立方
氮化物	VN	灰紫	2050	6.04	立方
硅化物	V_3Si		1350	5.67	立方
	V_5Si_3		2150	4.8	六方
	VSi_2		1750	4.7	六方
硫化物	V_3S	黑	825～950，相变		<825℃，四方，>950℃，立方
	VS	棕黑	600，相变	4.2	<600℃，斜方，>600℃，六方
	V_5S_4	黑	>700，歧化		六方
	V_3S_5	黑	450，分解		六方
	V_2S_3	灰黑	850～950，分解	4.7	单斜
	VS_4	黑	>500，分解		
磷化物	VP	灰黑	1230，分解		六方
硼化物	V_3B_2		约 1900	5.44	正方
	VB		2300，分解		
	V_3B_4		约 2400	5.10	正交

(1) 钒的硅化物。由 V-Si 状态图(图 3-7)可知，已经查明的有三种化合物：V_3Si，V_5Si_3 和 V_5Si_2。此外发现了新相 V_5Si_4，它是在 1670±10℃下按包晶反应 V_5Si_3＋液相形成的。

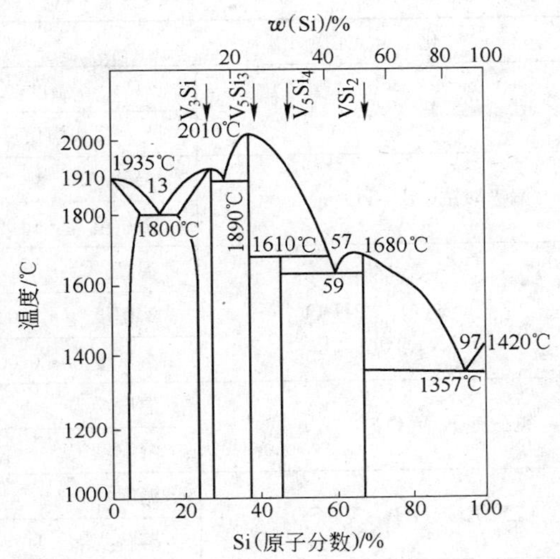

图 3-7 V-Si 状态图

(2) 钒的硫化物。有多种化合物，VS_3 是在 1400℃由包晶反应生成的。V_2S_5 是在隔绝空气下将 V_2O_5 与硫一起加热到 400℃制得的，加热时氧化转变成 V_2O_5，V_2S_5 不溶于水，稍溶于盐酸和热的稀硫酸，能溶于热的浓硫酸和热的稀硝酸，溶于氨水和易溶于碱液中。VS_4 是自然界存在的绿硫矿中存在的形式，能溶于氢氧化钾溶液，但不被酸氧化，高于 500℃不稳定。V_2S_3 是 V_2O_5 与 H_2S 在 750℃反应生成的，是最稳定、最典型的硫化物，在空气中加热氧化生成 V_2O_5 和 SO_2。VS 是在 1000℃用 H_2 还原 V_2S_3 或在 N_2 中 1000℃使 V_2S_3 热分解得到的，在空气中不稳定，加热时迅速生成 V_2O_5 并放出 SO_2。

(3) 钒的磷化物。已知存在四种磷化物，V_3P、V_2P、VP 和 VP_3，其中最稳定的是 VP。将磷与钒在高温下直接反应可得到磷化物。

(4) 钒的硼化物。已经确定有四个物相：VB_2、V_3B_4、VB 和 V_3B_2。利用 V_2O_3 与硼用碳还原可得到硼化物。其中 VB_2 是十分稳定的化合物，溶于硝酸和高氯酸，加热时除草酸外，溶于一切已知酸。硼化物易在空气中氧化，VB_2 开始氧化的温度为 1100℃。

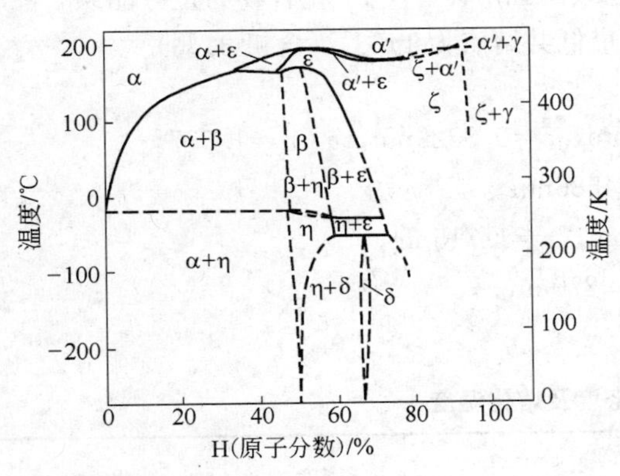

图 3-8 V-H 体系相图

(5) 钒的氢化物。钒能溶解氢，生成氢化物。V-H 体系相图(图 3-8)表明，钒吸收氢可生成不同氢化物相，如 α_H 为无序 bcc 固溶体，β_H 为 V_2H，γ_H 为 VH_2，δ_H 为 V_3H_2，ε_H 为存在于 175～197℃之间的 V_2H 相，η_H 为 β_H 的低温变体。此外钒可以生成二氢化物 VH_2，但很不稳定，温度为 13℃时，其离解压已达 1.01×10^5 Pa，其反应为 $2VH_2 \longrightarrow 2VH + H_2$，其反应热为 40.2kJ/mol。钒的氢化物为灰色金属物质，金属钒吸收氢后，晶格膨胀。随着氢化物成分不同，其密度比金属钒小约 6%～10%。金属钒吸收氢后变脆。在真空中加热到 600～700℃，钒的氢化物分解，随着氢的释出，钒的硬度降低，并恢复塑性性能。氢化钒不与水作用，也不与煮沸的盐酸作用，但被硝酸氧化。

钒的氢化物用于储氢合金，由于其储氢量大，是很有应用前景的化合物(见第 5 章)。

(6) 碳化物和氮化物(见第 5 章)。

3.1.6 某些钒化合物的物理化学数据

表 3-6 列出了几种钒化合物在水中的溶解度。

表 3-6 几种钒化合物在水中的溶解度

化合物	溶解度					
五氧化二钒 V_2O_5	温度/℃	25～100				
	溶解度	0.07%(质量分数)				
偏钒酸铵(NH_4VO_3)	温度/℃	20	30	40	50	70
	溶解度/g·$(100g)^{-1}$水	0.48	0.64	1.32	1.78	3.05
偏钒酸钠	温度/℃	25	40	60	70	75
$NaVO_3 \cdot 2H_2O$	溶解度/g·$(100g)^{-1}$水	15.3	30.2	68.0	36.9	38.8
$NaVO_3$	溶解度/g·$(100g)^{-1}$水	21.1	26.23	32.97		
钒酸钾 $K_3V_5O_{11}$	温度/℃	17.5				
	溶解度	16.10%(质量分数)				
硫酸钒铵$(NH_4)_2V_2(SO_4)_2$	温度/℃	25				
	溶解度/g·L^{-1}	316.9				
偏钒酸铍 $Be(VO_3)_2$	温度/℃	25				
	溶解度	0.1%(质量分数)				
多钒酸铵	温度/℃	25	45	65	85	95
	溶解度/g·L^{-1}	0.133	0.203	0.274	0.244	0.379

3.1.7 二元钒合金的性质

3.1.7.1 钒铁

由 V-Fe 二元相图可知，钒和铁之间可形成连续的固溶体。V-Fe 化合物为正方晶系，晶格常数 $a=0.895$nm，$c=0.462$nm，$c:a=0.516$。最低共熔点为 1468℃(含钒 31%)。

3.1.7.2 钒铝

(1) VAl_3：正方晶格，晶格常数 $a=0.5345$nm，$c=0.8322$nm，$c:a=1.577$。

(2) VAl_{11}：面心立方晶格，晶格常数 $a=1.4586$nm。

(3) VAl_6：六方晶格，晶格常数 $a=0.7718$nm，$c=1.715$nm。

(4) V_5Al_8：体心立方晶格，晶格常数 $a=0.9270$nm。

钒合金的密度及熔化温度见表 3-7。

表 3-7 钒合金的密度及熔化温度

合金	主要成分/%				密度/g·cm^{-3}	熔化温度/℃
	V	Al	Si	C		
FeV40	45～55	<4.0	<2.0	<0.2	6.7	1450
FeV60	50～65	2.0	1.5	0.15	7.0	1450～1600
FeV80	78～82	1.5	1.5	0.15	6.4	1680～1800
V99	>99	<0.01	<0.1	<0.06	6.1	1910
V80Al	75～85	15～20	0.4	0.05	5.2	1850～1870
V40Al	40～45	55～60	0.3	0.1	3.8	1500～1600

3.1.7.3 其他钒合金

V-Cr、V-W、V-Ti、V-Nb合金都是无限固溶。它们之间最低共熔点分别为：含钒30%(mol)的V-Cr为1750℃。含钒12%(mol)的V-W为1630℃，含钒28.7%(mol)的V-Ti为1620℃，含钒22.8%(mol)的V-Nb为1820℃。

3.1.8 钒的毒性

钒作为一种微量元素存在于所有的动植物的组织中，钒是人体内必需的微量元素之一，对人体的正常代谢有促进作用。

钒在医药上的应用有：20世纪初其化合物曾作为贫血症、萎黄病、肺结核病以及糖尿病的治疗药物。同时还是一种防腐剂，杀螺旋体剂以及增进食欲、提高营养和增进健康的滋养品。有人研究了钒对血液中胆固醇量的影响，钒盐可降低青年人和动物的胆固醇量。

虽然钒对人体是必不可少的微量有益元素，但是当人体吸入一定量后，将对人体造成危害。本节根据国内外一些资料，对钒的毒性及危害进行综合介绍，目的是提供给从事钒研究、管理和生产人员参考，同时也为采取必要的防护和环保措施，对长期接触钒的工作人员的卫生条件应引起重视，对从事钒生产工人的身体健康具有十分重要的意义。

3.1.8.1 钒的吸收过程

钒及其化合物通常具有毒性，随化合物价态升高而毒性增大，其中五价钒(V)的化合物毒性最大。

在冶金、化工和机械加工过程中由于钒化合物的升华、蒸发和机械流失产生的钒化合物的蒸气和悬浮物微尘通过呼吸道吸入及皮肤接触侵害人体。毒害程度取决于化合物的浓度、粒度、可溶性及接触时间长短等因素。五氧化二钒对皮肤有刺激，能否吸收尚无确证，而20%的钒酸钠溶液则可经皮肤吸收，钒尘及烟尘可通过肺部吸入人体，一般钒经消化道侵入的机会不多，经皮肤吸收的也极少见，造成危害的主要是五氧化二钒和可溶性化合物从呼吸道侵入。生产中应对呼吸和皮肤方面的影响引起足够的重视，改善工作环境，保证操作人员的健康。

3.1.8.2 钒的排出

钒主要通过肾脏及大便排出体外。但排出速度与钒的侵入途径及侵入的钒的性质有关。人体胃肠道仅从每100g钒中吸收0.1%～1%，吸收的钒可在24h内由肾排泄出去。皮肤遇钒及其化合物发生过敏反应，进入人体的钒及化合物可通过大便排出75%～86%；尿排泄13%～24%，毛孔及其他排放1%～4%。

人经口摄入钒酸铵盐时，约12%随尿排出，其余几乎全部随粪便排出体外。

静脉及腹腔内摄入的钒化合物从肾脏排出约60%，肠道排出9%～12%，尿便排出之比为6∶1，推测由肠道排出部分主要与肝脏泌胆功能有关。

肾脏排出钒的特点是：侵入体内钒大约61%在第一天可迅速排出。侵入钒后6h，光谱分析可发现血液中钒升高，接触钒后至少6h后尿钒才能升高。

吸入的钒粒度大于10μm者多停留在上呼吸道及中小支气管，可随痰排出，如吞咽可进入胃肠，直径小于5μm者可进入支气管乃至肺泡，故致病作用最强。除吸收入血者外，小部分也能于24h左右从肺部清除。

此外，许多文献报道钒在人体内不会发生积累，可排出体外。

3.1.8.3 钒中毒的临床表现

人体中毒多因呼吸道吸入高浓度钒所致，所以临床表现也以呼吸道及外露黏膜的刺激症状为主，综合国内外对钒侵入人体造成的危害研究，肯定结果如下：

呼吸系统：喉部刺激，顽固的干咳，弥漫的双肺罗音和支气管痉挛，描述中还发现肺高度充血，伴随肺泡上皮破坏及胸部紧迫感。引起鼻干、鼻出血、咳嗽、咯黏痰或血痰、咽痒、咽喉痛、声嘶、绿舌、劳动时呼吸困难、胸闷、气短及喘息等症状。会引起呼吸系统的慢性职业病，如鼻炎、咽炎、支气管炎、肺气肿、弥散肺硬变等。除化学作用外，还会造成有害的物理作用，会引起尘肺，有时并发肺结核病。

眼症状：眼结膜充血，分泌物增多，眼内异物及视物不清，患眼结膜炎等。

神经系统：头昏、失眠、记忆力减退、倦怠乏力、下肢活动不灵、手振颤、心悸、精神失常等。包括中枢神经系统功能失调和心血管病变（心电图出现心律不齐和期外收缩，QRST 间期延长，P 波和 T 波振幅下降）。

皮肤症状：出现皮肤瘙痒，过敏及职业性皮炎、丘疹、湿疹等。

消化系统：食欲不振，恶心，腹泻及肝、肾损害等症状。

心血管循环系统：钒化合物会引起人体新陈代谢障碍，血液生化过程的改变，抑制酶的活性，造成体重下降，血细胞减少，血红蛋白降低，发生贫血，心血管病变等。

急性接触所吸收高浓度的钒（每立方米几十毫克）会引起血管收缩、充血、出血，这就损害了肝、肾、心和脑。由接触钒所引起的生化改变有：胱氨酸和半胱氨酸的分解代谢增强和合成代谢下降，并伴有血清蛋白巯基的全面偏低。

一般从事钒工艺生产的工作人员，并未发现致癌和致畸变的记载。

由于钒中毒的症状对照标准见表 3-8。

表 3-8　钒中毒的症状对照标准

症　状				体　征			
症　状	发生率/%		卡方值/X^2	物理状态	发生率/%		卡方值/X^2
	对照标准	接触钒			对照标准	接触钒	
咳　嗽	33.3	83.4	13.71	手苍白	4.5	4.2	0.32
咯　痰	13.3	41.5	5.55	血压升高	13.3	16.6	0.0002
呼吸困难	24.4	12.5	0.592	喘息、罗音	0	20.8	6.93
眼鼻喉刺痛	6.6	62.5	3.17	肝　大	8.9	12.5	0.003
头　痛	20.0	12.5	0.124	眼刺激症	2.2	16.6	2.94
心　悸	11.1	20.8	0.538	咽红肿	4.4	41.5	12.62
鼻　衄	0	4.2	0.148	绿　舌	0	37.5	14.53
喘　气	0	16.6	5.20				

3.1.8.4　生产环境要求及防治

资料中介绍了钒化合物毒性试验，结果见表 3-9。

表 3-9　钒化合物的毒性试验

钒化合物	半致死量(LD_{50})/mg·kg^{-1}		钒化合物	半致死量(LD_{50})/mg·kg^{-1}	
	口　服	静脉注射		口　服	静脉注射
五氧化二钒	23	1～2	四钒酸钠		6～8
三氧化二钒	130		二氯化钒	540	
偏钒酸铵		1.5～2	三氯化钒	350	
正钒酸钠		2～3	四氯化钒	160	
偏钒酸钠	100		氯化氧钒	160	
焦钒酸钠		3～4	硫酸氧钒		18～20

如果可溶性钒进入血液循环中，对 70kg 体重的健康人致死量仅为 30mg 五氧化二钒（0.43mgV_2O_5/kg），同时报道了在食物和水中摄入任何常量钒后并未见到有害的影响。经口服少量钒盐时毒性并不高，由静脉注射时则毒性很高。

表 3-10 列出了生产环境钒化合物粉尘及烟尘的浓度限量。

表 3-10 环境对钒的限量浓度标准

项 目	限 量	制定标准的国家
凝聚的悬浮 V_2O_5微尘/mg · m^{-3}	0.4～0.5	中国、日本、俄罗斯、德国等
烟气中 V_2O_5/mg · m^{-3}	0.1	中国、日本、俄罗斯、德国等
大气中 V_2O_5长期标准浓度(平均 24h)/mg · m^{-3}	0.002	俄罗斯、德国、保加利亚等
	0.003	捷克、南斯拉夫等
钒酸盐、钒的氯化物/mg · m^{-3}	0.5	俄罗斯
吹炼钒渣环境悬浮 V_2O_5粉尘/mg · m^{-3}	0.4	俄罗斯
钒铁合金/mg · m^{-3}	1	中国、美国、日本、俄罗斯等
碳化钒/mg · m^{-3}	4	俄罗斯
三氧化二钒/mg · m^{-3}	0.5	俄罗斯
排放水中最大允许浓度，钒化合物/mg · L^{-1}	5	俄罗斯
地面水中允许最高浓度(V)/mg · L^{-1}	0.1	中国、俄罗斯

根据生产环境钒化合物及烟尘的浓度限制，必须达到标准排放要求，预防钒中毒必须消除钒的废气、烟尘及废水的排放，对废气的处理工业上要求设置有效的收尘设备，如电除尘、布袋收尘等。对废水的处理可采取还原-中和或离子交换等方法处理回收钒与铬。

上述的试验结果是有意将钒输入动物或人体的试验结果，在一般正常生产情况下是不会造成严重后果的。生产中钒主要是通过呼吸道侵入人体，其次是皮肤接触因人而异，而进入人体后不会发生积累，可排出体外。对一般从事钒工艺生产的工作人员，并未发现致癌和致畸变的记载。即使出现了明显的中毒症状，只要我们不继续接触有害的环境，休息一段时间即可恢复正常。希望能高度重视钒的危害，对污染的环境要集中力量采取有效的防范措施，改善生产环境，保护生产人员的健康。

3.2 钛及其化合物主要性质

3.2.1 钛的氧化物

在钛的氧化物中，主要是二氧化钛，其次还有许多低价钛氧化物，如 TiO、Ti_2O_3、Ti_2O_5等。此外，还有钛的高价氧化物，如 TiO_3、Ti_2O_7等。它们彼此间可形成固溶体。

3.2.1.1 二氧化钛（TiO_2）

粉末钛或熔化钛在过量氧气中燃烧生成 TiO_2，在 800℃下，TiO 等低价氧化钛的氧化也生成 TiO_2：

$$2TiO+O_2=2TiO_2$$

TiO_2可由钛的各种化合物氧化反应制取，如 $TiCl_4$的氧化。同时，各种钛酸煅烧时也生成 TiO_2，如：

$$H_2TiO_3=TiO_2+H_2O$$
$$H_4TiO_4=TiO_2+2H_2O$$

但 TiO_2的工业生产方法只有硫酸法和氯化氧化法两种。

TiO_2在自然界中存在三种同素异形态，即金红石型、锐钛型和板钛型三种，它们的性质是有差异的。其中，金红石型 TiO_2是三种变体中最稳定的一种，即使在高温下也不发生转化和分解。金红石型 TiO_2的晶型属于四方晶系，晶格的中心有 1 个钛原子，其周围有 6 个氧原子，这些氧原子位于八面体的棱角处，两个 TiO_2分子组成 1 个晶胞。

锐钛型 TiO_2的晶型也属于四方晶系，由 4 个 TiO_2分子组成 1 个晶胞。锐钛型 TiO_2在低温下稳定，在温度达到 610℃时便开始缓慢转化为金红石型，730℃时这种转化已有较高速度，915℃完全转化为金红石型。

板钛型 TiO_2的晶型属于斜方晶系，6 个 TiO_2分子组成 1 个晶胞。板钛型 TiO_2是不稳定的化合物，在加温高于 650℃时则转化为金红石型。

TiO_2是一种白色粉末，它的主要物理性能如下所述。

密度(g/cm^3)：金红石型 4.261(0℃)，4.216(25℃)；锐钛型 3.881(0℃)，3.894(25℃)；板钛型 4.135(0℃)，4.105(25℃)。

熔点：金红石型(1842±6)℃，熔化热 811J/g。

沸点：金红石型(2670±6)℃，气化热(3762±313)J/g。

TiO_2是两性化合物，它的碱性略强于酸性。TiO_2是一种十分稳定的化合物，它在许多无机和有机介质中都有很好的稳定性。它不溶于水和许多其他溶剂。

在高温下 TiO_2可被许多还原剂还原，还原产物取决于还原剂的种类和还原条件，一般为低价钛氧化物，只有少数几种强还原剂才能将其还原为金属钛。

干燥的氢气流缓慢通过 750～1000℃下的 TiO_2，便会还原生成 Ti_2O_3：

$$2TiO_2 + H_2 = Ti_2O_3 + H_2O$$

在温度 2000℃和 13～15MPa 的氢气中可还原为 TiO：

$$TiO_2 + H_2 = TiO + H_2O$$

加热的 TiO_2可被钠蒸气和锌蒸气还原为低价氧化钛：

$$4TiO_2 + 4Na = Ti_2O_3 + TiO + Na_4TiO_4$$

$$TiO_2 + Zn = TiO + ZnO$$

铝、镁、钙在高温下可还原 TiO_2为低价钛氧化物。在高真空中也能将其还原为金属钛，如：

$$3TiO_2 + 4Al = 3Ti + 2Al_2O_3$$

由 TiO_2还原得到的金属钛，一般氧含量较高。

TiO_2在高温下可被金属钛还原为低价钛氧化物：

$$3TiO_2 + Ti = 2Ti_2O_3$$

$$TiO_2 + Ti = 2TiO$$

铜和钼在加热到 1000℃以上也能还原 TiO_2。

TiO_2在高温下可被碳还原为低价钛氧化物及碳化钛

$$TiO_2 + C = TiO + CO$$

$$TiO_2 + 3C = TiC + 2CO(T_{始} = 1800℃)$$

TiO_2与 CaH_2反应生成氢化钛：

$$TiO_2 + 2CaH_2 = TiH_2 + 2CaO + H_2$$

反应生成的 TiH_2，在高温真空中脱氢后可制得金属钛。

TiO_2容易与 F_2反应生成 TiF_4，并放出氧：

$$TiO_2 + 2F_2 = TiF_4 + O_2$$

TiO_2较难与Cl_2进行反应，即使在1000℃下反应也不完全：

$$TiO_2+2Cl_2=TiCl_4+O_2$$

TiO_2与氟化氢反应生成可溶于水的氧氟钛酸。TiO_2也可与气体氯化氢或液体氯化氢反应生成二氯二氧钛酸：

$$TiO_2+2HCl=H_2(TiO_2Cl_2)$$

在高于800℃时TiO_2与氯化氢加碳反应生成$TiCl_4$：

$$TiO_2+C+4HCl=TiCl_4+CO_2+2H_2$$

在高温下，TiO_2可与其他氯化物反应，生成$TiCl_4$，如：

$$TiO_2+2SOCl_2=TiCl_4+2SO_2$$

TiO_2在通常条件下不与氮发生反应，在加热时可与氮及氢的混合物反应生成氮化钛：

$$TiO_2+N_2+2H_2=TiN_2+2H_2O$$

在高温下，TiO_2可与氨反应生成氮化钛：

$$6TiO_2+8NH_2=6TiN+12H_2O+N_2$$

TiO_2不溶于水，但可与过氧化氢反应生成过氧偏钛酸。除氢氟酸外，TiO_2不溶于其他稀无机酸中，各种浓度的氢氟酸均可溶解TiO_2生成氧氟钛酸。TiO_2可溶于热的浓硫酸、硝酸和苛性碱中，也能很好地溶于碳酸氢钾的饱和溶液中。但金红石型TiO_2很难溶于浓硫酸中。

TiO_2既不溶于大多数有机化合物中，在低温下也不与它们发生反应，仅在高温下才能同有机物反应。在高温下，TiO_2可被乙醇和丙醇还原为TiO，甚至可还原为金属钛。

TiO_2是重要的化工原料，也是当今最好的白色颜料，主要有以下用途：

搪瓷：TiO_2由于折射率高，是搪瓷釉最好的白色乳浊剂。钛搪瓷的釉层可为锑搪瓷层厚度的二分之一，而且色相、光泽和耐酸性均比锑搪瓷好。

电焊条：TiO_2是电焊条外涂层的主要成分之一，是焊药的造渣剂，黏结剂和稳定剂。用TiO_2制造的电焊条可以交直流两用，焊接时脱渣容易，点弧快，电弧稳定，焊缝美观，力学性能好。使用TiO_2的电焊条产品有钛型、钛钙型和钛铁矿三种，在这三类型的焊药配方中TiO_2用量为10%～14%。作为电焊条用的TiO_2，根据产品类型不同，可以钛白粉、天然金红石和人造金红石、还原钛铁矿等形式加入。

电子陶瓷：TiO_2具有高介电常数和高电阻率，是制造电子陶瓷的重要原料，已广泛用作电容器陶瓷、压电陶瓷、热敏陶瓷和透明电光陶瓷等材料。目前，新型电子陶瓷材料在现代科学技术中有着重要用途，TiO_2在这领域中的应用范围会不断扩大。

冶金：冶金级TiO_2可用作炼制合金钢、碳化钛、氮化钛、硼化钛以及钛-铁、钛-铝中间合金的原料。

玻璃：TiO_2可用于制造耐热玻璃、乳白玻璃和微晶玻璃等。

3.2.1.2 一氧化钛(TiO)

TiO呈金黄色，是一种碱性氧化物，又是一种强还原剂，容易被氧化，与卤素作用生成卤化钛或卤氧化钛，如：

$$2TiO+4F_2=2TiF_4+O_2$$

$$TiO+Cl_2=TiOCl_2$$

在空气中加热至400℃时，TiO开始逐渐被氧化，达到800℃时则氧化为TiO_2。

TiO能溶于稀盐酸和稀硫酸中，并放出氢气：

$$2TiO+6HCl=2TiCl_3+2H_2O+H_2$$

$$2TiO+3H_2SO_4=Ti_2(SO_4)_3+2H_2O+H_2$$

上述反应说明 TiO 具有金属性质，可在酸性溶液中离解出金属阳离子，上面两式可简化为离子式：

$$2TiO+6H^{+}=2Ti^{3+}+2H_2O+H_2$$

TiO 可以作为乙烯聚合反应的催化剂。

3.2.1.3 三氧化二钛(Ti_2O_3)

Ti_2O_3可由各种还原剂还原 TiO_2而制取，如采用镁还原时反应为：

$$(750\sim800℃氢气氛)TiO_2+Mg=Ti_2O_3+MgO$$

Ti_2O_3是一种紫黑色粉末，存在两种变体，转化温度为 200℃，转化热为 6.35J/g。低温稳定态 α-Ti_2O_3属于斜方六面体，高温稳定态 β-Ti_2O_3，10℃密度为 4.60g/cm³，25℃为 4.53g/cm³。熔点 1889℃，熔化热为 6.35kJ/g。液体 Ti_2O_3在 3200℃时分解。Ti_2O_3具有 P 型半导体性质。

Ti_2O_3是一种弱碱性氧化物。Ti_2O_3当蒸发为气态时则发生歧化：

$$Ti_2O_3=TiO+TiO_2$$

Ti_2O_3在空气中仅在很高的温度下才氧化为 TiO_2：

$$2Ti_2O_3+O_2=4TiO_2$$

Ti_2O_3不溶于水，也不与稀盐酸、硫酸和硝酸反应，溶于浓硫酸时生成紫色溶液：

$$Ti_2O_3+3H_2SO_4=Ti_2(SO_4)_3+3H_2O$$

Ti_2O_3能与氢氟酸、王水反应，并放出热量。它还溶于熔化的硫酸氢钾并发生氧化：

$$Ti_2O_3+4KHSO_4=K_2[TiO_2(SO_4)]+K_2[TiO(SO_4)_2]+SO_2+2H_2O$$

Ti_2O_3与 CaO、MgO 等金属氧化物熔融时，反应生成复盐。

3.2.1.4 五氧化二钛(Ti_2O_5)

Ti_2O_5存在两种变体，转化温度 177℃。α-Ti_2O_5密度为 4.57g/cm³，β-Ti_2O_5密度为 4.29g/cm³。在高钛渣中存在的 Ti_2O_5是一种黑色粉末。

3.2.2 氢氧化钛

钛的氢氧化物有二氢氧化钛 $Ti(OH)_2$、三氢氧化钛 $Ti(OH)_3$、正钛酸(又称 α 钛酸)H_4TiO_4、偏钛酸(又称 β 钛酸)H_2TiO_3和多钛酸等。$Ti(OH)_2$是碱性化合物，$Ti(OH)_3$是弱碱性化合物，H_2TiO_3和 H_4TiO_4是两性氢氧化物。

3.2.2.1 氢氧化钛(Ⅱ)

在氢气保护下的二价钛盐溶液中加入氢氧化物或碳酸铵会生成 $Ti(OH)_2$沉淀：

$$Ti^{2+}+2NH_4OH=2NH_4^{+}+Ti(OH)_2(黑色沉淀)$$

$$Ti^{2+}+(NH_4)_2CO_3+H_2O=2NH_4^{+}+CO_2+Ti(OH)_2(褐色沉淀)$$

$Ti(OH)_2$是一种强还原剂，很容易被氧化。刚制取的 $Ti(OH)_2$颜色很暗，但放置时颜色逐渐变浅，最后变为白色，这是由于 $Ti(OH)_2$自然氧化为 TiO_2：

$$Ti(OH)_2=H_2+TiO_2$$

在空气中加热 $Ti(OH)_2$则氧化为偏钛酸：

$$2Ti(OH)_2+O_2=2H_2TiO_3$$

$Ti(OH)_2$是一种典型的碱性氢氧化物，它易溶于酸中放出氢气：

$$2Ti(OH)_2+6H^{+}=2Ti^{3+}+4H_2O+H_2$$

当 $Ti(OH)_2$在氢气保护下溶于酸中时，便生成二价钛盐：

$$Ti(OH)_2+2H^{+}=Ti^{2+}+2H_2O$$

3.2.2.2　氢氧化钛(Ⅲ)

在三价钛盐溶液中加入氢氧化铵、碱金属氢氧化物、硫化物或碳酸盐，便生成 $Ti(OH)_3$ 沉淀：

$$TiCl_3+3OH^-=Ti(OH)_3+3Cl^-$$

$$2TiCl_3+3S^{2-}+6H_2O=2Ti(OH)_3+6Cl^-+3H_2S$$

$$2TiCl_3+3CO_3{}^{2-}+6H_2O=2Ti(OH)_3+6Cl^-+3H_2CO_3$$

$Ti(OH)_3$是一种强还原剂，容易被氧化。刚制取的 $Ti(OH)_2$颜色较深，但放置时颜色逐渐变浅，最后变为白色，这是由于在水的作用下被氧化为正钛酸：

$$2Ti(OH)_3+2H_2O=2H_4TiO_4+H_2$$

另外，$Ti(OH)_3$也容易在空气中氧化生成偏钛酸：

$$2Ti(OH)_3+1/2O_2=2H_2TiO_3+H_2O$$

$Ti(OH)_3$是一种弱氢氧化物，它可溶于酸中生成三价钛盐：

$$Ti(OH)_3+3H^+=Ti^{3+}+3H_2O$$

3.2.2.3　正钛酸

硫酸或盐酸的二氧化钛溶液与碱金属氢氧化物或碳酸盐反应，反应生成物在常温下干燥可得到正钛酸。

$TiCl_4$在大量水中水解时，也生成正钛酸的水化物：

$$TiCl_4+5H_2O=H_4TiO_4\cdot H_2O+4HCl$$

粉末钛与沸腾水反应也可生成正钛酸。

正钛酸通常是无定型的白色粉末。它是一种不稳定的化合物，热水洗涤或加热时或长时间在真空中干燥时便转化为偏钛酸。正钛酸不溶于水和醇中，但易转化为胶体溶液。正钛酸是两性氢氧化物，它在常温下易溶于无机酸和强有机酸中，也能溶于热的浓碱溶液中。

在水溶液中，正钛酸通常以水化物的形式存在。

3.2.2.4　偏钛酸

偏钛酸可由金属钛与40%硝酸反应生成：

$$3Ti+4HNO_3+H_2O=3H_2TiO_3+4NO$$

金属钛与氨中的过氧化氢反应也生成偏钛酸：

$$Ti+5H_2O_2+2NH_3=H_2TiO_3+7H_2O+N_2$$

$TiCl_4$在沸腾水中水解可生成偏钛酸。$Ti(SO_4)_2$和 $TiOSO_4$的酸性溶液在沸水中水解生成偏钛酸沉淀。在140℃或在真空中干燥正钛酸时，也会生成偏钛酸。

偏钛酸是一种白色粉末，加热时变黄。25℃时密度为4.3g/cm^3。偏钛酸不导电。

偏钛酸不溶于水，也不溶于稀酸和碱溶液中，却溶于热浓硫酸。偏钛酸的酸性，表现为在高温下能与金属氧化物、氢氧化物、碳酸盐烧结生成相应的钛酸盐；与金属卤化物反应也生成钛酸盐，并析出卤化氢。

偏钛酸是不稳定化合物，在煅烧时发生分解，生成 TiO_2。偏钛酸脱水的初始温度为200℃，300℃已达到较大的脱水度，但需在高温下才能脱水完全。

3.2.3　钛的卤化物

3.2.3.1　四氯化钛($TiCl_4$)

$TiCl_4$的制取方法很多，一般是用氯或其他氯化剂(如 $COCl_2$、$SOCl_2$、CCl_4等)、氯化钛及其化合物(如氧化钛、氮化钛、碳化钛、硫化钛、钛酸盐及其他含钛化合物)而制得。

在工业生产中，均采用氯化金红石和高钛渣等富钛物料的方法来制取 $TiCl_4$。

常温下四氯化钛是无色透明液体，在空气中冒白烟，具有强烈的刺激性气味。$TiCl_4$ 分子是正四面体结构，钛原子位于正四面体的中心，顶端为氯原子。Ti-Cl 间距为 0.219nm，Cl-Cl 间距为 0.358nm。$TiCl_4$ 呈单分子存在，偶极距为 0，不导电。$TiCl_4$ 不能离解为 Ti^{4+} 离子，在含有 Cl^- 离子的溶液中可形成 $[TiCl_6]^{2-}$ 络合阴离子，这说明 $TiCl_4$ 是共价化合物。四氯化钛固体是白色晶体，属于单斜晶系。其主要物理参数为：熔点：−23.2℃，沸点：135.9℃；液体蒸发热(kJ/mol)：$54.5 \pm 0.048T$；临界温度：365℃，临界压力 4.57MPa；临界密度：2.06g/cm^3(194K)；线膨胀系数：$9.5 \times 10^{-4} K^{-1}$(273K)，$9.7 \times 10^{-4} K^{-1}$(293K)；导热系数(W/(m·K))：0.085(293K)，0.0928(323K)，0.108(373K)，0.116(409K)；磁化率：-2.87×10^{-7}；折射指数：1.61(293K)；介电常数：0℃2.83(273K)，2.73(297K)。

$TiCl_4$ 是共价键化合物，它的热稳定性很好，在 2500K 下仅有部分分解，只有在 5000K 高温下才能完全分解为钛和氯。但是，$TiCl_4$ 是很活泼的化合物，它可与许多元素和化合物发生反应。

依据还原剂的种类和还原条件的不同，许多金属都能把 $TiCl_4$ 还原成 $TiCl_3$、$TiCl_2$ 和金属钛。

镁、钠和钙在高温下都能把 $TiCl_4$ 还原为金属钛。

铝与 $TiCl_4$ 在 200℃时便可进行反应，在 163～400℃下存在 Al 时生成 $TiCl_3$：

$$3TiCl_4 + Al = 3TiCl_3 + AlCl_3$$

在约 1000℃下可还原为金属钛：

$$3TiCl_4 + 4Al = 3Ti + 4AlCl_3$$

由于钛与铝生成金属间化合物，所以铝还原产物为 Ti-Al 合金。

$TiCl_4$ 在低于 300℃时几乎不与金属钛反应，在 400℃时可反应生成 $TiCl_3$，500～600℃时反应生成 $TiCl_3$、$TiCl_2$ 的混合物，700℃主要反应产物为 $TiCl_2$。若金属过量时主要生成 $TiCl_2$，$TiCl_4$ 过量时主要生成 $TiCl_3$。

铜可把 $TiCl_4$ 还原为 $TiCl_3$；有氧存在时，铜与 $TiCl_4$ 反应生成 $Cu(TiCl_4)$：

$$TiCl_4 + Cu = Cu(TiCl_4)$$

在加热时银能部分把 $TiCl_4$ 还原为 $TiCl_3$：

$$TiCl_4 + Ag = TiCl_3 + AgCl$$

在大于 100℃时，汞也能与 $TiCl_4$ 反应生成 $TiCl_3$。在 500～800℃下氢把 $TiCl_4$ 还原为 $TiCl_3$：

$$2TiCl_4 + H_2 = 2TiCl_3 + HCl$$

在高于 800℃和过量氢可还原为：

$$TiCl_4 + H_2 = TiCl_2 + 2HCl$$

在更高的温度下(2000℃以上)和过量氢则可还原为金属钛：

$$TiCl_4 + 2H_2 = Ti + 4HCl$$

与氧在 550℃开始反应生成：

$$TiCl_4 + O_2 = TiO_2 + 2Cl_2$$

此时也有可能生成氯氧化钛：

$$4TiCl_4 + 3O_2 = 2Ti_2O_3Cl_2 + 6Cl_2$$

$TiCl_4$ 与氧的反应在 800～1000℃下可反应完全，生成 TiO_2。在通常条件下，$TiCl_4$ 不与氮气发生反应。存在氯化铝时，$TiCl_4$ 与硫反应生成 $TiCl_3$：

$$2TiCl_4 + 2S = 2TiCl_3 + S_2Cl_2$$

氟与 $TiCl_4$ 发生取代反应：

$$TiCl_4 + 2F_2 = TiF_4 + 2Cl_2$$

$TiCl_4$ 与液氯可按任意比例混合，也可溶解气体氯。

$TiCl_4$ 与溴可按任意比例混合，其混合物为亮红色。在 $TiCl_4$ 与 Br_2 共存的系统中生成 $TiCl_4Br$ 和 $TiCl_4Br_4$ 两个化合物，并有三个低共熔点。

$TiCl_4$ 能很好地溶解碘，混合物为紫色。不与碘生成化合物。

$TiCl_4$ 与水接触便发生激烈反应，冒白烟，生成淡黄色或白色沉淀，并放出大量热。水和液体间的反应是复杂的，它与温度和其他条件有关。在水量充足时生成五水化合物 $TiCl_4 \cdot 5H_2O$，在水量不足和低温时生成二水化合物 $TiCl_4 \cdot 2H_2O$，然后它们继续发生水解。在水解过程中，$TiCl_4$ 中的 Cl^- 逐渐被 OH^- 所取代。

四氯化钛是钛及其化合物生产过程的重要中间产品，为钛工业生产的重要原料，并有着广泛的用途。$TiCl_4$ 在工业中的主要用途有：生产金属钛的原料；生产钛白的原料；生产三氯化钛的原料；生产钛酸酯及其衍生物等钛有机化合物的原料；生产聚乙烯和三聚乙醛的催化剂，也是生产聚丙烯及其他烯烃聚合催化剂的原料；作发烟剂。此外，还可应用于陶瓷、玻璃、皮革和纺织印染等工业部门。

3.2.3.2 三氯化钛

无水的三氯化钛是各种还原剂还原 $TiCl_4$ 而制得。如在 500～800℃下用氢还原制得 $TiCl_3$。

$$2TiCl_4 + H_2 = 2TiCl_3 + 2HCl$$

但是，这种反应是可逆的，如果不断排出反应物则还原反应便容易进行。

也可用其他金属还原剂，控制适宜的反应条件还原 $TiCl_4$ 而制取 $TiCl_3$，如：

$$TiCl_4 + Na = TiCl_3 + NaCl\ (T_{始} = 270℃)$$

$$2TiCl_4 + Mg = 2TiCl_3 + MgCl_2\ (T_{始} = 400℃)$$

$$3TiCl_4 + Ti = 4TiCl_3\ (T_{始} = 400～600℃)$$

$$3TiCl_4 + Al = 3TiCl_3 + AlCl_3\ (T_{始} = 136℃)$$

三氯化钛的水溶液，可在氢气氛或惰性气体保护下由金属钛盐酸而制得。

$TiCl_3$ 存在四种变体，通常在高温下还原 $TiCl_4$ 所制取的是 α 型，它是紫色片状结构，属于六方晶系，晶格常数为 $a = 0.6122$nm，$c = 1.752$nm。烷基铝还原 $TiCl_4$ 得到 β 型 $TiCl_3$，它是褐色粉末，纤维状结构。铝还原 $TiCl_4$ 得到 γ 型 $TiCl_3$，它是红紫色粉末。将 γ 型 $TiCl_3$ 研磨则得到 δ 型 $TiCl_3$，它比其他晶型具有较高催化性能。$TiCl_3$ 的熔点为 730～920℃，密度(25℃)时的计算值为 2.69g/cm³，测量值为 2.66g/cm³。

三氯化钛中的钛是中间价态，这种化合物稳定性较差，容易分解。$TiCl_3$ 具有还原剂的特征，容易被氧化为高价钛化合物；但它也可以被还原，不过被氧化的倾向大于被还原的倾向。另外，$TiCl_3$ 既具有盐类的特征；也具有弱酸性的特征，它可形成三价钛酸盐。$TiCl_3$ 不溶于 $TiCl_4$。

$TiCl_3$ 在真空中加热至 500℃便发生歧化反应：

$$2TiCl_3 = TiCl_2 + TiCl_4$$

$TiCl_3$ 的歧化反应热在 298K 时为 1.02kJ/g，673K 时为 0.95kJ/g；歧化时熵为 0.97J/(g·K)

在氢气流中加热 $TiCl_3$ 时，歧化同时发生还原：

$$2TiCl_3 + H_2 = 2TiCl_2 + 2HCl$$

在氧气中 $TiCl_3$ 中会发生氧化：

$$4TiCl_3 + O_2 = 3TiCl_4 + TiO_2$$

在卤素的作用下，$TiCl_3$也会被氧化，如：

$$2TiCl_3 + Cl_2 = 2TiCl_4$$

高温下 $TiCl_3$也可被 HCl 氧化：

$$2TiCl_3 + 2HCl = 2TiCl_4 + H_2$$

加热时碱金属或碱土金属能将 $TiCl_3$还原为金属钛，如：

$$TiCl_3 + 3Na = Ti + 3NaCl$$

$TiCl_3$在湿空气中潮解，可溶于水，慢慢蒸发其水分可得到紫色的 $TiCl_3 \cdot 4H_2O$ 或 $TiCl_3 \cdot 6H_2O$结晶。可用碱从 $TiCl_3$的水溶液中析出三价钛的氢氧化物沉淀：

$$TiCl_3 + 3OH^- = Ti(OH)_3 + 3Cl^-$$

在盐酸溶液中，$TiCl_3$与碱金属氯化物生成水化络合盐 $Me_2[TiCl_5(H_2O)]$，它较难溶于盐酸。

无水的 $TiCl_3$溶于碱金属氯化物熔盐生成 Me_2TiCl_5、Me_3TiCl_6两种类型的络合盐。

$TiCl_3$与甲酸、乙酸和草酸反应生成相应钛(Ⅲ)甲酸酯、乙酸酯和草酸酯沉淀。

$TiCl_3$不溶于各种醇中，特别能溶于甲醇和乙醇中。在醇溶液中 $TiCl_3$能与 $NaOCH_3$和 $NaOC_2H_5$反应，生成相应的烷氧基钛：

$$TiCl_3 + 3NaOCH_3 = Ti(OCH_3)_3 + 3NaCl$$

$$TiCl_3 + 3NaOC_2H_5 = Ti(OC_2H_5)_3 + 3NaCl$$

$TiCl_3$也溶于酮，但不溶于醚和二硫化碳中。

在化学工业中，$TiCl_3$是许多有机化学反应的催化剂，它广泛用作生产聚丙烯的主催化剂。

3.2.3.3 二氯化钛

$TiCl_2$通常是在控制适宜的反应条件下用还原剂还原 $TiCl_4$制得：

$$TiCl_4 + 2Na = TiCl_2 + 2NaCl$$

$$TiCl_4 + Ti = 2TiCl_2$$

也可采用氢还原 $TiCl_4$制取。然而用上述方法生成的 $TiCl_2$，一般不容易将它分离出来，因为 $TiCl_2$在空气中容易氧化。例如，把金属钛溶于稀盐酸中，开始为无色的 $TiCl_2$溶液，过一段时间便产生颜色，即出现了 $TiCl_3$。用干法制取的 $TiCl_2$中，一般含有 $TiCl_3$和其他反应产物混合物，需要在惰性气氛中或还原性气氛中保存。

$TiCl_2$是黑褐色粉末，属于六方晶系，晶格常数为 $a = 0.3561 \pm 0.0005nm$，$c = 0.5875 \pm 0.0008nm$。$TiCl_2$熔点为(1030±10)℃；沸点为(1515±20)℃；密度(25℃)的计算值为 3.06g/cm^3，实测值为 3.13g/cm^3。

$TiCl_2$是具有离子键特征的化合物，是一种典型的盐类，它的稳定性较差，容易被氧化，是一种强还原剂，加热时分解。

在真空中加热至 800℃或氩气中加热至 1000℃，$TiCl_2$则发生歧化反应：

$$2TiCl_2 = Ti + TiCl_4$$

$TiCl_2$在空气中吸湿并氧化，溶于水或稀盐酸时迅速被氧化，并放出氢气：

$$2TiCl_2 + 2HCl = 2TiCl_3 + H_2$$

$TiCl_2$溶于浓盐酸时，初始溶液呈绿色，逐渐被氧化为紫色。在空气中或氧气中加热则氧化生成 TiO_2和 $TiCl_4$：

$$2TiCl_2 + O_2 = TiCl_4 + TiO_2$$

$TiCl_2$也可被 Cl_2氯化：

$$TiCl_2+Cl_2=TiCl_4$$

$$TiCl_2+TiCl_4=2TiCl_3$$

在高温下，$TiCl_2$与 HCl 反应生成$TiCl_3$或$TiCl_4$：

$$2TiCl_2+2HCl=2TiCl_3+H_2$$

$$TiCl_2+2HCl=TiCl_4+H_2$$

加热时，$TiCl_2$可被碱金属或碱土金属还原为金属钛，如：

$$TiCl_2+2Na=Ti+2NaCl$$

$TiCl_2$溶于碱金属或碱土金属氯化物熔盐中，同这些金属氯化物生成复盐。只有 LiCl 是例外，它与$TiCl_2$形成无限固溶体。

$TiCl_2$能溶于甲醇和乙醇中，并放出氢气，生成黄色溶液。

3.2.3.4 二氯氧钛

可按下列方法制取$TiOCl_2$：

$$TiO+Cl_2=TiOCl_2$$

$$TiCl_2+Cl_2O=TiOCl_2+Cl_2$$

$$2TiO_2+MgCl_2=TiOCl_2+MgTiO_3$$

另外，过量的$TiCl_4$蒸气与TiO_2反应时也生成$TiOCl_2$。

$TiCl_4$在水蒸气中的水解，产物一般存在一些$TiOCl_2$，在$TiCl_4$的生产过程中，很容易产生$TiOCl_2$，这是因为$TiCl_4$与空气接触或氯化温度低（小于 600℃）而造成。因此，氯化制得的粗$TiCl_4$中往往含有少量的$TiOCl_2$。

$TiOCl_2$是一种具有吸湿性的黄色粉末，属于立方晶系，晶格常数为$a=0.451\pm0.001$nm，密度为 2.45g/cm^3。

$TiOCl_2$是一个不稳定的化合物，只有在室温下的干空气中才能存在，加热时（180～350℃）便发生分解。

$$2TiOCl_2=TiCl_4+TiO_2$$

$TiOCl_2$与氟作用生成TiF_4：

$$2TiOCl_2+4F_2=2TiF_4+O_2+2Cl_2$$

在高温下与氧反应生成TiO_2：

$$2TiOCl_2+O_2=2TiO_2+2Cl_2$$

120℃下与液体硫反应生成二硫化钛：

$$TiOCl_2+2S=TiS_2+Cl_2O$$

$TiOCl_2$在热水中水解生成偏钛酸：

$$TiOCl_2+2H_2O=H_2TiO_2+2HCl$$

$TiOCl_2$能溶于盐酸和硫酸中，在盐酸溶液中如果存在NH_4Cl则可生成$[TiOCl_4]^{2-}$和$[TiOCl_5]^{3-}$络合离子。

3.2.3.5 一氯氧钛

$TiCl_3$与水蒸气作用在 600℃时便可生成 TiOCl。另外，氧化物与$TiCl_3$反应也生成 TiOCl，如：

$$3TiCl_3+Fe_2O_3=3TiOCl+2FeCl_3$$

$$2TiCl_3+TiO_2=2TiOCl+TiCl_4$$

TiOCl 是淡蓝色的针状或长方形片状结晶。密度在 25℃时为 3.14g/cm^3。在存在$TiCl_3$的密闭管中加热（550～700℃）时，TiOCl 发生升华。

TiOCl 是一种不稳定的化合物，在真空中加热时发生分解：

$$3TiOCl = Ti_2O_3 + TiCl_3$$

在湿空气中氧化并水解生成偏钛酸：

$$4TiOCl + O_2 + 6H_2O = 4H_2TiO_3 + 4HCl$$

在空气中加热则发生热氧化，生成 TiO_2 和 $TiCl_4$：

$$4TiOCl + O_2 = 3TiO_2 + TiCl_4$$

3.2.3.6 四氟化钛

以氟或氟化氢及其化合物反应可制取 TiF_4，如：

$$TiO_2 + 2F_2 = TiF_4 + O_2$$

$$TiC + 4F_2 = TiF_4 + CF_4$$

$$TiCl_4 + 4HF = TiF_4 + 4HCl$$

TiF_4 是白色粉末，为强烈挥发性物质，10℃时密度为 2.84g/cm^3，20℃时为 2.80g/cm^3。它不经熔化便直接升华，在 284℃时，其蒸气压已达 0.1MPa。

TiF_4 加热至红热温度可被碱金属、碱土金属、铝、铁等还原为金属钛，例如：

$$TiF_4 + 4Na = Ti + 4NaF$$

TiF_4 不与氮、碳、氢、氧、硫及卤素发生反应。

TiF_4 是强的吸湿性物质，它溶于水中时放出大量的热，蒸发其水溶液可析出结晶水化物 $TiF_4 \cdot 2H_2O$。

TiF_4 可用作 HF 氟化 CCl_4 及烯烃异构化等有机反应的催化剂。

其他氟化钛有：TiF_3 是一种紫色粉末，它的密度为 3.0g/cm^3，熔点为 1230℃，沸点约为 1500℃。TiF_2 是暗紫色粉末，25℃时密度为 3.79g/cm^3，熔点 1280℃，沸点 2150℃。TiF_3 和 TiF_2 的性质分别与 $TiCl_3$ 和 $TiCl_2$ 相似，它们的稳定性都差，加热时发生歧化，容易被氧化。

3.2.3.7 四溴化钛

在高温下以溴蒸气与碳化钛或(TiO_2+C)反应，可生成 $TiBr_4$：

$$TiC + 2Br_2 = TiBr_4 + C$$

$$TiO_2 + 2C + 2Br = TiBr + 2CO \quad (650\sim700℃)$$

HBr 与沸腾的 $TiCl_4$ 反应也可生成 $TiBr_4$。

$TiBr_4$ 存在两种变体，低于−15℃时稳定态为 α 型，属于单斜晶系；高于−15℃时稳定态为 β 型，属于立方晶系。它的熔点为 38.25℃，沸点为 232.6℃。25℃时固体密度为 3.37g/cm^3。40℃时液体密度为 2.95g/cm^3，40℃时液体黏度为 1.915×10^{-3} Pa·s。

$TiBr_4$ 是吸湿性强的黄色结晶，其化学性质与 $TiCl_4$ 相似。$TiBr_4$ 在高温下可被氢还原为低价溴化钛和金属钛：

$$2TiBr_4 + H_2 = 2TiBr_3 + 2HBr \quad (600\sim700℃)$$

$$TiBr_4 + H_2 = TiBr_2 + 2HBr \quad (800\sim900℃)$$

$$TiBr_4 + 2H_2 = Ti + 4HBr \quad (1200\sim1400℃)$$

在 800℃时可与 O_2 反应生成 TiO_2：

$$TiBr_4 + O_2 = TiO_2 + 2Br_2$$

其他溴化钛有：TiB_3 是紫红色物质，25℃时密度为 3.94g/cm^3，熔点高于 1260℃，600℃时蒸气压为 13MPa，隔绝空气加热至 400℃时则发生歧化。TiB_2 是黑色粉末，25℃时密度为 4.13g/cm^3，熔点 950℃，沸点 1200℃，加热至 500℃时便开始缓慢地发生歧化。

3.2.3.8 碘化钛

碘蒸气通过加热的金属钛便生成 TiI_4，钛的碘化反应是个可逆反应，在温度较低时主要生成 TiI_4，温度高时 TiI_4 发生分解。碘化氢与 $TiCl_4$ 在加热沸腾时也生成 TiI_4。

碘与氢的混合物与热的 $TiCl_4$ 反应也得到 TiI_4：

$$TiCl_4+2H_2+2I_2=TiI_4+4HCl$$

TiI_4 是一种红褐色晶体，属于立方晶系，其晶格常数 α=1.20nm，106℃时发生晶型转化，转化后晶格常数 α=1.22nm，转化热为 17.8J/g。它的熔点为 155℃。液体 TiI_4 在 160℃的蒸气压为 439Pa，25℃时固体密度为 4.01g/cm^3，380℃时液体密度为 3.41g/cm^3。

TiI_4 在湿空气中冒烟，在水中发生水解，水解的中间产物为 $Ti(OH)_3\cdot 2H_2O$，最终产物为正钛酸 H_4TiO_4。TiI_4 可溶于硫酸及硝酸中，并发生分解析出碘，也可被碱溶液分解。TiI_4 可溶于苯中。

加热时 TiI_4 歧化为金属钛和碘，歧化开始温度约为 1000℃，1500℃可完全歧化。这是碘化法制取高纯钛工艺的原理。

在高温下，TiI_4 可被氢和金属还原为低价钛碘化物或金属钛，它与金属钛的反应存在下列平衡：

$$TiI_4+Ti=2TiI_2 \quad (250℃)$$

$$TiI_4+TiI_2=2TiI_3 \quad (250℃)$$

TiI_4 在高温下与氧反应生成 TiO_2：

$$TiI_4+O_2=TiO_2+2I_2$$

TiI_4 与 F_2、Cl_2 和 Br_2 均可发生取代反应，如：

$$TiI_4+2F_2=TiF_4+2I_2$$

TiI_4 与 $TiCl_4$ 反应生成碘氯化钛：

$$TiI_4+3TiCl_4=4TiCl_3I$$

TiI_4 溶于液体卤代烃、乙醇及二乙醚中，它与醇（甲醇、乙醇、丙醇、丁醇）在加热时发生反应。

其他碘化钛有：TiI_3 是一种具有金属光泽的紫黑色晶体，15℃时密度为 4.76g/cm^3，熔点约为 900℃。TiI_3 隔绝空气加热至 350℃以上便发生歧化：

$$2TiI_3=TiI_2+TiI_4$$

在氧气中加热则被氧化为 TiO_2：

$$2TiI_3+2O_2=2TiO_2+3I_2$$

在含有碘化氢的水溶液中则可析出紫色的六水化合物 $TiI_3\cdot 6H_2O$。

三碘化钛溶液也容易在氧和其他氧化剂的作用下发生氧化。

TiI_2 是一种具有金属光泽的褐黑色结晶的强吸湿性化合物。20℃时的密度为 4.65g/cm^3，熔点约为 750℃，沸点约为 1150℃。TiI_2 在真空中加热至 450℃不发生变化，当温度大于 480℃时则部分蒸发，部分发生歧化：

$$2TiI_2=Ti+TiI_4$$

TiI_2 在加热时容易被氧化：

$$TiI_2+O_2=TiO_2+I_2$$

TiI_2 在高温下可被氢还原为金属钛：

$$TiI_2+H_2=Ti+2HI$$

TiI_2 在水中溶解时部分发生分解，激烈反应析出氢，生成含有三价钛的紫红色溶液。在碱和氨溶液中分解生成黑色的二氢氧化钛沉淀：

$$TiI_2+2OH^-=Ti(OH)_2+2I^-$$

TiI_2在盐酸溶液中溶解生成浅蓝色溶液。它还与硫酸和硝酸激烈反应，甚至在冷溶液中就析出碘。TiI_2不溶于有机溶剂(醇、醚、氯、CS_2、苯)中。

在钛的卤化物中还有许多混合卤化钛，如 TiFCl、TiF_2Cl_2、$TiFCl_3$、$TiCl_2Br_2$、$TiCl_3I$等；还有许多氧卤化钛，如 Ti_2OCl_6、$Ti_2O_3Cl_2$、$TiOBr_2$、$TiOI_2$等。

3.2.4 氮化钛、碳化钛和硼化钛

3.2.4.1 氮化钛

钛的氮化物很多，如 TiN，TiN_2，Ti_2N，Ti_3N，Ti_4N，Ti_3N_4，Ti_3N_5，Ti_5N_6等，但其中比较重要的是 TiN。它们相互能形成一系列连续固溶体。

TiN 在 Ti-N 体系中形成固溶体，在 800～1400℃下钛可直接与 N_2反应生成 TiN，如粉末钛或熔化钛在过量的氮气中燃烧便生成 TiN：

$$2Ti+N_2=2TiN$$

TiO_2和碳的混合物在氮气流中加热至高温也生成 TiN：

$$TiO_2+4C+N_2=2TiN+4CO$$

氮和氢的混合物可在高温金属表面上(如 1450℃钨丝上)与 $TiCl_4$反应，在该金属表面上沉积 TiN 层：

$$2TiCl_4+N_2+4H_2=2TiN+8HCl$$

在铁表面上沉积 TiN 层可不需用氢：

$$2TiCl_4+N_2+4Fe=2TiN+4FeCl_2$$

TiN 的外形像金属。它的颜色随其组成而变化，可为亮黄色至黄铜色。它的晶体构造为立方晶系。25℃时密度为 5.21g/cm^3。它的硬度很高，莫氏硬度为 9，显微硬度为 2.12GPa。熔点为 2930℃。TiN 具有很好的导电性能，20℃时比电导为 8.7μS/m。随温度升高，它的导电性降低，表现为金属性质。在 1.2K 时，TiN 具有超导性。在电解质表面上镀上 TiN 薄层，便成为半导体。

在常温下 TiN 是相当稳定的。在真空中加热时它可失去部分氮，生成含氮量比 TiN 少的升华物，此升华物可重新吸氮。TiN 不与氢反应，可在氧中或空气中燃烧生成 TiO_2：

$$2TiN+2O_2=2TiO_2+N_2$$

在高于 1200℃，上述反应已有足够的反应速度，但随着时间的延长出现的白色二氧化钛消失，表面变黑，这是因为在 TiN-TiO 系中形成了含氧无限固溶体。

TiN 在加热时可与氯反应生成氯化物：

$$2TiN+4Cl_2=2TiCl_4+N_2$$

TiN 不溶于水，在加热时与水蒸气反应生成氨和氢：

$$2TiN+4H_2O=2TiO_2+2NH_3+H_2$$

TiN 在稀酸中(除硝酸)是相当稳定的，但存在氧化剂时可溶于盐酸。TiN 与加热的浓硫酸反应：

$$2TiN+6H_2SO_4=2TiOSO_4+4SO_2+N_2+6H_2O$$

在 1300℃下 TiN 与氯化氢反应生成 $TiCl_4$。TiN 与碱反应析出氨。

TiN 不与 CO 反应，可慢慢与 CO_2反应生成 TiO_2：

$$2TiN+4CO_2=2TiO_2+N_2+4CO$$

TiN 硬度大，耐磨耐蚀性好，外观呈金黄色。在涂镀工业上常用它代替装饰用镀金和硬质合金表面强化镀层。也可直接应用作硬质合金材料和制造熔融金属的坩埚。

3.2.4.2 碳化钛

钛的碳化物也很多，其中最重要的是 TiC。

熔化的金属钛 1800～2400℃直接与碳反应生成 TiC。一般在高温(1800℃以上)真空下用碳还原 TiO_2制取 TiC。

在高于 1600℃下碳和氢(或 $CO+H_2$)的混合物与 $TiCl_4$反应也生成 TiC：

$$TiCl_4+2H_2+C=TiC+4HCl$$

$$TiCl_4+CO+3H_2=TiC+4HCl+H_2O$$

TiC 是一种具有金属光泽的铜灰色结晶，晶型构造为正方晶系，20℃时密度为 4.91 g/cm³。TiC 具有很高的熔点和硬度，熔点为 3150±10℃，沸点为 4300℃，升华热为 10.1kJ/g，莫式硬度为 9.5，显微硬度为 2.795GPa，它的硬度仅次于金刚石。TiC 具有良好的传热性能和导电性能，随着温度升高其导电性降低，这说明 TiC 具有金属性质。它在 1.1K 时具有超导性。TiC 是弱顺磁性物质。

在常温下 TiC 是稳定的，在真空加热高于 3000℃时会放出钛含量比 TiC 更多的蒸气。在氢气中加热高于 1500℃时，它便会慢慢脱碳。高于 1200℃时，TiC 与 N_2反应生成组成变化的 Ti(C、N)混合物。致密的 TiC 在 800℃时氧化很慢，但粉末状 TiC 在 600℃时可在氧气中燃烧：

$$TiC+2O_2=TiO_2+CO_2$$

TiC 在 400℃时可与氯反应生成 $TiCl_4$。TiC 不溶于水，在高于 700℃时与水蒸气反应生成 TiO_2：

$$2TiC+6H_2O=2TiO_2+2CO+6H_2$$

TiC 不溶于盐酸，也不溶于沸腾的碱，但能溶于硝酸和王水。

TiC 在 1200℃下可与 CO_2反应生成 TiO_2：

$$TiC+3CO_2=TiO_2+4CO$$

TiC 在 1900℃下与 MgO 反应生成 TiO：

$$TiC+2MgO=TiO+2Mg+CO$$

碳化钛是已知的最硬的碳化物，是生产硬质合金的重要原料。TiC 与其他碳化物如 WC、TaC、NbC 等比较，它的密度最小，硬度最大，还能与钨和碳等形成固溶体。WC－TiC 合金、WC＋(WC－Mo_2C－TiC)固溶体、TiC－TaC 合金等已成为重要的切削材料。

TiC 还具有热硬度高、摩擦系数小、热导率低等特点，因此含有 TiC 的刀具比 WC 及其他材料的刀具具有更高的切削速度和更长的使用寿命。如果在其他材料(如 WC)的刀具表面上沉积一层 TiC 薄层时，则可大大提高刀具的性能。TiC 薄层可在高温(1000℃以上)真空中由 $TiCl_4$与甲烷反应制得。

3.2.4.3 硼化钛

钛的硼化物很多，有 Ti_2B、TiB、TiB_2、Ti_2B_5等，它们均为灰黑色粉末。硼化钛是一种重要的硼化物材料，它的物理化学性质优异，如 TiB_2比 ZrB_2的密度小，硬度大、熔点也低。

制取硼化钛的方法很多，常用的方法大多是一步合成法。如：将 TiO_2、B_4C 和碳混合经高温合成，反应为：

$$2TiO_2+B_4C+C=2TiB_2+4CO$$

将 TiO_2、B_4C 和镁粉混合让其自燃燃烧。便会生成 TiB_2：

$$2TiO_2+B_4C+3Mg=2TiB_2+3MgO+CO$$

再将燃烧反应物破碎、筛分和酸洗除去 MgO，就得到 TiB_2。

TiB_2价键结合力强。因此具有熔点高、硬度大、导热性能和导电性能好等特性。

TiB_2的晶体构造为六方晶格，密度为 4.5g/cm^3，熔点 2980℃，莫式硬度为 9，显微硬度为 2.9GPa，电导率在常温下为 6.25×10^5S/m，电阻温度系数为正，线膨胀系数为 4.6×10^{-6} K^{-1}，TiB 的熔点为 2200℃。

TiB_2具有良好的热稳定性能，常温下非常稳定，即使在高温下也具有优异的抗氧化性能。这是因为 TiB_2表面覆盖一层复合氧化物保护层，故它的使用温度可达 2000～3000℃。TiB_2具有良好的耐磨和耐蚀性能，它耐熔融金属的腐蚀性能优异，耐酸性能也好。TiB_2在碱中或氯气氛中加热到高温时会被侵蚀，与氟在常温下也会反应。

TiB_2主要用作惰性气氛或真空中的高温发热体材料，如用粉末冶金法制得的含 57%TiB_2和 43%TiCN 的导电复合材料适于制造金属真空蒸发皿。以 TiB_2为基的工程陶瓷烧结体可以制造高硬度、高韧性的切削刀具、管坯拉模、高压喷嘴等。还是最佳的铝电解槽专用阴极材料。如在铝电解槽上使用碳化纤维增强的 TiB_2/C 复合涂层阴极节能显著。TiB_2和其他结构陶瓷材料一样，具有强度低、脆性大的缺点，必须提高它的力学性能方能扩大它的应用领域。为此，最近开发了不少 TiB_2的二元素和三元素复合陶瓷材料。如最近开发的 TiB－TiCN 复合材料就是其中的一种。

3.2.5 钛的无机盐

钛的无机盐种类很多，下面介绍几种常见的钛盐。

3.2.5.1 钛盐(Ⅳ)

四价钛的硫酸盐有：$Ti(SO_4)_2$、$Ti(S_2O_7)_2$、$TiOSO_4$、$Ti_4O_5(SO_4)_3$、$Ti_7O_{13}(SO_4)$、$Ti_2O_3(SO_4)$等。

A 正硫酸钛 $Ti(SO_4)_2$

过量的 SO_3与 $TiCl_4$反应，或用硝酸氧化 TiS_2均可制取正硫酸钛。

正硫酸钛是一种白色易吸湿粉末，在加热温度高于 150℃时开始分解：

$$Ti(SO_4)_2=TiOSO_4+SO_3$$

在更高温度下可完全分解。它溶于水时放出热，说明发生了水解，生成硫酸基钛酸；并可溶于醇、醚及丙酮中发生分解。它与活性金属的硫酸盐反应生成三硫酸基钛酸盐。它在氢气流中于 100～120℃下被还原生成 TiS_2。

B 硫酸氧钛 $TiOSO_4$

正钛酸 $TiO(SO_4)_2$加热至 500～550℃生成 $TiOSO_4$，或者把 TiO_2溶于浓硫酸并加热至 225℃时也生成 $TiOSO_4$。浓硫酸 TiO_2溶液在高于 150℃下结晶，也可获得 $TiOSO_4$。

SO_3与金属钛反应也生成 $TiOSO_4$：

$$Ti+SO_3=TiO(SO_4)+2SO_2$$

$TiOSO_4$是白色结晶，具有双重折射性，通常是以无定型粉末形式存在。在加热时，它分解析出 SO_3蒸气，在 450～580℃温度范围内的分解压力(Pa)可由下式表示：

$$\lg p=3145-2.35\times10^6T^{-1}$$

在 579℃时分解压力达到 0.1MPa。

$TiOSO_4$能溶于冷水中，生成硫酸基钛酸，被热水水解时生成偏钛酸。$TiOSO_4$溶于硫酸时也生成硫酸基钛酸。它还溶于盐酸，也可被碱和氨液所分解。

$TiOSO_4$可催化 SO_2的氧化反应，这是因为 SO_2与吸收热的 $TiOSO_4$反应生成三价钛硫酸盐：

$$2TiOSO_4+SO_2=Ti_2(SO_4)_3$$

$Ti_2(SO_4)_3$再与 O_2反应生成 SO_3，并再生 $TiOSO_4$：

$$2Ti_2(SO_4)_3+O_2=4TiOSO_4+2SO_3$$

C 硝酸钛 $Ti(NO_3)_4$

由 N_2O_5和硝酸盐作用可制得无水 $Ti(NO_3)_4$。它的熔点为58℃，具有挥发性。$Ti(NO_3)_4$易和有机物激烈反应，常引起燃烧或爆炸，这可能是通过放出很活泼的 NO_3自由基而起反应的。无水硝酸钛具有特殊的十二面体结构。

3.2.5.2 钛酸盐

可把钛酸盐看成是复合氧化物，主要有偏钛酸盐 $MeTiO_3$、正钛酸盐 Me_2TiO_4和多钛酸盐如 $MeTi_2O_5$等(Me 为二价金属元素)三种类型。钛酸盐可由 TiO_2或水合 TiO_2与相应的金属氧化物、氢氧化物或碳酸盐混合加热制备。钛酸盐一般都是稳定的化合物，它不溶于水，但可被浓酸分解。

A 钛酸钾

钛酸钾在工业生产中有着广泛的用途，因为它在一定条件下具有形成纤维晶须的特性。

钾的钛酸盐的化学通式为 $K_2O\cdot nTiO_2(n=1\sim8)$，其中单钛酸钾($K_2TiO_3$)熔点为 800℃左右，二钛酸钾($K_2Ti_2O_5$)熔点为 980℃，四钛酸钾($K_2Ti_4O_9$)熔点为 1114℃，六钛酸钾($K_2Ti_6O_{13}$)熔点为 1370℃。

钛酸钾纤维主要是指化学组成以六钛酸钾($K_2Ti_6O_{13}$)和八钛酸钾($K_2Ti_8O_{17}$)为主的单纤维晶须。它具有很高的化学稳定性和热稳定性，导热率极低，耐腐蚀性极好，对红外光反射率高。在国外作为商品出售的钛酸钾纤维的主要性能如下，纤维平均直径 0.2～0.5，纤维平均长度 10～40μm，熔点 1300～1350℃，真密度约 3.3g/cm^3，松装密度小于 0.2g/cm^3，比表面积(BET 法) 7～10m^2/g，拉伸强度 4.5～5.0GPa，拉伸模量 200～240GPa，维氏硬度 6.38GPa，线膨胀系数 8.7×10^{-6}/℃。这种纤维易分散在树脂等有机基体中，其水浆液可制成纸、毡及多孔模坯等。

日本对钛酸钾纤维的制造和应用技术进行了广泛深入的研究。日本大家化学有限公司有生产钛酸钾纤维的工厂，年产能力 1000t。

钛酸钾纤维是制造复合材料的增强剂，主要用于增强塑料、橡胶、金属和陶瓷材料。它的作用是提高复合材料的强度，增强韧性、耐磨性、耐热性、隔热性、绝缘性和耐磨蚀性等。此外，钛酸钾纤维还可用来制造特种高温和抗氧化涂料、制动品衬套、过滤材料、催化剂支撑材料、绝缘材料以及电池隔膜材料等。

钛酸钾纤维有多种制造方法，其中常用的是烧结法(固相反应法)。将 TiO_2或水合 TiO_2与碳酸钾(需过量)混合、成形、烧结 900～1300℃生长纤维，烧结后在水中溶胀析出，经过洗涤、干燥分散成纤维产品。

B 钛酸锶

钛酸锶是钙钛矿型结构，熔点 2080℃，密度 5.12g/cm^3，可用固相法或液相法制备。固相法是将纯 TiO_2和 $SrCO_3$混合烧结而成。液相法是从 $TiCl_4$和 $SrCl_2$溶液中以草酸复盐形式沉淀出来，经洗涤、干燥而制得。在 $BaTiO_3$热敏陶瓷中加入 $SrTiO_3$，可降低其居里点和改变其温度系数。$SrTiO_3$的另一个重要用途是制造压敏电阻器，它具有电阻器和电容器的双重功能，在抗干扰电路中有着广泛的用途。$SrTiO_3$也是制造电容器的中间材料。

C　钛酸铅

钛酸铅是黄色固体，密度为7.3g/cm^3，可由TiO_2和PbO混合烧结制备。钛酸铅在制造功能陶瓷中有重要的应用，也是制造钛酸锆铅铁电陶瓷的重要原料。

D　钛酸锌

正钛酸锌(Zn_2TiO_4)可由ZnO和TiO_2在1000℃下烧结而成，为尖晶石结构，呈白色固体状，密度为5.12g/cm^3。

E　钛酸镍

钛酸镍是鲜黄色固体，密度5.08g/cm^3。当Sb_2O_3加到$NiCO_3$和TiO_2混合物中并加热至980℃时，就形成钛酸锑镍，它是一种黄色颜料。

F　钛酸镁

在TiO_2－MgO体系中可生成正钛酸镁Mg_2TiO_4(2MgO·TiO_2)、偏钛酸镁$MgTiO_3$(MgO·TiO_2)、二钛酸镁$MgTi_2O_5$(MgO·2TiO_2)、三钛酸镁$Mg_2Ti_3O_8$(2MgO·3TiO_2)和四钛酸镁$MgTi_4O_9$(MgO·4TiO_2)5种钛酸盐。其中四钛酸镁是不稳定的。

两份TiO_2和1份MgO在10份$MgCl_2$溶剂中熔融便可生成正钛酸镁。正钛酸镁是一种亮白色结晶，属于正方晶系，固体密度为3.52g/cm^3，熔点(固液同成分)为1732℃。它不溶于水，在硝酸、盐酸中长时间加热便分解。

TiO_2和镁的混合物加热至1500℃可生成偏钛酸镁$MgTiO_3$。在高温下TiO_2与$MgCl_2$反应也生成偏钛酸镁。偏钛酸镁属六方晶系。固体密度为3.91g/cm^3，熔点(固液同成分)1630℃。

偏钛酸镁在1050℃氢气流中被还原为三价钛酸镁$Mg(TiO_2)_2$；在与碳混合物加热至1400℃时也发生相应的还原。

偏钛酸镁能缓慢地溶于稀盐酸中，在浓盐酸中溶解速度很快，也溶于硫酸氢氨的熔融液中。

在TiO_2－MgO体系中形成二钛酸镁$MgTi_2O_5$，这是一种白色结晶，固体密度为3.58g/cm^3，熔点(固液同成分)1652℃。$MgTi_2O_5$与碳的混合物加热至1400℃被还原为三价钛酸盐：

$$MgTi_2O_5 + C = Mg(TiO_2)_2 + CO$$

$MgTi_2O_5$在水和稀酸中都不溶解。

偏钛酸与碳酸镁烧结便生成三钛酸镁$Mg_2Ti_3O_8$。这是一种白色结晶，具有较大的介电常数。

G　钛酸钙

在TiO－CaO体系中形成偏钛酸钙$CaTiO_3$(CaO·TiO_2)和正二钛酸钙$Ca_3Ti_2O_7$。

TiO_2与相应量的CaO加热烧结便生成偏钛酸钙$CaTiO_3$。偏钛酸钙是黄色晶体，属于单斜晶系，固体密度4.02g/cm^3，在1260℃发生同素异形转化，转化热为4.70J/g，1650℃开始软化，1980℃(固液同成分)熔化。

偏钛酸钙不溶于水，在加热的浓硫酸和盐酸中发生分解，与碱金属硫酸氢物或硫酸铵熔化时也发生分解。

正二钛酸钙$Ca_3Ti_2O_7$是一种黄色结晶，熔点(固液同成分)1770℃，熔化析出偏钛酸钙。正二钛酸钙不溶于水，在加热的浓硫酸或碱金属硫酸氢物中分解。

H　钛酸钡

在TiO_2－BaO体系中，通过控制不同的钛钡比可制取偏钛酸钡($BaTiO_3$)、正钛酸钡(Ba_2TiO_4)、二钛酸钡($BaTi_2O_5$)和多钛酸钡($BaTi_3O_7$、$BaTi_4O_9$等)，其中以偏钛酸钡最有应用价值。

制取偏钛酸钡的方法很多，可归纳为固相法和液相法两类。固相法一般以 TiO_2 和 $BaCO_3$ 按摩尔比 1∶1 混合，并可适当压制成形，放入 1300℃左右氧化气氛炉中焙烧，其反应式为：

$$TiO_2 + BaCO_3 = BaTiO_3 + CO_2$$

反应产物经破碎磨细为产品。作为电子陶瓷材料使用的偏钛酸钡，在其生产中不希望有其他几种钛酸钡生成，所以原料的配比必须准确和混合均匀，这是该法的难点之一。固相法产品因受原料纯度和制备过程的污染，一般纯度较低，活性较差，且较难磨细成超细粉。

液相法是以精制的四氯化钛和氯化钡为原料，使它们与草酸反应生成草酸盐 $Ba(TiO)(C_2O_4)_2 \cdot 4H_2O$沉淀，经焙烧获得偏钛酸钡。液相法可获得高纯度、高活性和超细的产品，产品中钛钡比可达到很精确的程度。我国已能用这种方法生产质量较好的适合于功能陶瓷使用的钛酸钡，但有待进一步改进工艺设备以提高产品质量的稳定性。

偏钛酸钡有四种不同的晶型，各具有不同的性质。高于 122℃稳定的是立方晶型，它不是一种强性电解质。122℃是偏钛酸钡的居里点。5～120℃下稳定的是正方晶型，它是一种强性电解质。5～90℃下稳定的是斜方晶型，它也是一种强性电解质。低于－90℃下稳定的是斜方六面体，它会发生极化。

偏钛酸钡是白色晶体，密度为 $6.0g/cm^3$，熔点为 1618℃，不溶于水，在热浓酸中分解。偏钛酸钡可与其同素异形体、锆酸盐、铪酸盐等形成连续固溶体，这些固溶体具有强性电解质性质。

由于偏钛酸钡具有极高的介电常数、耐压和绝缘性能优异，是制造陶瓷电容器和其他功能陶瓷的重要原料。用偏钛酸钡制造的电子陶瓷元件已在无线电、电视和通信设备中大量使用，使设备的性能提高和小型化，成为高频电路元件中不可缺少的材料。偏钛酸钡的强电性能也正在广泛被利用来制造介质放大、调频、存储装置等。另外，偏钛酸钡陶瓷具有电致伸缩和压电性能，用它制造的压电晶体质量优于其他晶体，从用作超声波振子开始，现已被广泛地应用于各种声学装置、测量或滤波器等方面。

偏钛酸钡是制造正温度系数(PTC)热敏陶瓷电阻的重要原料。虽然纯 $BaTiO_3$ 是一种良好绝缘体，但加入微量元素(如以三价镧置换二价钡)便具有半导体性质，即它的电阻率具有随温度变化而发生突变的特性，在居里温度以下是一种导体；而在居里温度以上其阻值剧增几个数量级，几乎成为绝缘体，这就是所谓的 PTC 现象，现已广泛利用 $BaTiO_3$ 这一性质制造 PTC 热敏陶瓷电阻，它已成为一种重要的功能陶瓷材料，在现代工业中具有广泛的应用。

I 钛酸锰

在自然界的红钛锰矿($MnO \cdot TiO_2$)中存在偏钛酸锰 $MnTiO_3$。偏钛酸与二氯化锰加热熔化生成偏钛酸锰。它属于六方晶系，密度为 $4.84g/cm^3$，熔点(固液同成分)1390℃。

5 份 $MnCl_2$ 和两份偏钛酸混合物加热熔化生成正钛酸锰 Mn_2TiO_4，无定型 TiO_2 与 $MnCO_3$(物质的量之比 1∶1)混合物在氢气氛中或氮气氛中加热至 1000℃烧结得到正钛酸锰。

缓慢冷却制取的是 α 型正钛酸锰，密度为 $4.49g/cm^3$，快速冷却制得 β 型正钛酸锰，转化温度为 770℃，熔点为 1455℃。两种正钛酸锰变体在低温下均是铁磁性物质。

J 钛酸铁

在 TiO_2-FeO 和 $TiO_2-Fe_2O_3$ 系中形成各种二价铁和三价铁的钛酸盐，在自然界的矿物中常有这些钛酸盐存在。

在 TiO_2-FeO 系中形成正钛酸亚铁 Fe_2TiO_4。5 份 FeF_2 和两份偏钛酸在 NaCl 熔盐介质中烧结便可生成 Fe_2TiO_4。正钛酸亚铁是亮红色的结晶，属于斜方晶系，密度 $4.37g/cm^3$，熔点 1375℃，是非磁性物质。

TiO_2与相应量的 FeO 在 700℃下烧结，或偏钛酸与相应量的 $FeCl_2$烧结均可得到偏钛酸亚铁 $FeTiO_3$。偏钛酸亚铁是较稳定的，在 1000～1200℃下的氢气中仅有一半铁被还原：

$$2FeTiO_3 + H_2 = Fe + FeTi_2O_5 + H_2O$$

偏钛酸亚铁不溶于水，也不和稀酸发生反应；在加热时可在浓硫酸、盐酸与氧的混合物中分解。偏钛酸亚铁在自然界中以尖钛铁矿形式存在。

K 钛酸铝

在 $Al_2O_3-TiO_2$体系中仅发现一个化合物——偏钛酸铝 $Al_2O_3 \cdot TiO_2$，没有发现正钛酸铝 $Al_2O_3 \cdot 3TiO_2$。两份 Al_2O_3和 5 份 TiO_2在冰晶石介质中加热可生成偏钛酸铝。

TiO_2与相应量的 Al_2O_3熔化生成 $Al_2O_2(TiO_3)$，生成物属于斜方晶系，25℃时密度为 3.67g/cm^3，熔点为 1860℃。它的线膨胀系数很小，因此 $Al_2O_2(TiO_3)$可用作耐火材料。$Al_2O_2(TiO_3)$与二钛酸镁可形成无限固溶体。

3.2.5.3 卤钛酸盐

A 六氟钛酸钠 Na_2TiF_6

六氟钛酸钠是一种细小的六方棱晶，熔点 700℃，在熔化时发生分解挥发。它属于六方晶系，它在 20℃水中的溶解度为 6.1%，在 98%的乙醇中溶解度为 0.004%。

B 六氟钛酸钾 K_2TiF_6

六氟钛酸钾是一种细小片状结晶，属于三角晶系，在 300～350℃转化为立方晶系。15℃时密度为 3.012g/cm^3，780℃熔化并部分分解挥发，在 865℃时完全分解。在加热的氢气流中还原 K_2TiF_6为 K_2TiF_5。难溶于水中。

六氟钛酸钾与水生成一水化合物 $K_2TiF_6 \cdot H_2O$，后者在 30℃的饱和离解压为 2.66kPa，容易在空气中脱水。

无水 K_2TiF_6可在高于 30℃的饱和水溶液中结晶出来。在水溶液中 K_2TiF_6可与碱金属氢氧化物反应：

$$K_2TiF_6 + 4KOH = 6KF + H_4TiO_4$$

C 六氯钛酸钾 K_2TiCl_6

气体 $TiCl_4$与 KCl 反应可生成少量 K_2TiCl_6：

$$2KCl + TiCl_4 = K_2TiCl_6$$

K_2TiCl_6仅在氯化氢气氛中稳定，属于立方晶系。K_2TiCl_6在 300℃开始离解，在 525℃离解压力已达 0.1MPa。

D 六氯钛酸钠(Na_2TiCl_6)

气体 $TiCl_4$与熔融氯化钠反应仅生成极少量的 Na_2TiCl_6，它是很不稳定的化合物。

本章小结：

主要介绍了钒、钛及其主要化合物的物理、化学性质及其制取方法。

思 考 题

(1) 简述钒的氧化物的性质及其作用。

(2) 简述钒酸盐的种类及其主要性质。

(3) 钒是一种有毒物质，应如何采取必要的防护和环保措施?

(4) 简述钛的化合物主要有哪几类?

(5) 简述二氧化钛的常见用途。

(6) 简述二氧化钛的制取方法。

参 考 文 献

1 廖世明，柏谈论．国外钒冶金．北京：冶金工业出版社，1985

2 黄道鑫等．提钒炼钢．北京：冶金工业出版社，2000

3 利亚基舍夫 Н П 等．钒及其在黑色冶金中的应用．崔可中等译．重庆：科学技术文献出版社重庆分社，1987

4 费多洛夫 П И．稀有元素化学．徐克敏等译．北京：高等教育出版社，1959．147～149

5 宋玉林、董贞俭．稀有金属化学．沈阳：辽宁大学出版社，1991．321～348

6 陈厚生．钒和钒合金．化工百科全书．第 4 卷．北京：化学工业出版社，1993．73～92

7 陈厚生．钒化合物．化工百科全书．第 4 卷．北京：化学工业出版社，1993．73～92

8 罗裕基，无机化学丛书．第八卷．北京：科学出版社，1988．176～267

9 陈寿椿等．重要无机化学反应．第三版．上海：上海科学技术出版社，1994．827～850

10 莫畏，邓国珠、罗方承．钛冶金(第 2 版)．北京：冶金工业出版社，1998

4 钒钛材料产业概述

本章要点：

国内外主要钒材料、钛材料生产企业的生产工艺流程。

4.1 国外钒材料产业概况[1~8]

国外大多数钒生产企业的产品主要是 V_2O_5、V_2O_3、钒铁、氮化钒等，还有少量的钒化合物（钒酸盐等）、金属钒等产品。

生产钒的主要国家是南非、俄罗斯、中国、美国、澳大利亚等有大量钒资源的国家。

4.1.1 南非海维尔德钢钒公司（Highveld Steel and Vanadium Corporation）

2001 年南非 4 家公司生产 19000t 钒制成品（相当于 V_2O_5 3.4 万 t），其中海维尔德钢钒公司是其中最大的一家，也是世界上最大的钒制品生产厂家。

布什维尔德（Bushveld）矿是最重要的、正在开采的矿床，复合的钒钛磁铁矿是世界最大的镁铁质的浸入岩体矿。

主要产品有 V_2O_5、钒铁、V_2O_3 及钒的化工产品，总产能 25000V_2O_5/a。有 6000t 以上的五氧化二钒用矿石直接提取，成本很低。其他 16000t 来自钒渣生产。该厂用回转窑-电炉法生产含钒铁水，然后用摇包（振动罐）吹炼钒渣，平均含 V_2O_5 为 24%，年产量 7.5 万 t。除自用外，还向奥地利的特雷巴赫化工厂及美国战略矿物公司在南非的子公司 Vametco 提供钒渣。

海维尔德钢钒公司的生产工艺流程列于图 4-1。

4.1.2 瑞士 Xstrata 公司

该公司是全球主要的多样化采矿集团，矿山中 41%属于 Glencore Internationnal AG，该公司在南非有两个钒厂 Vantech 和 Rhovan。于 1997 年购买了 Glencore 公司的钒技术（Vantech）和 Rhovan 公司的股份后，成为南非第二大钒生产厂。Glencore 公司也是瑞士的公司，是一个国际商品市场组织，从 Rand 矿山买下了 Vantech 矿山和现有的五氧化二钒生产厂。Glencore 公司在 1996 年得到了 Rhovan 公司的控制权。

位于 Steelpoort 的 Vantche 厂的主要产品 V_2O_5（6000t/a）、钒铁（2400t/a）；位于 Brits 的 Rhovan 厂目前 V_2O_5 的产量为 5900～6350t/a。

4.1.3 瓦米特克矿物公司（Vametco Minerals Corporation）

Vametco Minerals Corp 现在是美国 Stratcor（Strategic Minerals Corp）的控股公司。该公司由 USAR 矿物公司建于 1965 年，后被美国联合碳化物公司从 Flderale Volksbelgging 手中收

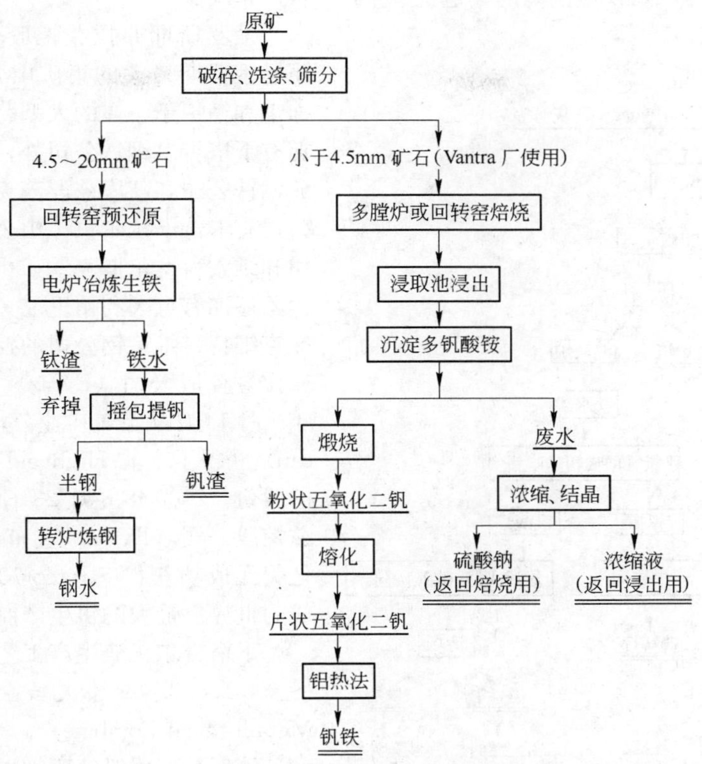

图 4-1 南非海维尔德提钒工艺流程图

购，最后于 1986 年才被美国战略矿物公司从联合碳化物公司收购成为其控股公司。

Vametco 公司目前只生产 V_2O_3，V_2O_3 是用 AMV（偏钒酸铵）干燥后经氢气（石油液化气）还原得到的。再用 V_2O_3 进一步加工成 FeV80 和氮化钒，该公司的生产能力（V）是 3500t/a（折合 4000t/a FeV80 或者是氮化钒），根据市场的销售情况决定每个的具体产量。Vametco 的生产工艺见图4-2。

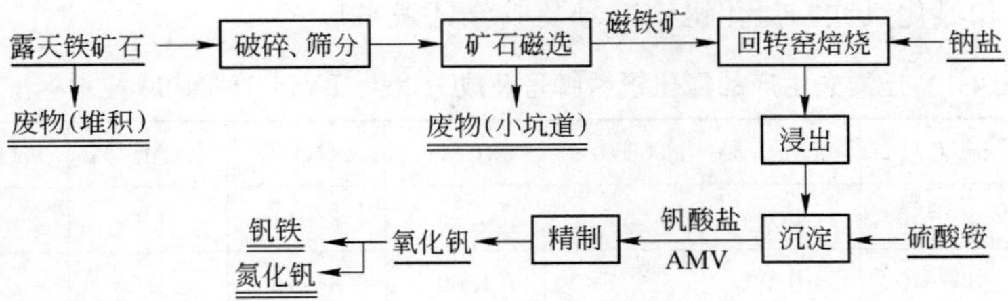

图 4-2 Vametco 的钒生产工艺流程图

4.1.4 俄罗斯与其他独联体（CIS）成员

俄罗斯有三大产钒企业；有 23000t 的 V_2O_5 产能，主要产品是钒渣、V_2O_5 和钒铁。

4.1.4.1 下塔吉尔钢铁公司（Nizhny Tagil Iron and Steel Works）

该厂归俄罗斯耶弗拉兹控股公司（Evraz）所拥有。主要原料用位于乌拉尔地区的卡奇卡钠尔钒钛磁铁矿，用高炉冶炼得到含钒铁水，用转炉吹炼成钒渣，每年可产含 V_2O_5 15%～

22%钒渣 10～12 万 t，供应国内的其他钒厂生产 V_2O_5 和 FeV。

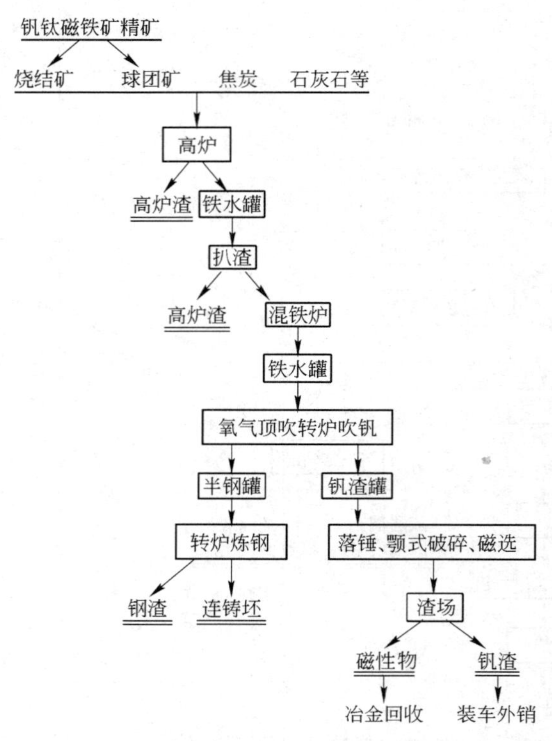

图 4-3　下塔吉尔钒渣生产工艺流程图

俄罗斯耶弗拉兹控股公司（Evraz）集团是俄罗斯最大的集矿山开采、钢铁冶炼、加工和销售于一体的大型跨国集团公司，除拥有下塔吉尔钢铁公司外，还拥有西西伯利亚钢铁公司和新库兹涅茨克钢铁公司，矿山公司有卡奇卡拉尔钒矿山公司、欧亚矿业公司和维索科戈尔斯克铁矿山公司。此外，该集团还拥有意大利帕里尼·别尔托里公司和捷克维特科维策钢公司的控股权。俄罗斯耶弗拉兹控股公司（Evraz）集团已经于 2006 年 7 月 14 日从英美矿业公司（Anglo American）获得了南非 Highveld 钢钒公司 24.9% 的股份。2006 年 8 月 23 日，俄罗斯耶弗拉兹控股公司（Evraz）宣布：Evraz 出资 1.1 亿美元成功获得 Stratcor73%的股份。从而成为世界上最大的钒生产商。

下塔吉尔钒渣生产工艺流程见图 4-3。

4.1.4.2　丘索夫冶金厂（Chusovskoy Metallurgical Combine）

该厂全部用钒钛磁铁矿为原料，采用高炉-转炉法生产含钒铁水，转炉吹钒得到钒渣，每年可产含 V_2O_5 14%～17%的钒渣 3 万 t。用于自己生产 V_2O_5 和钒铁及少量的氮化钒铁。V_2O_5 产能为 7500t/a。该厂还从下塔吉尔购进部分钒渣来生产钒制品。

丘索夫厂五氧化二钒的生产流程见图 4-4。

1936 年丘索夫钢铁厂就开始生产五氧化二钒和钒铁，也是世界第一家用高炉/平炉（或转炉）法处理钒钛磁铁矿的工厂，目前主要产品是五氧化二钒（含 V_2O_5 85%～90%）、钒铁（含 35%～40%V）和氮化钒铁。氮化钒铁牌号及成分见表 4-1。

表 4-1　丘索夫生产的氮化钒铁牌号及成分（俄 TY14-15-24-90 技术标准）

牌　号	w(V)/%	w(Mn)/%	w(Si)/%	w(C)/%	w(N)/%	w(Al)/%	w(P)/%	w(S)/%
45N10Mn3	40～50	3.0	2.0	0.75	9～11	1.0	0.10	0.05
40N8Mn6	35～40	6.0	2.5	1.00	8～10	1.5	0.10	0.05

4.1.4.3　图拉黑色冶金联合体（Vanadiy-Tulachermet IPS）

图拉是俄罗斯最大的 V_2O_5 和 FeV 的生产厂，V_2O_5 生产能力为 16000t/a，主要原料为下塔吉尔供应的钒渣。该厂是目前世界上唯一用石灰法生产五氧化二钒的工厂。图拉厂五氧化二钒生产工艺见第 5 章。

1993 年图拉黑色冶金科研生产联合体改制成为具有独立法人资格的“钒-图拉冶金”股份公司，它是国际钒制品市场的主要供应商之一（主要供给欧洲特雷巴赫等），该公司目前控股股东是英国“East Link Lanker”公司。

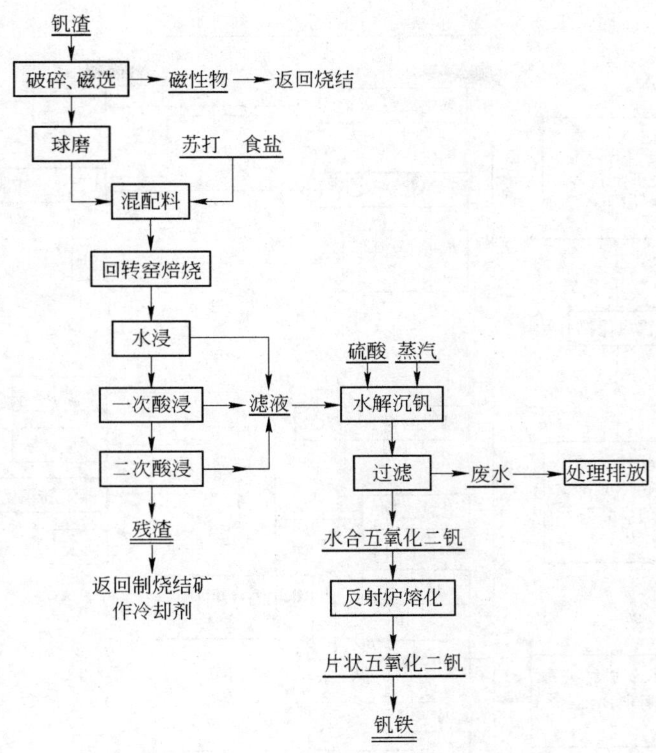

图 4-4 丘索夫冶金厂钒生产工艺图

4.1.4.4 其他钒生产公司

在独联体有潜在钒资源，多数企业在开采和加工钒原料方面活跃；乌克兰、塔吉克斯坦、哈萨克斯坦对世界供应少，从 100 万 t 到 1000 万 t V_2O_5 的矿山有 8 个，品位从 0.09% 到 2.35% V_2O_5，主要是复合含钒铁矿。位于乌克兰的 The Donetski 的化学-冶金厂供应国内 V_2O_5，它计划在 2010 年建年产 1500t FeV 的电炉。俄罗斯上萨尔达冶金生产联合企业 VSMPO（主要生产钛材，也生产 AlV 中间合金）、别列日尼科夫航空战略物质股份公司（生产纯氧化钒）、乌拉尔稀有金属股份公司（生产纯氧化钒、AlV 中间合金）、列宁纳巴德稀有金属公司等有少量钒制品生产。

4.1.5 美国

美国的钒工业主要由 8 个企业构成。

4.1.5.1 美国战略矿物发展有限公司（Strategic Minerals Corporation）

该公司是美国最大的钒生产企业，其主要产品及下属工厂如图 4-5 和表 4-2 所示。

表 4-2 美国钒公司钒化合物生产情况

位　置	生产能力/$t \cdot a^{-1}$	主 要 产 品
阿肯色州温泉	5455	钒氧化物（V_2O_5、V_2O_4、V_2O_3、V_6O_{13}）、偏钒酸铵、其他钒产品
尼亚加拉瀑布纽约	500	三氯化钒
	340	四氯化钒
	545	钒钛氯化物

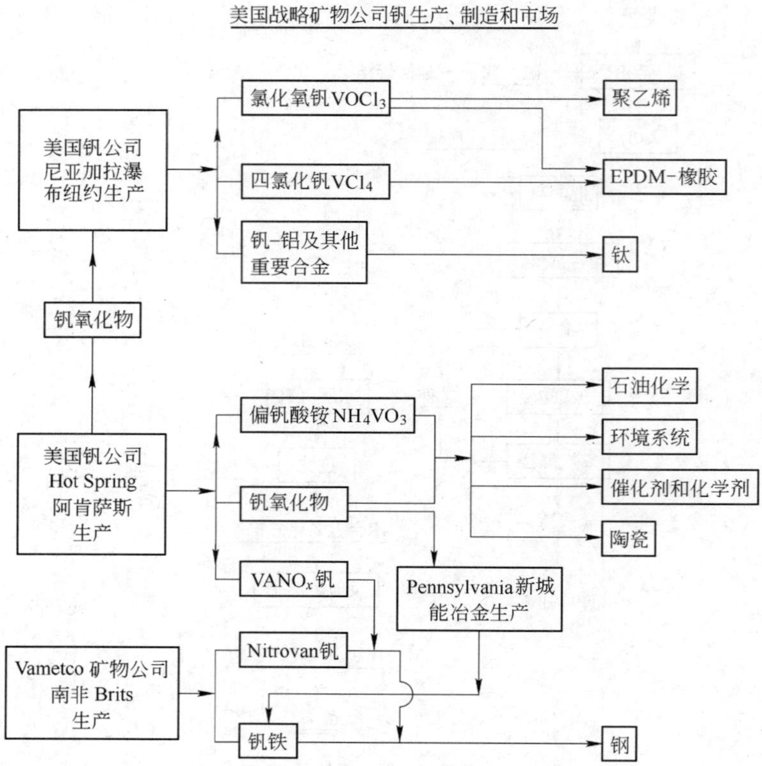

美国战略矿物公司钒生产、制造和市场

美国钒公司
尼亚加拉瀑
布纽约生产

氯化氧钒$VOCl_3$
四氯化钒VCl_4
钒-铝及其他
重要合金
聚乙烯
EPDM-橡胶
钛
钒氧化物

美国钒公司
Hot Spring
阿肯萨斯
生产

偏钒酸铵NH_4VO_3
钒氧化物
$VANO_x$钒
石油化学
环境系统
催化剂和化学剂
陶瓷
Pennsylvania新城
能冶金生产

Vametco矿物公司
南非Brits
生产

Nitrovan钒
钒铁
钢

图 4-5　美国战略矿物公司产品示意图

其下属子公司美国钒公司（U. S. Vanadium Corporation)，该公司总部设在匹兹堡，在阿肯色州有生产厂，使用原料及工艺与众不同，用含钒黏土矿，废催化剂或燃油灰渣等，碱浸得到偏钒酸钠溶液。后面用离子交换法提取 99.9％的 V_2O_5。用于特殊用途。还生产四氯化钒，偏钒酸铵、偏钒酸钠等催化剂

另一个子公司是南非瓦米特克矿物公司（Vametco Minerals Corporation)，前面已经介绍。

目前，美国战略矿物发展有限公司（Stratcor）已被俄罗斯耶弗拉兹控股公司（Evraz）集团收购并控股。

4.1.5.2　雷丁合金有限公司（Reading Alloys Inc.）

该公司位于美国宾夕法尼亚州罗布森尼亚，主要生产钒合金，钒铁和钒铝。雷丁公司用一步法生产钒铝合金，在水冷的铜反应器内采用悬浮熔炼法冶炼，是美国最大的 AlV 合金生产厂家。美国钒铝合金成分(％)：$w(V)=47\sim49$、$w(Al)=50\sim52$、$w(Fe)=0.4$、$w(Si)=0.35$、$w(C)=0.1$、$w(O)=0.1$、$w(N)=0.04$、$w(B)=0.03$、$w(H)=0.01$、$w(Mo)=0.15$、$w(W)=0.015$、$w(P)=0.03$、$w(S)=0.02$、$w(Mg)=0.25$、$w(Cr)=0.1$、$w(Pb)=0.1$、$w(Cu)=0.05$、$w(Ni)=0.05$、$w(Mn)=0.05$。

4.1.5.3　克尔·麦吉化学有限公司（Kerr-McGee Chemical Corp.）

该公司在美国伊塔荷、蒙大拿、怀俄明与犹他等州，有磷矿，含有 24％～32％的 P_2O_5，0.15％～0.35％V 和少量的 Cr、Ni、Mo 等。在电炉中生产元素磷和磷肥时，钒进入副产物磷铁中。含钒磷铁是美国仅次于钾钒铀矿的钒资源。

克尔·麦吉化学有限公司位于美国俄克拉荷马城（Oklahoma city)，每年用磷铁作原料生

产钒 2400t。该公司完全属于克尔·麦吉有限公司（Kerr-McGee Corp.）所有。

4.1.5.4 舍费尔德冶金公司（Shieldalloy Metallurgical Corp.）

该公司位于美国新泽西州舍费尔德，是纽约冶金有限公司（Metallurgical Inc of New York）的子公司。主要生产钒铁。

此外，在北美洲的加拿大、南美洲的智利等也有钒生产厂家。

4.1.6 欧洲

4.1.6.1 奥地利特雷巴赫化学工业公司（Treibacher Chemische Werke）

TCW 是世界主要的铁合金生产商之一，世界上的熔融氧化铝生产占主导地位，在硬质金属粉末生产及设备质量上在国际上很有名望。TCW 公司还生产不同的稀土产品，包括抛光粉、稀土金属、稀土合金。自从 C. A. Welsbach 发明了燧石起，已建立年产 200 万个打火机燧石的规模，还生产各种现代高效的清洗剂和活性氧发生器，产品的质量和可靠性闻名于世。TCW 公司从南非进口钒渣并从俄罗斯的图拉厂进口五氧化二钒和 50 钒铁，再合在一起生产高钒铁。五氧化二钒的生产能力为 6600t/a，钒铁的生产能力为 4700t/a。主要是生产三氧化二钒。

TCW 在奥地利有两个工厂，一个在特雷巴赫市，生产钼、铌、铬等合金和氯化物，另一个在维拉哈（Villach）以生产氧化铝为主。

4.1.6.2 德国电冶金有限公司（GFE）Gesellschaftfür Elektrometallurgiembh

该公司建于 1911 年，但生产钒铁已有 80 年的历史了，技术比较先进。该公司的产品种类较多，如果按照元素分，主要有 V、Ti、Cr 、Nb、Ta、Zr、W、Mo、Ni、Ca、Mg、Mn、Si、Al、B、C、N、H 等制成的高纯金属、合金、复合中间合金、化合物等制品。按照用途分，有特种合金、精密合金、涂层材料、粉末冶金材料、氢氮碳的金属化合物及合金、钢铁及铸造用的合金等，广泛用于钢铁、航天航空、石油化工、自动化电子、仪器仪表、铸造、机械刃具、金属陶瓷、塑料、精密光学玻璃、汽车、医学等工业和部门。

钒的产品有水法生产的钒化合物如 V_2O_5、V_2O_3、KVO_3、NH_4VO_3 等；用铝热等方法生产的各种牌号的钒铁、用于航空叶片（Ti6Al4V）的钒铝合金。这些产品有 50% 是运销国外的，尤其是钒铝合金，大部分运销美国。还有金属钒、VNi、VTiAl、VCrAl、FeVB、FeVTiB、NbV、MnV 等特种钒合金。钛的产品有钢铁工业用的各种牌号的钛铁合金、TiAlFe、TiSiFe 等中间合金；特种合金用的 TiNi、TiNiAl 合金；有色用的 TiAl、TiBAl 合金；还有碳化钛、碳化钨钛及 Ti/Nb 碳化物等硬质合金；作为刃具其他构件用的 TiN、TiAlN 涂层材料，可大大提高其使用寿命。

由于钒原料缺乏及环保压力，该厂的五氧化二钒生产线（6000t/a）已卖给攀枝花钢铁公司。三氧化二钒生产线（5000t/a）卖给奥地利特雷巴赫。

4.1.6.3 捷克尼克姆公司 Nikon. a. s

该厂在捷克 Mnisck，由日本岩井株式会社控股，从俄罗斯进口钒渣，生产 V_2O_5 和钒铁（FeV80 生产能力为 2500t/a）。

4.1.7 澳洲

4.1.7.1 澳大利亚稀有金属公司（Precious Metals Australia ）

从温德木拉钒钛磁铁矿中提钒，原属于艾斯塔公司（Swiss predator Xstrata），Xstrata 认为该矿没有经济效益，2003 年关闭，于 2005 年 4 月同意把温木拉钒矿返还给澳大利亚贵金属公司（PMA），生产 V_2O_5 能力为 7000t/a，PMA 公司预计将于 2007 年重新恢复该矿的生产。

香港 Noble 集团出资 21.7 百万澳元购买澳大利亚贵金属公司 PMA 旗下的 Windimirra 钒矿 10%的股份。Noble集团将购买 Windimurra 钒矿的五氧化二钒和钒铁的 10 年的总产量，该钒矿共投资 1.75 亿澳元。

4.1.7.2　新西兰钢铁公司（New Zealand steel Corp.）

有美国 BHP 公司控股，厂址在奥克兰。是用海滨钒钛铁砂矿，资源极为丰富。该公司目前开采的南北两处矿山，现已开采了 30 余年，特别是北矿区的 Waikato（瓦卡托）矿山从 1967 年开采，新西兰钢铁公司的钛资源主要在瓦卡托矿区，含钛的尾矿砂形成自然砂丘十余公里，储量上亿吨，尾矿砂中 TiO_2 含量 4.5%～6%，大多赋存于粒状钛铁矿中，现有储量估计上千万吨。其他的矿区，如新西兰南部的 Taharoa（塔哈诺）矿区，另外中部矿山已获得开采权，但现还没有进行开采。

新西兰钢铁公司的铁精矿，采用回转窑/电炉炼铁，铁水包提钒，得到钒渣，含 V_2O_5 16%～22%，生产能力 1.75 万 t/a。

4.1.8　亚洲

4.1.8.1　日本

日本钒的生产主要是从废催化剂、燃油灰渣等二次资源为原料生产五氧化二钒及钒铁，每年需要从国外进口大量 V_2O_5 生产钒铁。

主要生产厂家有日本太阳矿业公司、日本电工、日本栗村金属工业公司、日本新兴化学公司、日本鹿岛发电厂、日本重化学工业公司等，产量都在 1000t/a 以下。

4.1.8.2　韩国

韩国钒生产与日本类似，主要生产厂家有韩国友进工业株式会社、韩国信友金属株式会社。生产能力很小。

4.2　中国的钒产业概况

中国的钒原料主要来自钒钛磁铁矿，通过高炉/转炉工艺得到的钒渣，其次是碳质页岩(石煤)。此外，还从国外进口一些钒渣、含钒的二次资源（重油脱硫的废催化剂、燃油灰渣、磷酸岩冶炼黄磷的副产物磷铁等）。我国钒生产能力如表 4-3 所示。

表 4-3　我国钒生产能力

名　称	产能 $(V_2O_5)/t\cdot a^{-1}$	名　称	产能 $(V_2O_5)/t\cdot a^{-1}$
攀枝花钢铁公司	20000	攀枝花杜宇集团金江冶金化工厂	5000
唐山钢铁公司-承德新新钒钛	20000	四川卓越钒钛制品公司	4000
西昌新钢业有限责任公司	3000	攀枝花米易兴辰钒钛铁合金有限公司	5000
南京滦浦钒业公司	2500	攀枝花锦利工贸公司	2500
沈阳华瑞钒业有限公司	5000	承德双丰钒钛集团公司	3000
锦州铁合金厂	5000	其他:大连银鹰、上海九凌、葫芦岛钒厂	6000
峨嵋铁合金厂	3000	合　计	84000

4.2.1 拥有钒钛磁铁矿资源并用自产钒渣为原料的钒产品生产单位

4.2.1.1 攀钢集团公司（攀钢）

攀钢是我国目前最大的钒原料与产品的生产厂家。主要用攀枝花钒钛磁铁矿精矿用高炉/转炉工艺生产出钒渣，目前钒渣产能 17 万 t/a（折算成 10%V_2O_5）。主要钒产品为 V_2O_5（9000t/a）、V_2O_3（5500t/a）、钒铁（5000t/a）、氮化钒（2400t/a）等。目前正在扩大生产能力。

攀钢提钒工艺流程见图 4-6。

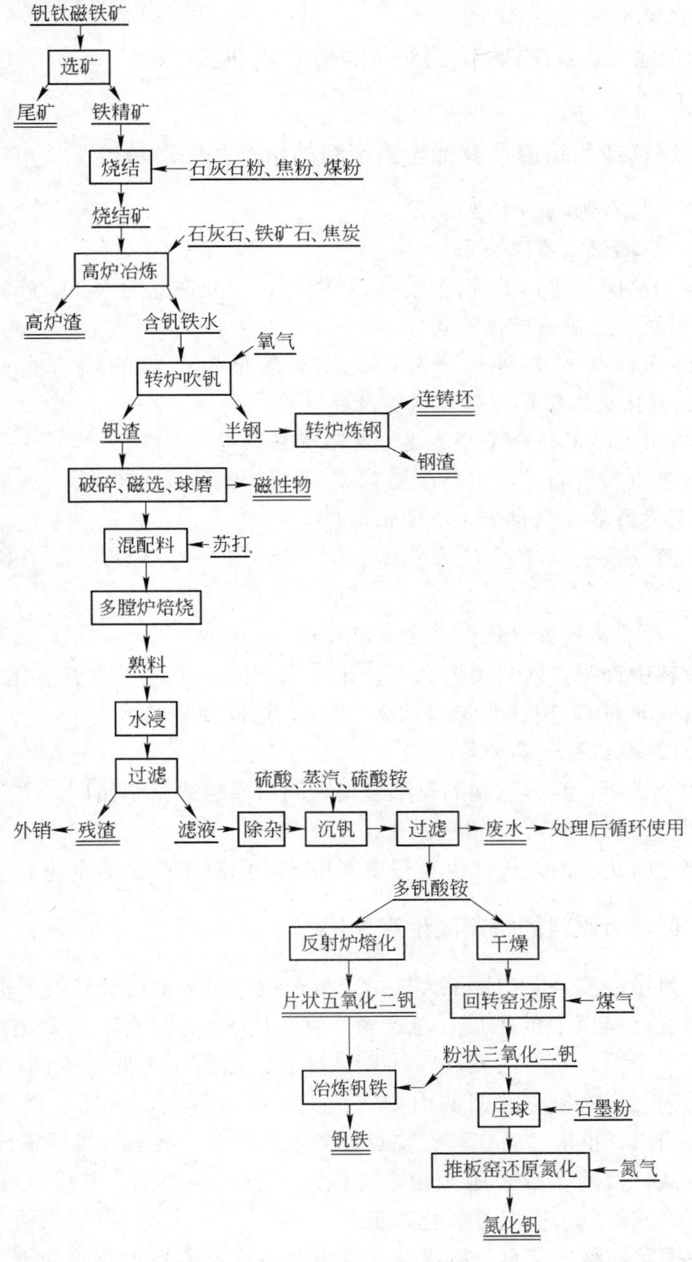

图 4-6 攀钢提钒工艺流程图

4.2.1.2 唐山钢铁公司承德新新钒钛分部

唐山钢铁公司承德新新钒钛分部原属于承德钢铁公司，2006 年承钢被唐山钢铁公司兼并。主要原料用承德地区钒钛磁铁矿精矿，工艺与攀钢相同，目前钒渣产量 30 万 t/a，V_2O_5产量 20000t/a，此外还生产钒铁、氮化钒等产品。目前承德钢铁公司正在扩能。

4.2.1.3 西昌新钢业有限责任公司

主要原料用攀西地区的钒钛磁铁矿精矿，工艺与攀钢相同，钒渣产量 4 万 t/a，主要产品 V_2O_5生产能力为 3000t/a（目前已由攀钢控股）。

4.2.1.4 南京滦浦钒业公司

主要原料用承德地区钒钛磁铁矿，高炉/转炉法生产钒渣，产量 4～6 万 t/a，目前主要生产 V_2O_5，产能 2500t/a。

4.2.2 使用进口原料或用钒渣及其他含钒废料的钒产品生产单位

这种工厂很多，较有影响的主要有：

4.2.2.1 沈阳华瑞钒业有限公司

主要提钒原料为从国外进口的废催化剂、钒渣等，主要产品为 V_2O_5（5000t/a）和钒铁。

4.2.2.2 锦州铁合金股份有限公司

主要用国内外钒渣生产各种钒产品，是我国最早生产钒的国有企业。可生产 V_2O_5（5000t/a）、钒铁、氮化钒、钒铝、金属钒等产品。

4.2.2.3 四川川投峨眉铁合金（集团）有限责任公司

主要用外购钒渣生产钒制品，主要产品有 V_2O_5（3000t/a）和钒铁。

4.2.2.4 柱宇集团攀枝花市金江冶金化工厂

主要用攀钢钒渣或残渣生产 V_2O_5及钒铁，生产能力 2000～3000t/a。在河北承德也建了一个年产 2000t 的钒厂。

4.2.2.5 攀枝花米易兴辰钒钛铁合金有限公司

主要从含钒废料中提钒，该公司拥有五氧化二钒车间 3 个，年产五氧化二钒 5000t；电冶车间 1 个，年产钒铁 3000t，钼铁 600t，钛铁 5000t，铸件 3000t。

4.2.2.6 四川卓越钒钛制品公司

在攀枝花有两个钒厂，红杉钒制品有限公司和四川卓越钒钛制品厂。主要从钒渣或废料中提钒，主要生产 V_2O_5（4000t/a）、钒铁。

此外，在辽宁、河北、山东等地也有很多利用各种原料生产钒的企业。

4.2.3 采用碳质页岩为原料的钒产品生产单位

国内这种单位数量最多，但产量不大。由于生产过程中环境污染较为严重，近年来已经关闭很多，目前还剩有百家以上的工厂。总产量 V_2O_5 1 万 t/a 左右，主要集中在甘肃的敦煌、湖北的咸宁、崇阳、十堰、湖南的安化、岳阳、怀化、吉首、娄底、安徽的芜湖、河南的南阳、淅川、贵州的铜仁、松桃、陕西的山阳、镇安、商洛等地，此外广西、浙江、福建、广东、江西、河北、四川、重庆、新疆等省也有很多生产企业。我国石煤提钒最早是用食盐焙烧法，目前基本被淘汰，目前多数采用无盐添加剂或用石灰添加剂，酸浸（碱浸）得到含钒溶液，然后用离子交换或萃取法提取五氧化二钒。

综上所述，我国除西藏、宁夏、海南外，几乎各省市都有钒的生产企业。各厂总的 V_2O_5 生产能力已超过 8 万 t/a，还有些厂家在扩能或新建，实际产量已位居世界第一。

4.2.4 中国台湾

在中国台湾地区福宜化学工业股份有限责任公司的工厂，主要用重油脱硫的废催化剂生产 V_2O_5，生产能力 500t/a。

4.3 生产及消费

4.3.1 世界主要钒生产商的产能

目前，世界钒的生产高度集中在南非海维尔德、瑞士嘉能可（XSTRATA）、俄罗斯图拉-丘索夫、中国攀钢-承钢、美国战略矿物五大集团，产能占世界 80%以上。而海维尔德和美国战略矿物又被俄罗斯耶费拉兹控股公司（Evraz）控股，实际上是三家的竞争。表 4-4 列出了世界主要钒生产商的产能。

表 4-4 世界主要钒生产商的产能

主要生产厂家		目前产能(V_2O_5)/$t \cdot a^{-1}$	备 注
耶费拉兹	南非海维尔德	25000	合计 45000t
	美国战略矿物（STRATEOR）	20000	
俄罗斯图拉-丘索夫（用下塔吉尔钒渣生产）		16000+7500	合计 23500t
中国承钢		20000	合计 40000t
中国攀钢		20000	
瑞士嘉能可（XSTRATA）		20000	
其 他		40000	
合 计		149500	168500t

在 2001 年世界生产 78690t 的 V_2O_5，85%钒用于生产高强低合金钢，用来制工具和模具，10%做 Al-Ti 合金中的组分，用于航空工业，其余用于化学工业。2002 年世界生产 V_2O_5 为 82686t。

4.3.2 世界钒的消耗

世界钒的消耗量在逐年增加（见表 4-5），2004 年世界消耗量以 V_2O_5 计约 76070t，2005 年为 78240t。我国消费量也在不断扩大。

表 4-5 世界钒制品消费量（V_2O_5，t/a）

国家或地区	2000 年	2001 年	2002 年	2003 年	2004 年	2005 年	2006 年
西 欧	17570	18000	18000	18500			
东 欧	2880	4500	4500	1200			
美 国	16129	13500	12600	15000			
南 美	1180	2500	2500	2300			
日 本	8000	9100	9000	7500			
韩 国	3950	3180	3180	2600			
俄罗斯	5600	3200	3600	6400			
中 国	5700	7100	8800	12200	13884	18930	20000
其 他	3200	7500	7200	7200			
合 计	66129	70480	71280	74300	76070	78240	80000

注：空白为没有查找到具体数据。

4.3.3　钒的应用范围

钒的应用范围主要在冶金工业和化学工业，见表 4-6。

表 4-6　钒的应用范围

应用领域	占总量比例/%	主要用途	使用产品
钢铁	90		
其中：碳素钢	25	钢筋	FeV
高强合金钢	30	建筑、石油管道	FeV
高合金钢	20	铸件、石油管配件	FeV
工具钢	15	高速工具、耐磨件	FeV
钛合金	5	喷气发动机零件、飞行器机体	VAl
化学制品	5	催化剂、颜料等	V_2O_5及化合物

4.4　国外钛材料产业概况

4.4.1　国外钛渣生产概况

4.4.1.1　国外钛渣生产能力

在国外，通过熔炼钛铁矿生产钛渣的厂家主要有四家，它们是：加拿大魁北克索雷尔的QIT公司，生产能力为每年产 130 万 t；南非理查德海湾的理查德海湾矿物公司：生产能力为每年产 100 万 t；挪威（廷佛斯）提塞达尔的廷佛斯钛和铁公司：生产能力为每年产 20 万 t；南非萨坦哈的纳玛卡瓦有限公司：生产能力为每年产 25 万 t。

此外，中国的攀枝花、俄罗斯的贝仁泽尼基以及哈萨克斯坦的乌斯特卡门诺戈斯克也生产钛渣。全球 2005 年钛渣总产量约为 350 万 t。表 4-7 为 2005 年世界主要钛渣生产商及其产能。

表 4-7　2005 年世界主要钛渣生产商及其产能

公　司	地　址	产能/万 $t \cdot a^{-1}$	原　料
QIT	加拿大索雷尔	130	Lac Allard 35%TiO_2岩矿
RBM	南非理查兹湾	100	焙烧 49% TiO_2砂矿
Namakwa Sands	南非萨坦哈湾	25	砂矿 48% TiO_2
TTI	挪威 Tyssedal	20	Telles $TiO_2$45%岩矿和少量砂矿
哈萨克斯坦	UKTMC	12	51% 钛铁矿
俄罗斯	Berezniki	13	乌克兰钛铁矿
其他生产厂家		50	

钛铁矿冶炼厂家在地理位置上的一个重要特点是：能够获得廉价的电力，因为钛铁矿的熔炼耗电量很大。以上熔炼厂使用的钛铁矿 TiO_2的含量一般在 36%～50%。低品位的钛铁矿更适于熔炼，因为铁含量高可为冶炼带来更为适宜的热动力条件，同时产出有价值的副产品——高品位的生铁。

钛铁矿中杂质的含量直接影响钛渣的质量，许多杂质不会进入生铁而直接进入钛渣中。通

常在 TiO_2 含量低的钛铁矿中伴生的主要杂质有：碱的氧化物、钙和锰。在钛渣的原料成分中有时也反映放射性核元素钍和铀的情况，但通常这些成分在 TiO_2 含量低的钛铁原料中含量很低，所以也不会造成任何问题。

比较两种等级不同的钛渣，可根据渣中碱性氧化物（MgO 和 CaO）的含量以及能够反映杂质含量的 TiO_2 品位的不同来判断。南非的两种钛渣产品 MgO 的含量均较低，最大含量仅为 1.1%，TiO_2 含量较高，在 85%～86%之间。此类钛渣适于用氯化法生产钛白粉，因为氯化法要求 MgO 和 CaO 的复合含量不超过 1.6%，最好能够控制在 1.0%以内。氯化法使用的钛渣由于市场前景好、附加值高，所以更具优势。

索雷尔钛渣以及廷佛斯采用特尔尼斯钛铁矿生产出的钛渣，因原料钛铁矿中 MgO 杂质的含量分别为 2.9%和 4.6%，导致产品中 MgO 含量较高，而 TiO_2 的含量则较低，介于 75%～80%之间，所以仅适于用做硫酸法工艺的原料。

4.4.1.2　国外钛渣生产技术

目前国外钛渣生产技术主要类型有：以 QIT 公司为代表的矩形炉技术，以独联体为代表的半密闭圆形炉技术，以 Tinfos 公司为代表的密闭圆形炉技术，以 Mintek 公司为代表的直流密闭圆形炉技术，以 Pyromet 公司为代表的综合性先进冶炼技术，以日本为代表的敞口式小规模圆形电炉技术。日本技术类似于我国技术，独联体技术水平较国内高出一个档次，其他四种技术档次又高于独联体。目前愿意转让和合作的只有独联体和 Pyromet 公司。几种技术类型主要特征如表 4-8 所示。

表 4-8　国外主要钛渣冶炼技术类型和特征

技术类别	QIT 技术	独联体技术	Tinfos 技术	Mintek 技术	Pyromet 技术
炉　型	密闭矩形	半密闭圆形	密闭圆形	密闭圆形	多种，擅长密闭圆形
变压器容量/kV·A	20000～60000	5000～25000	33000	约 36000	多　种
电流形式	交　流	交　流	交　流	直　流	交流，直流
钛矿处理方式	预氧化焙烧	粉矿直接入炉	预还原焙烧	预加热	多　种
渣铁排出方式	渣铁口分开	渣铁同口	渣铁口分开	渣铁口分开	渣铁口分开
冶炼方式	连续加料，间断出炉	定期加料，间断出炉	连续加料，间断出炉	连续加料，间断出炉	连续加料，间断出炉
电　极	石　墨	石　墨	自　焙	中　空	多种，擅长自焙，专利
吨渣电极单耗/kg	18～21	18～24	约 10	6	自焙 8.15
吨渣电耗/kW·h	2000～2200	2200～2400	约 2000	1600	圆形炉 1820

A　QIT 技术

加拿大 QIT 公司是全球钛渣冶炼巨头，是英国 Rio Tinto 公司的全资子公司，拥有 9 台矩形电炉，汉斯（Hatch）公司设计，6 根电极，工艺技术先进。南非 RBM 公司是 Rio Tinto 公司的另一家合资子公司，采用 QIT 的专有技术，拥有 4 台矩形炉，最大功率 10.5 万 kVA。全球拥有矩形炉软硬件技术的仅此两家，Pyromet 公司仅拥有软件技术。RBM 采用 QIT 技术放大设计建成电炉后，开始冶炼不正常，QIT 技术人员调试不成功，后经 RBM 公司自行攻关解决了该问题，并拓展了技术，又反过来用在了 QIT 电炉上。

B　独联体技术

前苏联由于军备竞赛，不仅钛渣冶炼技术十分成熟，而且理论研究也很深。乌克兰国家钛设计研究院掌握着该技术的软件。独联体最成熟的是 1.65 万 kVA 的电炉，数年前已开发出了 2.5 万 kVA 电炉，但投入运行后一直不太顺行，目前仍在改造之中。其半密闭圆形电炉技术代表了世界二流钛渣冶炼水平，由于经济等原因，愿意对外转让和合作，国内承德和沈阳铝镁设计研究院早已完全消化吸收了该技术。自 1996 年起乌克兰已与我国攀钢进行了多次技术交流，攀钢已引进其 2.5 万 kVA 电炉技术。

C Tinfos 技术

挪威 Tinfos 公司（即 TTI 公司）拥有的密闭圆形电炉技术是世界密闭圆形炉技术的代表。其技术最初由 Tinfos 公司和挪威 Elkem 公司共同开发，并由 Elkem 公司设计制造，投产后冶炼不顺行，一度使得合作双方关系紧张，后来委托 Pyromet 公司进行技术攻关，才得以正常生产。与 QIT 公司不同的是，Tinfos 采用自焙电极，成本较石墨电极节约一半以上。Tinfos 电炉的另一特点是经过简单改造后即可在生产酸溶渣和氯化渣之间互换，1999 年曾改造为采用澳大利亚 BHP 公司海滨砂矿生产氯化渣。由于挪威钛铁矿成本较高，故其采用了回转窑对钛铁矿进行预还原，不但缩小电弧炉直径，还降低了电耗。

D Mintek 直流技术

南非矿冶技术公司（Mintek）是世界直流电弧炉钛渣冶炼技术的代表。其业务主要为直流电炉的研发。南非 Namakwa 钛渣厂归属于 Anglo-America（英美）公司，其直流电弧炉技术是 90 年代初与 Mintek 公司合作研发，后由 Pyromet 公司设计，瑞典 Concast 公司制造。Namakwa 公司是世界上第一家采用直流电弧炉生产高钛渣的公司，目前拥有两台 3000kVA 直流电弧炉。该直流电弧炉只有一根中空石墨电极，给料从中空电极送入。较传统电弧炉而言，直流电弧炉采用预加热物料工艺，具有四方面优势：一是电极消耗量可降低 50%～60%；二是电耗可降低 20%；三是由于高效的传热趋势，可使用空心电极和细颗粒状预热物料；四是可以降低 50%左右由电炉运行不稳定所造成的对电源系统不稳定的影响。

1994 年，Pyromet 公司为南非钢铁巨头 Iscor 公司设计制造了一台 3000kVA 的直流圆形钛渣电炉，并发展和提高了一种不同于 Namakwa 的直流电弧炉冶炼钛渣技术，半工业试验令 Iscor 公司非常满意，在 2002～2003 年建成两台 36000kVA 的直流电弧炉。

此外，瑞典 Mefos 公司也在直流电弧炉冶炼钛渣技术方面有深入的研究。

E Pyromet 技术

南非派罗迈特（Pyromet）公司是一家集冶炼技术研发、工程设计、设备制造和施工管理为一体的钛渣冶炼专业化工程公司，其技术综合了除独联体以外的多种钛渣冶炼技术，拥有世界三大资深钛渣专家之一的 Geoff Randall 先生。Pyromet 公司主要技术人员都先后在 QIT 公司、RBM 公司从事过多年技术研发工作，掌握了矩形炉冶炼钛渣的软件技术。Pyromet 公司在 Tinfos 公司钛渣电炉冶炼攻关中，不仅完全掌握了密闭圆形电炉冶炼技术，而且发展和提高了其技术水平，如其自焙电极把持技术就是独有的创新成果。如前所述，Pyromet 公司的直流电弧炉冶炼钛渣技术也不亚于 Namakwa 公司。因此，可以认为 Pyromet 公司是世界先进的、综合性的钛渣冶炼技术的代表。

Pyromet 公司的技术人员曾参与了世界大多数钛渣厂电弧炉的研究设计工作，具有丰富的实践经验。Pyromet 公司擅长于密闭圆形炉技术，经研究后提出了采用圆形炉还是矩形炉的关键在于：42000kVA 功率以下宜采用圆形炉，以上宜采用矩形炉，这点澄清了国内学术界关于圆形炉和矩形炉优劣的困惑。比如，如果圆形炉的功率超过 42000kVA，则分配在每根电极上的功率就是 14000kVA，将造成中心过热比较严重，使炉盖寿命缩短。采用圆形炉还可以利用其天然优势，如 3 根电极比矩形炉的 6 根电极成本低。

Pyromet 圆形密闭电炉技经指标先进。在 2001～2002 年为我国攀钢公司提供的报价书中，推荐采用两台 25000kVA 的交流密闭圆形电炉，采用自焙电极专利技术，钛矿吨渣单耗为 1.62t，自焙电极吨渣单耗为 8.15kg，吨渣电耗为 1820kWh。

总之，Pyromet 公司在钛渣冶炼的软件和硬件技术方面都具备了国际先进水平，电炉实现的大型化、密闭化和技经指标是其先进性的体现。由于 Pyromet 技术高于现有厂家水平，因而对追求低风险而又十分谨慎的钛渣项目建设业主而言，便出现了所谓的“无样板厂”缺陷，然而，纵观钛渣厂的建设历程，无一不是通过“建设＋攻关”模式而发展壮大的。

国外钛渣生产技术发展趋势：随着技术进步和经济发展，国内落后的钛渣冶炼技术将逐渐被国外先进技术取代；以 QIT 公司为代表的冶炼技术因其垄断性，近年内传播到世界其他地方的可能性较小，但其 UGS 渣技术将会不断发展；独联体钛渣技术因其成熟性和转让愿望的强烈，近年内将可能向其他国家扩展，中国即是最可能采用该技术的国家，其 2.5 万 kVA 电炉技术将通过攻关而逐渐成熟，但长期而言，该技术将逐渐被其他先进技术取代；以 Tinfos 公司为代表的密闭圆形电炉技术和以 Pyromet 公司为代表的更先进的密闭圆形电炉技术在近年内将得到广泛传播，最可能扩展到的国家是南非、欧洲和中国，其整体技术水平将趋于更加完善；以 Mintek 公司为代表的直流圆形炉技术因其优势所在，近年内在南非得到了快速发展，并将逐渐完善和成熟，包括用于岩矿冶炼、解决空心电极物料堵塞问题和避免矿料烧结问题，今后该技术将逐步扩展到欧洲和其他地区，将来有可能占据钛渣冶炼技术的相当份额。

4.4.2 国外海绵钛生产概况

4.4.2.1 国外海绵钛主要生产厂家

目前，世界上海绵钛的主要生产厂家有 6 家，即美国的钛金属公司（Timet）和俄勒冈冶金公司（Oremet）、日本的住友硅钛（Sitix）和东邦钛业公司，俄罗斯阿维斯玛（Avisma）钛镁厂和哈萨克斯坦乌斯特卡明诺戈尔斯克厂，总产量目前约为 11 万 t/a，全世界海绵钛总产能约为 13 万 t/a。

从国家来分，目前世界上主要有 5 个国家生产海绵钛，它们分别是独联体、美国、日本和中国，其中独联体指俄罗斯和哈萨克斯坦。欧洲自 1993 年英国的 Deeside 公司关闭以来，几乎没有海绵钛生产厂。近年世界海绵钛产量如表 4-9 所示。

表 4-9 近年世界海绵钛产量（t）

国　家	1995 年	2005 年
美　国	13000	20000
中　国	2000	12000
日　本	16700	26000
哈萨克斯坦	5000	22000
俄罗斯	16000	26000
乌克兰	5000	6000

由于 20 世纪 90 年代前 5 年钛市场萧条，最大的几家海绵钛生产企业，诸如美国的活性金属工业公司、英国的迪赛德钛公司、日本的昭和钛公司、乌克兰的扎波罗钛镁联合企业相继关闭，目前海绵钛生产企业数量减少到 6 家，这不包括中国，中国实际上并未真正进入世界钛市场。

4.4.2.2 国外海绵钛生产工艺技术状况

世界海绵钛主要生产国按产能从大到小排列依次为：美国、独联体、日本和中国，欧洲也少量生产。海绵钛生产技术多年来已在现有档次上趋于成熟，镁法已基本取代钠法，目前急需再上更高一层技术平台，发生技术质变。

美国采用外购富钛料，沸腾氯化制取粗四氯化钛，矿物油除钒，镁法还原生产海绵钛。通过引进日本真空蒸馏分离还原产物技术，并与镁法技术结合后，使美国海绵钛生产装备水平提高。沸腾氯化炉直径达 3m，日产能达 150t，采用镁还原-真空蒸馏法工艺技术的还蒸联合炉容量达 7～10t，生产过程实现了计算机控制。

独联体采用本国生产的钛铁矿，电炉冶炼高钛渣，熔盐氯化制取粗四氯化钛，铝粉除钒，采用镁还原-真空蒸馏法制取海绵钛。其钛渣生产采用的是 5000～25000kVA 的半密闭式电炉，以 16500kVA 电炉为主。熔盐氯化炉日产能为 120～140t，还蒸联合炉容量为 4t，但没有实现计算机控制。

日本采用外购和自产富钛料，沸腾氯化制取粗四氯化钛，矿物油除钒，镁还原——真空蒸馏制取海绵钛。引进美国大型沸腾氯化技术后，沸腾氯化炉直径为 3m，倒 U 形还蒸联合炉容量为 8～10t，全部生产过程均实现了计算机控制，其海绵钛单位电耗小于 1.5×10^4kWh/t，净镁耗小于 10kg/t，是世界最先进的指标。

按海绵钛生产技术和装备水平从高到低依次排列为：日本、美国、独联体和中国，其中日、美在同一水平，独联体低一个档次，中国又比独联体有质的差距。

A　美国海绵钛工业

美国于 1948 年开始海绵钛工业化生产，其海绵钛 80% 应用于航空航天工业和军事工业，是世界上最大的海绵钛消费国，目前有 Timet，Oremet 和 RMI 的 3 个公司从事海绵钛的生产和加工，拥有 2.16×10^4t/a 海绵钛生产能力和 7.7×10^4t/a 的海绵钛加工能力。同其他钛生产国家相比，美国海绵钛工业依附于本国的航空航天制造业及军事工业，最容易受航空航天工业需求变化的影响。

美国海绵钛生产从氯化开始，所用富钛料外购，沸腾氯化制取粗四氯化钛，矿物油除钒，镁还原生产海绵钛，其海绵钛总体质量低于日本。生产过程有 3 大特点：(1) 沸腾氯化技术处于世界领先水平；(2) 四氯化钛除钒采用矿物油，成本低、货源广，便于大型工业生产；(3) 还原产物分离有真空蒸馏法、酸浸法、氦气扫除法 3 种，但后两种将逐步淘汰。美国过去由于过分依赖进口廉价海绵钛，技术改造投入不足，故在 20 世纪 90 年代初其部分海绵钛生产工艺即显落后，但通过 1992～1995 年引进日本技术进行改造后，其整体生产水平又回到世界先进行列。

美国海绵钛生产装备水平较高。沸腾氯化炉直径达 3.05m，日产能达 150t，还蒸联合炉产能达 7～10t，整体生产过程实现了计算机控制，各工序的控制与主控室的计算机联网，生产管理实现自动控制。总的装备水平比独联体、中国先进，比日本要低些。

B　独联体海绵钛工业

独联体国家是世界上最大的钛生产基地和钛出口国家，其海绵钛产能和钛材加工产能均占世界的 50% 左右，在钛生产和应用基础研究开发方面拥有丰富的经验。在冷战时期，由于军备竞赛的需要和国家的大量投入，钛工业得到迅猛发展，俄罗斯上萨尔达冶金公司（VSMPO）的钛加工材产量曾达到过创记录的 105t，当时仅制造一艘核潜艇就用钛材 3000t 左右。冷战结束后，军工用钛骤减，民用未跟上，钛工业跌入低谷，海绵钛产量减少了 60%，别列兹尼基、扎波罗什及乌斯特卡明诺戈尔斯克（UKTMK）3 个海绵钛厂曾相继关闭。进入 1996 年后，随着国际钛市场的复苏以及独联体政局的逐渐稳定，其钛工业生产也得以逐渐恢复。经过调整和技术改造，独联体保留了哈萨克斯坦的 UKTMK 和俄罗斯的 AV ISMA 两家海绵钛厂。近几年独联体国家在恢复和发展自己的钛工业方面做了大量卓有成效的工作，对内加强了国内钛材应用的开发，国内钛材消费量逐年上升，通过加强技改投入扩大规模产量，提高产品质量，海绵钛和钛制品均改变了20世纪90年代初质次价廉的形象；对外加强国际合作，通过不同方式从比利时、日本等国引进资金改造企业技术装备，提高本国产品的市场竞争力；在国际市场营销方面，独联体加大了对外宣传力度，通过产品质量体系认证、与国外合作开发产品等手段，其海绵钛和钛加工材产品得到美国、日本、比利时等西方国家的认同。UKTMK与美国Timet签订了为期10年、年供海绵钛10000t的合同和向日本秋里公司每年供应海绵钛5000t合同，与VSMPO签订了长期供给海绵钛的合同，AVISMA与西方也订了类似的合同。这些合同的认真执行，确保独联体钛工业各企业能较顺利地组织生产，对独联体钛工业的恢复和发展起到了巨大的促进作用。

独联体海绵钛生产全部采用镁还原真空蒸馏法，其工艺为采用本国产出的钛铁矿，经电炉冶炼成高钛渣，用本国研制独创的熔盐氯化技术生产粗四氯化钛，再用铝粉除钒，然后用还蒸联合炉产出海绵钛。独联体海绵钛生产现分散于俄罗斯、乌克兰、哈萨克斯坦3个国家，近年来产量已恢复到（3～4）$\times10^4$ t/a，但离高峰期尚有距离。

独联体采用5000～24000kVA密闭电炉生产钛渣，熔盐氯化生产粗四氯化钛，产能达120～140t/d，还蒸炉采用倒U形联合炉容量为4t，已完成7～10t大型还蒸联合炉试验，还原工序已实现计算机控制，每台计算机可控制16台炉子，海绵钛机械取出，可提供各种规格品种的海绵钛产品。

C 日本海绵钛工业

日本海绵钛生产开始于1952年，最初生产的海绵钛主要出口供美国军用，随着加工技术的不断进步，日本钛材应用领域不断拓宽并且主要集中在民用工业方面。日本是世界上海绵钛生产技术和钛制品表面处理技术最先进的国家。现拥有尼崎公司（产能1.5$\times10^4$ t/a）和东邦钛公司（1.08$\times10^4$ t/a）两家海绵钛厂。据统计，日本自1952年来共生产4.5$\times10^5$ t海绵钛，其中1/4直接出口，1/4加工后出口，1/2用于国内消费；出口的海绵钛和钛材质量较好，主要用于美国和欧洲的航空航天工业。同其他国家一样，日本海绵钛也经历了多次起伏，其中1981年和1990年海绵钛都达到了创记录的（214～215）$\times10^4$ t。进入20世纪90年代以来，由于受冷战结束和独联体倾销海绵钛的影响，在1991年到1993年期间，日本海绵钛产量呈下滑趋势。在此期间，日本国内积极采取了大量措施，一是关闭产量小、质量差的昭和海绵钛生产线，其次不断加强内部挖潜、提质降耗，尼崎和东邦5N高纯钛的生产能力达到50t/a；再则通过输出产品和输出技术、设备，与Timet在1993年合建成功10^4 t/a的海绵钛厂，与世界最大的海绵钛用户美国结成战略伙伴关系。

日本海绵钛生产能力为2.58$\times10^4$ t/a，生产工艺为镁还原真空蒸馏法，生产原料为外购或自己的富钛料，经沸腾氯化产出粗四氯化钛，经矿物油除钒，再经镁还原真空蒸馏得到海绵钛。产出的海绵钛部分直接出口，部分经加工后，供国内使用或出口。日本的两个海绵钛厂均为万吨级钛厂，生产设备全部大型化，生产技术先进，产品质量水平高，现已能生产纯度达5N的高纯海绵钛。日本大型沸腾氯化技术引进于美国，目前沸腾段直径小于3m，还蒸联合炉采用倒U形联合，在20世纪80年代就已达到8～10t。目前其单位海绵钛电耗已降到1.5$\times10^4$ kW·h/t以下，净镁耗10kg/t，是世界最先进的指标。从氯化还原蒸馏、破碎包装到镁电解，全部应用计算机控制，中心计算机和各工序过程的计算机联网，生产管理指令传送等工作全部由主控制计算机完成，故日本海绵钛生产管理、技术水平、产品质量均处于世界先进水平。

4.4.3 国外钛合金生产概况

4.4.3.1 国外钛合金主要生产厂家

目前世界上钛的生产仅限于部分工业国家。钛加工材由美国、日本、俄罗斯、英国、德国、法国、意大利、中国等8国生产。全世界钛锭的生产能力约为22×10^4t，钛加工材的生产能力约为23×10^4t。

就钛合金而言，目前世界主要生产国是独联体、美国和日本，三国的生产能力占世界的95%以上，欧洲仅占3.6%，其主要生产国是法国和英国。近几年，美国的Timet公司采取收购政策，已经拥有欧洲的所有生产能力。世界钛锭的实际产量约98000t/a，低于生产能力。世界钛生产能力与产量之间的最大差异是独联体、日本和美国。目前世界轧制产品和锻造生产厂家是独联体、日本和美国。目前世界钛锭的总产能约为23万t/a（2005年），如表4-10所示。

A 美国

美国既是世界上最大的钛材生产国，也是世界上最大的钛材消费国。其主要的消费市场为航空工业。美国2005年的海绵钛进口量增长了33%，达到11700t。2005年约有65%的钛用于航空工业中，其余的35%则用于化工、海洋、医疗、发电、体育用品和其他非航空领域。美国有三大钛生产企业，即Timet，RTI和Allegheny Teledyne（ATI），其产量约占美国钛加工材总量的90%。

表4-10 世界钛锭的总产能

国家或地区	总产能/t	所占比例/%
独联体	11000	49.1
美 国	79970	35.7
日 本	23000	10.3
英 国	6000	2.7
中 国	5000	1.3
法 国	2000	0.9
总 计	225970	100.0

a Timet

Timet公司是美国最大的钛加工企业，也是美国唯一一家海绵钛生产商。通过前几年的兼并和联合，现已控制了欧洲大部分钛加工企业，业务扩展到世界各地，并且是波音公司最大的钛加工材供应商。该公司2005年全年销售额为7.5亿美元，比2004年的5.018亿美元增长了50%。销售额的增加主要是由于钛熔铸制品和轧制品销量和售价的上涨。2005年与上一年相比，轧制品平均售价上涨31%，熔铸制品平均售价上涨50%；轧制品销售量增长11%，熔铸制品销售量增长6%。2005年，Timet公司的营业收入为1.7～1.75亿美元，而上一年则为4300万美元。

b RTI国际金属公司

主要从事航空级钛合金板材的生产和销售。长期为美国军用战斗机生产提供钛合金板材，它也是波音公司的主要供应商。可生产钛及特种金属轧材、挤压型材、成形部件等，其客户遍及世界各地，产品的应用领域包括航空航天、军工、能源和化工等。2005年，RTI公司的销售额达到3.35亿美元，比2004年的2.15亿美元增长55.8%。需求旺盛使RTI的钛生产量翻了一番。其2004年年底时的未交付订货量为107957t，而在2005年第3季度末就已达到194141t。

在民用飞机市场方面，RTI于2005年1月通过其欧洲子公司与欧洲航空防卫与航天公司达成一项协议，为EADS的集团公司（包括空客）供应具有高附加值的钛产品和零件。该合同有效期到2008年。在军用市场方面，RTI与BAE系统公司在2005年1月达成了一项新协议，为Eurofighter Aircraft提供钛扁轧材，该合同有效期到2009年。RTI还为BAE系统公司生产的新型 XM-777 轻量榴弹炮提供钛零件。最早交货已在 2003 年末开始，将持续到 2010 年。

在工业和消费品市场方面，2005 年 1 月，RTI 被指定为 BP 公司提供钛应力接头，用于阿塞拜疆里海的 Shah Deniz 项目。在 2005 年第 4 季度开始生产，9 个月之后交货。

c ATI 公司

以钢铁和不锈钢的生产为主，钛业务占公司业务较少的份额。但它是美国第 3 大钛及钛合金产品的生产商。ATI 在钛产品制造、研究和开发领域是领先者，是目前世界上唯一一家同时拥有等离子体冷床炉和电子束冷床炉及其熔炼技术的钛材生产商，拥有许多用于航空和生物医学钛产品的专利。

ATI 公司 2005 年全年的销售额达到 35 亿美元，比 2004 年增长了 30%；净收入为 3.641 亿美元，而上一年的净收入为 1 980 万美元。ATI 公司预计 2006 年将继续提高其利润额，确立了降低 1 亿美元生产成本的目标，并投资 2.25 亿美元，重点扩大钛生产能力。该投资将主要用于显著增加航空引擎转动部件、飞机机架和其他需求旺盛的钛及钛合金产品的生产能力（包括真空电弧熔炼能力、电子束冷床炉熔炼能力、锻造和热处理能力）。

B 俄罗斯

俄罗斯的钛工业发展于 20 世纪 50～70 年代。当时，海绵钛产能和钛加工材产能均占世界产能的 50%以上，是世界上最大的钛生产基地和钛出口国家。冷战时期，由于军备竞争的需要，国家进行了大量投入，钛工业得到迅速发展，钛加工材的产量曾达到 100000t。冷战结束后，军事工业用钛骤减，钛工业陷入低谷，海绵钛产量曾减少了 60%，钛加工材产量也随之下降。近年来，随着国际钛市场的恢复和俄罗斯国家政局的逐渐稳定，钛工业生产才得以恢复。

上萨尔达冶金生产联合公司（VSMPO）是俄罗斯唯一的钛加工材生产厂家，近 10 年来驰骋于西方世界的钛市场，以量大、生产成本低为武器，控制着世界钛工业的生产。该公司的产品认证书多达 120 个，其中包括来自主要的飞机制造商和它们的供货商。钛产品占 VSMPO 公司总销售额的 81%，该公司 68%以上的钛产品出口，主要用于美国和欧洲的航空领域中。图 4-7 为 2000～2005 年 VSMPO 公司的发货状况。

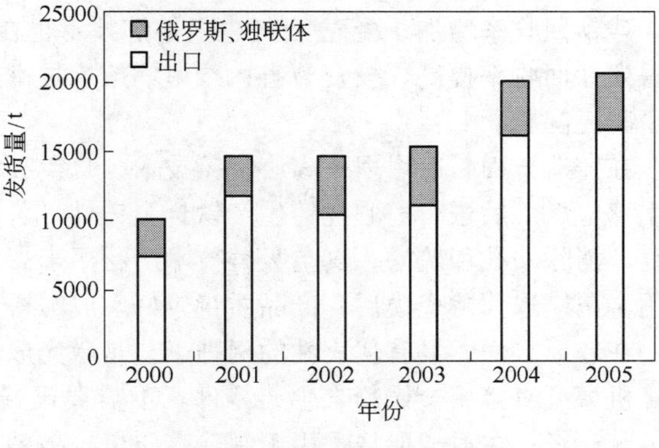

图 4-7 2000～2005 年 VSMPO 公司的钛产品对国内外市场的发货状况

C 日本

日本的钛工业始于 20 世纪 50 年代，60 年代在石油、化工领域有较大发展，70 年代在电解工业发展迅速，80 年代在发电厂用冷凝器、海水淡化等领域的钛应用较活跃。近几年则侧重于消费品及一般工业等方面。目前正向土木建筑、汽车、家电等方面拓展。

日本海绵钛生产厂家有东邦钛公司和住友钛公司。钛加工材生产公司主要有神户制钢、住友金属工业公司、新日铁和大同特殊钢等，前 3 家钛加工材的产量占日本钛加工材的 80%。

2005 年，日本海绵钛的生产量为 30549t，比 2004 年的 23000t 增加 32.8%。2005 年钛加工材发货量达到 18147t，比 2004 年增长 4.4%；2004 年钛加工材的发货量为 17387t，比 2003 年增加了 26%，比 2002 年（14481t）增加了 20%。2005 年日本钛需求量增加的原因有：

（1）航空需求恢复要比预想的要早；

（2）中国的电力和化工等工业领域需求急剧上升，日本出口到中国的钛加工材是过去近5年的4倍，中东地区的海水淡化项目也极度活跃；

（3）世界性的粗钢生产扩大，作为钢铁添加剂的海绵钛需求旺盛。

日本东邦钛公司2005年设备投资为50亿日元（2004年为37亿日元），以增强钛（海绵钛、钛锭）和催化剂的生产能力。首先通过小型还原炉（$TiCl_4$的镁还原）的大型化改造，将海绵钛的年产能力从2005年4月起提高到14000t（此前为13000t），进而通过大型炉的增设，从11月起其年产能进一步达到15000t。同时该公司还将通过最大限度发挥所有设备的优势以及提高生产效率等，使产能有可能达到16000t。钛锭的生产能力将由当前的8000t提高到2006年度的9000t。根据今后的需求，在2007年度计划通过投资将钛锭的产能提高到16000t。

日本住友钛公司2005年内需及出口都出现强势增长。该公司的中期经营规划中（2005～2007年），计划投资63亿日元，将海绵钛的年产能由目前的18000t增加到24000t。

估计到2008年世界海绵钛的产量将达125000t。据日本先进材料公司资料，到2010年，世界钛加工材市场将扩大到120000t，海绵钛的需求将达到150000～160000t。

目前，世界钛加工材生产的市场份额为工业38%，民用航空35%，军用12%，新兴和消费品市场6%，其他9%。

4.4.3.2　生产工艺技术状况

世界钛材主要生产国按产能从大到小排列依次为：美国、日本、独联体、欧洲和中国，钛合金材料的生产技术已达到较高水平，近年在技术量变上取得了一定进展。在钛合金传统的熔炼、铸造和成形工艺技术基础上开发并应用了不少新工艺、新技术。

在熔炼方面，冷床炉熔炼技术已成功应用于工业化生产，能熔炼25t重的无偏析和夹杂铸锭，残钛回收率增加；凝壳-自耗电极熔炼技术也在真空自耗熔炼技术基础上增加了不少优点，使得残钛回收率提高，投资节省；冷坩埚熔炼技术进一步发展后，使得熔化能力大大提高，解决了凝壳问题。

在铸造方面，冷坩埚＋离心浇铸技术、真空吸铸和压铸技术已使产品质量进一步提高。冷坩埚感应熔炼后进行离心浇铸生产钛合金铸件，可以节省原材料，降低预热成本，并提高铸件精度，消除缩孔和疏松；真空吸铸技术广泛用于高尔夫球杆头等薄壁型产品生产；真空压铸法采用金属模取代陶瓷模后，产品质量较好，成本得到降低。

在成形方面，具有代表性的两种工艺是激光成形技术和金属粉末注射成形技术。前者采用计算机模型直接用金属粉末生产零件，不需要硬模，性能在铸造与锻造状态之间，成本降低15%～30%；注射成形技术用于制造高质量、高精度复杂零件（如武器系统），但其原料球形钛粉末成本高，还不宜民用推广。

此外，生产焊管的带式生产技术、生产无缝管的斜轧穿孔制坯技术、玻璃润滑技术、锻件生产中的快锻机技术等也得到了较大发展和广泛应用。

美国和日本在上述新技术的应用方面比较成熟和普及，而独联体和我国正在积极追赶，提高钛合金材料生产工艺技术水平。

4.4.3.3　技术研发状况

相对海绵钛而言，由于航空航天技术的发展，钛合金的研发一直十分活跃。从基础研究到合金性能研究，再到应用研究都取得了较大进展。

基础研究方面，间隙原子影响钛强度和体积模量研究，复合材料界面行为有限元模拟研究，合金有序强化研究，合金中原子与空位相互作用研究等都取得了进展。

为了满足不同领域钛材应用性能要求，合金材料设计工作施展空间大，成效显著。

应用于宇航领域的 BT37 合金、NIN CT20 合金、NIN Ti-600 合金、Ti-60 合金、TT15D 合金、NIN Ti-40 合金、NIN Ti-26 合金、和 NIN TP-650 合金等是近年来国内外研究的新型牌号合金材料的代表，可以满足不同构件对材料应用性能的要求，有的还能降低成本，减轻质量，高温钛合金（如 Ti53311S）的研究也是一热点；应用于舰船领域的 Timetal 511 合金、NIN Ti-B19 合金和 NIN Ti-91 合金等在韧性、抗腐蚀性和透声性等方面都有明显提高，对大型舰船（如航母）制造和海洋工业发展具有积极推动作用。在生物领域主要采用 Zr、Nb、Ta、Pd 和 Sn 作为钛合金元素以增强力学性能和生物相容性，如 Ti-35Zr-10Nb 合金和 Ti-29Nb-13Ta-4.6Zr 合金等。清华大学近年研发的骨骼材料是生物领域应用的典型代表。民用领域广泛应用的高尔夫球杆采用了一种叫 KS-Ti19 牌号的合金，使得成本大幅下降，质量提高。

近年来由于钛的民用推广，钛在建筑、汽车、海洋工程、医疗和体育用品等方面的应用研究开始增多，特别是海水淡化领域应用研究已引起广泛关注，医用钛合金 TC 20（Ti-6Al-7Nb）产品已在临床应用。

在航空航天领域，改善钛合金应用性能，细分牌号功能，扩大老牌号合金应用范围是钛材工业发展的必然趋势，钛铝金属间化合物和钛基复合材料研发是下一热点。在民用领域，低成本钛合金研究是一种趋势，特别是提高残钛回收率的研发具有重要意义，在钛材的整个应用领域，冷床炉熔炼技术、激光成形技术、注射成形技术和精密铸造技术的广泛应用也是必然趋势。

4.4.4 国外钛白生产概况

世界钛白工业于 1916 年诞生于美国和挪威，使用的是硫酸法工艺。氯化法工艺诞生于 20 世纪 50 年代后期，1956 年起分别进行不同规模的工业化试验，最终在 1958 年投入正式生产。如今，钛白已是工艺成熟、产品品种齐全，应用面涉及各工业领域和人们日常生活，市场价值超过 80 亿美元/a（除中国以外），仅次于合成氨和磷化工的第三种无机化工产品。

4.4.4.1 生产商和产能

目前，除中国以外，世界钛白生产商共有 20 余家，年生产总能力超过 470 万 t，共有生产厂约 58 家。世界前 5 名的钛白生产商全部是美国的公司。

（1）杜邦。共有 5 座生产厂，分布于美国、墨西哥和台湾地区，总产能为 108 万 t/a。

（2）美（礼）联。共有 8 座生产厂，位于美国、英国、澳大利亚、法国和巴西，总产能 72 万 t/a。

（3）科美基。共有 5.75 座（其中 1 座为合资）生产厂，分布于美国、荷兰、德国、比利时、澳大利亚和沙特阿拉伯，总产能 60 万 t/a。

（4）亨兹曼。共有 7 座（其中 1 座为合资）生产厂，分布于英国、法国、意大利、西班牙、南非、马来西亚和美国，总产能 57 万 t/a。

（5）国家铅业（NL）。其下属的生产钛白的子公司是德国的克朗（康）诺斯，共有 5.5 座（其中 1 座为合资）生产厂，总产能 43 万 t/a，分别位于加拿大、比利时、德国、挪威和美国。

（6）第 6 位钛白生产商是日本的石原公司，有 4 座生产厂，位于日本、新加坡和中国台湾，总产能 22 万 t/a。

除以上 6 大公司以外，世界其余钛白生产商基本上都只拥有 1 座生产厂。

4.4.4.2 生产方法

钛白的工业生产方法只有硫酸法和氯化法 2 种，前者始于 1916 年，历史长，工艺成熟，且可生产锐钛型和金红石型两类产品，因而能够满足全部市场需求。但其劣势也很明显，流程冗长，产品质量难以完全达到氯化法同等水平。其缺点是，生产过程中废副排放量大，处理的难度和成本都很高。而氯化法虽然诞生于20世纪50年代后期，至今约50年，但因其流程短、生产自动化程度高，产品质量一般比硫酸法更好些，生产中废副排放量小，相对于硫酸法可以称之为“清洁”工艺。氯化法的缺陷是不能生产某些领域中必须应用的锐钛型产品，而且对生产装备的材质要求高，原材料也需“精”料，如金红石（天然、合成）、高钛渣、高品位的钛精矿（只有杜邦公司有此技术）。

但总体来看，从环保和产品品质两个主要方面看，氯化法还是具有明显的优势。所以近年世界钛白工业发展趋势之一就是在两种生产方法并存的同时，逐渐转向氯化法。目前两种方法的产能比例是（57%～58%）：（42%～43%），氯化法占优。世界前3名钛白生产商杜邦、美（礼）联和科美基掌握最先进的氯化法生产技术，其中杜邦公司的108万t/a产能全部是氯化法。

全球最大的氯化法钛白生产厂在杜邦公司，其产能分别为39万t/a和33万t/a。最大的硫酸法厂是芬兰凯米拉公司位于该国波里的生产厂，产能已接近15万t/a。

4.4.4.3 *市场需求和消费结构*

国际钛白工业的发展历来与GDP存在密切关系，但总体来看呈现出长期的增长态势，如1995年世界钛白市场需求量为388万t，到2000年为396万t，而2004年则为420万t。

全球钛白颜料市场的消费结构大致为：涂料业占58%～60%，塑料占20%～21%，纸张占12%～13%，油墨占3%，化纤占2%，其他占3%～5%。

全球钛白产品按锐钛型和金红石型的比例，大致为（10%～15%）：（85%～90%），金红石型产品占绝对份额，主要用于油漆、涂料、塑料、涂布纸张、油墨业；锐钛型产品只用于普通书写、印刷纸张和化纤消光。

4.4.4.4 *发展趋势*

全球钛白工业近年的产能利用率为85%～90%，还有一定的提升空间，这就说明未来一段时间内，除中国以外的世界钛白总产能不会有多大变化。事实上，从1998年以来，全球范围未建一座新生产厂。世界钛白总产能在缓慢地上升，因为尽管有一些厂在扩容增能，但这期间也至少关闭了两座效率低下的硫酸法装置。

根据国际经济形势的发展，预测未来3～5年间全球钛白市场将以3%左右的速度平稳上升。

由于原材料成本提高以及市场的增强，全球钛白产品的价格自2003年底起连续上涨，2005年各大公司已宣布3～4次提价。

2005年世界钛白工业的供求关系也发生了变化，市场容量的增大带动了开工率的上升，尽管如此，国际市场的供应仍然偏紧。

4.5 国内钛材料产业概况

钛元素发现于1789年，1908年挪威和美国开始用硫酸法生产钛白，1910年在实验室中第一次用钠法制得海绵钛，1948年美国杜邦公司才用镁法成吨生产海绵钛——这标志着海绵钛即钛工业化生产的开始。我国钛工业是在党和政府的关怀和指导下发展起来的，1954年开始制取海绵钛的工艺研究，1956年国家把钛当作战略金属列入了12年发展规划，1958年在抚顺铝厂实现了海绵钛工业化生产。20世纪60～70年代，我国先后建立了以遵义钛厂为代表的10

余家海绵钛生产单位，建立了以宝鸡有色金属加工厂为代表的数家钛材加工单位，同时也形成了以北京有色金属研究总院为代表的钛生产和应用的科研力量，成为继美国、前苏联和日本之后的第 4 个具有完整钛工业体系的国家。1978 年，我国海绵钛产量达到 2800t，我国改革开放以来海绵钛和钛加工材产销两旺、钛工业快速平稳发展。我国钛工业为国防军工和国民经济建设提供了大量优异材料，支持了国家的发展。

我国钛工业发展大致可分为三个阶段：即 20 世纪 50 年代的开创期，20 世纪 60～70 年代的建设期，20 世纪 80～90 年代的初步发展期。在新世纪，我国钛工业将迎来深入发展的成熟期。

目前，我国钛的基本生产线除拥有钛及钛合金的锭、板、棒、线、管等主要产品及相应设备外，还有钛/钢爆炸或热压复合板生产线；钛旋压筒、球生产线；钛铸造和精密铸造生产线；钛粉末冶金等专业生产线及设备。

总体上说，我国钛工业的主体设备、主要技术主要产品质量与国外大体相当，基本上能够满足国内各个行业对钛产品的需求。

4.5.1 钛材料生产现状及发展趋势

4.5.1.1 生产现状

A 产量

自 2004 年以来，我国钛工业进入了一个快速发展的高峰期，使一直波澜不惊的我国钛工业突然之间成了新的热点。据中国有色金属协会钛锆铪分会统计数据，2005 年中国生产了 9500t 的海绵钛和近 10000t 的钛材，比 2004 年分别增长了 100%和 20%。据钛锆铪分会分析，2005 年中国海绵钛需求量达到 13000t，有约 4000t 的缺口。

2005 年遵义钛业生产了 7000t 海绵钛，并扩大其海绵钛产能到 10000t。抚顺金铭钛业也在扩大其海绵钛产能，2006 年达到 5000t。这样，中国 2006 年的海绵钛产能达到了 15000t。

钛加工材方面，宝鸡钛业股份有限公司全年钛材产量超过 4000t，主营业务收入有较大增长，实现了历史性的大跨越。2005 年与 2004 年相比，销售收入和利润都翻了一番。

该公司在 2005 年 11 月与外方合资成立了宝钛美特法力诺焊管有限公司。其中，宝鸡钛业股份有限公司占注册资本的 40%；常州法力诺长城焊管有限公司占 29%；沃特美特公司（隶属于法国 Vallourec 集团）占 20%；钛美特亚洲公司（隶属于美国 Timet 公司）占 11%。合资公司经营范围是生产、经销钛焊管。预计 2007 年的生产能力将达到年产量 600t，实现销售收入 2.26 亿元人民币；到 2010 年，累计销售额将达到 8.6 亿元。产品主要应用于国内燃煤发电厂和核电站冷凝器。公司的目标是占有国内钛焊管市场 50%的份额。上海宝钢股份有限公司特殊钢分公司在 2005 年生产了 1000t 钛加工材，同时还建成了一条新的热锻生产线，包括真空自耗电弧炉和 4500t 快锻机，大大地提高了钛材加工生产能力。

B 生产区域

目前我国钛加工及制造业大体在以下区域：

以宝鸡为中心的西北地区——这个地区以宝鸡有色金属加工厂及其控股的宝鸡钛业股份有限公司为龙头，形成了我国专业化程度最高、加工设备最系统化、产品规格最多的钛加工及其制造业基地。该地区有从事钛材生产的民营企业约 200 家，多数企业通过海绵钛（包括收购的钛废料），冶炼成钛锭，自己或委托加工成材，规模普遍较小，一般企业产量仅几十吨，但其总量约为宝钛股份的 2 倍，故宝鸡地区钛材加工（含重复材）已超过万吨，是我国著名的钛都。

以沈阳有色金属加工厂、抚顺特钢板材有限责任公司、沈阳东方钛业有限公司等单位为主形成了东北钛加工及设备制造集团。该地区中小企业多，钛设备制造颇为活跃，有熔炼炉 20 多个，年产钛约 1000 多吨，且钛铸造业也集中于此。

以宝钢集团上海五钢有限公司、南京宝色钛业公司、张家港市宏大钢管厂等单位为主形成了长江三角洲钛加工及其设备制造集团。该集团以便捷的市场、开放的理念为优势，极具发展潜力。该地区除宝钢集团上海五钢有限公司每年熔炼约 1000t 钛锭生产军工锻件（材）外，其余单位多是钛加工企业或钛设备制造企业。

广东地区以运动器材为主，其中广东广盛运动器材公司，该公司为全球最大的生产高尔夫球杆生产企业，主要是将各单位提供的球杆毛坯精加工为成品，钛消耗量约 5000t，但球头部分约有 2/3 为离心浇注而成，钛材实际消耗约 1700t。

C 钛材加工能力

a 钛锭生产能力

钛材加工的产能主要决定于钛锭的生产能力。2003 年底，我国约有 60 台真空自耗电弧炉用于钛锭的生产。其中宝鸡有色金属加工厂有 10t 炉、6t 炉各一台，3t 炉、1t 炉各两台，形成了年产 6000t 钛锭的生产能力；上海五钢特冶公司有 15t 炉、10t 炉、5t 炉各一台，小炉子两台，大体形成了年产 5000t 钛锭的能力；沈阳有色金属加工厂有 5 台 1.5t 以下真空自耗电弧炉，具有年产 600t 钛锭的能力；这 3 家钛锭的产能共计 11600t/a。其余 44 台大多为 500～1000kg 级的真空自耗电弧炉，平均以每公称吨位 200t/a 的产能计，可形成 8800t/a 的产能。这样，我国基本具有了 20000t/a 的钛锭生产能力。以 70%可转化成钛材计，基本具有了 14000t/a 的生产能力。具体分布见表 4-11。

表 4-11 近年全国主要钛锭生产企业产能及产量统计

序 号	厂 家	产能/t	2003 年产量/t	2004 年产量/t
1	宝鸡钛业股份有限公司	6000	3413	3700
2	北京 621 所	2000	1450	1500
3	北京中北钛业有限公司	1200	1200	1000
4	沈阳鑫通科技贸易公司	2400	600	400
5	保定博亨金属工贸公司	800	560	500
6	沈阳庞大公司	900	500	400
7	沈阳金驰钛业有限公司	1000	420	800
8	上海宝钢集团特钢公司	5000	400	350
9	东港东方高新有限公司	1200	365	370
10	洛阳 725 所	600	350	600
11	北京宏大钛科贸公司	1000	300	300
12	山东济南钛制品厂	400	300	150
13	温州德尔钛业有限公司	400	300	230
14	沈阳北方钛业有限公司	400	200	500
15	南京宝泰特种金属公司	300	150	230
16	遵义钛厂	200	143	200
17	西北有色金属研究院	500	138	200
18	沈阳真空真研公司	200	30	80
19	上海有色所	200	20	100
20	抚顺特钢集团	600	7	
21	天津明宇钛业	300		80
22	山东枣庄神工钛业	300		150
合 计		25900	10846	11820

注：空格为产量很少或未生产。

b 钛材生产能力

目前，我国钛材的主要生产企业有宝鸡钛业股份有限公司、沈阳金驰钛业有限公司、宝钢股份有限公司特殊钢分公司、抚顺欣兴特钢板材公司、上海桦夏钛业有限公司、攀钢集团长城特钢股份有限公司、西北有色金属研究院、张家港宏大钢管厂、山东远大钛业公司、张家港华裕钛业公司、辽阳东方钛业锻造有限公司、宝鸡三立公司等（见表 4-12）。

表 4-12 我国主要钛材生产企业的产品品种及产能（t）

钛材生产企业名称	板	棒	管	锻件	其他	合计
宝鸡钛业股份有限公司	2000	1000	1000	1000	1000	6000
沈阳金驰钛业有限公司	1000	1000	400	3000	400	5800
宝钢股份有限公司特殊钢分公司		2000		2000	1000	5000
抚顺欣兴特钢板材公司	2400					2400
上海桦夏钛业有限公司	（项目进行中）	1000				1000
攀钢集团长城特钢股份公司	1000					1000
西北有色金属研究院		1000	1000		200	2200
张家港宏大钢管厂			500			500
山东远大钛业公司			150			150
张家港华裕钛业公司			100			100
辽阳东方钛业锻造有限公司		1000				1000
宝鸡三立公司					50	50
合 计	7400	6000	3150	6000	2650	25200

c 国内钛材主要生产厂家

国内钛材主要生产厂家有：

（1）宝钛股份有限公司。该公司成立于 1999 年，由宝鸡有色金属加工厂作为主发起人设立的股份有限公司。该公司拥有先进、完善的钛材生产体系，共有熔铸、锻造、管棒及板带四个专业生产系统。熔铸生产系统有真空自耗电弧炉 10t 的 1 台、6t 的 1 台、3t 的 3 台，2400kW 的电子束冷床炉，产能达到 8000～9000t；锻造系统有 2500t 快锻机等锻造设备及辅助设备；板带生产系统有 3300mm、1200mm、650mm 热轧机系列，1200mm、550mm 冷轧机和 20 辊箔材轧机；管棒生产系统有挤压机和穿孔机。主体装备由美、日、德、奥等 15 个国家引进，占设备总价值的 60%以上，由德国引进的 2400kWEB 炉（电子束冷床炉），10t 真空自耗电弧炉更是代表了当前世界最先进装备水平。

该公司具有 5000～6000t 钛加工材生产能力，其产品包括钛及其钛合金锭、板（包括复合板）、棒、丝、管（轧制管和焊接管）、铸件、锻件、环轧材等。今年又引进了 1 台 10t 炉，产能将达到 12000 铸锭能力，该公司“十一五”规划为：钛锭 1.5 万 t、钛材 1 万 t。

（2）上海五钢特冶公司。该公司是一个钢钛结合的企业，从 2002 年以来，一直在积极实施钛加工设备和技术的改造，建设项目有：钛及其合金布料混料系统、8000t 油压机、大功率等离子焊机、10t 和 15t 真空自耗电弧炉、800t 和 1000t 等温锻造油压机、引进 4500t 快锻机、1300t 精锻机等，并结合宝钢集团一钢公司的不锈钢卷板工程和三钢公司的薄板轧机、3500mm/4300mm 中厚宽板轧机，大力开发造船、化工、电力行业用的大型钛板。该公司资金雄厚，设备起点高。

(3)西部钛业有限责任公司。该公司由西北有色金属研究院、浙江省经投公司、遵义钛厂和安大航空锻造厂共同出资，公司占地近 300 亩(1 亩＝666.7m^2)，企业主要装备有 5000t 油压机、3t、8t 真空自耗电弧炉(多台)、2500t 快锻机、斜轧穿孔机、系列轧管机、大型真空退火炉和全自动超声波探伤仪。其目标为钛锭 5000t、钛材 3000t。该公司与科研院所紧密结合，将形成独特的技术优势和竞争力。

4.5.1.2　发展趋势

A　不同领域的需求分配

钛及钛合金以其熔点高、耐腐蚀、比强度高、高低温性能好、无磁、亲生物性等突出优点，在航空航天、海洋开发、化工、电力、冶金、汽车、建筑、体育器材、医疗器械、人工器官及日常生活中具有广泛的用途，被人们称为“太空金属”和“海洋金属”，是重要的战略金属材料。在地球中的蕴藏量仅次于铝、铁，被称为第三金属。一般地说，一个社会越发达，用钛量就越大。人们通常用钛钢比来衡量这一点，如美国和前苏联的钛钢比都在 0.2‰左右，而我国的钢钛比仅 0.03‰左右。这说明，随着国民经济的发展，我国还有一个很大的潜在钛市场。

我国钛材用量最大的是化工领域，约占 42%；体育休闲领域居第二位，约占 19%；排第三位的是航空航天领域约占 10%。其中军工约 20%，主要为钛合金；民用约 80%以纯钛为主。

B　钛市场展望

航空和航天领域是国家重点发展的战略方向。一般而言航天器每减重 1kg 可带来 1～5 万美元的效益，特别是我国“十一五”明确提出自主发展干线飞机，估计这两个领域的用钛量将会大幅增加。

无论是美国还是前苏联，造船业是钛材的重要应用领域，特别是用于潜艇和军舰，具有抗海水腐蚀、抗深层压力、有很好的反监视作用。

化工是我国迅速发展的产业部门，也是用钛的第一大领域。钛在这个领域的使用情况：氯碱行业用钛做电极的离子膜电解槽；纯碱业中钛质外冷器和氨冷凝器；石化业中对精苯二甲酸(PTA)生产用的全钛冷凝器、偏酐生产用的反应器、醋酸回收塔等焦化行业的脱酸塔、板式换热器等。特别是石化行业中有的产品一件的用钛量可达几十吨。随着化学工业的发展，对钛的需求将会持续增加。

真空制盐是我国用钛最成功的领域之一，其新建和改造项目将保持对钛的强劲需求。

目前，我国进入了新一轮电站建设高峰期，海滨电站和核电站的全钛冷凝机组将有近千吨/年的用钛需求。

随着人们生活水平的提高，体育休闲业的钛高尔夫球杆、钛眼镜架、钛手表、钛自行车等将保持对钛的旺盛需求，洗卫设施、餐具及首饰也逐渐用钛。

以国家大剧院及杭州大剧院钛屋顶为标志，建筑业开始用钛。

汽车业用钛势头发展迅猛，目前，汽车发动机气门、连杆、曲轴、排气管、悬簧、消音器、车体和紧固件等，都用上了钛或钛合金。2006 年中国仅汽车、摩托车用钛总量就达到 5000t。

医疗用钛合金骨骼、关节等，具有不锈钢等所没有的对人体无排异性的性能，随着人民的生活水平和医疗技术的发展将有巨大的市场潜力。

近期，我国将重点发展的海洋产业中，海洋石油天然气开发、海水养殖、海水淡化将对钛有很大的潜在需求。形状记忆合金和超导等高技术领域对钛的需求也会有所增加。

按目前的发展趋势，预计在 2010 年左右，我国钛材市场用量约在 30000t。若根据发达国家的钛钢比例，我国钛材的潜力将超过 60000t。

2006年世界钛工业呈现一片欣欣向荣的景象。钛市场随着全球经济好转而壮大，随着科学技术的发展而拓宽了应用领域，随着一般工业和航空工业的发展而繁荣。未来的全球钛市场将会持续稳定走强。

4.5.2 钛材料产业链及其延伸

钛产业链的应用前景也同样被大家看好。钛及其合金因其具有高比强度和耐腐蚀的显著优点，人们把它称作“太空金属”和“海洋金属”，同时又是价格比较昂贵的新金属材料，因此，钛产业链及其延伸的根本方向是：降低成本，开发新合金、新加工技术、新用途。

(1) 电解法的进一步炼钛研究。英国剑桥大学的 D. J. Fray，G. Chen 等发明了在氯化钙熔盐中电解还原固态氧化钛制取金属钛的方法，又称 FFC 法。该方法去掉了复杂有较大污染的氯化、四氯化钛精制和镁还原工艺，因此，可以使海绵钛的成本降低二分之一到三分之一。目前，该方法正在美国进行工艺扩大试验，若成功，将是海绵钛冶炼技术的一次革命，并使世界钛工业发生根本性的变化。印度、澳大利亚、日本和意大利等国也纷纷开展了这方面的研究。

(2) 冷床炉熔炼技术日益普及。冷床炉的特点是用电子束或等离子束加热熔化的钛锭；铸锭前给钛熔体增加一个流动段，以达到提纯的目的；可以方便地获得圆形、长方形钛铸锭。因此，冷床炉熔炼技术可以大量“吃废料”，减少后加工工序，达到降低钛坯锭成本的目的。美国、日本和欧洲已大量采用这种技术。

(3) 用钛焊管代替无缝轧制管。钛带轧制技术和焊管技术的进步与成熟，使人们可以用高速、精确的钛带轧制技术来代替单管的轧制技术，从而实现在一定管长、一定壁厚范围内的钛焊管的大批量、高效率、高精确度的自由生产。在日本、欧洲和美国，钛焊管正逐步取代轧制管。

(4) 纯钛带相对于纯钛标准板的优势日益显现。由于钢带特别是不锈钢带轧制技术的进步和成熟，纯钛带轧制技术也日益成熟。从而使人们可以方便地得到幅宽 1.8m 的钛薄板，支持了钛焊管的发展，满足了化工、冶金、建筑等领域对不规则纯钛板的需求，也迎合了钢/钛复合板对超长超宽钛板的需求。如日本的新日铁公司在钛材加工业界就是一个主要生产钛带和钛焊管的公司。

(5) 大力开发先进的钛加工技术。为满足高技术领域对钛及其合金的需求，钛的成形技术、钛合金超细晶粒技术等被人们大量研究。俄罗斯和美国还有最大的加工设备，以生产大型的钛合金部件，如俄罗斯的 75000t 锻压机，可以生产 3210kg 的航空锻件，供 A380 民航机使用。

(6) 碳化钛和碳氮化钛基金属陶瓷。碳化钛和碳氮化钛基金属陶瓷由于重量轻，硬度、强度、弹性模量、熔点高等性能优于碳化钨基金属陶瓷，在世界钨资源日益枯竭的今天，成了碳化钨金属陶瓷理想的代用品，但要完全取代碳化钨，需解决韧性低的问题。

本章小结：

介绍了国内外主要钒材料、钛材料生产企业的工艺流程，所用的主要原料性能，主要产品概况。

思 考 题

(1) 国外主要钒生产企业有哪些，主要钒产品有哪些？

(2) 国外主要钛生产企业有哪些，主要钛产品有哪些？
(3) 海维尔德钢钒公司的生产工艺流程是什么？
(4) Vametco 的钒生产工艺流程图是什么？
(5) 下塔吉尔钒渣生产工艺流程是什么？
(6) 攀钢提钒工艺流程是什么？
(7) 简述国外钛渣生产的工艺技术特点、产能和原料情况。
(8) 俄罗斯的海绵钛生产工艺与美国、日本相比有何异同？
(9) 简述国外钛白生产技术的特点，并通过网络查阅国外钛白生产最新技术动态。
(10) 简述国内钛材料生产现状和发展趋势。

参考文献

1 黄道鑫，陈厚生等．提钒炼钢．北京：冶金工业出版社，2000
2 廖世明，柏谈论．国外钒冶金．北京：冶金工业出版社，1985
3 Holl J．南非共和国对提取钛磁铁矿中铁和钒所做出的贡献．钒钛磁铁矿开发利用国际学术会议论文集．攀枝花．1989，1～11
4 文哲．国内外钒资源与钒产品的市场分析．世界有色金属，2001，(11)
5 杜厚益．俄罗斯钒工业及其发展前景．钢铁钒钛，2001，22(4)：61～68
6 杜厚益．俄罗斯钒工业及其发展前景．钢铁钒钛，2001，22(1)：71～75
7 杨守春．南非的钒生产．现代材料动态，2004(4)：15～16
8 矿业快报，2006(440)：67～68

5 钒材料制备原理及主要工艺

本章要点：

(1) 五氧化二钒、三氧化二钒的生产工艺及基本原理。
(2) 钒酸盐、钒卤化物生产方法(沉淀结晶法和煅烧合成法)的基本原理。
(3) 碳化钒和氮化钒的性质、制取及作用。
(4) 炼钒铁合金的基本原理、生产工艺及过程。
(5) 钒铝中间合金的主要用途及生产的基本原理。
(6) 储氢合金的类型和应用。
(7) 钒氢、钛氢反应规律。
(8) 钒钛储氢合金的类型及应用方向。
(9) 钒电池的工作原理。
(10) 金属钒的各种制取方法及基本原理。
(11) 纳米五氧化二钒的性能、制备方法和主要用途。
(12) 金属陶瓷的概念、类型、应用领域。
(13) 钒基、钛基金属陶瓷的组成、应用及制备方法
(14) 五氧化二钒、二氧化钒薄膜的主要用途。

5.1 钒 渣

5.1.1 钒渣的生产原理

世界上钒钛磁铁矿冶炼，主要是用回转窑-电炉或高炉，冶炼出含钒铁水。含钒铁水提钒的主要任务有：一把含钒铁水吹炼成满足下一步炼钢要求的高碳含量的半钢；二最大限度地把铁水中的钒氧化进入钒渣；三通过提钒得到适合于下一步提取 V_2O_5 要求的钒渣。

5.1.1.1 铁水提钒过程的主要反应

提钒过程是氧气流与金属熔体表面相互作用的过程，是铁水中铁、钒、碳、硅、锰、钛、磷、硫等元素的氧化反应过程，这些元素氧化反应进行的速度取决于铁水本身的化学成分、吹钒时的热力学和动力学条件。

气-液相间的氧化反应可用通式表示为：

$$m/n[\mathrm{Me}]+1/2\{\mathrm{O_2}\}=1/n(\mathrm{Me}_m\mathrm{O}_n)$$

式中 [Me]——铁水中的组元；

$\{O_2\}$——气相中的氧气；

(Me_mO_n)——炉渣中的氧化物或气体氧化物；

m、n——化学反应的平衡系数。

反应能力的大小取决于铁水组分与氧的化学亲和力，通常称为标准生成自由能 $\Delta G^{\ominus}$。$\Delta G^{\ominus}$ 值越负，氧化反应越容易进行。许多资料提供了氧化物标准生成自由能 $\Delta G^{\ominus}$ 与温度的方程式。表 5-1 列出了某些元素在铁液中标准溶解自由能 $\Delta G^{\ominus}$ 关系式 $\Delta G^{\ominus}=A+BT$ 中的参数。表 5-2 列出了一些元素反应的标准生成自由能。

表 5-1　某些反应 $\Delta G^{\ominus}=A+BT$ 关系式中的参数

反　应	$A/J \cdot mol^{-1}$	$B/J \cdot mol^{-1} \cdot K^{-1}$	误差/±kJ	温度范围/℃
$C_{(s)}=C_{(g)}$	713500	−155.48	4	1750～3800
$C_{(s)}+0.5O_2=CO_{(g)}$	−114400	−85.77	0.4	500～2000
$Cr_{(s)}+1.5O_2=CrO_{3(s)}$	−580500	259.2		25～187(熔点)
$Cr_{(s)}+1.5O_2=CrO_{3(l)}$	−546600	185.8		187～727
$Cr_{(s)}+O_2=CrO_{2(s)}$	−587900	170.3		25～1387
$2Cr_{(s)}+1.5O_2=Cr_2O_{3(s)}$	−1110140	247.32	0.8	900～1650
$2Cr_{(s)}+1.5O_2=Cr_2O_{3(s)}$	−1092440	237.94		1500～1650
$3Cr_{(s)}+2O_2=Cr_3O_{4(s)}$	−1355200	264.64	0.8	1650～1665(熔点)
$Cr_{(s)}+0.5O_2=CrO_{(l)}$	−334220	63.81	0.8	1665～1750
$Fe_{(s)}=Fe_{(l)}$	13800	−7.61	0.8	1536(熔点)
$Fe_{(l)}=Fe_{(g)}$	363600	−116.23	1.2	1536～2862(沸点)
$Fe_{(s)}+0.5O_2=FeO_{(s)}$	−264000	64.59	0.8	25～1377
$Fe_{(l)}+0.5O_2=FeO_{(l)}$	−256060	53.68	2	1377～2000
$3Fe_{(s)}+2O_2=Fe_3O_{4(s)}$	−1103120	307.38	2	25～1597(熔点)
$2Fe_{(s)}+1.5O_2=Fe_2O_{3(s)}$	−815023	251.02	2	25～1462
$Fe_{(s)}+0.5O_2+V_2O_{3(s)}=FeO \cdot V_2O_{3(s)}$	−288700	62.34	1.2	750～1536
$Fe_{(l)}+0.5O_2+V_2O_{3(s)}=FeO \cdot V_2O_{3(s)}$	−301250	70.0	1.2	1536～1700
$Mn_{(s)}=Mn_{(l)}$	12130	−7.95		1244(熔点)
$Mn_{(l)}=Mn_{(g)}$	235800	−101.17	4	1244～2062(沸点)
$Mn_{(s)}+0.5O_2=MnO_{(s)}$	−385360	73.75		25～1227
$3Mn_{(s)}+2O_2=Mn_3O_{4(s)}$	−1381640	334.67		25～1227
$2Mn_{(s)}+1.5O_2=Mn_2O_{3(s)}$	−956400	251.71		25～1227
$Mn_{(s)}+O_2=MnO_{2(s)}$	−519700	180.83		25～727
$P_{(s,白)}=P_{(l)}$	657	−2.05	0	44(熔点)
$P_{(s,红)}=0.25P_{4(g)}$	32130	−45.65	1.2	25～431
$2P_{2(g)}=P_{4(g)}$	217150	−139.0	2	25～1700
$0.5P_{2(g)}+0.5O_2=PO_{(g)}$	−77800	−11.59		25～1700
$0.5P_{2(g)}+O_2=PO_{2(g)}$	−385800	60.25		25～1700
$2P_{2(g)}+5O_2=P_4O_{10(g)}$	−3156000	1010.9		358～1700
$S_{(s)}=S_{(l)}$	1715	−4.44	0	115(熔点)
$S_{(l)}=0.5S_{2(g)}$	58600	−68.28	2	115～445(沸点)
$S_{2(g)}=2S_{(g)}$	469300	−161.29	2	25～1700
$S_{4(g)}=2S_{2(g)}$	62800	−115.5	20	25～1700
$0.5S_{2(g)}+0.5O_2=SO_{(g)}$	−57780	−4.98	1.2	445～2000

续表 5-1

反 应	A/J·mol^{-1}	B/J·mol^{-1}·K^{-1}	误差/±kJ	温度范围/℃
$0.5S_{2(g)}+O_2=SO_{2(g)}$	−361660	72.68	0.4	445～2000
$0.5S_{2(g)}+1.5O_2=SO_{3(g)}$	−457900	163.34	1.2	445～2000
$Si_{(s)}=Si_{(l)}$	50540	−30.0	1.6	1412(熔点)
$Si_{(l)}=Si_{(g)}$	395400	−111.38	4	1412～3280(沸点)
$Si_{(s)}+0.5O_2=SiO_{(g)}$	−104200	−82.51		25～1412(熔点)
$Si_{(l)}+O_2=SiO_{2(s)}$	−907100	175.73		25～1412(熔点)
$Si_{(s)}+O_2=SiO_{2(s,\beta)}$	−904760	173.38		25～1412(熔点)
$Si_{(l)}+O_2=SiO_{2(s,\beta)}$	−946350	197.64		1412～1723(熔点)
$Si_{(l)}+O_2=SiO_{2(l)}$	−921740	185.91		1723～3241(沸点)
$Ti_{(s)}=Ti_{(l)}$	15480	−7.95		1670(熔点)
$Ti_{(l)}=Ti_{(g)}$	426800	−120.0		1670～3290(沸点)
$Ti_{(s)}+0.5O_2=TiO_{(s,\beta)}$	−514600	74.1	20	25～1670
$Ti_{(l)}+O_2=TiO_{2(s)}$	−941000	177.57	2	25～1670(熔点)
$2Ti_{(s)}+1.5O_2=Ti_2O_{3(s)}$	−1502100	258.1	10	25～1670
$3Ti_{(s)}+2.5O_2=Ti_3O_{5(s)}$	−2435100	420.5	20	25～1670
$V_{(s)}=V_{(l)}$	22840	−10.42		1920(熔点)
$V_{(l)}=V_{(g)}$	463300	−125.77	12	1920～3420(沸点)
$V_{(s)}+0.5O_2=VO_{(s)}$	−424700	80.04	8	25～1800
$2V_{(s)}+1.5O_2=V_2O_{3(s)}$	−1202900	237.53	8	20～2070(熔点)
$V_{(s)}+O_2=VO_{2(s)}$	−706300	155.31	12	25～1360(熔点)
$V_2O_{5(s)}=V_2O_{5(l)}$	64430	−68.32	3.3	670(熔点)

表 5-2 某些元素在铁液中的标准溶解自由能($\Delta G^{\ominus}=A+BT$)

反 应	$\gamma^{\circ}_{\mathrm{I}}$(1873K)	$\Delta G^{\ominus}=A+BT$/J·mol^{-1}
$Al_{(l)}=[Al]$	0.029	$-63180-27.91T$
$C_{(s)}=[C]$	0.57	$22590-42.26T$
$Cr_{(l)}=[Cr]$	1.0	$-37.70T$
$Cr_{(s)}=[Cr]$	1.14	19250−46.86
$Mg_{(g)}=[Mg]$	91	$117400-31.4T$
$Mn_{(l)}=[Mn]$	1.3	$4080-38.16T$
$1/2O_2=[O]$	—	$-117150-2.98T$
$1/2P_{2(g)}=[P]$	—	$-122200-19.25T$
$1/2S_{2(g)}=[S]$	—	$-135060+23.43T$
$Si_{(l)}=[Si]$	0.0013	$-131500-17.61T$
$Ti_{(l)}=[Ti]$	0.074	$-40580-37.03T$
$Ti_{(s)}=[Ti]$	0.077	$-25100-44.98T$
$V_{(l)}=[V]$	0.08	$-42260-35.98T$
$V_{(s)}=[V]$	0.1	$-20710-45.6T$

注：以1%溶液为标准态，$\gamma^{\circ}_{\mathrm{I}}$为活度系数。

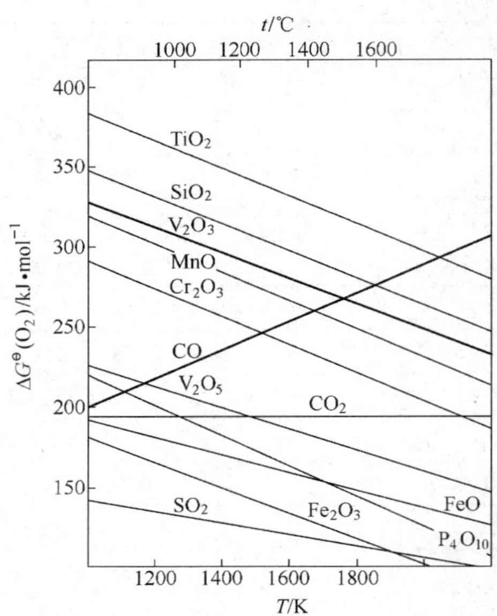

图 5-1　铁水中元素氧化的 $\Delta G^{\ominus}$-T 图

图 5-1 为铁水中各元素与氧生成氧化物的标准生成自由能 $\Delta G^{\ominus}$ 与温度 T 的关系曲线。

图 5-1 示出了在铁水中各元素原始活度相等和不存在动力学困难的情况下，各元素氧化的情况。钛的氧化优先，硅和钒的氧化较慢。同时，从图中还可以求出标准状态下铁水中某元素与碳氧化顺序交换的温度——选择性氧化的转化温度 $T_{转}$（P_{CO}＝0.1MPa 下被固体碳还原的初始温度），即 CO 的 $\Delta G^{\ominus}$ 线段与其他氧化物相应线段的交点温度。例如，对钒的氧化来说，$T_{转}$ 为 V_2O_3 与 CO 线段的交点温度。吹钒时 $T_{转}$ 极为重要，因为铁水中的组元 Ti、Si、Cr、V、Mn、C、Fe 等氧化时要放出大量的热，使熔池温度迅速上升；当温度超过时，铁水中的碳将大量氧化，抑制了钒的氧化，因此要加入冷却剂来降温。

特别需要指出，实际铁水中各元素选择性氧化转化温度 $T_{转}$ 与标准状态下的 $T_{转}^{\ominus}$ 是有差距的。实际的 $T_{转}$ 随铁水的成分和炉渣成分的变化而变化。

5.1.1.2　$T_{转}$ 的计算方法

例 1　标准状态下钒的 $T_{转}^{\ominus}$ 计算。

已知：$C_{(s)}+1/2\{O_2\}=CO_{(g)}$，$\Delta G_1^{\ominus}=-114400-85.77T$　(5-1)

$C_{(s)}=[C]$，$\Delta G_2^{\ominus}=22590-42.26T$　(5-2)

$2/3V_{(s)}+1/2\{O_2\}=1/3V_2O_3$，$\Delta G_3^{\ominus}=-400966+79.18T$　(5-3)

$V_{(s)}=[V]$，$\Delta G_4^{\ominus}=-20710-45.61T$　(5-4)

求：$2/3[V]+CO_{(g)}=1/3(V_2O_3)+[C]$ 反应的 $T_{转}^{\ominus}$。

解：碳的氧化反应：

$$[C]+1/2\{O_2\}=CO_{(g)} \tag{5-5}$$

反应(5-5)＝反应(5-1)－反应(5-2)

得到：$\Delta G_5^{\ominus}=-136990-43.51T$

钒的氧化反应：$2/3[V]+1/2\{O_2\}=1/3(V_2O_3)$　(5-6)

$$\Delta G_6^{\ominus}=\Delta G_3^{\ominus}-2/3\Delta G_4^{\ominus}=-387160+109.58T$$

反应(5-6)－反应(5-5)：

$$2/3[V]+CO_{(g)}=1/3(V_2O_3)+[C] \tag{5-7}$$

$$\Delta G_7^{\ominus}=-250170+153.09T$$

$$T_{转}^{\ominus}=250170/153.09=1634\text{K}=1361℃$$

例 2　反应(5-7)$2/3[V]+CO_{(g)}=1/3(V_2O_3)+[C]$实际转换温度 $T_{转}$ 的计算。

根据等温方程式：

$$\Delta G_7=\Delta G_7^{\ominus}+RT\ln K=\Delta G_7^{\ominus}+RT\ln\frac{a_C a_{V_2O_3}^{1/2}}{a_V^{2/3}P_{CO}}$$

式中　$\Delta G_7^{\ominus}$——反应(5-7)的标准生成自由能；

R——阿伏加德罗常数，8.314J·K^{-1}·mol^{-1}；

a_C、a_V——分别为铁液中碳、钒的活度；

$a_{V_2O_3}$——钒渣中 V_2O_3的活度；

P_{CO}——气相中 CO 的分压。

当 $\Delta G_7=0$ 时：

$$250170+153.09T+RT\ln\frac{a_C a_{V_2O_3}^{1/2}}{a_V^{2/3}\cdot P_{CO}}=0$$

$$T_{转}=250170\bigg/\left(153.09+R\ln\frac{a_C a_{V_2O_3}^{1/2}}{a_V^{2/3}P_{CO}}\right) \tag{5-8}$$

$$a_C=f_C[C\%],\ a_V=f_V[V\%]$$

式中 f_C、f_V——分别为铁液中碳和钒的活度系数，可通过铁液中各组元的浓度，通过物理化学手册查出一些数据(交互作用系数)计算出来；

[C%]、[V%]——分别为铁液中碳和钒的浓度

$$a_{V_2O_3}=\gamma_{V_2O_3}N_{V_2O_3}$$

$\gamma_{V_2O_3}$——钒渣中三氧化二钒的活度系数，通常很小，估计在 10^{-5}左右；

$N_{V_2O_3}$——钒渣中三氧化二钒的分子分数。

P_{CO}根据反应式(5-1)，可认为 $P_{CO}=2P_{CO_2}$。

通过式(5-8)可见，实际吹钒过程的转化温度，随着铁水中钒浓度的升高和氧分压的增大，转化温度略有升高，同时随着铁液中[V%]浓度的降低，即半钢中余钒越低，转化温度越低，保碳就越难。因此脱钒到一定程度后，要求半钢温度较高时，只有多氧化一部分碳的条件下才能做到。实际吹钒温度控制在 1340～1400℃范围内。

通过转化温度的计算，可以根据工艺的要求，规定出适当的半钢成分，即可估计转化温度，在吹炼过程中控制过程温度不要超过此温度。根据原铁水成分及规定的半钢成分，并算出吹炼的终点温度(转化温度)，即可作一热平衡计算以估计需用的冷却剂用量。

5.1.1.3 铁质初渣与金属熔体间的氧化反应

许多研究表明：铁水中的铁在吹钒初期强烈氧化并形成铁质初渣，这是提钒操作的主要特点。当铁质渣出现以后，由于其具有氧化性，在金属-渣界面上随即进行了如下质量交换的氧化反应：

$$(FeO)+m/n[Me]=[Fe]+1/n(Me_mO_n) \tag{5-9}$$

例如：$(FeO)+1/2[Si]=[Fe]+1/2(SiO_2)$

$(FeO)+2/3[V]=[Fe]+1/3(V_2O_3)$

表 5-3 列出了俄罗斯下塔吉尔钢铁公司 130t 氧气顶吹转炉吹炼一个炉次的钒渣成分变化情况。

表 5-3 俄罗斯下塔吉尔钢铁公司 130t 转炉吹钒过程钒渣成分的变化情况(质量分数，%)

从开始吹炼起/min	SiO_2	ΣFe	V_2O_5	CaO	TiO_2	MnO
2.1	11.2	52.4	9.4	0.16	5.0	4.2
4.1	14.5	44.9	12.0	0.22	5.9	5.4
7.2	17.1	38.9	14.6	0.44	6.5	6.5
约 9	16.6	35.9	18.7	0.30	8.7	7.2

从表 5-3 中的试验数据可以明显地证明初期铁质渣的氧化作用。

5.1.2 影响提钒的主要因素

5.1.2.1 铁水成分的影响

俄罗斯下塔吉尔公司统计了 130t 氧气顶吹转炉 1000 炉次的吹钒过程中，铁水中硅、钛对钒渣中五氧化二钒浓度的影响规律，得到如下的关系式：

$$(\%V_2O_5)=29.41-22.08[\%Si]_{铁水}-11.38[\%Ti]_{铁水}(R=0.77)$$

上式说明，随着铁水中硅、钛含量增加，会降低钒渣中五氧化二钒的浓度。

1977 年我国也统计了雾化提钒、转炉提钒的铁水原始成分与半钢残钒量对钒渣中五氧化二钒浓度的影响规律：

$$(\%V_2O_5)=6.224+31.916[\%V]-10.556[\%Si]-8.964[\%V]_{余}-2.134[\%Ti]-1.855[\%Mn]$$

上述规律说明铁水中原始钒含量高，得到的钒渣五氧化二钒品位也高。

5.1.2.2 吹炼终点温度对钒渣中全铁含量的影响

一些试验发现钒渣中氧化铁含量随着吹炼终点温度的提高而降低，这是由于提高终点温度，有利于碳的氧化反应的进行：

$$(FeO)+[C]=[Fe]+CO$$

5.1.2.3 冷却剂的种类、加入量和加入时间的影响

冷却剂加入的目的是为了控制吹炼温度，使之低于吹钒的转化温度，达到脱钒保碳的目的。一般冷却剂的种类有生铁块、废钢、水蒸气、氮气、废钒渣、氧化铁皮、铁矿石、烧结矿、球团矿、水等。对冷却剂的要求除了具有冷却能力外，还要有氧化能力，带入的杂质少。冷却剂中的氧化性冷却剂(铁皮、球团矿、水等)既是冷却剂又是氧化剂，其中氧化铁皮最好，杂质少，有氧化作用外还可以与氧化到渣中的 V_2O_3 结合成稳定的铁钒尖晶石($FeO \cdot V_2O_3$)，但是这种冷却剂的加入与加入非氧化性冷却剂(铁块、废钢、N_2 等)相比，会使钒渣中氧化铁含量显著增高，特别是加入时间过晚更为严重。用废钢作冷却剂可增加半钢产量，但会降低半钢中钒浓度，影响钒在渣与铁间的分配，影响钒渣的质量。用水做冷却剂冷却效果好，但使炉内烟气量增加，易喷溅、粘枪。

冷却剂尽量在吹炼前期加入，吹炼后期不再加入任何冷却剂，使熔池温度接近或稍超过转化温度，适当发展碳燃，有利于降低钒渣中的氧化铁含量，提高半钢温度和金属收率。

冷却剂的加入量主要取决于含钒铁水发热元素氧化放出的化学热并使吹钒终点温度低于转化温度。可根据加入冷却剂吸收的热量和铁水中发热元素 C、Si、Ti、Mn、V 等氧化放出热量及使半钢从初始温度升高到吹钒转化温度所吸收的热量来计算：

$$M_{冷}=\frac{Q_{冷}}{q_{冷}}=\frac{Q_{化}-Q_{半}}{q_{冷}}=M_{铁}\frac{(x_Cq_C+x_{Si}q_{Si}+x_{Ti}q_{Ti}+x_Vq_V+\cdots)-(C_{铁}+KC_{渣})(T_{半}-T_{铁})}{q_{冷}}$$

式中 $M_{冷}$——冷却剂加入量，kg；

$Q_{冷}$——冷却剂吸收的热量，J；

$q_{冷}$——冷却剂的冷却效应，J/kg；

$Q_{化}$——铁水中 C、Si、Ti、V、…等发热元素氧化放出的热量，J；

$Q_{半}$——半钢从初始温度上升到转化温度所吸收的热量，J；

$M_{铁}$——铁水重量，kg；

x_C、x_{Si}、x_{Ti}、x_V、…——铁水中碳、硅、钛、钒、…元素氧化量，kg；

q_C、q_{Si}、q_{Ti}、q_V、…——铁水中碳、硅、钛、钒、…元素氧化单位热效应，J/kg；

$C_{铁}$、$C_{渣}$——铁水和钒渣(包括炉衬)质量热容(铁水取 1040，钒渣和炉衬取 1230)，J/(kg·℃)；

K——钒渣(包括炉衬)相当于铁水重量的比例(可近似取 14%)，%；

$T_{铁}$、$T_{半}$——铁水和半钢的温度，℃。

5.1.2.4 供氧制度的影响

供氧制度包括氧枪枪位、结构、耗氧量、供氧强度、压力等诸因素，是控制吹钒过程的中心环节。

A 耗氧量

耗氧量是指将 1t 含钒铁水吹炼成半钢时所需的氧量(标态)，单位为 m^3/t。

一般根据不同的铁水成分和吹炼方式，耗氧量有很大差异，同时耗氧量的多少也影响着半钢中的碳和余钒量的多少，还与供氧强度和搅拌情况有关，是交互作用的。

B 供氧强度

单位时间内每吨金属的耗氧量(标态)，单位为 $m^3/(t\cdot min)$。

供氧强度的大小影响吹钒过程的氧化反应程度，过大时喷溅严重，过小时反应速度慢，吹炼时间长，会造成熔池温度升高，超过转化温度，导致脱碳反应急剧加速，半钢残钒量重新升高。一般在吹氧初期可提高供氧强度，后期减少。

C 供氧压力和枪位

在同样供氧量的条件下，供氧压力大可加强熔池搅拌，强化动力学条件，有利于提高钒等元素的氧化速度。

枪位指氧枪距离熔池液面的高度。当氧压一定时，低枪位，喷枪离液面距离小，吹入深度大，可强化氧化速度，但易喷溅和粘枪。有时采用变枪位操作，例如俄罗斯下塔吉尔 160t 氧气顶吹转炉提钒时，在吹炼初期枪位高度控制在 2.0m，到后期枪位降低到 1m。当铁水含硅量高时，枪位均保持下限。

氧气喷枪的结构包括喷嘴直径、喷嘴的孔数、与喷嘴轴线的角度等参数。这些条件直接影响氧气的冲击深度、分布和利用率的高低。

以上几个方面在选择时要统筹考虑，它们是彼此交互作用来共同影响吹钒过程的。

D 渣铁分离

当转炉提钒时，从转炉半钢和钒渣的分离具有特殊的意义，俄罗斯下塔吉尔钢铁公司发现，160t 氧气转炉提钒吹炼结束后，从转炉倒出半钢的过程中，大约有 5%～10% 的钒渣随半钢流出，这是造成钒渣损失的主要原因。通过试验研究得出如下减少钒渣损失的措施：减少钒渣损失的最有效的办法是在转炉中积累两炉渣，而在渣很干时可积累三炉渣。下塔吉尔采用这种方法使商品钒渣回收率提高 3% 以上；在转炉操作时间有潜力的情况下，缩小出钢口直径；提高渣的黏度，当渣较稀时，可通过出钢口部位添加特殊添加剂的方法提高渣的黏度来降低钒渣的损失；提高转炉旋转速度并使转速与出钢速度同步以保持出钢口上面的出钢水平面高于其临界值，也是一个重要因素。通过上述措施，使钒渣回收率提高到 98%～99%。

5.1.3 提取钒渣方法简介

提钒的方法很多，但有些方法已经淘汰，目前世界上铁水提钒的方法主要有四种：南非海威尔德用摇包提钒，新西兰用铁水包提钒，俄罗斯丘索夫用空气底吹转炉提钒及俄罗斯下塔吉尔和中国攀钢、马钢、承钢采用氧气顶吹转炉提钒。下面简单介绍主要的提钒方法。

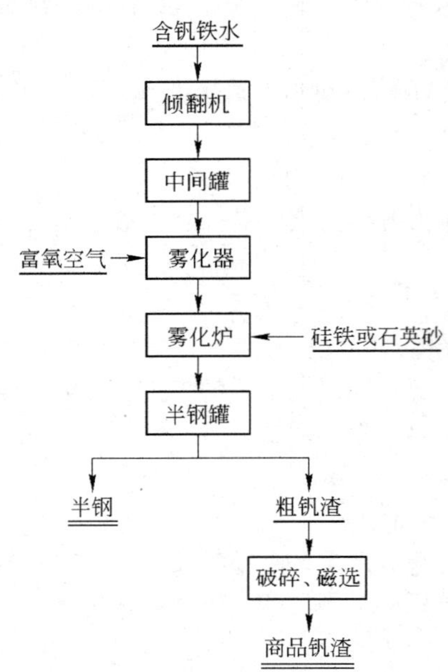

图 5-2　攀钢雾化提钒工艺流程图

5.1.3.1　雾化提钒

A　雾化提钒的工艺

雾化提钒是攀钢 1978～1995 年采用的从铁水吹炼钒渣的方法，其工艺流程见图 5-2。

炼铁厂输送来的铁水罐经过倾翻机将铁水倒入中间罐，铁水进行撇渣和整流，然后进入雾化器。铁水被压缩空气分散成细小铁珠，雾化后的铁水进入雾化炉反应，随后铁水经出钢槽流入半钢罐，钒渣漂浮于半钢表面形成渣层，最后将半钢与钒渣分离。

B　雾化提钒的特点

雾化提钒的特点如下：

(1) 雾化提钒反应的动力学条件好，有利于氧化反应进行；

(2) 铁水被压缩空气雾化，温降大，因此雾化提钒不必加冷却剂，有时还要加硅铁氧化提温和改善流动性；

(3) 中间罐撇渣效果好，同时不加冷却剂，钒渣质量好；

(4) 工艺简单、设备投资省、炉龄高、提钒作业率高，可连续化生产；

(5) 半钢温度低，渣铁分离效果差，钒渣中夹杂金属铁高。

C　攀钢雾化提钒的技术指标

攀钢雾化提钒的技术指标如下：

(1) 生产能力：120t 雾化提钒炉两座，设计年产标准钒渣 7.5 万 t；

(2) 铁水含钒 0.331%(平均值，下同)，半钢含钒 0.07%，钒氧化率为 78.85%，钒回收率为 74.82%；半钢中铁回收率为 95.24%；

5.1.3.2　氧气顶吹转炉提钒

目前世界上采用此方法提钒的厂家是俄罗斯下塔吉尔钢铁公司和中国攀钢、承钢和马钢。

下塔吉尔钢铁公司采用的氧气转炉提钒工艺是乌拉尔黑色冶金科学研究院研制的。自从 1963 年进行工业试验以来，工艺流程从未改变，在 1978～1979 年间，转炉容积从 $86m^3$(装料量为 100～130t)扩大为 $135m^3$(装料量为 160～180t)，并使第四座转炉和第三座混铁炉投产(三座混铁炉的容量均为 1300t)。

含钒铁水化学成分(质量分数%)为：4.2～4.5C；0.45～0.48V；0.20～0.25Si；0.27～0.33Mn；0.15～0.25Ti；0.03～0.10Cr。铁水温度为 1300℃。

用 160t 铁水罐注入混铁炉中，定期扒放混铁炉渣并将之返回高炉车间。

铁水注入转炉后，每吨铁水加入冷却-氧化剂轧钢铁皮 40～80kg(根据铁水中的硅含量和钢的用途定)。轧钢铁皮的成分见表 5-4。

表 5-4　下塔吉尔钢铁公司的轧钢铁皮成分(质量分数，%)

FeO	Fe_2O_3	SiO_2	MgO	CaO
37～58	36～57	2.3～3.0	0.6～0.9	0.5～0.7

氧气喷枪带有水冷，喷枪直径为219mm，喷嘴为临界直径是32～35mm并与喷枪轴线成20°倾斜角的4孔或5孔喷头。以280～320m^3/min的供氧强度(标态)喷吹工业氧气。吹炼初期枪位通常为2m左右，以后降低到0.9～1.2m。当铁水硅高时，整个冶炼期间枪位始终保持下限。

吹钒操作时间为5～8min，吹炼过程熔池温度从1230～1260℃提高到1340～1410℃，半钢余钒0.03%～0.04%，碳降低到2.8%～3.6%。抬起氧枪停止吹氧，将半钢倒入半钢罐车，送至另一座转炉炼钢。钒渣倒入渣罐或留在炉内(留渣操作时)。半钢收率94%～97%，

每吨半钢转炉钒渣的产率为38～42kg。商品钒渣回收率为82%～84%。

转炉钒渣中有9%～11%的金属夹杂物。其他成分(%)为：15～22V_2O_5；26～32$\sum Fe$；1～3$Fe_{弥散}$；9～10MnO；2～4Cr_2O_3；8～9TiO_2；17～18SiO_2；1.2～1.5CaO；0.03～0.04P。

该方法的优点是：(1)半钢温度高；(2)可保证生产各种品种的钢；(3)制取的钒渣含钒高，CaO、P等杂质少，有利于下一步提取五氧化二钒；(4)钒渣金属夹杂物少；(5)炉子寿命提高；(6)钒氧化率高。

攀枝花钢铁(集团)公司有两座120t的氧气顶吹提钒转炉。

承钢原有两座20t氧气顶吹提钒转炉，目前已建起了100t氧气复吹转炉，并正在扩能。

马钢原有一座30t氧气顶吹提钒转炉，已经停产。

5.1.3.3 空气底吹转炉提钒

俄罗斯丘索夫冶金工厂用底吹空气转炉生产钒渣。有三座转炉，装料量为18～22t/炉，炉膛容积为20m^3，炉壁用镁砖砌筑，炉底用硅砖砌筑。在炉底上设有6个黏土砖风嘴，每个风嘴都有7个直径各为2.2cm的喷管。在50t铁水罐把含钒铁水在注入混铁炉之前，先将含钒高炉渣放出，返回到高炉作配料。混铁炉容量为450t，用重油加热，铁水贮存量为200t。铁水成分(质量分数,%)为：0.48～0.55V；0.30～0.40Si；0.25～0.40Mn；0.30～0.40Cr；0.20～0.30Ti。铁水温度为1280～1320℃。

转炉在注入铁水之前装入冷却剂40～100kg/t，冷却剂使用的是含钒烧结矿，这种烧结矿是用提取五氧化二钒浸出残渣与磁选铁料制成的，其成分见表5-5。

表5-5 丘索夫冶金厂用冷却剂的化学成分(质量分数,%)

FeO	Fe_2O_3	V_2O_5	SiO_2	MnO	TiO_2	Cr_2O_3	Al_2O_3	CaO
30～32	50～55	1.2～1.5	5～6	2.2～2.6	2.0～2.8	2	1.5	<1.0

当供气强度达到300～500m^3/min，即供氧强度达到50m^3/min时，用0.18～0.22MPa压力吹炼含钒铁水。

吹炼终点控制：开始吹炼后大约经过4～5min金属脱钒率就可以达到最大程度，半钢含钒0.03%～0.04%。以后随着半钢温度升高，碳氧化加速，半钢余钒重新升高。因此吹炼总时间不宜过长，控制在6～7min，半钢温度提高到1320～1380℃。

倒出半钢时用木耙把钒渣挡在转炉内，然后当转炉倒炉时将钒渣倒在渣盘内。半钢含碳2.2%～4.2%，含钒0.06%～0.09%，送到平炉车间炼钢。钒渣平均化学成分(质量分数,%)如下：15.6V_2O_5；6.8Cr_2O_3；8.7TiO_2；18.4SiO_2；1.1CaO。

钒渣中金属铁夹杂物高达25%以上是丘索夫钒渣的特点。在处理钒渣除铁时，钒渣将损失15%。

底吹转炉提钒方法的优点：

(1) 建设投资省，厂房较低，不用炉顶上部的喷枪、料仓和支撑等设置。

(2) 生产效率高、成本低。吹钒时吹炼平稳、喷溅少、搅拌强度大、反应迅速、热利用率高、烟尘少等。

此方法的缺点是：终点靠时间控制和倒炉测温取样判断，挡渣劳动强度大钒渣损失多，钒渣含金属铁高，炉底风口管道系统复杂，更换修理任务重、炉龄短、容量小，生产环境粉尘多，劳动条件差。

丘索夫冶金厂曾进行过氧气底吹转炉提钒试验，用氧气代替空气的好处是：可以改善钒渣质量、提高钒的成渣率、增加液态半钢产量、大大改善转炉工段操作人员的劳动条件。

5.1.3.4　顶底复吹转炉提钒

为了提高熔池的搅拌强度，采用炉底吹入搅拌气体、炉顶吹氧的办法即为顶底复合吹钒工艺。目前世界上仅仅是处于试验阶段。

前苏联在100kg的转炉试验表明，氧气由水冷喷枪从上部供氧，搅拌气体(空气、氮气或氩气)从炉底多孔塞头砖供入，试验用含硅0.2%～0.3%的下塔吉尔钢铁公司的铁水及重量为铁水重量的2%的轧钢屑，共进行三种试验方案(见表5-6)。

表5-6　复合吹炼的方案

项　　目	方案1	方案2	方案3
顶吹氧强度/L·(kg·min)$^{-1}$	1.3	1.6	2.0
底吹搅拌气体强度/L·(kg·min)$^{-1}$	0.15～0.25	0.20～0.50	0.25～0.40

试验结果表明：随着顶底吹炼强度提高，平均熔炼速度提高及钒氧化程度提高，比单一吹氧的提钒率提高，半钢残钒可降低到0.016%～0.017%，钒渣中的全铁降到22%～25%，五氧化二钒含量提高到23%～25%。

我国承德钢铁公司在20t转炉上也进行了复合吹炼试验，底部用4个内径2mm的不锈钢管枪体，供氮气压力为0.9～1.35MPa，顶吹氧气压力为0.6～0.85MPa，枪位0.8～1.2m，供氧强度为1.9～2.5m^3/(min·t)。底吹供气强度为0.03～0.06m^3/(min·t)，N_2流量为72～150m^3/h(标态)。

试验用冷却剂为含钒铁块和酸性球团，结果表明：

(1) 吹炼过程平稳，不粘枪、不结料；

(2) 与顶吹相比，半钢余碳提高0.2%～0.6%；

(3) 钒渣全铁降低3.28%～5.93%，五氧化二钒提高0.77%～1.73%；

(4) 与顶吹相比，复合吹炼可多吃球团10～15kg/t，每吨渣耗氧量(标态)降低10～30m^3。

通过上述的试验证明，转炉顶底复合吹炼提钒是今后转炉提钒的发展方向。

此外承钢还进行了顶、底、侧三吹转炉提钒的试验。

5.1.3.5　摇包提钒

南非海威尔德钢钒公司采用摇包法提钒。该公司从1961年开始进行中间试验，1968年进行了一年的摇包提钒的工业试验，钒钛磁铁矿的冶炼工艺为回转窑直接还原-电炉炼铁-摇包提钒-转炉炼钢。

电炉得到的含钒铁水成分(质量分数,%)为：3.95C；1.10V；0.24Si；0.22Ti；0.22Mn；0.08P；0.037S；0.29Cr；0.04Cu；0.11Ni。铁水温度为1180℃。

摇包(也称为振动罐)是一个带有茶壶嘴式出铁口的反应装置，尺寸如图5-3所示。

摇包：16个摇包，高1.5m，包顶最大内径3.1m，标准80t铁水。

振动台 4 座和 180t 桥式吊车 3 座。

氧气转炉：3 座，70t，ϕ4.8m×7.1m。

1970 年介绍的主要提钒技术指标：

氧化率：93.4%；

回收率：91.6%；

半钢收率：93%；

总吹炼时间：52min；

总振动时间：59min；

总周期：90min/炉；

吹氧前铁水温度：1180℃；

吹炼金属温度：1270℃；

吹氧管喷嘴直径：50.8mm；

吹氧管静止池面以上高度：762mm；

正常氧气流速(标态)：28.3m^3/min；

最后氧气流速(标态)：42.5m^3/min；

吹氧管压力(正常流速下)：1.6×10^5Pa；

每吨铁水耗氧量(标态)：0.0125m^3/t；

铁水装入量：66.8t；

冷生铁装入量：6.0t；

铁矿石装入量(65%Fe)：1.5t；

无烟煤装入量：0.19t；

半钢产量：68.2t；

钒渣产量：5.85t；

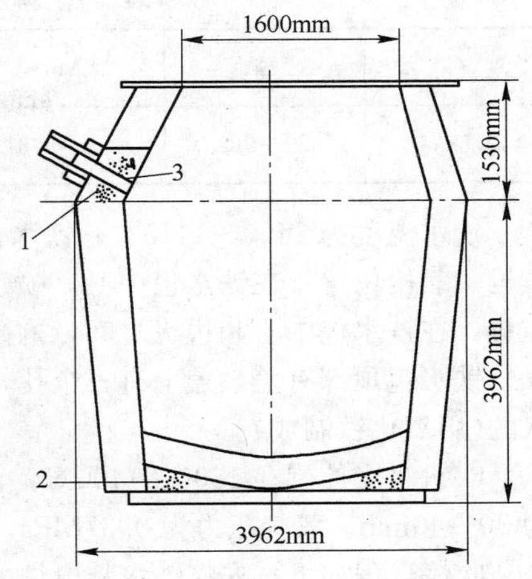

图 5-3 摇包结构和尺寸

1、2—打结；3—拖砖圈

半钢成分(%)：3.17C；0.07V；0.01Si；0.01Ti；0.01Mn；0.09P；0.040S；0.04Cr；0.04Cu；0.11Ni；

非磁性钒渣成分(%)：27.8V_2O_5；22.4FeO；0.5CaO；0.3MgO；17.3SiO_2；3.5Al_2O_3；2.5C；13.0MFe；

磁性渣成分(%)：1.3V_2O_5，96.5Fe，游离铁 89.6%；

全部熔渣中 V_2O_5 含量为：26.1%。

1985 年介绍的钒渣处理厂用摇包法生产钒渣。

电炉铁水的成分(质量分数,%)为：3.5C；1.22V；0.2Ti；0.2Si；0.3Cr；0.25Mn；0.07S；0.08P。

车间有 4 个放置台，16 个摇包和 3 台 180t 桥式吊车。摇包高 1.5m，桶顶最大内径 3.1m，内衬氧化铝含量为 60%的耐火砖，锥体用化学黏结剂砌的，浸焦油的高温镁铬砖作内衬。吹氧枪是水冷的，直径为 75mm，钢制喷嘴。加入煤粉、矿石、轧制铁鳞。新砌的摇包重 115t，每次装入铁水 63t 和 14t 废钢。

钒渣典型成分(质量分数,%)：24.5V_2O_5；26FeO；2CaO；3MgO；17SiO_2；4Al_2O_3；4MnO；4.5TiO_2；5Cr_2O_3；10Fe。

5.1.3.6 铁水包吹氧提钒

新西兰钢铁公司采用回转窑-电炉炼铁-铁水包提钒法。从电炉得到的含钒铁水成分见表 5-7。

表 5-7　新西兰含钒铁水成分(质量分数,%)

C	Si	Mn	P	S	V	Ti
3.5～4	0.2～0.25	0.3～0.31	0.08～0.1	0.04～0.05	0.35～0.4	0.1～0.15

铁水温度为1450～1470℃，铁水包容量为60t。铁水包提钒用两个枪：一个内径30mm的氧枪，氧枪位置：在铁水包中心，喷嘴距熔池表面500mm；另一个氮枪，吹氮气搅拌，氮枪位置：在铁水包中心和边缘之间，枪插入铁水中，距离铁水包底部500mm。

铁水包顶部有盖，盖上有三个孔，分别为氧枪孔、氮枪孔和冷却剂加入孔。冷却剂是颗粒状的(用氧化铁制成)。

吹钒温度控制在1300～1400℃，一般控制在1350℃。每吨铁水供氧量为9m^3，供氧时间为30～40min。氧气压力为0.37MPa，氮气压力为0.2～0.4MPa。

吹炼过程如下：先将铁水从电炉内兑入到铁水包中，然后将铁水包安放在吹钒装置下面，盖上包盖，包盖上面有烟罩。由于铁水含碳低要渗碳，渗碳后扒出熔渣。插入氧枪和氮枪，吹炼铁水，完毕后取样、用扒渣机扒出钒渣，将铁水包中的半钢送氧气顶吹转炉炼钢。整个吹炼周期为62min，其中：安放铁水包4min；再渗碳时间5min；扒熔渣时间5min；吹氧时间39min；取样时间2min；扒钒渣时间5min；移动铁水包时间2min。

钒渣品位：含五氧化二钒18%～22%。

5.1.3.7　*转炉单联法提钒*

转炉双联法提钒的优点是：(1)可保证生产各种品种的钢；(2)制取的钒渣含钒高，CaO、P等杂质少，有利于下一步提取五氧化二钒。但是有以下缺点：(1)转炉车间炼钢的生产率低，半钢周转需要一定时间，使冶炼周期从40～45min延长到60～70min；(2)双联法吹钒时要加入冷却剂致使半钢温度较低(1370～1420℃)，半钢炼钢时，转炉冶炼的热平衡紧张，不能处理数量可观的废钢；(3)由于炼钢渣量小，金属脱硫率极低(12%～15%)，而传统的氧气顶吹转炉炼钢法脱硫率为30%～50%。由于上述原因，俄罗斯下塔吉尔钢铁股份公司提出了转炉单联法提钒炼钢工艺，并进行了一系列的工业试验。试验用的含钒铁水成分(质量分数,%)如下：4.0～4.5C；0.46～0.48V；0.14～0.20Si；0.23～0.28Mn；0.12～0.14Ti；0.04P；0.031～0.039S。铁水温度为1280～1300℃。铁水量132t。一炉钢加入冷却剂废钢(0～12t)、铁矿球团(3.5～6.5t)和氧化铁皮(0～4t)；加入造渣剂石灰(5～11t)、萤石(0.9t)和锰矿(1t)。

在中间扒渣的试验中，吹炼开始时先加入石灰总量的30%～50%，剩下的石灰在扒渣后加入。吹氧强度为240～270m^3/min，总耗氧量为5000～6500m^3(根据冶炼钢种确定)。当氧耗量达到2400～4000m^{3}后，进行中间扒渣。

试验研究了脱钒、脱碳、脱硫和脱磷的规律。此工艺脱钒和脱碳同时进行，当碳含量达到2.0%～2.5%时，钒浓度降低到0.02%～0.03%，此时采用中间扒渣的单联法时，渣中的五氧化二钒含量最高，同时，到扒渣时的熔池温度应不超过1450～1460℃，炉渣碱度应控制在3.3～3.4范围内。脱钒率可达到90%～96%。

脱硫率取决于炉渣的碱度，当炉渣碱度从1.8增加到4.5～5.0时，脱硫率从0%提高到25%～44%。单联法脱硫效果令人满意，大大高于双联法的脱硫率(10%～20%)。

单联法冶炼过程中脱磷均无困难，当扒中间渣时，随着炉渣碱度从2.0提高到3.4，脱磷率从0%提高到75%，以后随着碱度提高对脱磷率没有影响。

单联法得到的钒渣成分见表5-8。

表 5-8　单联法试验钒渣的化学成分(质量分数,%)

编号		CaO	V_2O_5	SiO_2	MgO	ΣFe	P_2O_5	S
不扒中间渣冶炼终渣	1	53.7	7.7	13.2	—	4.0	—	—
	2	54.4	6.4	10.8	—	8.0	—	—
	3	50.4	8.3	10.2	—	8.3	—	—
	4	50.7	10.6	10.2	—	4.3	—	—
	5	50.7	11.5	10.5	—	3.4	—	—
扒中间渣冶炼中间钒渣	6	46.6/39.1	11.6/9.73	14.5/12.7	8.0/11.8	8.8/13.2	0.82/0.93	0.14/0.10
	7	38.7/43.1	16.9/9.7	14.7/14.2	6.6/9.4	8.0/11.7	0.93/0.85	0.09/0.09
	8	35.1/42.2	11.7/10.9	19.2/15.3	11.0/11.1	8.3/7.8	0.37/0.75	0.04/0.09
	9	42.8/48.0	14.1/7.2	14.6/10.9	4.9/6.6	9.2/9.8	1.39/0.87	0.10/0.28
	10	38.6/44.8	14.4/5.3	11.7/7.7	5.8/6.6	12.2/21.1	1.73/0.28	0.12/0.20

为了查明单联法氧气顶吹转炉炼钢过程中钢水和炉渣成分变化的特点，在供氧强度为 $300m^3/min$ 条件下进行了工业试验冶炼的指标见表 5-9。

表 5-9　单联法转炉试验冶炼指标

试验编号	吹炼时间/min	钢水温度/℃	钢水化学成分(质量分数)/%				炉渣化学成分(质量分数)/%					炉渣碱度
			C	V	Mn	P	FeO	CaO	V_2O_5	SiO_2	MnO	
1-1	19.5	1605	0.63	0.23/0.19	0.20/0.17	0.058/0.046	5.0	39.8	6.4	21.6	3.3	2.2
1-2	24.5	1615	0.09	0.01/0.02	0.06/0.04	0.010/0.008	25.7	40.0	6.2	8.8	3.2	5.1
2-1	21.0	1580	0.45	0.19/0.17	0.21/0.15	0.049/0.042	5.6	38.8	9.7	20.9	5.0	2.2
2-2	22.4	1570	0.26	0.05/0.13	0.16/0.11	0.042/0.038	7.7	38.0	11.8	16.7	5.2	2.7
2-3	23.4	1560	0.16	0.02/0.08	0.11/0.07	0.021/0.018	13.5	40.8	10.8	11.6	5.0	4.0

注：分子—实际数据；分母—对如下的原始铁水成分计算数据(%)：0.45V；0.28Mn；0.25Si；0.20Ti；0.06P。

尽管单联法冶炼对炼钢有利，但是从得到的钒渣质量上看，主要问题是钒渣含钒低，V_2O_5 含量平均小于 10%；氧化钙含量高达 40%左右；磷含量高。目前俄罗斯还没有开发出从这种高钙磷、低钒的钢渣中有效地提取五氧化二钒的方法。

将世界各国铁水、半钢和钒渣成分及工艺参数比较，分别列于表 5-10～表 5-12 中。

表 5-10　含钒铁水和半钢成分对比

企业名称	方法及设备	标准钒渣产量 折合 $10\%V_2O_5$	铁水、半钢温度及化学成分(质量分数)/%								
			项目	温度/℃	C	Si	Mn	P	S	V	Ti
南非海威尔德钢钒公司	振动罐(摇包) 66.8t×10	18 万 t	铁水	1180	3.95	0.24	0.22	0.08	0.037	1.10	0.22
			半钢	1270	3.17	0.01	0.01	0.09	0.04	0.07	0.01
俄罗斯下塔吉尔钢铁公司	氧气顶吹转炉 160t×4	20.5 万 t	铁水	1300	4.25	0.23	0.30	0.043	0.035	0.465	0.20
			半钢	1390	3.13	微量	0.02	0.042	0.038	0.03	微量

续表 5-10

企业名称	方法及设备	标准钒渣产量	铁水、半钢温度及化学成分(质量分数)/%								
		折合 $10\% V_2O_5$	项目	温度/℃	C	Si	Mn	P	S	V	Ti
俄罗斯丘索夫钢铁厂	空气底吹转炉 20t×2	4.5 万 t	铁水	1300	4.5	0.35	0.33	0.035	0.03	0.515	0.25
			半钢	1390	3.6	微量		0.035	0.04	微量	
新西兰钢铁公司	铁水包 60t	3.6 万 t	铁水	1350	3.5	0.2	0.3	0.1	0.04	0.45	0.1
			半钢	1366	3.0	微量			0.065		
承德钢铁公司	富氧侧吹转炉 20t×2	2.2 万 t	铁水	1300	4.0	0.3		<0.05		0.50	0.25
			半钢	1375	3.5	0.05		<0.05		0.05	微量
攀　钢（试生产数据）	氧气顶吹转炉 120t×2	12 万 t	铁水	1250	4.26	0.097	0.238	0.048	0.056	0.331	0.138
			半钢	1375	3.56	0.015		0.024	0.06		
攀　钢（原雾化提钒）	雾化提钒炉 120t×2	7.5 万 t	铁水	1250	4.26	0.097	0.238	0.048	0.056	0.331	0.138
			半钢	1360	3.61	0.02	0.049	0.044	0.024	0.07	0.007

注：钒渣折合含有 V_2O_5 10%(质量分数)计算产量为 1t，称为标准钒渣。例如：实际钒渣含 V_2O_5 为 15%，相当于标准钒渣产量为 1.5t。

表 5-11　钒渣成分比较(质量分数,%)

钒　渣	V_2O_5	SiO_2	CaO	P	MgO	MnO	Cr_2O_3	MFe	TFe
海威尔德	25	16	3		3	4	5	9~12	26~32
新西兰	18~22	20~22	1.0~1.5	0.02~0.05				6~9	25.54
下塔吉尔	15~22	17~18	1.2~1.5	0.03~0.04		9~20	2~4	9~12	26~32
丘索夫	14~17	18~20	0.7~1.5	0.04	6~10	5~9	20~25	26~32	
承　钢	10~12	16~18	0.7~0.8	0.03~0.07	1.10	2.64	6~8	20~22	32~36
攀钢雾化	17~19	10~14	0.3~1.1	0.06~0.09	1~5	8~10	1~1.5	20~30	35~45
攀钢转炉	16~18	15~17	1.5~2.5	0.07~0.12	3~5	8~10	1~1.5	10~20	32~40

表 5-12　钒渣生产工艺参数及产量比较

企业名称	方法及设备	每吨铁需氧量/m^3	吹炼时间/min	每吨铁需冷却剂		钒氧化率/%	钒收得率/%
				种 类	kg		
南非海威尔德钢钒公司	振动罐(摇包) 66.8t×10	21.5	52	生 铁	90	93.64	91.6
				铁矿石	23		
俄罗斯下塔吉尔钢铁公司	氧气顶吹转炉 160t×4	16.6	9	铁 鳞	75	>90	83
俄罗斯丘索夫钢铁厂	空气底吹转炉 20t×2	12.5	5.5	烧结矿	85	>92	87
新西兰钢铁公司	铁水包 60t	9.0	35		85.56		

续表 5-12

企业名称	方法及设备	每吨铁需氧量/m^3	吹炼时间/min	每吨铁需冷却剂		钒氧化率/%	钒收得率/%
				种类	kg		
承德钢铁公司	富氧侧吹转炉 20t×2		10	精 矿		90	82.5
攀 钢 (试生产数据)	氧气顶吹转炉 120t×2	15	7	铁鳞 (污泥)	12	81.87	<75
				铁块	30		
攀 钢 (原雾化提钒)	雾化炉 120t×2		20			78.85	75

5.2 五 氧 化 二 钒

由于提钒的原料有很多种，因此五氧化二钒的制备方法也有很大的差异，世界上主要有提钒原料钒钛磁铁矿精矿、钒渣、碳质页岩等。还有废催化剂、石油灰渣等二次资源。

5.2.1 用钒渣生产五氧化二钒的基本原理

由钒渣的物相结构可知(第 4 章)，钒在钒渣中是以 V^{3+} 离子状态存在于尖晶石物相中，同时，钒渣中还含有硅酸盐玻璃体、金属铁等物相，从钒渣中提钒主要是将低价钒 V^{3+} 氧化成 V^{5+}，使之生成溶解于水的钒酸钠，再用水浸出到溶液中使钒与固相分离，然后再从溶液中沉淀出钒酸盐，使钒与液相分离，最终将钒酸盐转化成五氧化二钒。

钒渣的氧化焙烧是将钒渣破碎到一定粒度，与钠盐混合后在氧化气氛加热炉内加热，使钒完成氧化并转化为可溶性钒酸钠的钠化过程。水溶钒转化程度的高低，直接影响到钒的回收率。

图 5-4 列出了 V_2O_5-Na_2CO_3 的相图，由图可见，它们可以生成五种钒酸盐，其中偏钒酸钠($NaVO_3$)、焦钒酸钠($Na_4V_2O_7$)和正钒酸钠(Na_3VO_4)是可溶解于水的钒酸盐，另外两种钒酸盐($Na_2V_{12}O_{31}$ 和 NaV_3O_8)称作钒青铜，是在高温下，偏钒酸钠冷却到 500℃结晶时脱出一部分氧后生成的，同时含有五价钒和四价钒的化合物，它们不溶解于水中，因此这两种钒酸盐在焙烧过程中是不希望生成的。

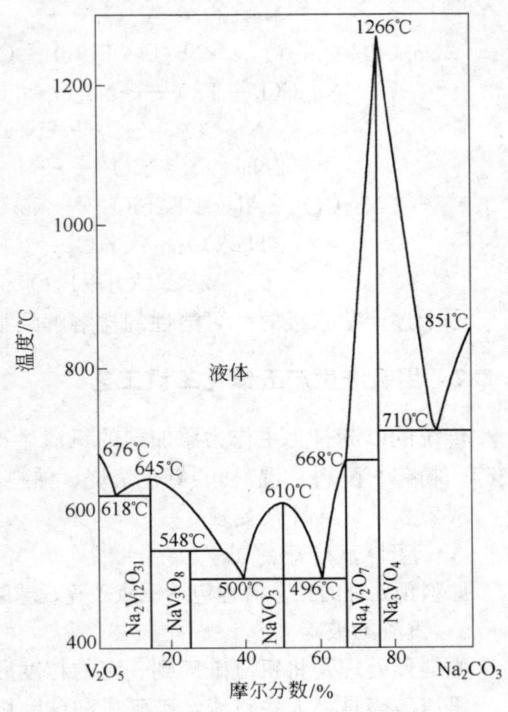

图 5-4 V_2O_5-Na_2CO_3 相图

焙烧过程中是在氧化气氛下，物料从低温到高温再逐渐降温的连续过程，主要物理化学反应包括：

(1) 首先在 300℃左右金属铁氧化：

$$Fe+1/2O_2 \longrightarrow FeO$$

$$2FeO+1/2O_2 \longrightarrow Fe_2O_3$$

(2) 在500～600℃粘结相铁橄榄石氧化并分解：

$$2FeO \cdot SiO_2+1/2O_2 \longrightarrow Fe_2O_3 \cdot SiO_2 \text{（低价氧化物氧化）}$$

$$Fe_2O_3 \cdot SiO_2 \longrightarrow Fe_2O_3+SiO_2 \text{（复合氧化物分解）}$$

(3) 600～700℃尖晶石氧化分解：

$$FeO \cdot V_2O_3+FeO+1/2O_2 \longrightarrow Fe_2O_3 \cdot V_2O_3 \text{（}Fe^{2+}\text{ 氧化为 }Fe^{3+}\text{）}$$

$$Fe_2O_3 \cdot V_2O_3+1/2O_2 \longrightarrow Fe_2O_3 \cdot V_2O_4 \text{（}V^{3+}\text{ 氧化为 }V^{4+}\text{）}$$

$$Fe_2O_3 \cdot V_2O_4+1/2O_2 \longrightarrow Fe_2O_3 \cdot V_2O_5 \text{（}V^{4+}\text{ 氧化为 }V^{5+}\text{）}$$

$$Fe_2O_3 \cdot V_2O_5 \longrightarrow Fe_2O_3+V_2O_5 \text{（分解）}$$

(4) 600～700℃五氧化二钒与钠盐(碳酸钠、硫酸钠或氯化钠)反应生成溶于水的钒酸钠：

$$V_2O_5+Na_2CO_3 \longrightarrow 2NaVO_3$$

$$V_2O_5+Na_2SO_4 \longrightarrow 2NaVO_3+1/2SO_2\uparrow$$

$$V_2O_5+2NaCl+H_2O \longrightarrow 2NaVO_3+2HCl\uparrow \text{（有水蒸气存在）}$$

$$V_2O_5+2NaCl+1/2O_2 \longrightarrow 2NaVO_3+Cl_2\uparrow \text{（无水蒸气存在）}$$

(5) 600～700℃五氧化二钒与铁、锰、钙等氧化物生成溶于酸的钒酸盐：

$$V_2O_5+CaO \longrightarrow Ca(VO_3)_2$$

$$V_2O_5+MnO \longrightarrow Mn(VO_3)_2$$

$$V_2O_5+Fe_2O_3 \longrightarrow 2FeVO_4$$

(6) 根据碳酸钠与一些氧化物反应的差热分析结果，在焙烧过程中可能有如下的副反应发生：

$$Na_2CO_3+Al_2O_3 \longrightarrow Na_2O \cdot Al_2O_3+CO_2 \text{（920℃生成）}$$

$$Na_2CO_3+Fe_2O_3 \longrightarrow Na_2O \cdot Fe_2O_3+CO_2 \text{（800℃生成，1060℃相变，1280℃熔化）}$$

$$Na_2CO_3+TiO_2 \longrightarrow Na_2O \cdot TiO_2+CO_2 \text{（780℃生成，980℃熔化）}$$

$$Na_2CO_3+SiO_2 \longrightarrow Na_2O \cdot SiO_2+CO_2 \text{（820℃生成）}$$

$$2Na_2CO_3+SiO_2 \longrightarrow 2Na_2O \cdot SiO_2+2CO_2 \text{（850℃生成）}$$

$$Na_2CO_3+Al_2O_3+2SiO_2 \longrightarrow Na_2O \cdot Al_2O_3 \cdot 2SiO_2+CO_2 \text{（760℃生成）。}$$

$$4Na_2CO_3+2Cr_2O_3+3O_2 \longrightarrow 4(Na_2O \cdot CrO_3)+4CO_2$$

$$3Na_2CO_3+P_2O_5 \longrightarrow 3Na_2 \cdot P_2O_5+3CO_2$$

当上述产物水浸时，可溶性的盐溶解到水中，部分产物将发生水解。

5.2.2　用钒渣生产五氧化二钒工艺

传统的以苏打为主作为添加剂的钒渣生产 V_2O_5 的工艺流程主要有原料预处理(包括钒渣破碎、粉碎、配料、混料)、氧化焙烧、熟料浸出、沉钒及熔化五个工序。流程见图5-5。

5.2.2.1　原料预处理

A　原料预处理的工艺

原料预处理的工艺流程包括钒渣破碎、球磨、除铁、配料(配入添加剂)、混料等，见图5-6。

a　钒渣的破碎

原料预处理是将钒渣破碎到一定的粒度后再与一定比例的钠盐添加剂混合均匀的过程。

钒渣破碎是将大块钒渣经破碎机和球磨机粉碎到一定粒度的粉末状态。它提高了钒渣的比表面积，保证钒渣在氧化焙烧过程中能充分氧化。

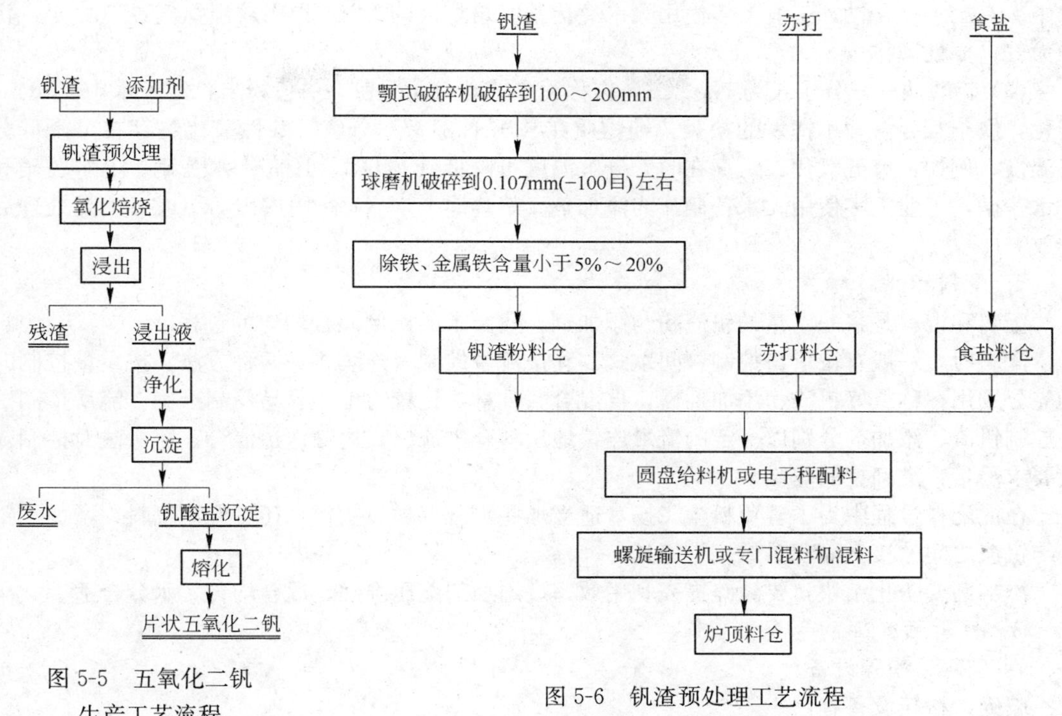

图 5-5　五氧化二钒生产工艺流程

图 5-6　钒渣预处理工艺流程

钒渣破碎一般要求保证磨料质量，注意球磨的装球量，钢球大小比例，排料速度的均匀性以及防止钒渣过湿。

b　除铁

钒渣除铁的目的是为了避免金属铁在氧化焙烧过程中，由于金属铁氧化反应时要放出大量热量，致使炉料粘结。

钒渣除铁的方法有：

(1) 磁选法：利用金属铁的磁性用磁铁将其分离出去；

(2) 筛选法：利用一定孔径的筛子将大颗粒的金属铁筛分出去；

(3) 风选法：利用金属铁密度大的特点，控制风力，将之分离出去。选出的金属铁中要求含钒渣量小于 2%，过多时要进一步回收处理。

合格的钒渣粉粒度要求在 0.1mm 以下。金属铁残余量根据不同的焙烧设备要求，一般在 5%～10%左右。

c　添加剂

对苏打法来说，为了提取钒渣中的钒，要使之变为溶解于水的钒酸钠，因此要配入一定量的钠盐添加剂，主要以苏打为主，也可配入一些硫酸钠或氯化钠。配入量的多少取决于钒渣的成分。

常用添加剂的主要性质：

(1) 碳酸钠——分子式为 Na_2CO_3。俗称苏打。白色粉末，易溶于水并放热，水溶液呈碱性。熔点为 850℃，是较稳定物质，常压下分解温度约 2000℃，有酸性氧化物存在时可降低分解温度。有十水、五水和一水的碳酸钠，工业上多使用无水碳酸钠。

(2) 氯化钠——分子式为 NaCl，俗称食盐。白色粉末，熔点 800℃，空气中易潮解，溶于水中。有二水氯化钠，工业上多使用无水氯化钠。焙烧时与 V_2O_5 作用放出氯气或氯化氢，污染大气，要处理排放。

(3) 硫酸钠——分子式为 Na_2SO_4，俗称无水芒硝，元明粉。白色粉末，溶于水中。884℃熔化，属于难分解和不挥发的盐类，纯物质在常压下 3177℃分解，酸性氧化物存在可降低分解温度，例如：有五氧化二钒存在时，分解温度可降低到 740℃。还有十水芒硝、七水芒硝和一水芒硝，工业上多使用无水芒硝作为添加剂。焙烧时与 V_2O_5 作用放出 SO_2 或 SO_3 要处理后排放。

d 配料和混料

配料和混料是将一定量的钒渣粉与添加剂，按要求的比例混合均匀的过程。

配料时，一般有按重量控制（间歇式）和按流量控制（连续式）两种方法。按重量控制时是先分别用秤称量好钒渣、添加剂后，再混合。重量法比较简单，容易控制准确。流量控制法是控制钒渣、添加剂分别以一定的流量连续地从料仓中流出，边输送边混合。流量法对控制流量要求严格，准确控制较难。

在混配料过程中为了避免粉尘飞扬，适当加些水分（5%左右），还可湿润物料，增加了钠盐与钒渣之间的接触面积对焙烧有好处。

添加剂要防止结块，要破碎提高利用效率。添加剂配比准确、混合均匀，水分合适。

B 原料预处理的主要设备

a 破碎、粉碎设备

破碎、粉碎设备有：

(1) 颚式破碎机：由颚板绕固定心轴摆动，使钒渣受挤压破裂和弯曲破碎。常用型号 PEE250×400（生产能力 6～8t/h）、PEE600×400（生产能力 6～8t/h）。

(2) 球磨机：筒体用一定数量钢球作为研磨介质，利用钢球在筒体内运动将钒渣磨碎。常用的有 1500×1500 型（生产能力 1.3～1.5t/h）、1500×5700 型（生产能力 3～4t/h）。

b 给料设备

给料设备有：

(1) 圆盘给料机：给料机的圆盘装在下料管下面，由料仓卸出的粉状或粒状物料成圆锥形四周散开，活动套管套住料仓的下料管，可通过调整刮板位置、升降活动套管或圆盘转速来调节送料量。适于输送水分小于等于 12%的细料。

(2) 电磁振动给料机：依靠电磁振动器产生高频振动，带动输送机振动，使物料呈抛物线状的跳跃运动给料。

(3) 螺旋给料机：通过控制螺旋转速来调节给料量。

此外还有星形给料机、带式给料机、板式给料机等，可根据具体物料情况选用。

c 输送设备

输送设备有螺旋输送机、刮板输送机、带式运输机、斗式提升机、气力输送等。

d 除铁设备

除铁设备有干式磁选机、振动筛、风选机、旋风式分级机等。

e 其他设备

其他设备有：混料机、料仓等。

5.2.2.2 焙烧

A 影响焙烧转化率的条件

焙烧转化率是熟料中转化为可溶钒的钒量占全钒的比例。

影响焙烧转化率的因素很多，除了与钒渣的结构和化学成分有关外，还有以下因素。

a 钒渣的粒度

在氧化焙烧时，钒渣必须破碎到一定粒度才能使低价钒氧化物充分氧化。钒渣磨细虽然有利于可溶钒的转化，但将增加磨矿成本，输送及焙烧过程粉尘量大回收困难，对浸出后的残渣难过滤。因此一般要求钒渣颗粒应小于 0.1mm，我国一般以 0.074mm（120 目）筛测定钒渣粒度，要求有 80％的钒渣通过 0.074mm（120 目）筛。

b 添加剂的种类

添加剂种类选择对焙烧是有很大影响的。要根据本地添加剂的资源、价格及对焙烧的影响三个方面情况综合考虑来选择。

通常钒渣焙烧使用的添加剂有工业碳酸钠（苏打）、工业氯化钠（食盐）和工业硫酸钠（无水芒硝）。对钒渣提钒来说，苏打是主要的添加剂。大多数采用苏打为主，再配入一定量的食盐或芒硝。

采用混合钠盐作为添加剂的好处是可降低成本，同时对提高焙烧转化率和降低浸出液碱性是有利的。通常食盐或芒硝的配入量为苏打量的 30％～50％。对含硅高的钒渣可减少苏打量，多配些食盐或芒硝，对避免硅高带来的影响和提高焙烧转化率是有利的。

单独使用食盐或芒硝做添加剂的焙烧效果都不好。

c 添加剂的用量

添加剂配入量的多少是影响钒渣焙烧转化率的重要因素之一。在不影响焙烧转化率的条件下，为了降低成本和使工艺顺行，应尽量减少添加剂的用量。添加剂的配入量取决于钒渣的含钒量，还与钒渣中的杂质多少有关。

一般情况下，用苏打比来表示添加剂的配入量，苏打比是添加剂的配入量（以苏打表示添加剂总量）与钒渣中五氧化二钒量之比。

$$\text{苏打比}=\frac{Na_2CO_3\ \text{量}}{\text{钒渣中}\ V_2O_5\ \text{量}}$$

例 采用苏打和食盐作为添加剂，钒渣中的 V_2O_5 含量为 150kg，苏打比为 1.2，食盐配入量为苏打量的 30％，求：1t 钒渣需配入多少苏打和食盐？

解：按照苏打比＝苏打量/V_2O_5 量

1.2＝苏打量/150kg

苏打量＝1.2×150＝180kg（是添加剂总量）

因此，实际食盐配入量为：180×30％＝54kg

实际苏打配入量为：180－54＝126kg

需要指出，在苏打比一定的条件下，对含钒较高的钒渣配入的钠盐量和炉料中生成的钒酸钠相对多些，低熔点的产物增多，会使炉料发黏，将造成炉料的粘结，使生产不能正常运行。因此在配入添加剂的同时，需要再配入一定比例的浸出残渣，降低炉料中的钒含量。最终使混合料（钒渣＋钠盐添加剂＋返回残渣）中的全钒含量控制在一定范围内，可使炉料顺行，并有利于提高焙烧转化率，要通过试验来确定合适的返回残渣配入量。

d 焙烧温度

不论何种焙烧炉，钒渣在炉内焙烧的温度，实际上是连续地从低温到高温，再从高温到低温逐渐变化的过程，很难严格区分。但是根据钒渣和钠盐在炉内的反应变化过程，通常将炉子分为三个带（阶段）：氧化带、钠化带（或称为烧成带）和冷却带。

(1) 氧化带：主要是钒渣脱水和金属铁、低价氧化物（FeO、V_2O_3 等）氧化及分解的阶段，一般从钒渣进入炉内开始，到600℃左右完成的阶段。

(2) 钠化带：从600℃开始到焙烧最高温度之间的阶段，焙烧的最高温度对多膛炉控制在800℃左右，对回转窑可适当提高一些，这要根据炉料的情况来确定。温度过高易引起炉料熔化结球，影响正常操作。

(3) 冷却带：从焙烧最高温度降低到600℃左右这一阶段。也就是说冷却到600℃左右就要出炉，对多膛炉的最下层温度控制在700℃左右，然后出炉冷却。对回转窑焙烧熟料的出炉温度要求在550℃以上，然后出炉冷却。

熟料出炉温度是保证较高钒转化率的关键条件之一。许多文献指出，焙烧后熟料出炉后要急冷，否则钒转化率将降低。其主要原因是缓慢冷却时，将使已经生成的可溶性偏钒酸钠在结晶时脱氧变成不溶于水的钒青铜。因此，要求必须在偏钒酸钠熔点（550℃左右）以上的温度出炉冷却，可减少或避免钒青铜的产生，防止转化率降低。

e 焙烧时间

焙烧时间可分为氧化时间和钠化时间，氧化时间指钒渣中低价氧化物氧化为高价状态（氧化带）所需要的时间，钠化时间指五氧化二钒与钠盐反应生成钒酸钠（钠化带）所经过的时间。

根据钒渣结构的特点，氧化时间内要使低价氧化物氧化，特别是在这一时间内，要完成金属铁的氧化、低价氧化铁氧化为高价、硅酸盐分解、尖晶石的氧化及分解等过程，因此，只有前面的氧化分解过程完成后，尖晶石才能氧化和分解，也就是说只有铁等氧化充分，低价钒才能氧化，低价铁是五价钒的还原剂，五价钒是低价铁的氧化剂。为此，必须要保证充足的氧化时间才能使氧化反应充分进行，并保证较高的钒转化率。根据钒渣成分、结构和粒度等条件的差异，一般炉料在氧化带的停留时间为1～3h。

钠化时间，将发生五氧化二钒与钠盐相互作用生成可溶性钒酸钠的反应，因此也必须保证足够的时间，使反应充分。一般要求炉料的钠化带停留时间为1～3h。

上述氧化、钠化时间是提高钒转化率的关键条件之一。

冷却带所要求的时间根据冷却温度（600℃左右出炉）确定，一般时间很短。

需要指出，上述各种影响钒焙烧转化率的因素，是交互作用的，因此当使用一种新钒渣，必须先进行实验室的小试验，找到最佳的条件后，再在生产上实现，可以取得经济、适宜的焙烧效果。

B 焙烧设备

目前焙烧的设备多采用回转窑和多膛炉。

a 回转窑

回转窑是稍微倾斜的圆筒形炉。以耐火砖作内衬，炉料从一端装入，在出料端设有烧嘴进行加热，炉料边从旋转的炉壁上落下边被搅拌焙烧，从下端排出由于有烟气的抽吸，防止了从炉子的两端漏出烟气和粉尘。回转窑由筒体、碳圈、托轮、挡圈、传动装置、热交换装置、窑头和燃烧室、窑尾、窑头、窑尾密封装置、砌体等部分组成。

回转窑结构简单、搅拌良好、对物料配比要求严格，即使有熔体存在的炉料也能进行处理，热分布均匀、生产能力大、机械化程度高、维护及操作简单。缺点是温度难控制，易结成球状料，一旦结成环状炉结，给操作带来困难。

氧化焙烧用回转窑示意图见图5-7所示。

b 多膛炉

多膛炉是间隔成多层（8～12层）炉膛的竖式圆筒形炉。在其中心部位装有旋转的中心

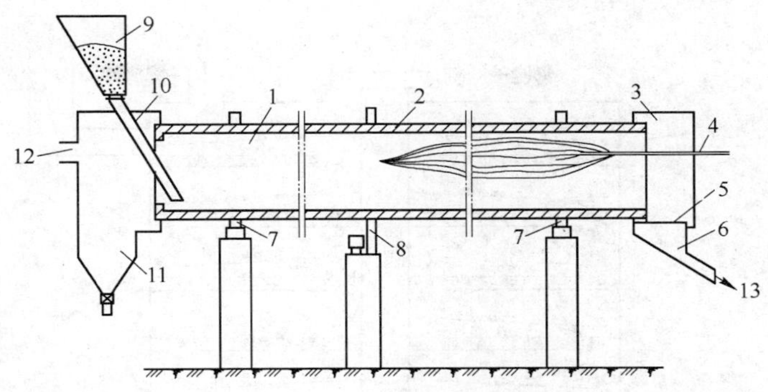

图 5-7 回转窑示意图

1—窑身；2—耐火材料；3—窑头；4—燃烧嘴；5—条栅；6—排料口；
7—托轮；8—传动齿轮；9—料仓；10—下料管；11—灰箱；
12—进尾气净化系统；13—进湿球磨

轴，由此向各层伸出了带刮刀的搅拌耙臂随轴转动，其搅拌耙壁全部采用空气内冷。原料从上层装入，通过搅拌由周边向中心集中，又从中心向周边分散地逐层下移，经干燥、焙烧后从最底层排出。炉气在炉内向着与炉料相反的方向流动，直到干燥预热最上层的炉料后逸出。

多膛炉虽然路径较长，但外形结构简单、占地面积小、散热量少、热效率高，物料加热均匀，搅拌充分。其缺点是温度难以控制，一旦低熔点生成物增多，易粘耙齿而积料，因此对钒渣焙烧时要配入惰性残渣，对物料配比及下料量要求严格、稳定，生产能力小等，此外还容易发生漏气。

焙烧用多膛炉见图 5-8 所示。

5.2.2.3 浸出

A 浸出的方法

钒渣经焙烧后称为熟料。熟料的浸出通常指水浸，水浸是将熟料中的可溶性钒酸钠溶解到水溶液的过程。此外，对不溶解于水的钒酸盐（钒酸铁、钒酸锰、钒酸钙等），可以用酸或碱浸出的方法。熟料用水浸出，有两种方式：连续式和间歇式。

a 连续式浸出

连续式浸出适于制成微细粉末或通过焙烧等转变成易溶性焙烧熟料的浸出。连续浸出工艺流程见图 5-9。

连续法可得到浓度均匀的浸出液，溶液和矿石运动的方向有同向并流和反向逆流。搅拌下的浸出法，将焙烧后熟料直接送入湿球磨机内，边冷却、边研磨、边浸取，然后料浆被输送到沉降槽（或称为浓密机），加热到 80℃以上。沉降后的溢流再经多次沉降，得到澄清液被送去沉淀钒酸铵。而沉降后的底流从浓密机底部排放到过滤机过滤、洗涤，最后得到的滤渣（或称残渣）输送到渣场。我国大多数钒厂都是采用这种连续式浸出方式。这种方法的优点是浸出过程水和熟料矿一起进入球磨机，在强烈搅拌下浸出，方法简单。固体和液体都是动态的，改善了浸出的动力学条件，同时可充分利用熟料的热量。但是存在着设备庞大、浸出液中悬浮杂质多，澄清后底流（泥浆）量大，含水分多不易处理，造成钒损失大，熟料与液体接触时间短（20min 左右）等缺点。

b 间歇式浸出法

间歇式浸出法工艺流程见图 5-10。间歇式浸出法是将焙烧熟料先经冷却器冷却后，排放到

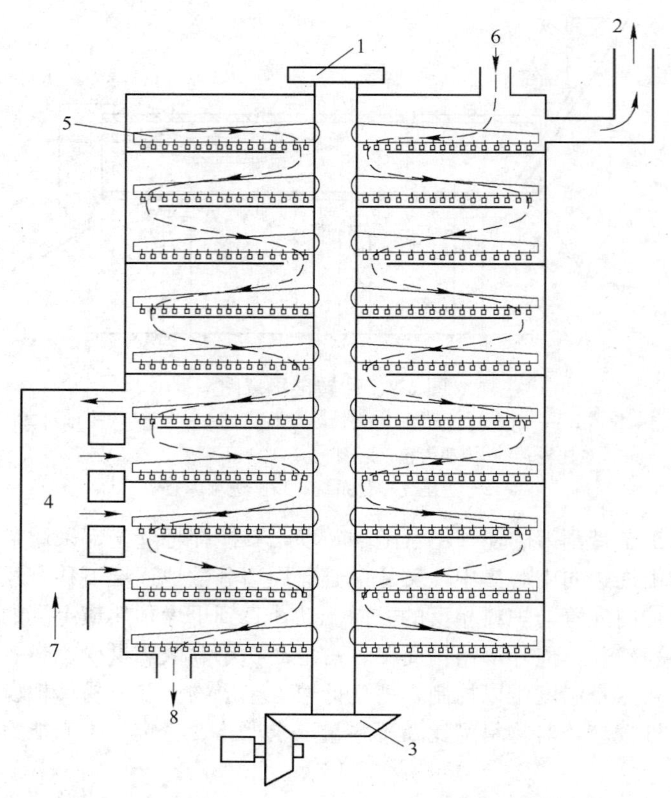

图 5-8 多膛炉焙烧示意图

1—转轴；2—净化系统；3—传动齿轮；4—燃烧室；5—耙臂和耙齿；6—混合料入口；7—燃气入口；8—熟料出口

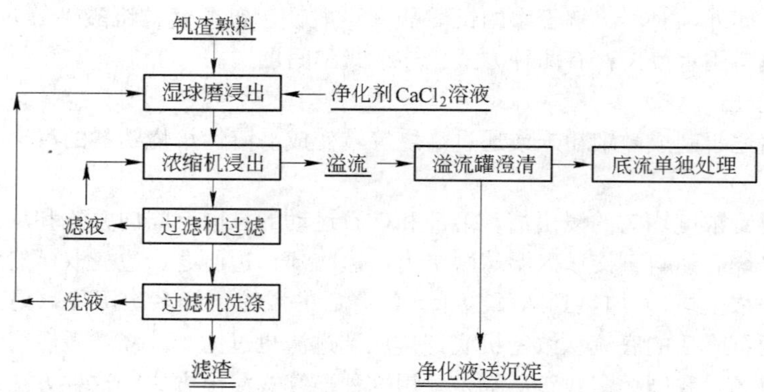

图 5-9 连续式浸出工艺流程

可倾翻的浸滤器内，用于渗透性好的并能以粗粒直接进行浸出的料层。渗透浸出槽具有一个多孔的底，在底部安放有滤板，上面盛放有熟料，浸出液借助重力自上而下流出来，或者由水泵由下面注入，从上面溢流循环使用，借以进行浸出。当浸出液自上而下地流出时，由于矿石堵塞，会出现只从容易通过的渠道流出的可能，最近采用浅底槽浸出的方法，可使浸出液与熟料充分地接触，但此法占地面积较大。

用热水浸取和洗涤分别浸洗 3～4 次，浸出的滤液净化后送往沉淀钒酸铵。洗液单独存放，待下次浸出熟料用。洗涤后的滤渣从浸滤器翻倒在皮带输送机上，送到残渣场。间歇浸出法可避免连续浸出法的缺点。但是装卸料时间长，设备利用率低。

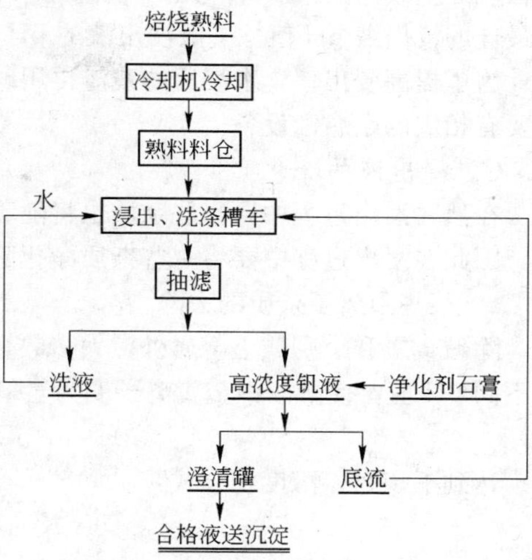

间歇式多段渗透法浸出：可用一个浸出槽或将许多浸出槽排列起来进行多段浸出，对一个槽子是间歇式浸出，但整体看逆流连续式。其浸出效率显著提高。

对浸出的残渣，如果含钒仍然较高，需要再次进行焙烧浸出（二次焙烧法），也可以直接进行酸浸或碱浸法来提高钒的回收率。

焙烧熟料
冷却机冷却
熟料料仓
水
浸出、洗涤槽车
抽滤
洗液
高浓度钒液
净化剂石膏
澄清罐
底流
合格液送沉淀

图 5-10 间歇式浸出工艺流程

B 影响浸出的因素

钒渣熟料中钒酸钠的溶解过程是简单溶解。可溶钒的溶解速度和扩散速度是影响浸出率的关键。

a 熟料粒度

原则上粒度细可增大液固间接触面积，提高溶解速度和扩散速度，有利于提高浸出率。但是，过细使浸出液悬浮物和杂质增多，溶液难澄清和过滤，残渣含水分高，造成钒损失。因此工业上熟料粒度控制在 0.15mm 左右即可。

b 熟料可溶钒含量

熟料可溶钒含量低，浸出浓度越稀，越有利于提高溶解速度和扩散速度。

c 液固比

液固比越大，浸出率越高。但水量大使浸出液含钒浓度降低，不利于沉钒。可通过多次返回浸出解决，对钒渣熟料的浸出液固比最终控制在(3～5)∶1。可通过增加洗涤次数提高浸出率，洗液作为对新熟料浸出的溶剂。

d 浸出温度

浸出温度高，有利于扩散和提高溶解度。同时有利于破坏硅酸阴离子团胶，使溶液易澄清。工业上要求浸出温度大于 80℃。

e 浸出时间

实践表明，熟料与水接触开始得越快，浸出的效果就越好（熟料如果在空气中缓慢冷却会造成熟料的所谓“老化”，降低浸出率）。浸出时间长有利于提高浸出率。工业上要求 20min 以上。

f 搅拌

搅拌有利于提高扩散速度，提高浸出率。

g 浸出方式

前面已经介绍，因为钒渣熟料含钒浓度高，采用间歇式浸出比连续浸出效果好。

h 浸出液的 pH 值

浸出液 pH 值的高低，取决于添加剂中苏打配入量的多少、焙烧氧化钠化学反应条件的控制、钒渣的化学成分等条件。浸出液的 pH 值高，原则上有利于钒酸钠的溶解，可提高浸出率。但同时使溶液中阴离子杂质增多，不利于澄清。溶液 pH 值高对含硅高的熟料，易在熟料颗粒表面生成硅酸钠胶体，阻碍可溶钒向外扩散，反而要降低浸出率。因此要根据上述情况确定最佳的浸出液 pH 值。一般浸出液的 pH 值控制在 8～9。对高硅钒渣控制在 7～8。

为了提高浸出率，水浸后的残渣再用碱浸或酸浸处理。但浸出液杂质多，难澄清和过滤，还要有相应的耐腐蚀设备。

C　浸出液的净化

在熟料浸出过程中，一些杂质也将随着钒酸钠一起浸出到溶液中，将影响沉钒和产品的质量，因此在浸出过程中要将一些杂质净化除去。

a　某些阳离子杂质的去除

除碱金属和个别碱土金属外，大多数金属的氢氧化物都是难溶化合物，将被处理溶液调节到不同 pH 值，使溶液中金属离子变为氢氧化物沉淀的方法称为氢氧化物沉淀法。其反应为：

$$Me^{n+} + nOH^- = Me(OH)_n \downarrow \tag{5-10}$$

达到平衡时，溶度积公式：

$$K_{SP} = a_{OH^-}^{N} \times a_{Me}^{n+} \tag{5-11}$$

$$pH\text{值} = \frac{1}{n}\lg K_{SP} - \lg K_W - \frac{1}{n}\lg a_{Me}^{n+} \tag{5-12}$$

式中　K_W——水的离子积；

K_{SP}——氢氧化物溶度积，可直接查表或按下式求出：

$$\lg K_{SP} = \frac{\Delta G^{\ominus}}{2.303RT} \tag{5-13}$$

$\Delta G^{\ominus}$——反应的标准自由能变化。

在 298K(25℃)时，若规定 $a_{Me}^{n+}=1$mol/L 时开始沉淀，而 $a_{Me}^{n+}=10^{-5}$mol/L 时，沉淀完全，根据式 5-12 将常见的金属氢氧化物开始沉淀和沉淀完全的 pH 值分别列于表 5-13。

表 5-13　298K 及 $a_{Me}^{n+}=1$ 时某些金属氢氧化物沉淀的 pH 值和有关数据

$Me(OH)_n$	$\Delta G^{\ominus}$ /kJ	K_{SP}	溶解度 /mol·L^{-1}	形成沉淀的 pH 值	完全沉淀时最低 pH 值
$Ti(OH)_3$	−249.92	1.45×10^{-44}	4.82×10^{-12}	−0.61	<0
$Co(OH)_3$	−245.45	9.21×10^{-44}	7.62×10^{-12}	−0.35	1.60
$Sb(OH)_3$	−219.41	3.31×10^{-39}	1.05×10^{-10}	1.17	
$Fe(OH)_3$	−211.88	6.92×10^{-38}	2.25×10^{-10}	1.62	3.20
$Al(OH)_3$	−186.68	1.78×10^{-33}	2.82×10^{-9}	3.08	4.90
$Bi(OH)_3$	−173.26	4.07×10^{-31}	1.11×10^{-9}	3.87	
$Sn(OH)_2$	−144.29	4.90×10^{-26}	2.31×10^{-9}	1.34	
$Cu(OH)_2$	−108.18	1.07×10^{-19}	2.99×10^{-7}	4.52	7.40
$Ni(OH)_2$	−90.20	1.51×10^{-16}	3.36×10^{-6}	6.09	7.40
$Zn(OH)_2$	−90.00	1.66×10^{-16}	3.46×10^{-6}	6.11	8.10
$Co(OH)_2$	−87.86	3.98×10^{-16}	4.63×10^{-6}	6.30	8.70
$Fe(OH)_2$	−83.93	1.91×10^{-15}	7.93×10^{-6}	6.64	8.90
$Cd(OH)_2$	−77.62	2.40×10^{-14}	1.82×10^{-5}	7.19	9.40
$Mn(OH)_2$	−76.41	4.00×10^{-14}	2.15×10^{-5}	7.30	10.10
$Mg(OH)_2$	−63.08	8.71×10^{-12}	1.30×10^{-4}	8.47	11.00
$Cr(OH)_3$					5.60

由表5-13可用来比较形成氢氧化物沉淀的顺序如下：

(1) 当氢氧化物从含有价数相同的几种离子的溶液中沉淀时，首先开始析出的是形成沉淀的pH值最低，溶解度最小的氢氧化物；

(2) 对同一近似的离子，高价阳离子形成氢氧化物沉淀的pH值，总是低于低价阳离子沉淀的pH值，这是因为高价金属氢氧化物比低价金属氢氧化物的溶解度更小的缘故；

(3) 价数相同的不同金属离子的氢氧化物溶度积常数越大，形成氢氧化物沉淀的pH值越高；

(4) 氢氧化物形成的pH值与被沉淀金属离子的活度 a_{Me}^{n+} 有关，随着 a_{Me}^{n+} 减小而增大；

(5) 温度对沉淀pH值也有影响，溶液温度高时，形成氢氧化物沉淀的pH值下降，即金属离子可在较高酸度下沉淀。

b 溶液中阴离子杂质的去除

溶液中的磷酸根或砷酸根阴离子，可加入金属盐沉淀剂使其生成沉淀，金属磷酸盐开始沉淀的pH值见表5-14。

表5-14 金属磷酸盐开始沉淀的pH值

形成磷酸盐的金属	Mg	Ca	Mn	Zn	Al	Be	Th	Zr
开始沉淀的pH值	9.76	7.00	5.76	5.66	3.79	3.41	2.72	1.57

我国工业上常采用氯化钙水溶液，使磷生成磷酸钙沉淀(控制溶液pH值为8～9)，同时可破坏胶体，使悬浮物凝聚沉降，加快澄清速度，是比较简单而有效的净化剂。

$$2Na_3PO_4 + 3CaCl_2 = Ca_3(PO_4)_2 \downarrow + 6NaCl \quad (\text{pH 值为 } 8 \sim 9)$$

当溶液pH值小于8时，生成 $CaHPO_4$ 或 $CaH_2(PO_4)_2$，它们在水中的溶解度较大，影响除磷的效果。

当pH值大于9时，$CaCl_2$ 水解生成 $Ca(OH)_2$，也将影响除磷效果。

控制加入量，当溶液pH值较低时，加入过多的氯化钙会生成白色的钒酸钙沉淀造成钒的损失：

$$2NaVO_3 + CaCl_2 + 3H_2O \rightarrow Ca(VO_3)_2 \cdot 3H_2O \downarrow + 2NaCl$$

$$Na_4V_2O_7 + 2CaCl_2 + 5H_2O \rightarrow Ca_2V_2O_7 \cdot 5H_2O \downarrow + 4NaCl$$

因此必须通过试验找出合适的 $CaCl_2$ 加入量。

德国用石膏(硫酸钙)乳作为除磷剂，但用量较大。

还可以采用磷酸铵镁沉淀法：溶液中常常有杂质磷、砷等，使其以磷酸镁和砷酸镁形态从溶液中沉淀，但是最完善的净化磷和砷的方法是使磷和砷以磷酸铵镁和砷酸铵镁的形式沉淀。在20℃时，这两种盐在水中的溶解度分别为0.053%和0.038%。如果有多余的 Mg^{2+} 和 $(NH_4)^+$ 存在，其溶解度还要小。通常在pH值为9～11，常温条件下进行。

$$Na_2HPO_4 + MgCl_2 + NH_4OH = Mg(NH_4)PO_4 + 2NaCl + H_2O$$

$$Na_2HAsO_4 + MgCl_2 + NH_4OH = Mg(NH_4)AsO_4 + 2NaCl + H_2O$$

为防止它们水解，必须使溶液含有过量的氨，此外，为防止氢氧化镁沉淀，还必须有氯化铵存在。因为氯化铵能降低溶液的 OH^- 离子浓度，使 $Mg(OH)_2$ 达不到溶度积值。氯化镁溶液的加入量要比理论需要量多一些，按一定比例向溶液加入各种试剂，经过长时间(长达48h)静置后，析出铵镁盐沉淀。此外有一部分正磷酸盐和正砷酸盐与铵盐一起沉淀。

硅在碱性溶液中以正硅酸根离子存在，具有胶体性质，可加入无机盐电解质凝聚剂将之沉淀除去，凝聚剂有硫酸铝、明矾、氯化镁、氯化钙等，在pH值为9～10时可达到较好的除硅效果。

D　浸出设备

a　熟料浸出设备

湿式球磨机：边进入浸出液边将熟料磨碎浸出的设备。

中心转动式浓缩机：连续式浸出设备，用于浓度低而量大的悬浮液，其结构见图 5-11。机体是用钢板卷成的大圆池，池底略带锥形，底中央有一排料口，池上部周边有溢流槽和溢流口，旋转耙有四个，十字对称分布，主轴转速约 0.33r/min，经过一定时间，悬浮液分为两层，上层为澄清液，由侧面溢流口排出。下层为混浊的含固体的沉降液，从排渣口排出再过滤处理。

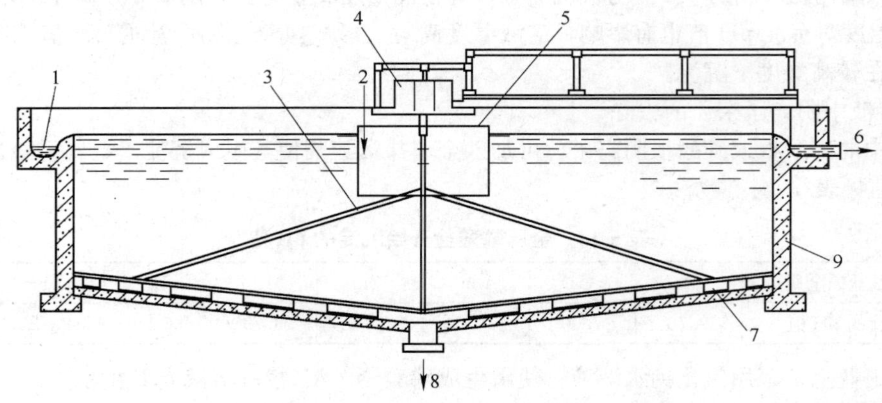

图 5-11　中心转动的浓缩机示意图

1—溢流槽；2—进液口；3—旋转耙；4—传动机构；5—中心布料筒；6—溢流出口；7—刮泥板；8—泥浆出口；9—机体

间歇式浸出槽：用钢板制成的矩形槽，槽中装有滤板，熟料装在滤板上，上面淋入浸出液，下面与真空系统相连接，浸出和过滤同时完成。根据情况制成可翻转的，将滤渣翻出，也可做成可翻转的移动式槽车。

b　过滤设备

过滤机的种类繁多，通常采用内滤式转鼓真空过滤机(见图 5-12)，该机主要由转鼓、托

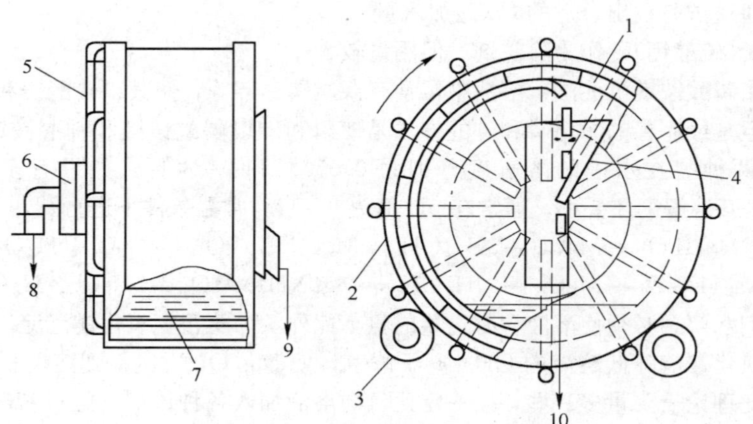

图 5-12　内滤式转鼓真空过滤机示意图

1—滤布；2—转鼓；3—拖轮；4—滤饼排出溜槽；5—与各滤室相通的滤液排出管；6—分配头；7—料浆；8—滤液；9、10—滤饼

辊、分配头和驱动装置几部分组成。转鼓由内外两层圆筒组成，形成环形空间，分割成若干滤室。每个滤室都有排出管与分配头相通。过滤时，滤浆加到内筒里，随着转鼓的旋转，浸在料浆中的滤布因真空作用形成滤饼，转出浆面，受到洗涤和脱水，最后滤饼转至顶部，用低压空气反向喷吹，被卸落在溜槽上，再由螺旋输送机或皮带输送机运出鼓外。滤液和洗涤废液通过过滤机背面的各滤室的管道排出。

c 其他设备

其他设备有各种泥浆泵、皮带输送机等。

5.2.2.4 沉钒

A 沉钒的方法

a 水解沉钒法

水解沉钒是钒酸钠溶液随溶液酸性增加逐步水解，生成多钒酸钠沉淀的过程。工业上最早采用这种方法，目前俄罗斯仍然采用该方法，我国在20世纪80年代前也是采用这种方法。这种方法是向净化后的钒酸钠溶液中加入硫酸，调节pH值到1.7～1.9左右，在加热煮沸并搅拌的条件下沉淀出红棕色的多钒酸钠($x Na_2O \cdot y V_2O_5 \cdot n H_2O$)，称为“红饼”。

以十钒酸钠为例，其水解反应为：

$$10NaVO_3 + 4H_2SO_4 = Na_2O \cdot 5V_2O_5 \cdot 2H_2O \downarrow + 4Na_2SO_4 + 2H_2O$$

这种方法的优点是操作简单、生产周期短，缺点是产品V_2O_5品位低，只有85%～90%，主要杂质是钠、钾，酸耗大、废酸液多而逐渐被铵盐沉淀法淘汰。

俄罗斯图拉厂的酸浸出液，也采用水解沉钒，将溶液调节pH值到1.6～1.9，加热搅拌，沉淀出锰和铁的多钒酸盐，最终产品V_2O_5的品位可达到92%～93%，主要杂质是锰和铁。

b 铵盐沉淀法

为制取高品位的V_2O_5，需采用铵盐沉淀法。将钒酸钠溶液用酸调节到不同酸度，加入铵盐可得到不同聚合状态的钒酸铵沉淀。

在不同钒浓度和pH值的溶液中，钒存在的形式有复杂的变化。如表5-15列出的在0.5g/L左右钒离子状态与pH值的关系。

表5-15 在0.5g/L左右钒离子状态与pH值的关系

pH值范围	>13	13～9	9～6.6	6.6～6.0	6.0～3.5	3.5～2	约1
钒离子状态	VO_4^{3-}	HVO_4^{2-}	$V_3O_9^{3-}$ 或 $V_4O_{12}^{4-}$	$V_{10}O_{28}^{6-}$	$HV_{10}O_{28}^{5-}$	$H_2V_{10}O_{28}^{4-}$	VO_2^+

水合五氧化二钒的组成乃是多聚钒酸，其酸中的质子可被其他正离子所取代。以十二钒酸($H_2V_{12}O_{31}$)为例，置换反应$H_2V_{12}O_{31} + 2M^+ \rightleftharpoons M_2V_{12}O_{31} + 2H^+$的平衡常数$K$值见表5-16。

表5-16 碱金属及铵离子的十二钒酸盐平衡常数

离子	Li^+	Na^+	K^+	NH_4^+
K	0.4±0.05	3.5±0.3	11.9±0.8	9.96±1.50

M^+离子选择性顺序为：

$$K^+ > NH_4^+ > Na^+ > H^+ > Li^+$$

十二钒酸钠的Na^+可被铵盐中NH_4^+置换，得到十二钒酸铵，方法如下：

(1) 偏钒酸铵沉淀法：在经过净化的钒酸钠溶液中加入氯化铵或硫酸铵，可结晶出白色偏钒酸铵(NH_4VO_3)沉淀。沉淀pH值在8左右，微碱性。铵盐必须过量，偏钒酸铵溶解度随温度升高而增大，因此在低温下使偏钒酸铵结晶析出，一般在20～30℃。采用搅拌或加入晶种可加快偏钒酸铵结晶。为使结晶完全需静置较长时间，过滤后用1%铵盐水溶液洗涤，经35～40℃干燥后可得到化工用的偏钒酸铵产品。采用较高温度下(80℃)沉淀和常温结晶相结合的操作可提高沉淀率。一般废液中含钒1～2.5g/L。耗铵量多，因而需要回收氨(每千克 V_2O_5 需 NH_3 0.18kg)。这种方法的特点是要求钒液含钒浓度较高(30～50g/L)，铵盐加入量大，结晶速度慢，沉淀周期长。

(2) 多钒酸铵沉淀法：十钒酸铵沉淀法是将含钒溶液pH值控制在4～6，20～30℃加入氯化铵，沉淀出十钒酸铵钠 $Na_2(NH_4)_4V_{10}O_{28}\cdot 11H_2O$(此产品可作为烟气脱硫的催化剂使用)。为进一步提纯，将十钒酸铵钠沉淀溶解于热水中，溶液的 V_2O_5 浓度可提高到70～100g/L，在90～100℃下用盐酸或硫酸调节pH值为2～5.5，经0.3～2h后，沉淀出十钒酸铵 $(NH_4)_4(VO_2)_2V_{10}O_{28}$。钒的沉淀率为95%～99.9%。废液中的钒浓度为0.05～0.5g/L。这种方法沉钒工艺复杂、周期长，目前已经淘汰。

目前工业上普遍采用的是酸性铵盐沉钒法，工艺流程见图5-13。

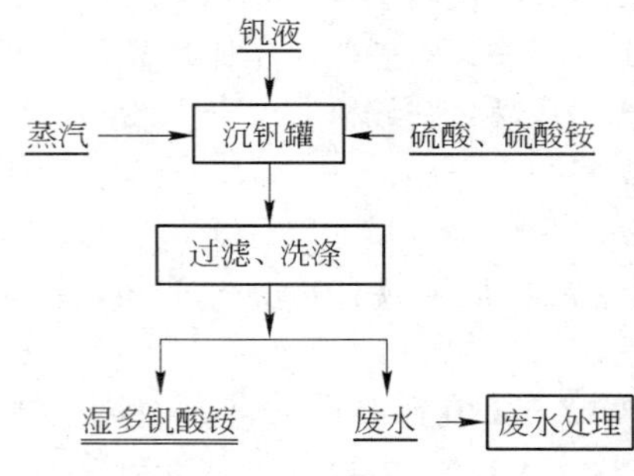

图5-13　酸性铵盐沉钒工艺流程图

酸性铵盐沉钒法是净化后的碱性溶液(含钒15～25g/L)在搅拌下加入硫酸中和，当钒酸钠溶液pH值在5左右时，加入铵盐，再用硫酸调节pH值到2～2.5，在加热、搅拌条件下可结晶出橘黄色多钒酸铵(APV)沉淀(“黄饼”)。沉淀后母液含钒0.15g/L。其特点是操作简单、沉钒结晶速度快(20～40min)、铵盐消耗量少、产品纯度高。

c　钒酸钙和钒酸铁沉淀法

对含钒浓度较低的溶液，pH值在5.1～11的条件下，加入石灰乳或氯化钙溶液后，加热、搅拌得到白色钒酸钙沉淀。也可在酸性条件下加入硫酸亚铁、硫酸铁或三氯化铁沉淀剂，加热、搅拌可得到黄色到黑绿色钒酸铁沉淀。这两种沉钒方法是从低浓度钒液中富集钒的方法，产品可进一步加工成钒铁或五氧化二钒。

d　沉淀物的洗涤

沉淀物的洗涤方法：

(1) 对溶解度比较大的沉淀物，最好用沉淀剂的稀溶液来洗涤，例如用1%的硫酸铵溶液洗涤多钒酸铵，可减少沉淀物因溶解造成的损失。

(2) 溶解度非常小的非晶态沉淀物，一般采用含有易挥发的电解质的稀溶液来洗涤，可避免洗涤过滤中又分散成胶体。

(3) 沉淀物的溶解度很小而且又不易生成胶体时，可用蒸馏水或无离子水洗涤。

(4) 热洗涤液容易将沉淀物洗干净，还可防止产生胶体溶液，也容易通过滤布。但是热洗涤液中沉淀物损失较多，所以只对溶解度很小的非晶态沉淀物才适宜。

洗涤时可采用多次洗涤而每次洗涤液用量少一些为宜。

B　影响多钒酸铵沉淀的条件及控制

a　钒液浓度

溶液的浓度高低影响沉淀物的组成。浓度高有利于APV的晶粒长大，加快沉钒速度。但浓度过高沉钒物夹杂的杂质增多，因此对酸性铵盐沉钒的溶液含钒浓度一般控制在20g/L左右较适宜，国外采用30g/L以上的溶液沉钒，要加强洗涤，除掉夹杂的硫酸钠等可溶性杂质。

b　沉淀的pH值

沉钒控制的pH值高低，影响产品的组成。pH值是影响沉钒速度的主要因素之一，降低酸度有利于加快沉钒速度，pH值过低会引起水解反应发生，影响产品的质量，因此一般工业上要求控制pH值在2～2.5左右。

调节pH值可用硫酸或盐酸，多用硫酸。加酸时要搅拌，避免局部酸度过浓发生水解。对含钒浓度较低的溶液，最好采取冷态加酸。热加酸易生成细晶沉淀。

c 铵盐

工业上使用的有硫酸铵、氯化铵、硝酸铵等铵盐，要根据当地资源和价格确定，多数使用硫酸铵。铵盐加入的多少取决于溶液含钒的浓度，以硫酸铵为例，工业上按下式确定：

$$(NH_4)_2SO_4 = K_{NH_4^+}VC$$

式中 $(NH_4)_2SO_4$——硫酸铵加入量，kg；

C——溶液含钒浓度，kg/m³；

V——溶液的体积，m³；

$K_{NH_4^+}$——加铵系数。

一般工业上 $K_{NH_4^+}$ 取值范围在1～1.2。铵盐加入多，有利于置换反应完全，但生产成本增加。

一般在碱性溶液中铵盐易分解，因此工业上铵盐加入的方式是先将溶液pH值调节到4～5左右，再加入铵盐，然后在搅拌条件下，再用酸调节pH值到2～2.5左右，再加热沉钒。

d 搅拌条件

沉钒时在加酸、加铵等过程中搅拌有利于加快沉钒速度和保证晶粒长大和产品的质量。

工业上搅拌普遍采用压缩空气或蒸汽直接通入溶液的方法，也有使用耐酸腐蚀的搅拌桨。

e 沉钒时间

在保证上述条件下，在搅拌和加热状态下，沉钒时间一般需要20min以上。终点控制通过沉钒上清液的分析确定，当上清液含钒小于0.1g/L后即可判断达到了终点。

f 溶液中的杂质对沉钒的影响

在实验室条件下研究了单一杂质对酸性铵盐沉钒的影响规律，对于杂质之间和其他沉钒条件之间的交互作用的影响没有研究，研究的结果对于生产实践，特别是当沉钒碰到问题时，参考杂质对沉钒影响的规律来分析、查找原因是有指导意义的。分述如下：

(1) 磷：根据实验室研究的结果，磷的影响对沉淀率(η)与钒磷摩尔分子比($[V_2O_5]/[P]$)作统计分析(下同)，得到一元回归方程：

$$\eta = -0.096258 + 0.5504([V_2O_5]/[P])$$

相关系数：$R=0.9168(n=10)$。

试验结果证明，磷对酸性铵盐沉钒影响极大。在磷、铵、钒之间生成了复杂的络合物(杂多酸)，当达到一定量时，急剧影响沉淀率。当沉钒pH值控制在2.5左右，$[V_2O_5]/[P]$摩尔分子比小于178时，沉淀率将降低到99%以下，以后将急剧降低。工业生产时要用氯化钙除磷，当溶液中的$[V_2O_5]/[P]$摩尔分子比达到500以上时，对沉钒没有影响。此外，磷对产品的质量有影响，将影响下一步冶炼高钒铁的质量。因此溶液除磷是很重要的。

(2) 硅：将试验结果进行回归分析处理后得到一元回归方程：

$$\eta = 99.3984 - \frac{1.0105}{[V_2O_5]/[SiO_2]}$$

相关系数：$R=0.9613(n=9)$。

试验结果说明，溶液中硅影响沉淀率，当溶液中$[V_2O_5]/[SiO_2]$摩尔分子比小于2.56之后，沉淀率将低于 99%，并且沉钒时间开始延长，过滤困难。此外，随溶液中的硅含量增加，产品质量降低。

在工业生产中，用氯化钙除硅后的溶液中，$[V_2O_5]/[SiO_2]$摩尔分子比大约为 20 以上，对沉淀率和产品的质量影响很小。

(3) 锰：锰对沉淀率影响不大，对产品的质量稍有影响。在生产中，用水浸出时，溶液往往呈碱性，此时锰易水解，留在渣中。溶液中锰的含量很低，不会给沉钒带来影响。但是，在酸浸时，锰将是产品中的主要杂质。

(4)铁：低价铁(Fe^{2+})在钒酸钠溶液中不会稳定存在，它将被五价钒(V^{5+})氧化为高价铁(Fe^{3+})，而钒(V^{5+})被低价铁还原为四价(V^{4+})，使溶液变黑(四价钒溶液的颜色)：

$$Fe^{2+} + V^{5+} = Fe^{3+} + V^{4+} \tag{5-14}$$

$$E_1^{\ominus} = 0.23, \Delta G_1^{\ominus} = -0.23f < 0$$

当溶液碱度(pH 值)提高时，可发生如下反应：

$$Fe^{2+} + 3OH^- = Fe(OH)_3 \downarrow + e^- \tag{5-15}$$

$$E_2^{\ominus} = 0.56, \Delta G_2^{\ominus} = -0.56f < 0$$

式中 $E^{\ominus}$ ——氧化还原电位，V；

$\Delta G^{\ominus}$ ——反应自由能变化；

f——法拉第常数。

$\Delta G_2^{\ominus} < \Delta G_1^{\ominus}$，反应式(5-14)比反应式(5-15)更易进行，即可避免钒被还原。

试验过程中，当加入低价铁后产生低价钒使溶液变黑。因此，实际考察的是低价钒 V^{4+} 和高价铁 Fe^{3+} 对沉钒的影响。试验结果进行回归分析，得到一元回归方程为：

$$\eta = 100.7022 - \frac{32.2236}{[V_2O_5]/[Fe]}$$

相关系数：R=0.9976。

试验结果说明，铁对沉钒的影响是很大的。当溶液中的$[V_2O_5]/[Fe]$小于 19 时，沉淀率就会小于 99%。但是，实际生产中，水浸时，铁在碱性条件下是很易水解的，溶液中的$[V_2O_5]/[Fe]$摩尔分子比大于 500，对沉钒影响很小。然而，当酸浸时，铁是产品中的主要杂质之一。

(5) 铝：试验数据进行回归分析，得到一元回归方程为：

$$\eta = 108.773\exp\frac{-45.5235}{[V_2O_5]/[Al_2O_3]}$$

相关系数：R=0.96162。

试验结果表明，当$[V_2O_5]/[Al_2O_3]$小于 500 时，铝对沉淀率明显降低。当降低沉钒 pH 值时，铝对沉钒率的影响程度有所缓解，沉淀率可大大提高，但是也有一定的影响。这是由于在铝、铵、钒之间生成了杂多酸，阻碍了多钒酸铵的沉淀。

在实际生产中，一般溶液中的$[V_2O_5]/[Al_2O_3]$摩尔分子比为 600～1000，对沉钒的影响不大。

(6) 钙：试验结果说明，钙对沉钒的影响不明显。在实际生产中，钙是以氯化钙溶液的形式加入到溶液中，用以净化除杂质和澄清溶液使用。生产中加入氯化钙量一般控制在 1～1.5g/L，对沉钒的影响是很小的。当氯化钙加入过多时，尽管溶液很快澄清，但是将会生成不溶于水的钒酸钙，造成钒的损失。

(7) 镁：由于镁的钒酸盐与钠盐类似，也是可溶性的，铵离子在沉钒时可以置换镁离子。因此，镁对沉钒几乎没有影响。

(8) 钠：钒渣在氧化钠化焙烧时，都要添加钠盐，研究氧化钠对沉钒的影响的试验结果，回归分析得到一元回归方程为：

$$\eta = 101.122 - \frac{0.8315}{[V_2O_5]/[Na_2O]}$$

相关系数：$R=0.9545$。

当$[V_2O_5]/[Na_2O]$小于0.4时，就会引起沉淀率降低。而实际用钒渣制取V_2O_5的工业生产中，添加剂的配比Na_2CO_3/V_2O_5（称为苏打比，即苏打与钒渣中五氧化二钒的质量比）为1.0～1.3，相当于$[V_2O_5]/[Na_2O]$摩尔分子比为1～0.77，溶液中的$[V_2O_5]/[Na_2O]$不会小于0.5，因此对沉钒不会造成影响。

溶液中含钠高时，对产品的质量会带来一定影响。在工业生产中苏打配比条件下，产品质量不会受到钠的影响。

(9) 铬：当钒渣氧化钠化焙烧过程中，一部分铬要转化为铬酸钠进入溶液，考察溶液中铬对沉钒影响的试验结果说明，铬对沉钒率有一定的影响，但是，适当降低沉钒的pH值可以避免其影响。

C 沉钒设备

沉钒设备有：

(1) 沉钒罐：钢板制成的圆筒形，内衬有防酸内衬，直径为2～5m，容量为5～40m^3，具体尺寸根据生产规模决定。罐中心设有不锈钢搅拌器，也可用蒸汽或压缩空气搅拌。罐壁设有蒸汽加热管。

(2) 过滤机：有板框过滤机、外滤式转鼓真空过滤机、圆盘式真空过滤机、带式真空过滤机、管式真空过滤机等。

(3) 其他设备：耐酸泵、供酸罐、贮液罐等。

5.2.2.5 片状五氧化二钒的制取

A 用“红饼”制取片状五氧化二钒

五氧化二钒的工业产品，大部分是用于冶金行业，因此要以片状为主，只有少量用于化工上的五氧化二钒是粉状的。

水解沉淀过滤后得到的“红饼”($xNa_2O \cdot yV_2O_5 \cdot nH_2O$)通常含水分50%～70%，将“红饼”加热到500～550℃，经过干燥脱去吸附和结晶水分后才能得到粉状的五氧化二钒。如果制成片状，将“红饼”加热到五氧化二钒的熔点以上(800～900℃)，经脱水、熔化后，再流经粒化台制成片状五氧化二钒(含$V_2O_5$85%～92%)。

实际生产中，俄罗斯和我国过去“红钒”的脱水、熔化是在同一座熔化炉(反射炉)内完成的，其结构见图5-14。熔化炉采用水冷炉底，以便在炉底形成一层凝固的五氧化二钒保护层，将“红饼”从炉顶加料到炉子内，用重油或煤气加热，炉膛温度控制在900～1100℃左右，熔化的五氧化二钒从出铁口流出，用水冷的旋转粒化台铸成一定厚度的薄片。

B 用“黄饼”制取片状五氧化二钒

酸性铵盐沉钒的产物多钒酸铵中含有大量的硫酸钠，在过滤过程中要进行洗涤，洗涤用1%浓度的氨水或硫酸铵水溶液，洗涤后得到的“黄饼”含有20%～60%水分，其水分的高低取决于过滤机的种类。我国目前过滤机多采用外滤式真空过滤机或带式过滤机，“黄饼”中含水分

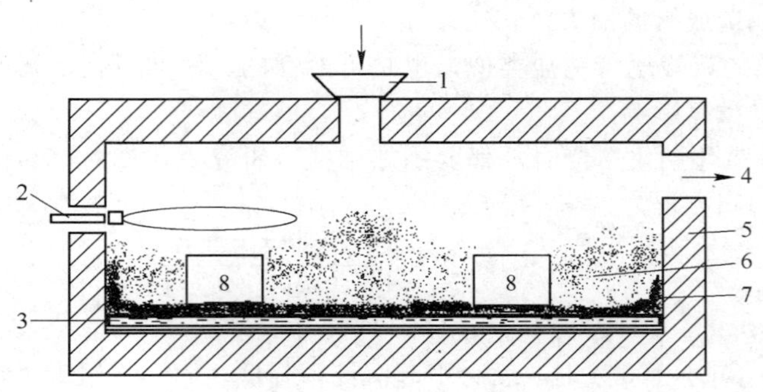

图 5-14　熔化炉结构示意图

1—进料口；2—喷枪；3—水冷炉底；4—烟气出口；5—炉体；
6—炉料；7—熔化层；8—炉门(出铁口)

较高。德国采用高压箱式过滤机，可控制“黄饼”的水分在 20%左右。从“黄饼”到片状五氧化二钒要经过脱水、脱氨和熔化三个步骤。以十钒酸铵为例：

$$(NH_4)_6V_{10}O_{28}\cdot nH_2O \rightarrow (NH_4)_6V_{10}O_{28}+nH_2O\text{(100℃ 左右脱水)}$$

$$(NH_4)_6V_{10}O_{28} \rightarrow 5V_2O_5\text{(粉)}+12H_2O+3N_2\text{(500℃ 左右脱氨)}$$

$$V_2O_5\text{(粉)} \rightarrow V_2O_5\text{(熔)} \rightarrow V_2O_5\text{(片)(800℃ 左右熔化后出炉制片)}$$

工业上熔化多钒酸铵，国外欧美、南非等采用三段熔化法，工艺流程见图 5-15。

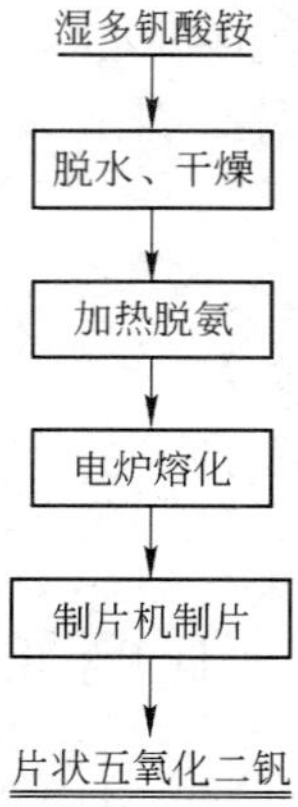

湿多钒酸铵
↓
脱水、干燥
↓
加热脱氨
↓
电炉熔化
↓
制片机制片
↓
片状五氧化二钒

图 5-15　三段熔化法工艺流程图

三段熔化法首先在干燥器中脱水，然后在回转炉中脱氨，得到粉状五氧化二钒，最后将粉状五氧化二钒在电炉内熔化，出炉后经水冷的旋转粒化台铸成一定厚度的薄片，用这种方法从钒酸铵到片钒的钒回收率可达 99%以上。

德国的三段熔化法，第一步干燥采用气流干燥设备，天然气加热的热风及含水 20%左右的多钒酸铵一起送入干燥机内，瞬间即可使其干燥到 1%以下的水分。第二步脱氨是将脱水后的 APV 在外部用天然气加热的不锈钢回转炉内，在氧化气氛下，经 550℃左右脱氨得到粉状 V_2O_5。第三步是在三相电弧炉内 800℃左右将粉状五氧化二钒熔化，出炉经粒化台制片。

南非海维尔德的湾特拉(Vantra)厂的干燥是在外部用电加热的旋转干燥器干燥，脱氨也是外部用电加热脱氨装置。最后是用硅碳棒加热炉内熔化。熔化后的五氧化二钒液体注入到旋转的水冷钢轮中，再从钢轮上刮下凝固的片状五氧化二钒。

我国熔化多钒酸铵制片钒目前都采用一步法，使用与熔化“红饼”相同的设备，即在同一座熔化炉内完成脱水、脱氨和熔化三个步骤。熔化炉采用反射炉。这种方法的钒回收率一般在 95%左右。在熔化过程中如果温度过高会造成五氧化二钒的挥发损失，特别是在 900℃以上，因此控制温度是比较重要的。另外，由于干燥和熔化是同时在一个炉内进行，干燥后的粉状物很容易被热风吹走，也是造成回收率低的原因。此外，在用“黄饼”做原料时，分解出的氨气在高温下要分解出还原气体氢气，将五氧化二钒还原为低价钒，熔点很高，只有当氨全部脱出后才能将低价钒氧化物再氧化为高价的低熔点五氧化二钒，因此一步法熔化周期很长，热利用率低、能耗高，最好的办法应该是采用国外先进的三段熔化方法。

5.2.2.6　五氧化二钒的质量标准

我国五氧化二钒的质量标准列于表 5-17。

表 5-17 我国 V_2O_5 质量标准(GB 3283—1987)

适用范围	编号	化学成分(质量分数)/%(不大于)								物理状态
		V_2O_5(不小于)	Si	Fe	P	S	As	Na_2O+K_2O	V_2O_4	
冶金化工	$V_2O_5$99	99	0.15	0.20	0.03	0.01	0.01	1.0		片状
	$V_2O_5$98	98	0.25	0.30	0.05	0.03	0.02	1.5		片状
	$V_2O_5$97	97	0.25	0.30	0.05	0.10	0.02	1.0	2.5	粉状

5.2.3 钒渣石灰焙烧法生产五氧化二钒

5.2.3.1 *石灰提钒法原理*

石灰提钒法是钒渣(或其他含钒原料)与石灰或石灰石混合，氧化焙烧，使钒生成钒酸钙，然后利用钒酸钙的酸溶性，用稀硫酸浸出，再沉钒的工艺。这种方法的理论基础是根据 V_2O_5—CaO之间可生成溶于酸的钒酸钙(见第 3 章)，具体生成何种钒酸钙，除了焙烧温度以外，更重要的是取决于混合料中的 $w(Ca)/w(V)$ 的比值。

许多文献报道了钒酸钙在水中的溶解度，在 25℃时，三种钒酸钙在 25℃的溶解度分别为 0.0022mol/L、0.0035mol/L 和 0.012mol/L，都是很小的。但是三种钒酸钙在硫酸或氢氧化钠溶液中都不同程度地溶解(20℃和 60℃溶解率与 pH 值的关系曲线见图 5-16)。

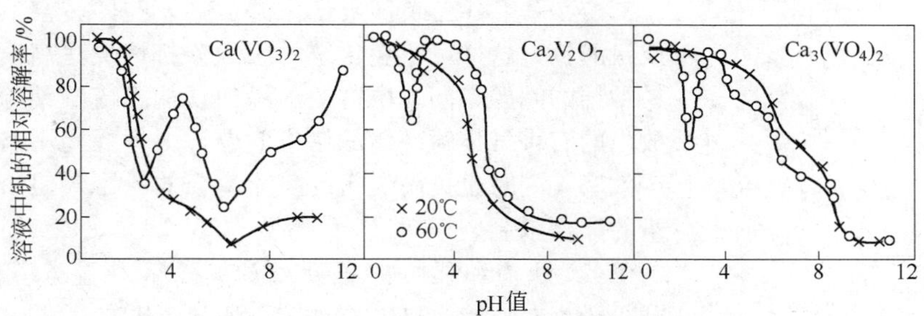

图 5-16 三种钒酸钙在 H_2SO_4 和 NaOH 溶液中的溶解率与 pH 值的关系曲线

图 5-16 的结果说明，当 pH 值<1.35 时，钒几乎都能溶解；当 pH 值为 1.35～2.5 时，溶解率曲线都出现一个低峰，这是由于 V_2O_5 水解引起的；当 pH 值为 2.5～4 时，三种钒酸钙溶解率都出现一个高峰；以后随 pH 值升高，溶解率又开始下降。在碱性溶液中，只有偏钒酸钙溶解率增大，而正钒酸钙和焦钒酸钙变化不大。

从图 5-16 可以看出，当控制 pH 值在 2.5～3.0 之间焦钒酸钙浸出率最高，因此在配料时控制 CaO/V_2O_5 的质量比在 0.5～0.6，使之生成焦钒酸钙是最佳选择。

如果用硫酸浸出，当 pH 值控制在 2.5～3.0 之间，钒在溶液中是以 $(V_{10}O_{28})^{6-}$ 离子形式存在的，而钙是以硫酸钙形式固定在固相中。

在研究钒酸钙溶解状态的同时，钒渣中其他杂质在酸浸时的溶解行为也是十分重要的，Fe、P、Mn 等杂质在 pH 值为 1.0～4.5 时浸出石灰焙烧过的钒渣时的溶解率示于图 5-17。

从图 5-17 看出，三种杂质在溶液中的浓度随酸度增强而逐步上升。当 pH 值达到 1.8～2.0 时，磷和铁的浓度突变上升，而锰在 pH 值为 2.5 时逐渐稳定。杂质溶解的浓度还与其初始钒渣中该杂质的含量有关，含量高溶解浓度增高。由此可以得出结论，在用稀酸(pH 值为 2.5～3.2)浸出的条件下，磷和铁溶解很少，而锰溶解较多，因此锰是溶液中主要杂质。

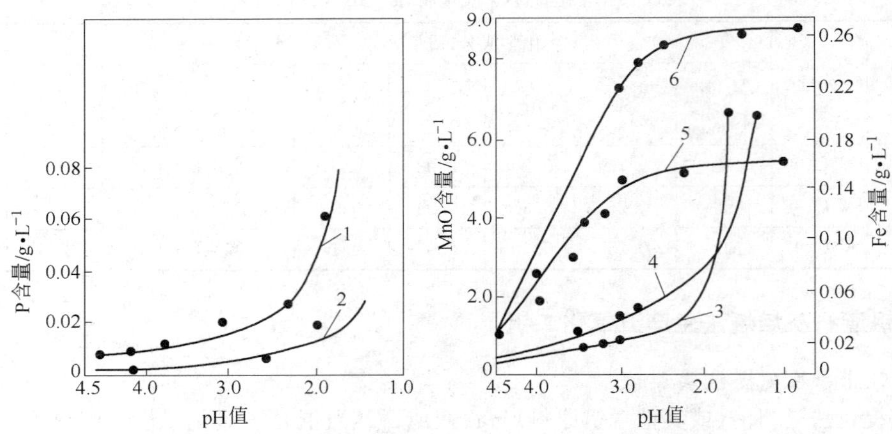

图 5-17　杂质溶解率与介质 pH 值和钒渣初始成分的关系曲线

1—0.087%P；2—0.040%P；3—44.74%Fe_2O_3；4—46.1%Fe_2O_3；5—5.70%Mn；6—9.87%Mn

5.2.3.2　生产工艺

俄罗斯图拉厂的提钒车间是 1974 年建成投产，原料使用下塔吉尔钢铁公司生产的钒渣。提取五氧化二钒的工艺与传统的方法不同，见图 5-18。

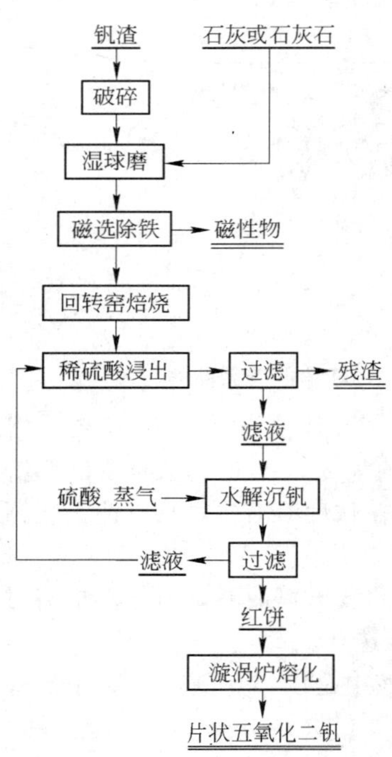

图 5-18　图拉厂五氧化二钒生产工艺流程图

其工艺特点是：

(1) 采用石灰或石灰石作添加剂，在回转窑氧化焙烧，生成钒酸钙，这样可避免传统的添加苏打焙烧法高温焙烧时炉料易粘结的问题，同时也避免了添加食盐或硫酸钠等钠盐分解释放出的有害气体对环境的污染问题，大大提高了焙烧设备的生产效率，同时也提高了钒的氧化率。放松了对钒渣中氧化钙含量的严格限制。

(2) 钒渣和添加剂(石灰或石灰石)采用湿球磨和湿法磁选，减少粉尘对环境污染，有利于添加剂和钒渣的接触。

(3) 焙烧后的熟料经湿球磨磨细后用稀硫酸浸出，使钒酸钙充分地溶解。过滤机不用传统的圆筒真空过滤机，而是新型的称做 ФПАКМ 型自动化的过滤机，可提高浸出液的纯度和减少石灰对沉淀的影响。石灰法焙烧钒渣熟料的浸出条件是：熟料中的钒酸钙可溶解于酸和碱，利用这一特性，将焙烧的熟料粉碎到 0.074mm，加水打浆，液固比控制在(4～5)∶1，用稀硫酸(H_2SO_4 5%～10%)溶液，调节 pH 值在 2.5～3.2，在不断搅拌条件下，浸出温度为 50～70℃，熟料中的钒 90%以上进入溶液中，同时还有锰和铁进入溶液中。

主要反应如下：

$$Ca(VO_3)_2 + 2H_2SO_4 \rightarrow (VO_2)_2SO_4 + CaSO_4 + 2H_2O$$

$$Mn(VO_3)_2 + 2H_2SO_4 \rightarrow (VO_2)_2SO_4 + MnSO_4 + 2H_2O$$

$$2FeVO_4 + 4H_2SO_4 \rightarrow (VO_2)_2SO_4 + Fe_2(SO_4)_3 + 4H_2O$$

酸浸法虽然简单，但对浸出的设备要求耐腐蚀性高，溶液中杂质多，产品中 V_2O_5 含量低。

(4) 沉钒采用传统的水解沉钒方法，过滤仍然采用 ФПАКМ 型自动化的过滤机，“红饼”

(4) 沉钒采用传统的水解沉钒方法，过滤仍然采用 ΦΠΑΚΜ 型自动化的过滤机，“红饼”含水分降低，产品纯度较苏打法高，五氧化二钒纯度达 92%，磷含量为 0.010%～0.015%。产品中的杂质主要是锰和铁。

(5) 熔化是在外形尺寸较小的、生产率高的漩涡炉内熔炼的。

(6) 整个工厂自动化程度很高。

(7) 工艺的钒回收率比传统的苏打法高 2%左右。

石灰法所用的设备和生产能力，都列世界前茅。他们还使用一种专门生产的含氧化钙高的钒渣(控制钒渣中 $w(CaO)/w(V_2O_5)$ 为 0.6 左右)，称为钙钒渣，球磨后不用配添加剂直接焙烧。焙烧温度为 900～930℃，氧化焙烧后的钒产物为钒酸钙，焙烧熟料采用稀硫酸连续浸出，水解沉钒。此方法特点是工艺简单，焙烧好控制、转化率高和浸出率高、消除了氯气等有害气体的污染、生产成本低。

5.2.4 用石煤生产 V_2O_5

5.2.4.1 石煤概况

石煤是一种碳质的页岩，主要赋存于中泥盆纪以前的古老地层中，形成石煤的物质除泥、硅、钙质等无机物成分外，有机质部分主要是藻菌类低级生物、海绵及一些分类尚不明确的原始动植物，是一种在还原环境条件下形成的黑色可燃有机岩，多数变质程度高的腐泥无烟煤，为浅海相沉积物。

石煤的主要特性为灰分高、密度大、发热低、结构致密、着火高、不易燃烧和难以完全燃烧、较硬难磨。

我国石煤主要赋存于下寒武纪的底层中，钒以类质同相形式取代 Al^{3+} 存在于硅铝酸盐中及白云石矿物中(表 5-18)。石煤中富集了较多伴生元素，如钒、镍、钼、铀、硒、镓、银及贵金属等 60 余种。

表 5-18 某些矿区钒的赋存状态

矿 区	主要赋存状态		次要赋存状态	
	赋存矿物	钒分配率/%	赋存矿物	钒分配率/%
浙江诸暨	含钒云母(包括钒云母、绢云母)	89.9	含钒高岭土、石榴石	9.1
甘肃方山口	含钒云母	74.9	含钒高岭土、氧化铁 含钒电气石	11.5 12.3
四川巫溪九狮坪	含钒高岭土	45.37～52.38	硫化物	14.1～12.35
	含钒有机质	24.07～27.6	硅酸盐	7.61～23.15
湖北杨家堡	含钒高岭土	50	含钒有机质	15
	钒铬石榴石	20		
湖南益阳泥江口	含钒高岭土	70	游离氧化物	10～20
湖南岳阳新开矿	伊利石类黏土		钙钒榴石变钒铀矿	

国外含钒碳质页岩和含钒黏土矿主要产于美国、原苏联、澳大利亚和波兰等国家，V_2O_5 总量约 100 万 t。

5.2.4.2 我国石煤的利用

利用石煤发电，如国家投资 3100 万元，在湖南益阳建成石煤发电综合利用试验厂，包括年产30万t石煤的露天矿。利用沸腾炉燃烧发电，年发电300万kW·h，年供电250万kW·h。年产水泥4.5万t，水泥平瓦280万片。年产值500多万元，销售1000多万元。石煤中V_2O_5品位0.89%，烟灰中品位1.13%，用食盐焙烧，提钒转化率为70.1%、水浸率为91.3%、沉淀率为97.7%、红钒收率为62.5%，直收率为59.2%，红钒含$V_2O_5$96.3%，车间成本15511元/t。

石煤提钒现状：

国外只有美国矿产局从含有1%V_2O_5内华达州的白云石页岩回收钒，采用钠化焙烧-硫酸浸出-溶剂萃取-铵盐沉钒，生产偏钒酸铵，回收率69.5%。

我国从20世纪70年代开始从石煤中提钒，均采用食盐添加剂，通过平窑氧化焙烧-水浸-酸沉淀-碱溶解-沉淀偏钒酸铵工艺。钒的总收率在45%左右。

例　某厂采用加盐沸腾焙烧-水浸流程，设计年产300t，配合年产8万t石煤矿，总投资2236.85万元。技术指标：石煤含$V_2O_5$0.81%，每吨消耗石煤255t，焙烧转化率64%，浸出率91%，沉淀率97%，碱溶收率98%，铵盐沉淀率97%，热解收率99%，钒总收率51%，品位不小于98%。

近年来由于加盐焙烧时释放出氯气或氯化氢气体，严重污染环境，采取加盐焙烧的方法几乎被淘汰。

5.2.4.3　*石煤提钒新工艺*

A　无添加剂氧化焙烧-酸浸-提钒工艺

举几个例子来说明该工艺情况：

(1) 核工业部北京化工冶金研究院用走马石的石煤，1987年采用小型试验，1988年采用中型试验，首次在国内获得成功，1989年通过省部级鉴定。

工艺流程：造球→焙烧→硫酸浸出→萃取→反萃→沉钒→热解→V_2O_5

技术经济指标：石煤V_2O_5品位：0.88%，焙烧球团粒度：ϕ10～30mm占80%，ϕ30～50mm和ϕ5～10mm占20%，水分12.5%。

焙烧温度：小型立窑ϕ900mm×1800mm，预热层700～800℃，燃烧层800～900℃，最高1000℃，冷却层600～750℃，停留时间11h(其中：预热层4h、燃烧层4h40min、冷却层2h20min)。残炭0.4%～0.8%；容重烧失量15.1%，生产能力为1.9t/m^2·d。

浸出：用搪瓷反应罐K-1000，浸出粒度0.36mm，平均含$V_2O_5$0.98%，浸出时间1h，温度60℃，硫酸用量15%，浸出液含V_2O_5平均3.74g/L，硫酸22.4g/L，浸出率76.1%。

四段逆流浓密洗涤，每吨熟料加入絮凝剂60g，澄清时间6～8h，用内径710mm抽滤缸过滤洗涤，料层厚度150mm，澄清液含$V_2O_5$3.74g/L，固液比1∶2，混合灰含$V_2O_5$0.98%，残渣含0.29%。洗涤效率为98.1%。

萃取：选用P204和TBP的煤油溶液作为萃取剂，萃取设备为2190mm×1830mm×490mm的箱式混合澄清器。萃取率98.4%。

萃取原液将浸出液与一次洗涤液合并，用氨水调节pH值，在室温下搅拌1h，铝、钾、磷的矿物转变为白色沉淀，静置过滤产率平均为9.6%，澄清后溶液用来萃取，萃取液平均含$V_2O_5$2.97g/L，饱和有机相7.53g/L，萃余水相0.048g/L。有机相和水相比为1∶2.5；有机相流量41.7L/h，水相流量104.2L/h，萃取级数7级。

用硫酸反萃，在适当的酸度下可萃取钒而不萃取钼、铁等杂质，反萃设备为ϕ1630mm×1630mm×385mm箱式混合澄清器，反萃有机相与水相流比6∶1；有机相流量8.7L/h；饱和有机相中V_2O_5平均7.67g/L；贫有机相0.044g/L；反萃取水相45.70g/L。反萃取率为 99.4%。

硫酸反萃溶液用氯酸钠氧化，60℃搅拌 1h，同温下用氨水调节 pH 值，酸性铵盐沉钒，搅拌水解沉钒 1h，升温煮沸，澄清过滤，沉钒母液中含 V_2O_5 0.52g/L，在 ϕ600mm×700mm 搅拌槽中进行，沉钒率为 98.8%。

沉淀先在 110℃干燥 2h，在氧化气氛中 500～600℃热解 4～6h，最终得到 99.24%品位的产品。废水用石灰中和。热解收率不小于 98.0%。

总收率：70.7%，产品纯度：99.24%，石煤消耗：160.7t/t。

此外，将石煤洗选，如浙江塘乌石煤含 V_2O_5 1.07%，洗选后富集到 2.06%，用上述工艺提钒，收率达到 74%。

(2) 江西八都石煤直接酸浸提钒。石煤含钒 1.05%，先氧化焙烧，脱碳后酸浸试验，0.178mm(60 目)石煤在马弗炉 800℃氧化 2h，然后通过正交试验确定酸浸条件，硫酸浓度 7mol/L，浸出 2h，液固比 3∶1，转浸率可达到 90%以上。

(3) 吉首大学化工研究所与湘西建材化工总厂合作，用湖南古文县排口矿区石煤含钒 1.57%，粒度 0.234～0.107mm(50～100 目)，800℃焙烧 1h，然后用 1.5%浓度的硫酸，温度 60℃浸出，酸浸率为 90%。

酸浸溶液 pH 值为 1.5～2.0，加入氯酸钠氧化，再加入碳酸铵使 pH 值接近中性，加入液碱使 pH 值为 7～8，使铁、铝以氢氧化物沉淀，同时加入氯化钙，除磷。

净化后的溶液加酸调节 pH 值到 1.9～2.1 沉钒，沉淀率大于 97%，再将红钒溶解在热烧碱溶液中，控制溶液 V_2O_5 的浓度 120～140g/L，pH 值为 8～9，加入氯化铵沉钒，每吨五氧化二钒理论用氯化铵 0.77t，实际消耗略高，沉淀率 99%。煅烧温度 450～600℃，回收率 98%，产品品位大于 99%，总回收率 47%～50%。

硫酸单耗 3.2～3.5t，氯化铵单耗 1t，烧碱 0.5t。

焙烧研究指出，900℃出现熔结，800℃较为合适，石煤粒度 150～292μm 适宜。矿石中有部分钒铁尖晶石存在难以氧化，硫酸难以浸出。但焙烧每吨五氧化二钒可节省钠盐 12～14t/t，对焙烧设备流化床不合适，平窑焙烧可造球 ϕ14～15mm，生产强度 1.8～2.2t/(m^3·d)，年产 100t 平窑实际长度为 60～80m，占地面积大。用回转窑 ϕ1500mm×24000mm，有效内径 1150mm，倾斜度 3%，无级调速，适合无盐焙烧。填充系数 20%～30%，停留 3h，生产能力 6.23m^3/h，物料表观密度为 0.9t/m^3，相当视能力 2.08×0.9=1.87t/h，年处理矿石 1.3～1.5 万 t，年产 V_2O_5 60～80t。

(4) 成都理工大学应用化学系研究了用 3%～5%的稀酸浸出焙烧过的石煤，得到 3～6g/L 的酸性钒液，净化除硅后作为萃取原液。萃取用三正辛胺（TOA）萃取剂，用 TBP 作协萃剂的煤油溶液。在 pH 值 2.6 左右，单级萃取回收率 94%，三级萃取回收率 96.5%。碱性条件下用 0.5～0.7kg/mol 苏打溶液作为反萃剂，回收率 99.9%。反萃溶液 pH 值为 11～13，含 V_2O_5 16～20g/L，然后进行了氯化铵（加系数值 K=3.5）条件下沉钒试验。在 pH 值为 4 时，沉淀率 97.6%，pH=8 时，沉淀率 91.6%，pH 值在 2.5 时沉淀率为 92.5%。最后选定 pH 值为 4，沉淀温度在 80℃以上，时间 60～90min 为最佳条件。

对酸性溶液中提钒常用萃取或离子交换法，使低浓度钒液得到富集并与杂质分离，如美国阿特拉斯矿物公司双 2-乙基磷酸萃取钒、美国内华达州利用 0.075mol 的联 13 胺萃取钒、用纯碱反萃等。

B 原矿直接酸浸-萃取工艺

举例说明该工艺情况：

(1) 核工业部北京化工研究院工业试验用西北石煤含 V_2O_5 1.26%，建成年产 660t 的生产厂，采用原煤破碎后，加氧化剂两段直接酸浸，溶剂萃取-氨水沉钒-热解制取纯钒的工艺流程(不氧化焙烧)。

加入 2%～3%氯酸钠作为氧化剂，浸出温度 85℃，不同石煤浸出的回收率 63%～74%。采用两段逆流浸出，可以不加氧化剂，一段液固比 1.4∶1，第二段 1.25∶1，矿石粒度为 0.178mm(60 目)。硫酸用量 11%，浸出率达到 77%。

对在 820℃氧化焙烧的熟料采用酸浸，硫酸用量 10.8%，浸出时间 12h，浸出率达到 75.2%，不焙烧的石煤采用两段逆流浸出，同样硫酸用量条件下，浸出时间 3+9h，浸出率可达到 79.96%。

萃取：第一步用 10%P204+5%TBP+85%磺化煤油，因为 P204 能萃取三价铁而不萃取二价铁，还原剂可用铁屑，先用萃余水相洗去表面油污，再使用，但是使铁量增加，注意平衡。第二步调整 pH 值，因为 P204 是酸性磷类萃取剂，对钒的萃取率随水相 pH 值增高而增高，所以必须用氨水将 pH 值调整到 2～2.5(浸出液处理前 pH 值为 1.05)。溶液含 V_2O_5 5.40g/L。

萃取 O∶A=1∶1，室温萃取 pH 值小于 2.5，接触 15min，萃取四段进行，可以得到较好结果，如果六段逆流萃取，萃取时间缩短到 7min，萃取率可达到 98%。

反萃用不同硫酸浓度的反萃剂，对反萃率影响试验表明，反萃硫酸浓度 1.5mol/L 较好。反萃段数为 5 级。

用 P204 萃取时，Fe^{3+}、铀、钼同时被萃取，反萃后这些杂质仍然残留在贫有机相中，要去除。用碳酸氢铵作再生剂，铀和钼在有机相中浓度较低，容易去除，三价铁要求较高浓度的碳酸铵，较长接触时间和不高的相比，三价铁在水相中形成氢氧化物沉淀，要去除。去除杂质后的有机相要用硫酸转型后可返回萃取使用。

精钒制取：反萃液中钒以四价存在，用氯酸钠氧化，浓度为 200g/L，60℃，搅拌 1h，用氨水沉钒，在 pH 值为 1.9～2.2 时，92℃搅拌 3h，沉淀率 99.2%，氨水用量 3.6%。热解在 500～550℃，2h，品位大于 98.0%。废水用石灰中和，达到国家要求排放。

工业试验平均石煤品位 1.037%，浸出率平均 73.83%，原液含 V_2O_5 3.66g/L，萃余水相含 V_2O_5 0.105g/L，贫有机相含 V_2O_5 0.072g/L，反萃液中含 V_2O_5 98.07g/L，沉钒母液中含 V_2O_5 7.45g/L。浸出率 80%，总回收率 75%。

(2) 1996 年，长沙有色冶金设计研究院在陕西华成钒业公司建成日处理原矿 300t，年产五氧化二钒 600t 的原矿直接酸浸-萃取提钒工艺的工厂，1998 年扩大到年产钒 1000t 的规模。浸出率 75%，总回收率 65%以上。

石煤矿物类型有三种：硅质类型，平均含 V_2O_5 0.68%；碳质黏土型矿石，平均品位 0.94%；硅质、碳质黏土型矿石，平均含 V_2O_5 1.26%。

用硫酸浸出，设备为 $50m^3$ 和 $100m^3$ 偏心搅拌槽，浸出温度 85℃，时间 20h，液固比为 1～1.2，矿石粒度 0.246mm，硫酸用量为矿石量的 11%～12%，原矿品位 1.1%V_2O_5，浸出率 75%～82%，平均 78.4%。

液固分离采用六级逆流浓密洗涤，洗涤模数 1.8～2，控制底流液固比 1～1.2，洗涤效率 98%。

萃取：固液分离溶液含 V_2O_5 3.5～4g/L，经还原中和后在七级萃取，用 P204 和 TBP，稀释剂用磺化煤油，反萃用 1.5mol/L 稀硫酸，六级反萃，萃取硫比 A/O 为 1.5～5，接触相比 A/O 为 1，接触时间 7min，分层时间 20min，反萃流比 O/A 为 15～20，接触相比 O/A 为 2，接触时间为10min，分层时间20min，温度为室温，反水V_2O_5浓度为90～130g/L。萃余水含$V_2O_5$0.07g/L，V_2O_5，萃取率97%～98%。

反萃钒液为四价，需要氧化为五价，反萃液为硫酸，用氨水调节pH值不需外加硫酸，在搅拌槽中，60℃，搅拌1h，用氨水调节pH值到2.5，搅拌0.5h，然后加温到90℃，搅拌3h，得到红钒，在重油反射炉熔化制片。

主要技术指标：生产规模500t/a，原矿品位1.1%，总回收率65%，总投资额6000万元。

主要原材料消耗：98%硫酸：每吨原矿142kg；25%氨水：每吨原矿49.2kg；石灰：每吨原矿8.3kg；还原剂：每吨原矿2.1kg；氧化剂：每吨原矿70.3kg；电耗：每吨原矿70.3kW·h，水：每吨原矿4.69t。

酸浸、萃取适合于含耗酸物(如碳酸盐、有机质等)较少、含铁少的石煤型钒矿，不适宜钒渣提钒，含酸物消耗高，将消耗大量酸，增加成本；铁含量高，将被酸浸入溶液，干扰萃取，增加萃取剂再生工作量及再生成本。本工艺是酸法作业，许多设备要求防腐，因此比钠法投资成本要大20%～30%。

C 钠化焙烧-酸浸-离子交换法

成都理工学院应用化学系对钠化焙烧的酸浸液进行了离子交换法提钒试验，使用D290、D392强碱性大孔阴离子交换树脂和717强碱性阴离子交换树脂。酸浸溶液钒浓度为2～4g/L，离子交换柱为ϕ16mm×400mm玻璃柱、ϕ25mm×400mm，ϕ150mm×1200mm有机玻璃柱。

对含钒3.75g/L的酸性溶液，在静态铁测定717、D290、D392的交换容量与交换的pH值。120h后溶液浓度趋于稳定，再计算交换容量，结果表明717树脂在pH值6～7最大，容量为98.4mg/mL。D290在pH值2～3适宜，当pH值为2.5时交换容量为212.3mg/mL。D392在pH值为2.5时交换容量为147.6mg/mL。

氯离子浓度对交换性能的影响：根据阴离子交换树脂交换溶液的反应$4RCl^- + V_{10}O_{27}^{4-} = R_4V_{10}O_{27} + 4Cl^-$，溶液中氯离子对钒离子交换反应有同离子效应，$Cl^-$浓度增大不利于树脂吸附钒酸根阴离子。钠化被烧加入氯化钠有大量氯离子，对三种树脂都有影响，相对D290影响小些，因此选用D290树脂进行试验。研究溶液流速的影响，流速从0.02mL/min的交换容量为208mg/mL，提高到0.08mL/min时交换容量降低到74mg/mL。

树脂的脱附用NaOH和NaCl，及混合使用脱附剂，结果表明选用40g/L的NaOH与80g/L的NaCl作为脱附剂较好。

离子交换后钒浓度提高了10倍，对浓度为35.7g/L，pH值约为9的溶液加入氯化铵沉钒，加热搅拌60min，沉淀率为99.4%，品位98.6%。

在甘肃酒泉进行扩大试验，用ϕ150mm×1200mm交换柱，树脂量16L，上柱液浓度6.0g/L，流速0.2L/min，pH值2.5。

洗脱液平均浓度30g/L，离子交换回收率大于99%，每升湿树脂的树脂工作交换容量为0.145kg，洗脱液沉淀率99%，产品纯度98.5%。

D 氧化焙烧-稀碱浸出工艺

上海大学用粒度+0.178mm(+60目)占37%的含$V_2O_5$0.84%的石煤氧化焙烧，在950℃，10h，每升NaOH浸出用1.3mol，液固比4：1，95℃，浸出2.0h，三次浸出，浸出液含钒大于4g/L，浸出率达到87.3%。在pH值为8除硅后，用酸解沉淀，水解回收率91.7%，总回收率达到76.75%，产品品位86.75%。

E 添加氧化钙焙烧提钒工艺

(1) 北京钢铁研究院用−0.053mm(−200目)石煤与相当于CaO6%～8%的石灰石一起球

磨，950℃焙烧2～3h，熟料在6%～8%的碳酸盐水溶液中按液固比(2～3)∶1进行碳酸化浸出，钒的转浸率达到80%，溶液含钒约4.0g/L，然后溶液在pH值为2左右水解沉淀，2h，得到粗钒用碱溶解，溶液含$V_2O_5$30g/L，在pH值为8条件下加入氯化铵，与V_2O_5质量比为2∶1，室温沉淀12h，沉淀率98%，偏钒酸铵在550℃，煅烧，得到99%品位的产品，总回收率65%～70%。

(2) 广东工业大学用广西某石煤矿配入16%石灰，同时加入SM-1添加剂1.3%，950℃氧化焙烧3h，转化率达到87.62%。

酸浸用4%浓度的硫酸，液固比(3～4)∶1，常温下静置浸出12h，浸出率达到85%以上。

用N－263萃取剂，仲辛醇为协萃剂，磺化煤油为萃溶剂，具体浓度为15%N－263＋3%仲辛醇＋82%磺化煤油，相比为1∶(2～3)，四级逆流，有机饱和相浓度达到30g/L，pH值为2～9，5～45℃萃取率达到99.62%。萃余液浓度小于0.0114g/L。

也可用N－235萃取，在pH＝2.5左右，萃取率达到99.62%，但pH值适应范围较小。

饱和有机相用1kg/mol的NH_4OH＋4mol/L NaCl反萃，二级逆流反萃，得到多钒酸钠，浓度达到30g/L以上，反萃率达到99.8%。

反萃液加入氯化铵得到偏钒酸铵，为减少氯化铵用量，沉淀时加入少量的氯化钠，可达到同样效果。沉钒在常温下进行，搅拌2～3h，静置12h，真空脱水，干燥后在520～550℃煅烧得到99.5%以上纯度的产品，总回收率达到65%。

(3) 河南中医学院与郑州大学将河南淅川石煤，配加钠盐焙烧，经水浸后，再用2%盐酸浸出残渣，得到1.8g/L的酸浸溶液。

酸浸溶液加入石灰水，将400mL酸浸溶液加热到一定温度，搅拌下滴加石灰水，使pH值升高，搅拌得到钒酸钙沉淀。沉钒过程中加入少量氧化剂$Ca(ClO)_2$氧化四价钒。

将钒酸钙加入碳酸铵溶液，pH值为8～9沉淀出偏钒酸铵，400～500℃煅烧，得到产品。

钒酸钙沉淀时，沉钒温度50℃，时间30min，在pH在10左右以焦钒酸钙形式沉淀，沉淀率可达到99%以上。这种产物中含有铁、锰的钒酸盐，混合物中含有$V_2O_5$20%～25%。

碳酸铵溶出时，V_2O_5与碳酸铵的摩尔数比为1∶4，50℃，转化时间2h，溶出率大于93%，溶液中含$V_2O_5$15～20g/L。

用盐酸调整pH值到8～9，加入氯化铵浓度为40g/L，静置10h，得到98.6%的沉淀率。

煅烧后产品品位为99.2%，总回收率大于90%。

5.2.5　从废催化剂提取 V_2O_5

废催化剂中含有钒，主要来自硫酸工业的钒催化剂及石油工业的废催化剂。

5.2.5.1　从硫酸工业的废钒催化剂中提取钒

硫酸工业用五氧化二钒作为二氧化硫转化为三氧化硫的催化剂，每年要更换大量的废催化剂。废钒催化剂中含有4%～8%V_2O_5。从废催化剂中回收钒的方法很多，主要有：

(1) 原浸出-氧化沉淀法：该法是将废催化剂加水加热煮沸，加入还原剂(SO_2或Na_2SO_3等)还原，使钒以$VOSO_4$形式溶解到溶液中，蒸发、浓缩后加入氧化剂后水解沉钒。

(2) 酸浸法：用硫酸或盐酸溶解钒，同时加热氧化，最后水解沉钒。

(3) 碱浸法：用碳酸钠或氢氧化钠碱液浸出，使钒浸入溶液，然后水解沉钒。

(4) 氧化钠化焙烧-水浸法：与传统方法类似。

(5) 氧化焙烧碱浸法：高温氧化焙烧，加入氧化剂氯酸钾补充氧化，再用碳酸氢铵溶液浸出，用铵盐沉钒。

5.2.5.2 重油加氢脱硫废催化剂提钒

A 重油脱硫废催化剂概况

由于重油燃烧产生 SO_2 排放造成大气污染，世界各国普遍采用重油加氢脱硫技术，催化剂是以 Al_2O_3 为载体，将钼及钴负载于上面，用于重油或原油脱硫，油中的钒、镍等重金属以及碳、硫等均附着于其上，随着附着物数量的增加，脱硫效率逐渐降低，更换新的催化剂后废的催化剂被排出，就成为回收其中有价元素的原料。使用的钼催化剂由于生产厂家不同，在形状、粒度、含钼量和载体成分方面有许多差异。在原油精制过程中受到原油产地、成分和处理量不同的影响，废催化剂中含有金属种类和品位有相当大的变化。废催化剂中的原油含有量，由于它在串联连接的催化剂位置不同，另外即使在同一个催化塔中由于催化剂放置的位置不同而有相当大的变化。

除了重油加氢脱硫外，轻质油品如汽油、煤油、液化气、氨合成气等均需进行加氢脱硫。

轻质油品加氢脱硫后排出的废催化剂含有 Co、Mo、Ni 及 Al 等有用金属，而重油加氢脱硫废催化剂则不同，因原油中含有的钒和镍等微量元素大部分富集在重油中，重质油加氢脱硫废催化剂中除含上述 Co、Mo、Ni 及 Al 金属元素外，还含有相当多的钒和镍。

国外原油及重油中钒多镍少，而我国原油及重油中镍多钒少。因此，进口的加氢脱硫废催化剂往往含有较多的钒。国内外原油及重油中钒和镍的含量情况见表 5-19，中东是世界上主要产油地区，其重油中含钒量较高，平均按 $200\times10^{-4}\%$计算，脱硫原油量每年按 5000 万 t 计算，沉积在废催化剂上的钒达 1 万 t/a。

表 5-19 国内外原油及重油中钒和镍的含量

产地	金属含量	$w(V)/\%$	$w(Ni)/\%$
大庆	原油	0.04×10^{-4}	3.1×10^{-4}
	常压渣油	$<0.1\times10^{-4}$	4.3×10^{-4}
	减压渣油	0.1×10^{-4}	7.2×10^{-4}
胜利	原油	1.0×10^{-4}	26×10^{-4}
	常压重油	1.5×10^{-4}	36×10^{-4}
	减压压油	2.2×10^{-4}	46×10^{-4}
辽河	原油	0.6×10^{-4}	29×10^{-4}
	常压重油	1.0×10^{-4}	47×10^{-4}
	减压重油	1.5×10^{-4}	83×10^{-4}
科威特	原油	22.5×10^{-4}	6.0×10^{-4}
	常压重油	50×10^{-4}	14×10^{-4}
	减压重油	102×10^{-4}	32×10^{-4}
委内瑞拉	原油	49×10^{-4}	33×10^{-4}
	常压重油	218×10^{-4}	76×10^{-4}
	减压重油	423×10^{-4}	172×10^{-4}
世界各地	原油	$(5.0\sim1500)\times10^{-4}$	$(3.0\sim120)\times10^{-4}$

重油中的钒和镍以油溶性的卟啉化合物存在，加氢时分解成钒和镍的硫化合物沉积在催化剂上。在催化剂失活后，经 X 射线衍射分析表明废催化剂中的钼和镍分别以 MoS_2 及 NiS 形态存在。废催化剂中除含有金属 V、Mo、Ni 和 Al 外，还含有硫、碳、油和少量磷等，由于新鲜催化剂化学组成及加工条件变化，废催化剂化学成分变化较大。表 5-20 给出国内外加氢脱硫废催化剂的化学组成。

表 5-20　加氢脱硫废催化剂的化学组成（质量分数，%）

炼油厂	Mo	V	Ni	Co	S	C	P	油＋H_2O
A-1	5.42	2.26	0.97	1.69	6.10	21.0	0.004	11.4
A-2	4.53	3.55	1.77	2.13	7.21	22.0	0.005	7.39
B	4.18	5.84	2.24	0.50	9.11	22.9	0.004	10.88
C	4.82	4.57	3.65	0.01	8.82	19.64		9.20
D	4.84	4.78	2.97	0.06	9.52	21.8	0.001	15.61
E	7.01		0.07	2.86	1.05	0.98		25.92
F	7.01				3.88	5.0		10.22
辽　河	8.20		3.4					5.6
一般范围	3～12	0.5～12	0～3	0～3	0.2～10		0～5	3～25

B　加氢脱硫废催化剂中提取有用金属的方法

根据废催化剂的化学组成及回收技术，可以只回收其中的钒或钼，也可同时回收钒和钼，还有研究者提出将其中的 V、Mo、Ni、Al 及 Co 等全部回收利用。因此，从废催化剂中回收金属的方法有多种多样。美国、日本、德国、加拿大、俄罗斯以及我国一些钒生产厂家，每年用这种废催化剂生产数千吨 V_2O_5。下面介绍其中的一些方法。

a　苏打焙烧法

苏打焙烧法是最普遍采用的一种方法，美国海湾化学与冶金公司是用多膛炉氧化钠化焙烧，在 650～850℃焙烧后是钒与钼生成可溶于水的钒酸钠和钼酸钠，水浸后用氯化铵沉淀多钒酸铵，煅烧后得到五氧化二钒，过滤液经过调节酸度，在 80～85℃条件下沉淀出钼酸，煅烧后得到 MoO_3。

日本用碳酸钠焙烧，浸出液用铵盐沉淀偏钒酸铵、酸性水解法沉淀钼酸，为取得高纯度的三氧化钼，用离子交换树脂分离 Mo（Ⅳ）和 V（Ⅴ）。下面列举了中国台湾福宜化学工业股份有限公司和该厂的例子。

在中国台湾福宜化学工业股份有限责任公司的工厂，废催化剂加入碳酸钠摩尔比为钼、钒总量的 2.0～2.5，充分混合后，在氧化炉焙烧，温度 850℃，150min，将重油和富氧空气吹进，熟料经管式球磨机进行湿法磨碎，经导管及泵输送到浸出槽，溶液温度要特别控制在 40～70℃下，浸出效率很理想，磨碎机排出的矿浆经 0.107mm（100 目）振动筛进行固液分离和洗涤，为了提高回收率，要反复进行调浆固液分离，浸出残渣中含有 Ni 和 Co 的合计品位为 4.5%～5.0%，作为镍铁原料。浸出液回收钒和钼用铵盐沉钒和酸解沉钼，浸出液中钒浓度在 25g/L 以上，最适宜的条件是：添加剂 NH_4Cl 量与钒量摩尔比为 2，液温 27～30℃，pH 值为 9.5～9.7，沉钒时间 45min。用酸沉淀法是以沉钒后溶液为回收钼酸，在液温 80～83℃下添加 HCl，调节 pH 值到 2 以下，最好是 0.75～0.90，放置 150min，可有效进行。添加钼酸晶种可使反应时间缩短，能有效地得到粗粒结晶。

取得最终产品 V_2O_5 薄片及三氧化二钼的总回收率都可达到 92%。

日本提出利用废催化剂中可燃物（原油、C、S 等）自燃烧发热，供给钼和钒的氧化钠化焙烧的热源，生成钼酸钠、钒酸钠，浸入溶液中再分离钒和钼。利用此法钒及钼的回收率均可达 90%以上。

b　碱浸法（湿法）

日本做过碱浸法试验，利用碳酸钠双氧水混合溶液浸出，利用过氧化氢的分解性能及氧化作用，可将硫化物氧化及低级氧化物氧化，可能使镍、钴、铝留在残渣中，能有效提取钒及钼。

料浆浓度20g/L，用含有6%双氧水和碳酸钠浓度160g/L进行浸出，浸出60min，温度常温，提取率为：Mo97.9%、V85.0%、Ni0.6%、Co4.9%、Al1.9%，无需先除去S、C和进行氧化焙烧，是有效的提取方法。提取液加入铵盐，沉钒得到钒酸铵，调节酸度沉淀钼酸分别加以回收。

c 氧化焙烧-酸浸出法

将废催化剂直接进入回转窑焙烧，在700℃以下氧化4～8h后，用浓盐酸在90℃浸出8h，浸出液含有Al、V、Mo、Ni、Co、Fe等，除铁后浓缩除次氯酸，以氯化铝形式除去，最后从溶液中分别回收V、Mo、Co和Ni。

d 湿空气氧化、高压浸出法

美国专利4495157介绍了用湿空气氧化，使钼和钒优先溶解的工艺流程。将硫转化为碱金属硫酸盐回收，避免环境污染。湿空气氧化过程（用空气或氧气）系在高压釜反应器中在高温下和超过大气压下进行，使油和含碳物料在空气中氧化为二氧化碳和水，硫氧化为硫酸盐，钼和钒溶解出来，铝、钴、镍残留在残渣中。滤液加入硫酸，在353K下用H_2S喷雾20min，溶液最终pH<0，使钼转化为MoS_3沉淀，钼回收率达到99%以上，但产品纯度只有50%左右，需要二次精制。钒以$(VO)^{2+}$形式残留在溶液中，用碱液调节pH值，使钒以$Na_2H_2V_6O_{17}$形式沉淀，钒回收率99%，产品纯度达98%以上。

e 焙烧-萃取法

美国专利5431892提出焙烧萃取法同时回收V、Mo、Ni、Co的方法，先在800℃焙烧脱碳和硫，用硫酸浸取同时加入还原剂，然后加入氨水使铝以硫酸铵铝形式沉淀，调节pH值在0～4范围用二烷基胺萃取钼到有机相，反萃用NaOH，得到钼酸钠水溶液，经处理后最终得到MoO_3。再用二乙己磷酸酯萃取钒，用硫酸反萃，得到钒酸钠水溶液，经处理后最终得到V_2O_5。将水相提钒后调节pH值，使Co、Ni水解生成氢氧化物沉淀作为提取钴镍的原料。

f 综合利用的新方法

我国东北大学试验研究了将废催化剂中有价物质全面回收的新工艺，流程见图5-19。

首先用有机溶剂将废催化剂中的油分抽提出来，可作为焙烧的燃料使用，然后破碎加钠盐氧化焙烧、水浸（可不加钠盐焙烧用碱浸），除铝得到氢氧化铝，铵盐沉钒得到偏钒酸铵，进一步加工成V_2O_5，然后调节pH值沉淀钼酸，煅烧后得到MoO_3。残渣酸浸最终制得硫酸镍，其余残渣可作为三氧化二铝的原料。

5.2.6 从其他原料回收钒

5.2.6.1 从钾钒铀矿提取钒

在美国科罗拉多高原有钾钒铀矿物，含V_2O_5平均为2.955%，U为0.2%～0.4%，以生产铀为主，副产V_2O_5，如联合碳化物公司、科特矿物公司、原子能原料公司等都使用该矿。采取的工艺是加盐焙烧后，经酸浸或碱浸，再用离子交换或萃取法回收铀和V_2O_5。也可直接酸浸，每吨矿石硫酸用量为50～150kg/t。对含钙高的矿石，加盐焙烧后，用纯碱浸取。

5.2.6.2 从石油燃烧灰、渣中提取钒

加拿大的蒙特利尔和委内瑞拉、墨西哥等的石油中含有0.02%～0.06%V_2O_5，重油、石油焦及其燃烧灰渣中使钒得到富集，可直接从石油或石油加工产物中提钒。秘鲁、阿根廷的沥青矿燃烧灰可作为提钒原料，含有5%～35%V_2O_5。可直接用硫酸浸取，酸浸液经氯酸钠将钒氧化成五价，用氨水沉淀出钒酸铵，再得到五氧化二钒。也有将油渣与烧碱混合，在高压釜

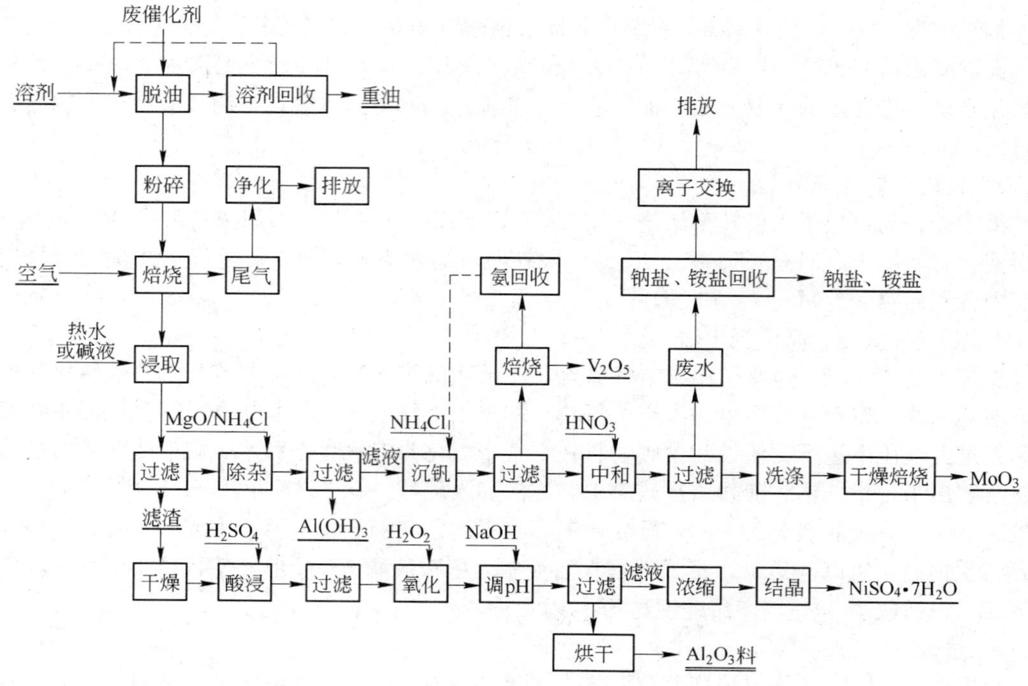

图 5-19　东北大学处理废催化剂工艺流程图

高温高压氧化浸出，得到浸出液，再从溶液中回收钒。

5.2.6.3　从磷酸盐矿中提取钒

美国依塔荷、蒙大拿、怀俄明和犹他等州的磷矿中含有 24%～32% P_2O_5 和 0.15%～0.35%V，在电炉生产磷肥时，钒进入磷铁中，克尔·麦吉公司利用含 V3%～7%的磷铁为原料采用加盐焙烧法，用酸浸取，浓缩分离出磷酸钠，沉淀先加入石灰乳分离磷酸钙，在沉淀出 V_2O_5。

俄罗斯也有大量的磷酸盐矿，制磷肥得到磷铁，磷铁成分为 1.8%～3.5V，20%～23%P，Si 痕量，其余为铁。先将磷铁在 10t 转炉上吹炼成钒渣，钒渣平均成分为：20%～25% V_2O_5，20%～30% P_2O_5，12%～18% MnO，4%～8% SiO_2，15%～20% TFe，1%～2% CaO，3%～5% MgO。以磷钒渣为原料苏打焙烧，水浸制取了富钒液 V_2O_5 达到 40～50g/L，用氯化钙净化除磷后，溶液含磷降至 0.002～0.03g/L。然后进行水解沉钒，制取 V_2O_5。

5.2.6.4　从铝土矿中提取钒

俄罗斯和美国一些铝土矿中含有 V_2O_5 约为 0.1%，在生产氧化铝时 30%～40%的钒浸出到溶液中，在冷却结晶时得到含钒 7%～15%的原料。可用硫酸或纯碱溶解出钒，溶液净化后用沉淀法或萃取法提取 V_2O_5。

5.2.6.5　从含钒钢渣中回收钒

有些钢渣中含有 2%～6%的 V_2O_5，含有 40%～50%的 CaO，这种高钙的钢渣可作为提钒的原料。我国从 20 世纪 70 年代起就进行了大量研究工作，如直接酸浸、碱浸或加盐焙烧-碳酸化浸出等湿法工艺，最有代表性的工艺是将钢渣配入苏打，在回转窑内氧化焙烧，温度控制在 800℃左右，然后水浸，同时要通入 CO_2 气体，使 CaO 成为碳酸钙固定后，有利于钒酸钠的生成和溶解。溶液净化后，水解沉钒得到五氧化二钒。钒回收率达到68%。

也研究过将含 $V_2O_5$1.54%，CaO43%～47%的含钒钢渣，配入一定量的河沙和煤粉，在三相矿热电弧炉内，冶炼得到含 V2.59%～3.99%的高钒铁水，钢渣到含钒铁水钒回收率可达90%以上。

也有将钢渣、石煤、废催化剂、残渣等含钒废料混合起来，作为提钒原料回收五氧化二钒。

5.3 三氧化二钒的生产方法

5.3.1 三氧化二钒制备原理

通常制取三氧化二钒的方法是：

(1) 由氢还原 V_2O_5 制得。在氢气流中还原 V_2O_5，得到 V_2O_3。

(2) 在1000℃用碳或煤还原 V_2O_5 制取。

(3) 用一氧化碳还原 V_2O_5 制取。

(4) 用氨气还原 V_2O_5 制取。在300～600℃（最好是在450℃）温度下进行操作。

(5) 用偏钒酸铵在1000℃下，通过还原气氛热分解制取。据资料介绍，用偏钒酸铵在密闭的回转窑中间接加热，在温度600～750℃时分解，为了避免 V_2O_3 再氧化，必须在惰性气氛下冷却。

(6) 用多钒酸铵在密闭回转窑内，在900～1000℃通入天然气还原制取（德国电冶金公司纽伦堡钒厂的制取方法，回收率为99%～100%）。

工业上多用多钒酸铵作原料（也可以用五氧化二钒、偏钒酸铵等），用气体还原（天然气、煤气、氢气、一氧化碳、氨气等）。目前世界上只有德国、奥地利、南非和中国攀钢具有工业上大量生产三氧化二钒的能力。

单独考虑用纯一氧化碳或氢气还原五氧化二钒的标准状态下的自由能变化列于表5-21中。

表5-21 一些反应的标准状态下的自由能变化（$\Delta G^{\ominus}=A+BT$）

反 应 式	A/J	B/J·K^{-1}
$V_2O_5+CO=2VO_2+CO_2$	−121127	−41.42
$V_2O_5+2CO=V_2O_3+2CO_2$	−225727	−22.59
$V_2O_5+3CO=2VO+3CO_2$	−102717	−30.5
$V_2O_5+H_2=2VO_2+H_2O$	−91630	−68.20
$V_2O_5+2H_2=V_2O_3+2H_2O$	−166732	−76.15
$V_2O_5+3H_2=2VO+3H_2O$	−14244	−111

从表5-21中反应的平衡常数：

$$\Delta G^{\ominus}=RT\ln K_p=-8.314T\times 2.3026\lg K_p=-19.1438T\lg K_p$$

$$-\lg K=(A/T+B)/19.1438$$

其中，还原反应的平衡常数：

$$-\lg K_7=\lg P_{CO}/P_{CO_2}=(-6327.25/T)-2.16$$

$$-\lg K_8 = \lg P_{CO}^2/P_{CO_2}^2 = (-11791.2/T) - 1.18$$

$$-\lg K_9 = \lg P_{CO}^3/P_{CO_2}^3 = (-5335/T) - 1.59$$

$$-\lg K_{10} = \lg P_{H_2}/P_{H_2O} = (-4786.43/T) - 3.56$$

$$-\lg K_{11} = \lg P_{H_2}^2/P_{H_2O}^2 = (-8709.5/T) - 3.98$$

$$-\lg K_{12} = \lg P_{H_2}^3/P_{H_2O}^3 = (-744.05/T) - 5.80$$

按照上述的公式计算出表 5-21 中的反应，在不同温度下平衡时的数值列于表 5-22 中。

表 5-22　温度与平衡常数的关系

平衡常数	温度/K					
	500	600	700	800	900	1000
$-\lg K_7$	−14.81	−12.71	−11.20	−10.07	−9.19	−8.52
$-\lg K_8$	−10.75	−9.16	−8.02	−7.16	−6.50	−5.97
$-\lg K_9$	−12.26	−10.48	−9.21	−8.26	−7.52	−6.93
$-\lg K_{10}$	−13.13	−11.53	−10.40	−9.54	−8.88	−8.35
$-\lg K_{11}$	−21.40	−18.50	−16.42	−14.87	−13.66	−12.69
$-\lg K_{12}$	−7.29	−7.04	−6.86	−6.73	−6.63	−6.54

由表 5-22 的数值可以说明，P_{CO}/P_{CO_2} 或 P_{H_2}/P_{H_2O}在平衡时的比值都相当小，气相中还原气体的分压 P_{CO}或 P_{H_2} 在很小时就可以使反应进行。因此，上述的反应通过热力学分析都可以进行到底。

以多钒酸铵（六钒酸铵、十钒酸铵、十二钒酸铵等简写为 APV）为原料，用气体（氢或一氧化碳）进行还原有如下的反应发生：

（1）一氧化碳还原反应：

$$(NH_4)_2V_6O_{16} + 6CO = 3V_2O_3 + 6CO_2 + 2NH_3 + H_2O \tag{5-16}$$

$$(NH_4)_6V_{10}O_{30} + 12CO = 5V_2O_3 + 12CO_2 + 6NH_3 + 3H_2O \tag{5-17}$$

$$(NH_4)_2V_{12}O_{31} + 12CO = 6V_2O_3 + 12CO_2 + 2NH_3 + H_2O \tag{5-18}$$

（2）氢还原反应：

$$(NH_4)_2V_6O_{16} + 6H_2 = 3V_2O_3 + 7H_2O + 2NH_3 \tag{5-19}$$

$$(NH_4)_6V_{10}O_{28} + 10H_2 = 5V_2O_3 + 13H_2O + 6NH_3 \tag{5-20}$$

$$(NH_4)_2V_{12}O_{31} + 12H_2 = 6V_2O_3 + 13H_2O + 2NH_3 \tag{5-21}$$

需要指出，当 APV 分解出氨后，氨会分解出氢气：

$$2NH_3 \longrightarrow 3H_2 + N_2 \tag{5-22}$$

$$\Delta G_{15}^{\ominus} = 33472 - 76.15T$$

$$\Delta G_{15}^{\ominus} = 0\text{ 时},T = 440\text{K (166℃)}$$

标准状态下，当温度达到 166℃时，分解出的氢气仍可以起到还原剂的作用。

沉钒过滤后得到的多钒酸铵含水分一般为 40%～60%，主要是吸附水。多钒酸铵干燥的过程是使多钒酸铵脱水，成为粉状分散的状态，有利于下一步气体还原。

$$APV \cdot nH_2O \longrightarrow APV + nH_2O\uparrow$$

干燥设备通常是用钢管制成的回转窑，也可用螺旋干燥机、气流干燥机等。干燥的条件控制在 200℃以下，温度高将使多钒酸铵脱氨分解。对气流干燥机来说，由于干燥速度很快，温度可以控制高一些。干燥时尽量避免多钒酸铵结块，影响下一步还原的效果。一般要求多钒酸铵含水分不大于1%左右。

5.3.2 生产工艺流程

用钒渣生产三氧化二钒的工艺流程与生产五氧化二钒相似（见图5-20），只是在沉钒得到多钒酸铵后增加了干燥和还原工艺。

目前世界上生产三氧化二钒的设备多用钢管制成的密闭回转窑（见图5-21）。

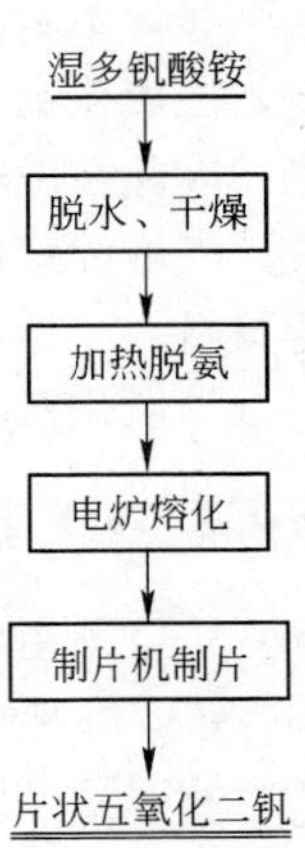

图5-20 三氧化二钒生产流程

加热的方式可用电热或燃烧气体在窑体的外部加热。干燥好的多钒酸铵从窑尾部以一定的流量进入窑内，回转窑以一定的转速旋转，使物料在窑内不断地翻转，向窑头方向移动，还原气体以一定的流量和压力从窑头通入窑内，与物料移动方向相反向窑尾流动，从窑尾排出，经收尘后点燃排放到大气中。

影响还原的因素有：还原气体成分、流量、压力、还原温度、时间、物料的下料速度等，要根据上述条件选择合适的操作参数。同时，为避免还原得到的三氧化二钒高温氧化，窑头端要在隔绝空气条件下冷却到100℃以下出炉。

5.3.3 三氧化二钒的标准

目前，三氧化二钒还没有统一的标准，对于纯三氧化二钒的理论含钒量为67.98%，工业三氧化二钒的含钒量可控制在65%～66%左右。可根据五氧化二钒的标准折算其含钒品位及杂质含量范围。

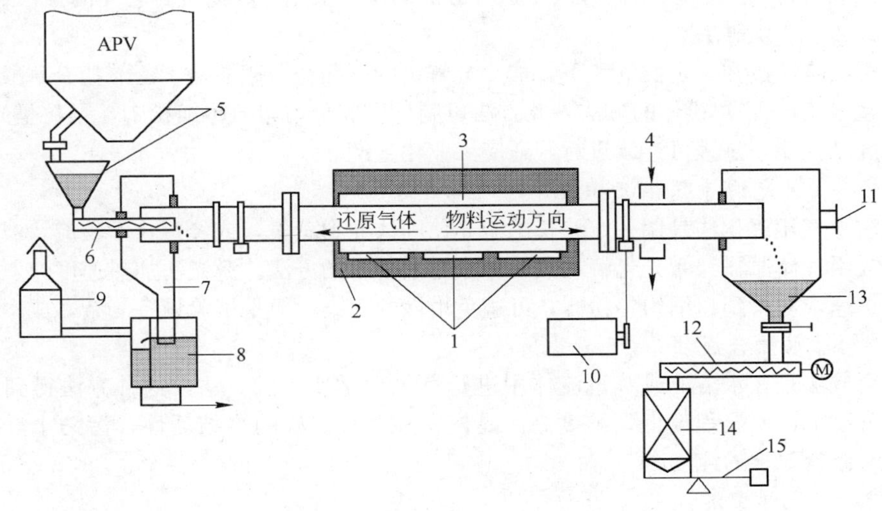

图5-21 三氧化二钒生产设备流程示意图

1—燃烧室；2—耐火材料；3—炉体；4—水冷装置；5—APV料仓；6—螺旋给料机；7—窑尾密封室；8—水浴除尘装置；9—烟尘净化排放系统；10—传动装置；11—还原气进口；12—螺旋排料机；13—窑头密封室；14—盛料桶；15—磅秤

5.4 二 氧 化 钒

5.4.1 概述

二氧化钒是一种热敏功能材料，突出的特点是相变温度最接近室温。在接近室温（68℃）时半导体单斜晶相转变为高温金红石四方晶金属相，伴随着电阻率、光透过率和反射率的突变，二氧化钒相变温度可以通过掺杂与合金化的方式加以改变。由于这种优越的光、电、磁性能，因此在微电子和光电子领域有众多的应用，可作为热电开关、磁开关、光开关、时间开关、气敏传感器、全息存储材料、电热致变色显示材料、非线性电阻材料、各种传感器等的制作材料。

二氧化钒的应用中都需要较纯的化学成分，通常以粉末状或薄膜状应用于不同领域。

5.4.2 VO_2 粉体的制备方法

V-O系组成十分复杂，要想制备纯的 VO_2 也是很难的，例如传统的 VO_2 粉体制备方法是用 V_2O_5 和 V_2O_3 粉体球磨混合物在617～697℃的真空条件下预热反应1～2天，然后升温到897～997℃再反应3天。不仅在制备过程中需要长时间球磨，而且不可避免地引入杂质，反应时间长、温度高、能耗大，产品粒度粗，在应用时还要长时间磨细。

VO_2 制备方法有多种，如溶胶-凝胶法、热分解法、激光诱导气相沉积法、水热合成法等。

5.4.2.1 溶胶-凝胶法

溶胶-凝胶法是用纯 V_2O_5 粉体作原料在坩埚内加热到800℃以上熔化，熔清后迅速将熔体倒入蒸馏水或去离子水中，获得 V_2O_5 溶胶，然后烘干制成干凝胶粉末，将粉末制成微细粉末在真空炉脱氧，得到 VO_2 粉末的方法。这种方法简单、实用并容易进行粉体的掺杂处理。

5.4.2.2 热分解法

热分解法是通过在一定的气氛下，加热分解钒的碳酸盐、硝酸盐、乙酸盐、草酸盐、甲酸盐、硫酸盐等获得 VO_2 粉体的方法，此方法可制备出成分均匀的超细粉末，颗粒呈光滑球形，有较好的烧结性能，过程可连续进行，适应工业化生产。

5.4.2.3 激光诱导气相沉积法

激光诱导气相沉积法是用一定波长的激光使固体原料蒸发，或经过化学反应，或直接凝聚成微粒；或用气体原料经激光光解或热解合成超细粉末的方法。激光法加热速度快，蒸汽浓度高，冷却迅速，易得到超细均匀粉体，可避免坩埚的污染，但是试验设备复杂，成本高。

5.4.2.4 水热合成法

水热合成法是在水溶液或蒸汽流体中进行有关化学反应的方法，这种方法得到的粉体超细，粒度分布窄，团聚程度低，纯度高，晶格完整，有良好的烧结活性，污染小，能量消耗少，只是对原料要求的纯度高。

5.4.2.5 化学沉淀法

化学沉淀法是将钒盐溶液添加适当的沉淀剂，得到前驱沉淀物，再将沉淀物煅烧、研磨制成粉体的方法。

上述各种方法均可得到 VO_2 粉体，但是对产品的质量鉴定较严格。产品质量包括整比性能（$VO_{(2\pm x)}$（其中 x 越小，整比性越好））、粒度、纯度等会有很大差异，直接影响产品的应用。

5.4.3 VO_2 薄膜的制备

VO_2 薄膜制备的方法很多，主要有溅射法、反应蒸镀法、脉冲激光沉积法、溶胶-凝胶法、离子注入法、化学气相沉积法、有机溶液旋涂法。

5.4.3.1 溅射法

溅射法包括射频溅射法、直流磁控溅射法、离子束溅射法等。大多数采用在 $Ar+O_2$ 等离子体中进行，用氩气为溅射气体，氧气为反应气体，靶材用金属钒。也有用 V_2O_3、VO_2、V_2O_5 做靶材。原理是将被溅射的金属钒制成靶（阴极），衬底放在阳极，溅射时在阴极上加直流高压或射频电压，在两极产生辉光放电等离子体，通入的溅射气体被离化成阳离子，在电场作用下，参与溅射的阳离子轰击金属钒，打出钒原子、离子、高能粒子，与氧气反应生成的 VO_2 沉积在基片上形成薄膜。这种方法的优点是能在基体上大面积涂覆、涂层均匀，易于掺杂改变 VO_2 的相变温度，缺点是制作成本高。

图 5-22 为磁控溅射法示意图。

5.4.3.2 反应蒸镀法

反应蒸镀法是指在氧气压下加热蒸发高纯金属钒，在加热到 400～600℃衬底材料上沉积得到钒氧化物膜，然后进行镀后热处理获得 VO_2 薄膜的方法。此方法不适合大规模制备的要求。

5.4.3.3 脉冲激光沉积法

脉冲激光沉积法也属于反应蒸镀法的一种。图 5-23 为反应蒸镀法示意图。

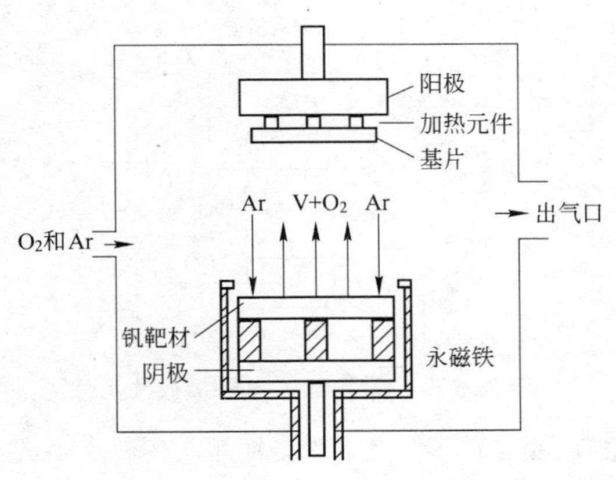

图 5-22 磁控溅射法示意图

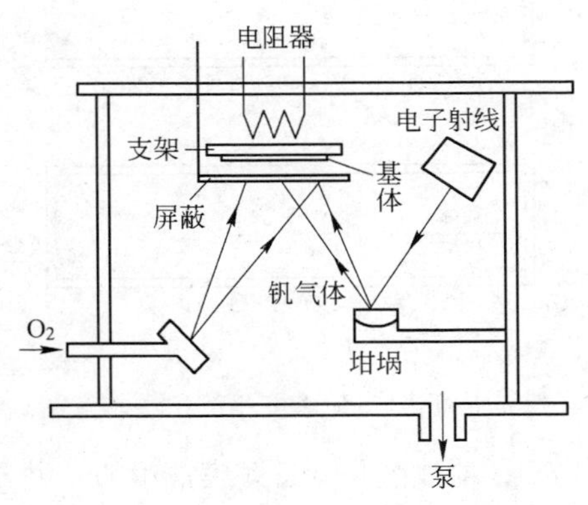

图 5-23 反应蒸镀法示意图

5.4.3.4 化学气相沉积法（CVD 法）

化学气相沉积法（CVD 法）是采用一定蒸气压的源物质以惰性气体或反应气体为载体，将源物质输运到衬底表面发生反应（如热分解、氧化、还原、化合等）生成 VO_2 薄膜的方法。源物质可用钒的有机化合物（钒的醇盐和酸盐）或 $VOCl_3$ 等。此方法的优点是薄膜致密，与衬底附着性好，不易脱落。缺点是薄膜厚度有一定限制，不适合在不规则衬底上均匀生长。

图 5-24 为用 $VO(C_5H_7O_2)_2$ 作为源物质的化学沉积法示意图，将之加热到 255℃即可蒸发，以 N_2 为载气体，将蒸气带至基体上方，基体加热至 525℃。$VO(C_5H_7O_2)_2$ 与通入的 O_2 作用，分解为 V_2O_5 沉积在基体上，最后通入还原性混合气体 $CO+CO_2$，在 525℃下 V_2O_5 与

CO 反应，生成 VO_2 薄膜。

5.4.3.5 *溶胶-凝胶法（Sol—Gel 法）*

溶胶-凝胶法根据所用原料不同分两种方法。

无机溶胶-凝胶法的原料是用五氧化二钒，将之熔化后的熔体浸入纯水中，制成溶胶，然后在基体上通过浸涂法（或旋涂、喷涂、刷涂等方法）制成薄膜，用真空加热法使 V_2O_5 脱氧得到 VO_2 薄膜。所得溶胶经过胶凝化形成凝胶，再经过烘干、煅烧等热处理过程得到所需要的 VO_2 薄膜。

有机溶胶-凝胶法的原料是钒的醇盐或羧盐，将之溶解在溶剂中，再加入所需其他原料配制成溶液，在一定温度进行水解、缩聚等化学反应过程，由溶液转变成凝胶，然后经过干燥、烧结过程制得 VO_2 薄膜。以 V（OR)$_4$ 为例如图 5-25 所示。

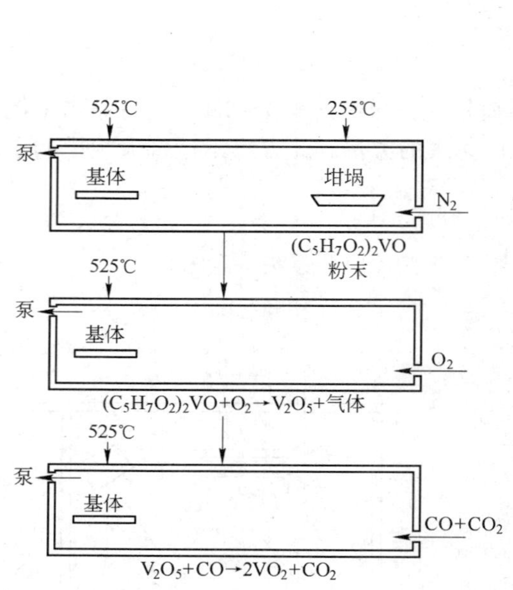

图 5-24 化学气相沉积法示意图

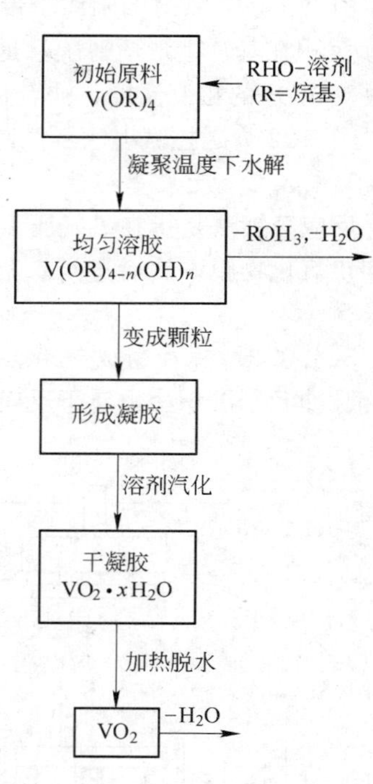

图 5-25 溶胶-凝胶法示意图

溶胶-凝胶法是制备薄膜常用的一种方法，其优越性在于工艺、设备简单，用料少，成本低；薄膜厚度易于控制；可大面积涂层；涂层均匀；对不规则涂面可实现均匀涂覆；工艺过程温度低；容易掺杂。缺点是：容易发生龟裂；附着强度低，薄膜易脱落；薄膜致密度较差，易产生针孔。

5.5 其他钒化合物

5.5.1 钒酸盐生产

5.5.1.1 *沉淀结晶法*

一般钒酸盐可通过前面介绍的钒渣加盐焙烧-浸出净化得到的钒酸钠溶液制造。偏钒酸钠可通过浓缩偏钒酸钠溶液制得。一些钒酸盐可通过向钒酸钠溶液加入相应的盐，如铵盐、钙盐、铁盐、铅盐、汞盐等就会沉淀出相应的钒酸盐。碱性的钒酸钠溶液酸化时，产生多钒酸盐，一般化学组成为 $Me_4H_2V_{10}O_{28}$。

5.5.1.2 煅烧合成法

通过相应的碱与五氧化二钒作用煅烧后制得相应的钒酸盐。

工业偏钒酸钾是通过溶解湿的多钒酸铵和固体 KOH 浓缩制得。

近年来硫酸氧钒（$VOSO_4$）在氧化还原电池中的应用受到广泛的重视，其制取方法是将五氧化二钒溶解于硫酸，在 pH 值<1 时，五氧化二钒为 VO^{2+} 离子，用中强还原剂还原为 V^{4+}，溶液脱水干燥，得到纯蓝色的 $VOSO_4 \cdot nH_2O$，还原剂可用：

(1) 草酸、酒石酸、蔗糖、肼、甲酸、乙酸还原法：还原剂为有机物，还原能力弱，速度慢，有 CO_2 产生，用量大，成本高，还原剂过量不易排出。

(2) H_2S 还原法：H_2S 还原性好，速度快，气体在水中的溶解度小（≤0.1kg/mol），但毒性大，不易控制。

(3) Fe^{2+} 还原法：此法有 Fe^{2+} 离子杂质。

(4) SO_2（H_2SO_3）还原法：还原能力强，速度快，SO_2 能以 H_2SO_3 形式存在，操作简便，过量的 SO_2 可在脱水过程中排出。

5.5.2 钒的卤化物生产

钒的卤化物种类繁多，制取方法也很多，可在高温下用金属钒与卤素直接反应制取。

氯氧钒 $VOCl_3$ 是最重要的钒卤化物，适合制备纯的钒产品，将五氧化二钒在氯气流中加热，或通过干燥的氯化氢气体作用，或在四氯化碳（CCl_4）蒸气中加热，在五氧化二钒上产生淡黄色的 $VOCl_3$ 液体，沸点为 27℃，密度为 1.84g/cm³。

VCl_4 通过碳化钒与氯气作用容易生成。

可用 V_2O_3 与盐酸反应用冰冷却沉淀出 $VCl_3 \cdot 6H_2O$。VCl_3 是褐色液体，沸点 148℃，溶于水产生三氯氧钒 $VOCl_3$。VCl_4 和 S 煮沸，产生 SO_2 将 VCl_4 还原成 VCl_3。

VCl_2 为片状草绿色六角形晶体，溶于水呈灰紫色。VCl_3 在 800℃下，氮气流中歧化反应可制取 VCl_2，或用氢在 450℃下还原 VCl_3 方法制取。

美国钒公司（U. S. VANADIUM CORPORATION）生产四氯化钒、三氯化钒等卤化物的工艺及用途如图 5-26 所示。

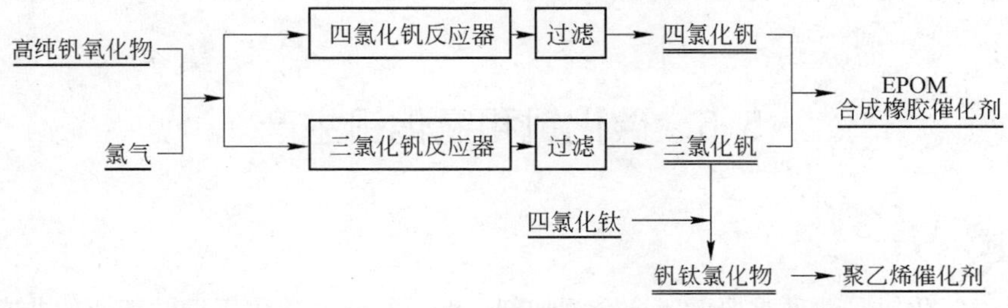

图 5-26 美国钒公司工艺流程图

5.5.3 钒酸钇晶体

钒酸钇晶体广泛用于激光通讯、激光测距、激光印刷、卫星测量、导航等各个领域。

钒酸钇晶体需要高纯的原料才能制得。

固相合成：将纯 Y_2O_3 与纯 V_2O_5 按摩尔比 1∶1 研细混匀，配以适量水压制成块，干燥后在高温炉 1100～1300℃内烧结，经过充分的烧结后在真空提拉炉内用提拉法得到晶体（也可用泡生法、坩埚移动法、水平定向结晶法、焰熔法、水平区熔法等得到晶体），但提拉法可生产出大尺寸、质量好的钒酸钇晶体。

液相合成：在一定 pH 值下用纯 V_2O_5（溶于氨水生成偏钒酸铵）与 Y_2O_3（溶于硝酸生成硝酸钇）在液相中反应沉淀合成钒酸钇固体，以后再提拉出晶体。

在钒酸钇中掺加钕后的晶体，比纯钒酸钇具有更佳的性能，往往在合成时掺入少量的钕，一般用纯 Nd_2O_3 一起合成。我国在晶体制造方面的技术处于世界领先的地位。

5.5.4　硫、磷钒化合物生产

VSi_2 可以用粉末冶金的方法在 1600℃制得，也可用氧化钒与 SiO_2 同炭或碳化硅在 1200～1800℃真空中还原制得。

V_2S_3 是用 V_2O_3 和 H_2S 反应或用 V_2O_5 与 CS_2 在 700℃作用下制取的灰黑色粉末，它易被空气和硝酸氧化。

VS 可用氢在 1000℃下还原 V_2S_3 或在 1000℃金属钒与硫反应制得，它在空气中不稳定。

VS_4 可由 V_2S_3 与过量的硫在 300～400℃加热制备，冷却后用 CS_2 除去未反应的硫。

VP 和 VP_2 是将 V_2O_5 先熔融，熔于磷酸盐，然后进行电解制得。

5.5.5　钒的其他应用

美国俄勒冈州大学的化学家们分离出一组即使加热仍然收缩的不膨胀的（称作各向同性）化合物，钒和锆的磷酸盐具有这一特性，可用于烘烤件、电子电路板和光导纤维（添加这些化合物可在较宽的温度范围稳定纤维）。

哥伦比亚大学科学家们分离出一种钒化合物，二氧化钒是潜在的胰岛素代用品，有可能用作糖尿病人胰岛素注射的口服辅助物，但钒酸盐离子可减少大量血糖，这一应用研究的大多数钒化合物有毒性并且在胃中不易吸收，因而不适宜口服，有必要做进一步研究。新开发的化合物对食欲有抑制作用，不能像胰岛素那样控制糖尿病人的血糖平衡，从而导致病人潜在的问题。

美国科学家合成了一种 DNA 双螺旋结构的有机物，为晶体，由带钒氧和磷缠结螺旋物的螺旋磷酸钒组成。这种物质在电子材料中有潜在的用途，可作为选择吸收介质的催化剂和定型剂。

5.6　碳化钒和氮化钒生产

5.6.1　概述

碳化钒、氮化钒是两种重要的钒合金添加剂。80％～90％钒用于钢铁工业的非常主要的原因是钒同碳、氮反应形成耐熔性碳、氮化物，根据钢的成分和钢处理过程的温度情况，这些化合物在钢中能起沉淀硬化和晶粒细化的作用。因此，碳化钒、氮化钒合金在钒钢生产中起着日趋重要的作用。碳化钒、氮化钒可用于结构钢、工具钢、管道钢、钢筋、普通工程钢以及铸铁中。已有的研究表明：碳化钒、氮化钒添加于钢中能提高钢的耐磨性、耐腐性、韧性、强度、延展性和硬度以及抗热疲劳性等综合力学性能，并使钢具有良好的可焊接性能，而且能起到消除夹杂物延伸等作用。尤其是在高强度低合金钢中，氮化钒中的氮比碳化钒更有利于促进富氮的碳、氮化钒的析出，从而更有效地强化和细化晶粒，并比碳化钒减少钒的加入量，降低生产成本。另外，碳化钒还可作为制取金属钒的原料。

钒和氮直接加入到低合金和高强度钢中，可降低成本，可靠的方法是加氮化钒。在存在氮气的条件下，使钒形成富氮的碳氮化钒，与使用钒铁相比有如下优点：

(1) 比钒铁更有效地强化和细化晶粒；

(2) 减少钒的加入量，成本降低；

(3) 有利于钒和氮的利用；

(4) 纯度高；

(5) 粒度均匀并便于包装。

由于它价格低廉而适用于许多含碳高强度钢的添加剂。

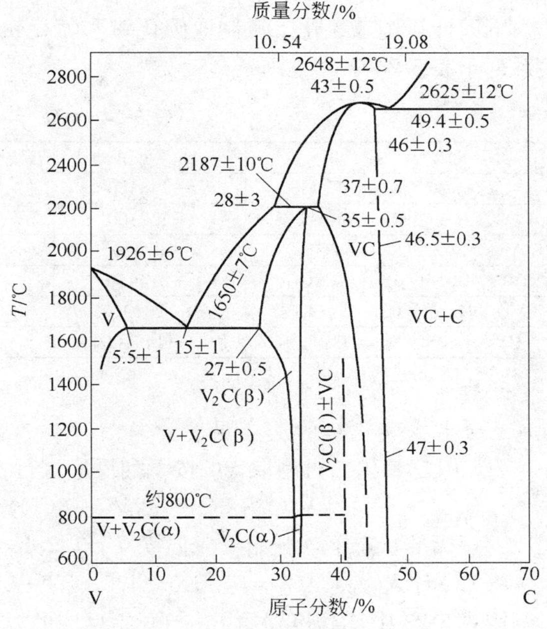

图 5-27 V-C 系相图

5.6.2 性质

5.6.2.1 碳化钒的性质

由 V-C 系相图（图 5-27）可见，钒与碳生成 VC 和 V_2C 两种化合物。VC（含 19.08%C）存在于 43%～49%（原子分数）C 间，为面心立方晶格，NaCl 型结构；V_2C（含 10.54%C）存在于 29.1%～33.3%（原子分数）C 间，为密排六方晶格，在 1850℃时分解。其他性质见表 5-23。

表 5-23 VC 与 V_2C 两种化合物的性质

化合物	颜色	晶格结构	晶格参数/nm	熔点/℃	密度/g·cm^{-3}
VC	暗黑色	面心立方	$a=0.418$	2830～2648	5.649
V_2C	暗黑色	密排六方	$a=0.2902$，$c=0.4577$	2200	5.665

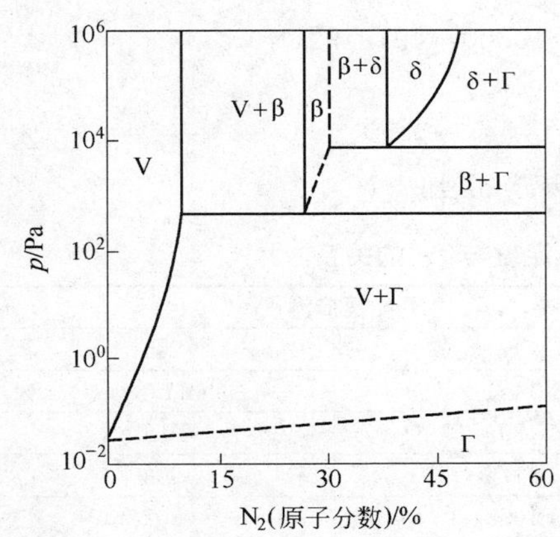

图 5-28 1500℃ V-N 状态图恒温截面

5.6.2.2 氮化钒的性质

V-N 系（图 5-28）中发现有三种氮化物相：

(1) 低温相，大致成分为 $V_{16}N$～$V_{13}N$，据推测为正方晶格结构，$c:a=1$。在 500～600℃时分解，生成氮溶于钒的固溶体和 β 相。

(2) β 相，具六方晶格结构，其晶格常数 $a=0.491$nm，$c=0.455$nm，单相区在 VN0.37～VN0.493 之间。

(3) δ 相，具面心立方结构，其晶格常数随含氮量不同而从 0.407nm 至 0.414nm 变化，单相区在 VN0.72～VN1.0间。

V-N 系中研究得最多的化合物为稳定的 VN (21.55%N)，熔点 2050℃（有的资料介绍为 2350℃），为灰紫色粉末，密度 5.63g/cm^3（有的资料介绍为

6.04g/cm³)。另外，V_2N 存在于β相区。

由图 5-28 可见，压力对 V-N 系的平衡有很大影响。

5.6.2.3　热力学分析

下面计算用三氧化二钒制取碳化钒和氮化钒开始反应的温度。一些反应的 $\Delta G^{\ominus}=A+BT$ 关系列于表 5-24 中。

表 5-24　$\Delta G^{\ominus}=A+BT$ 关系式

反　应	A/J·mol^{-1}	B/J·mol^{-1}·K^{-1}	误差/±kJ	温度范围/℃
$2V(s)+C(s)=V_2C(s)$	−146400	3.35		25～1700
$V(s)+C(s)=VC(s)$	−102100	9.58	12	25～2000
$V(s)+0.73C(s)=VC_{0.73}$	−97000	6.79		620～832
$V(s)+0.5N_2(g)=VN(s)$	−214640	82.43		25～2346
$2V(s)+1.5O_2(g)=V_2O_3(s)$	−1202900	237.53		20～2070
$C(s)+0.5O_2(g)=CO(g)$	−1144000	−85.77		500～2000

注：g、l、s—物质的气、液、固态。

A　生成碳化钒的反应温度计算

(1) 用三氧化二钒制取 VC 按下列反应进行：

$$V_2O_3+5C═══2VC+3CO,\Delta G^{\ominus}=655500-475.68T$$

标准状态下，开始反应温度 T=1378K=1105℃

将 CO 计入，则 $\Delta G_T=655500-475.68T+57.4281T\lg P_{CO}$　　(5-23)

按式 5-23 中计算得到的 P_{CO}与开始反应的温度关系列于表 5-25 中。

表 5-25　用 V_2O_3 制取 VC 的 P_{CO}与温度关系

P_{CO}		开始反应温度	
Atm	Pa	K	℃
1×10^{0}	1.013×10^{5}	1378	1105
1×10^{-1}	1.013×10^{4}	1230	957
1×10^{-2}	1.013×10^{3}	1110	837
1×10^{-3}	1.013×10^{2}	1012	739
1×10^{-4}	1.013×10^{1}	929	656
1×10^{-5}	1.013×10^{0}	859	586

(2) 用三氧化二钒制取 V_2C 按下列反应进行：

$$V_2O_3+4C═══V_2C+3CO,\ \Delta G^{\ominus}=713300-491.49T$$

标准状态下，开始反应温度 T=1451K=1178℃

将 CO 计入，则 $\Delta G_T=713300-491.49T+57.4281T\lg P_{CO}$　　(5-24)

依据式 5-24 计算出开始反应温度与 P_{CO}的关系列于表 5-26 中。

表 5-26　用 V_2O_3 制取 V_2C 的开始反应温度与 P_{CO}的关系

P_{CO}		开始反应温度	
Atm	Pa	K	℃
1×10^{0}	1.013×10^{5}	1451	1178
1×10^{-1}	1.013×10^{4}	1299	1026
1×10^{-2}	1.013×10^{3}	1176	903
1×10^{-3}	1.013×10^{2}	1075	802
1×10^{-4}	1.013×10^{1}	989	716
1×10^{-5}	1.013×10^{0}	916	643

由表 5-25 和表 5-26 可以看出提高真空度有利于 V_2O_3 的还原。

B 生成氮化钒的反应温度计算

(1) 用三氧化二钒制取 VN，V_2O_3 首先按式 5-23 生成 VC，VC 再和 N_2 反应生成 VN，反应式如下：

$$VC+0.5N_2 = VN+C, \Delta G^{\ominus}=-12540+72.85T$$

实际上，用碳热还原很难得到纯 VN，往往得到 V(C,N)。

(2) 用金属钒制取 VN 反应按下式进行：

$$V+0.5N_2 = VN, \Delta G^{\ominus}=-214640+82.43T$$

标准状态下，开始反应温度 $T=2604K=2331℃$

计入 N_2 压力，则 $\Delta G_T^{\ominus}=-214640+(82.43-9.5715\lg P_{N_2})T$ (5-25)

温度越高反应越难进行。依据公式 5-25 计算出截止反应温度与 P_{N_2} 的关系列于表 5-27 中。

表 5-27 用金属钒制取 VN 的截止反应温度与 P_{N_2} 的关系

P_{N_2}		截止反应温度	
Atm	Pa	K	℃
1×10^{-4}	1.013×10^{1}	1778	1505
1×10^{-3}	1.013×10^{2}	1931	1658
1×10^{-2}	10.13×10^{3}	2113	1840
1×10^{-1}	1.013×10^{4}	2333	2060
1	1.013×10^{5}	2604	2331
10	1.013×10^{6}	2946	2673

(3) 用 V_2C 制取 VN，即开始反应温度按下式进行：

$$V_2C+0.5N_2 = VN+VC, \Delta G^{\ominus}=-170340+88.663T$$

$\Delta G^{\ominus}=0$ 时，$T=1921K=1648℃$

计入 N_2 压力，则 $\Delta G_T^{\ominus}=-170340+88.663T+19.143T\lg(1/P_{N_2}^{0.5})$

$=-170340+(88.66-9.5715\lg P_{N_2})T$ (5-26)

温度越高反应越难进行。依据式 5-26 计算出截止反应温度与 P_{N_2} 的关系列于表 5-28 中。

表 5-28 用 V_2C 制取 VN 反应截止温度与 P_{N_2} 的关系

P_{N_2}		截止反应温度	
Atm	Pa	K	℃
1×10^{-4}	1.013×10^{1}	1341	1069
1×10^{-3}	1.013×10^{2}	1451	1178
1×10^{-2}	10.13×10^{3}	1580	1307
1×10^{-1}	1.013×10^{4}	1734	1461
1	1.013×10^{5}	1921	1648
10	1.013×10^{6}	2154	1881

由表5-27和表5-28可以看到V或V_2C比较容易渗氮，并且氮压越高越容易。

5.6.3 制备方法

5.6.3.1 碳化钒制备方法

国内外碳化钒的制取方法主要有如下几种：

(1) 原料用V_2O_3及铁粉和铁磷，还原剂为碳粉，采用高温真空法生产碳化钒，通氩气或在真空炉内冷却；

(2) 原料为V_2O_5，在回转窑内还原生成VC_xO_y，再采用高温真空法生产碳化钒，通惰性气体冷却；

(3) 原料用V_2O_3或V_2O_5，还原剂用炭黑，在坩埚（或小回转窑）内，通氩气或其他惰性气体，高温下制取碳化钒；

(4) 用炭（木炭、煤焦或电极）高温还原V_2O_5制取碳化钒；

(5) 原料为V_2O_3，采用氮等离子流中用丙烷还原的方法制得碳化钒；

(6) 国内，北京科技大学研究过用V_2O_5和活性炭在高温真空钼丝炉内生产碳化钒；锦州铁合金厂也曾采用真空法试制碳化钒；攀钢用多钒酸铵和碳粉为原料，在自制的竖炉内研制过碳化钒。

碳化钒的生产厂家是南非的瓦米特克（Vametco）矿物公司，它是美国战略矿物公司（STRATCOR）的一个子公司。其生产方法是：用天然气于600℃下，回转窑内还原V_2O_5为V_2O_4，然后在另一窑内用天然气将V_2O_4于1000℃下还原为VC_xO_y化合物，而后配加焦炭或石墨，压块，在真空炉内加热至1000℃得到碳化钒（Carvan）。其化学成分见表5-29。

表5-29 美国生产的碳化钒化学成分（质量分数，%）

名　称	V	C	Al	Si	P	S	Mn
CARVAN	82～86	10.5～14.5	<0.1	<0.1	<0.05	<0.1	<0.05

奥地利的特雷巴赫也生产少量碳化钒。

5.6.3.2 氮化钒的制备

国内外工业化制取氮化钒的方法主要有以下几种：

(1) 原料为V_2O_3或偏钒酸铵，还原气体为H_2、N_2和天然气的混合气体或N_2与天然气，NH_3与天然气，纯NH_3气体或含20%（体积分数）CO的混合气体等，在流动床或回转管中高温还原制取氮化钒，物料可连续进出；

(2) 用V_2O_3及铁粉和碳粉在真空炉内得到碳化钒后，通入氮气渗氮，并在氮气中冷却，得到氮化钒；

(3) 将V_2O_3和碳混好，在推板窑内加热，通入氮气渗氮，制得氮化钒；

(4) 原料为钒酸铵或氧化钒，与炭黑混合，用微波炉加热含氮或氨气氛下高温处理，制得氮化钒。

目前，国外氮化钒的生产厂家是南非的瓦米特克（Vametco）矿物公司，是美国战略矿物公司（STRATCOR）的一个子公司。氮化钒（Nitrovan）生产工艺是将V_2O_3与碳和粘结剂混合制团，在真空炉内反应：$V_2O_3+CO \rightarrow VC_x$（$x<1$），然后通入氮气，最后在真空或惰性气氛下冷却，得到“Nitrovan”，其化学式可表示为V（C_xN_y），其中$x+y=1$，其化学成分和物理特性如表5-30、表5-31所示。

表 5-30 Vametco 矿业公司生产的氮化钒化学成分（质量分数，%）

合金	V	N	C	Si	Al	Mn	Cr	Ni	P	S
Nitrovan7	80	7	12.0	0.15	0.15	0.01	0.03	0.01	0.01	0.10
Nitrovan12	79	12	7.0	0.07	0.10	0.01	0.03	0.01	0.02	0.20
Nitrovan16	79	16	3.5	0.07	0.10	0.01	0.03	0.01	0.02	0.20

表 5-31 Nitrovan 的物理特性

外观	每个球的质量/g	标准尺寸/mm			表观密度 /g·cm^{-3}	堆积密度 /g·cm^{-3}	密度 /g·cm^{-3}
		长	宽	高			
煤球状暗灰色金属质	37	33	28	23	3.71	2.00	大约 4.0

在制取碳化钒、氮化钒的研究中，大多以 V_2O_5 和 V_2O_3 为原料，但由于生产 V_2O_3 与传统的生产 V_2O_5 相比，具有收率高、成本低等优点，因此，以 V_2O_3 为原料开发碳化钒和氮化钒等钒系列产品生产技术，是世界今后的发展总趋势。使用氮化钒改善钢的性能见表 5-32。

表 5-32 用氮化钒改善钢的性质

优点	原因
更有效地强化和细化晶粒	氮化钒中的氮比碳化钒更有利于促进富氮的碳氮化钒的析出
减少钒的加入量和降低成本	碳氮化钒比碳化钒析出所用的钒量更少，可节约钒铁 40%
改善可焊性、切口韧性和可锻性	用低的含碳量和少的合金添加剂能达到所需要的强度等级
有效地强化各种碳钢	因为 1050℃时碳氮化钒在奥氏体中的溶解度很高，它不受碳含量的影响，氮化钒在高、中、低碳钢中一样有效
应变时效和塑性损耗低	通过选择 Nitrovan 7 或 Nitrovan 12，炼钢工人可以调节 V∶N 含量比值，以避免“游离”氮出现，制造的钢无时效

国内能生产氮化钒的厂家有攀钢（推板窑法）、承钢（唐钢，微波法）、吉林铁合金厂（真空碳还原法）等，厂家越来越多，产量已成为世界第一。

5.6.3.3 俄罗斯制取氮化钒铁的 CBC 法

A 合金氮化的方法

目前有许多制取含氮合金的方法：固态渗氮的方法包括滚筒法、沟槽法、脱碳团块法和还原法；液态渗氮的方法包括吹洗熔体法、吹洗表面法、金属热还原法以及在烧结过程中渗氮的（自扩散高温合成法）CBC 法。这些方法的特点列于表 5-33。

表 5-33 制取含氮合金的特点

项目	固态法				液态法			烧结法 (CBC 法)
	滚筒法	沟槽法	脱碳团块法	还原法	吹洗表面	吹洗熔体	金属热还原	
初始原料	铁合金粉和 N_2	铁合金粉和 N_2	含碳铁合金 O_2 和 N_2	氧化物碳和 N_2	液态铁合金、N_2	液态铁合金、N_2	氧化物 Al	铁合金粉 N_2
原料粒度 /mm	1～2	1～2	1	1			1	1～2
每批料重 /t		8	8		1	10	2	0.1

续表 5-33

项　目	固　态　法				液　态　法			烧结法（CBC 法）
	滚筒法	沟槽法	脱碳团块法	还原法	吹洗表面	吹洗熔体	金属热还原	
操作温度/℃	1150	1050～1150	850～900	1250～1350	1580～1690	1580～1690	1630	20～1600
氮含量/%	5～6	6～11	6～7	10～12	2.7	3.2	1.5～2.1	9.6～10.8
有害杂质含量/%	0.04	0.04	1	0.1～0.2	0.06	0.06	0.04	0.01～0.1
钒含量/%	34	37		50～82		34～35		47～52
试验合金	Fe-Cr，Fe-V	Fe-Cr，Fe-Mn，Fe-V	Fe-Cr，Fe-Mn	Fe-V	Fe-Cr	Fe-Cr，Fe-V	Fe-Cr	Fe-V，Fe-Cr
得到复合合金的可能性	能	能	能	能	能	能	能	能
化学成分的均匀性		差	合格	无数据	好	好	好	好
得到指定密度	不能	不能	不能	无数据	可能	可能	可能	有限
产品类型	粉末	烧结块	烧结块	烧结块	锭	锭	锭	锭
分劈度		多碎块	好	无数据	好	好	好	好

氮化钒铁的自扩散高温合成法（CBC 法）在高氮含量时，合金具有很好的密度。此法在很少的操作时间里和很小的电耗条件下，有可能得到氮含量控制在窄小范围内的复合合金。综合这些性能，可把 CBC 工艺作为有前途的方法。

在使用 CBC 法渗氮的氮含量为 10%～12%的钒铁与美国和南非所采用的传统的真空热还原工艺渗氮的氮含量为 7%的氮化钒（Nitrovan7）相比，在冶炼 PGAM5 和 PGAM5Φ 牌号的高速工具钢时，每吨钢氮化钒铁的耗量降低了 11.6kg；渗氮时的电能消耗减少了 9 倍；不可挽回的原料损失降低了 4 倍。与俄罗斯各地用 CBC 法类似的使钒铁渗氮的方法相比，氮含量的范围较高并且分布均匀，同时，密度提高了 0.5～1.0 倍。

B　基本原理

氮化物的生成是由纯金属在氮气中燃烧决定的：

$$x<R>+y/2\{N_2\}\sqrt{<R_xN_y>}\lg a_{R_xN_y}/(a_R^x a_N^{y/2})=-\Delta G_T^{\ominus}/(2.3RT)$$

当 $a_{R_xN_y}=1$；$P_{N_2}=10^5$ Pa 和 $P'_{N_2}=10^7$ Pa 时，按吉布斯自由能变化 $\Delta G_T^{\ominus}$ 计算的平衡常数的结果列于表 5-34。

表 5-34 在合成过程中吸氮开始温度的计算结果

氮化物	lg$K$	吸收温度/K	
		$P_{N_2}=10^5$Pa	$P'_{N_2}=10^7$Pa
AlN	16867/T−5.70	2960	3590
Cr_2N	5148/T−2.48	2075	3478
CrN	5586/T−3.66	1526	2100
Mn_3N_2	10009/T−7.77	1290	1739
Mn_5N_2	12639/T−7.97	1585	2117
Mn_2N	3746/T−3.03	1236	1845
NbN	12028/T−4.07	2955	3920
Nb_2N	13122/T−4.35	3015	3920
Si_3N_4	49510/T−17.17	2795	3611
TaN	12575/T−4.29	2930	3822
TiN	17524/T−4.89	3583	4505
VN	9134/T−4.38	2085	2702
$VN_{0.5}$	6780/T−2.32	2922	3725
ZrN	19005/T−4.81	3950	4988

制取氮化钒铁的 CBC 法是在密闭容器内通入高压（$P'_{N_2}=10^5$Pa）氮，通过氮化反应放出的热量使钒铁粉末生成氮化物。生成氮化物的程度随温度的升高而降低，因此 CBC 法并不需要达到很高的温度。达到这一结论的必要条件是氮气自动通道要保持透气层，并得到化学计量的氮化物成分。

C 生产工艺及设备

生产含氮原料加工新工艺的原则是根据自扩散高温合成原理（CBC 法）及使其实现的综合设备。

用 CBC 法组成含氮合金所使用的原料组分，主要是复合或单独兼有 V、Cr、Ni、Mn 和其他能生成氮化物的金属。

用它们加工成新成分的结构钢、工具钢、不锈钢和其他特殊用途钢种及其生产工艺。

CBC 法生产含氮材料的工艺路线包含如下设备：

(1) 破碎机：将钒铁合金破碎到一定粒度；

(2) 气流粉碎机：继续破碎合金；

(3) 分级机和粉尘分离器：选出一定粒度均匀的合金粉末；

(4) 储料和排料斗；

(5) CBC 反应器：进行氮化自热反应，生成氮化合金粉末；

(6) 压缩装置：使氮气达到一定压力。

该技术包括氮化工艺，即整个初始材料不是在同时完成吸收氮，而是通过所谓自扩散的燃烧方式分层进行氮化过程。提出的渗氮过程在燃烧方式下分层进行的原因，是由于专门处理了初始原料及在氮气气氛下提高压力和温度的条件下进行的过程。

氮化是排除了使用电能的工艺。氮饱和的过程是依靠生成氮化物放热反应的热量进行的。由于该装置没有设置渗氮的加热装置，因此在结构和操作上都是简单的。

为了生产，无论是初始反应物还是最终的产物都不需要压块或挤压成形。

高温过程有助于使部分产物熔化，并加速材料的密结。在吸收氮之后产物的密结，直接发生分层而不增加过程的时间。在分层的自扩散工艺中渗氮和密结的进行，保证可得到沿断面没有氮浓度梯度的结构均匀的材料。初始产物的渗氮是同步和瞬间的过程。在比较小的容量 $0.2m^3$ 装置中，渗氮的速度为 0.5t/h，因此完全可以避免原料的损失和污染。

D 氮化合金的成分

新的 CBC 法制取含氮合金与国内外相似产品的成分相比，其优点在于：高密度（$6.2\sim7.0g/cm^3$）、高氮含量（10%～11%）和低气孔率（1%～3%）。如此高强度的合金化材料可保证在钢中有很高的氮吸收率，并可稳定地制取规定的氮浓度，吸氮率达 80%～90%，对于新的渗氮合金具有特殊稳定性的效果。新合金的压缩强度比已知的材料高 10～100 倍。由于高强度和高耐磨性，完全可避免新合金在包装、运输及使用时的碎裂和灰尘的产生。在环保方面，工艺可保证环境友好。

5.7 钒 铁 合 金

5.7.1 冶炼钒铁的方法分类

冶炼钒铁的方法分类如下：

（1）以还原剂来区分：根据冶炼钒铁使用的还原剂不同，通常分为碳热法、硅热法或铝热法三种。

（2）以还原设备区分：在电炉中冶炼的有电炉法（包括碳热法、电硅热法和电铝热法）。不用电炉加热，只依靠自身反应放热的方法称为铝热法（即炉外法）。

（3）以含钒原料不同区分：用五氧化二钒、三氧化二钒原料冶炼的方法和用钒渣直接冶炼钒铁的方法。

5.7.2 硅热法

5.7.2.1 硅热法冶炼钒铁的基本原理

用硅还原钒的氧化物时，由于热量不足，反应进行得很缓慢且不完全，为了加速反应必须外加热源。一般硅热法冶炼钒铁是将 V_2O_5 铸片在炼钢电弧炉内用硅铁冶炼成钒铁。

$$2/5V_2O_{5(l)}+Si=\!=\!=4/5V+SiO_2,\ \Delta G_T^{\ominus}\ (Si)=-326840+46.89T$$

$$V_2O_{5(l)}+Si=\!=\!=V_2O_3+SiO_2,\ \Delta G_T^{\ominus}\ (Si)=-1150300+259.57T$$

$$2V_2O_3+3Si=\!=\!=4V+3SiO_2,\ \Delta G_T^{\ominus}\ (Si)=-103866.7+17.17T$$

$$2VO+Si=\!=\!=2V+SiO_2,\ \Delta G_T^{\ominus}\ (Si)=-56400+15.44T$$

在高温下用硅还原钒的低价氧化物自由能的变化是正值，说明在酸性介质中用硅还原钒的低价氧化物是不可能的。此外，这些氧化物与二氧化硅进行反应后生成硅酸钒，钒自硅酸钒中再还原就更为困难。因此在炉料中配加石灰，其作用是：

（1）它与二氧化硅反应生成稳定的硅酸钙，防止生成硅酸钒。

（2）降低炉渣的熔点和黏度，改善炉渣的性能，强化了冶炼条件。

（3）在有氧化钙存在的情况下，提高炉渣的碱度，改善还原的热力学条件，从而使热力学反应的可能性更大。其反应为：

$2/5V_2O_{5(l)}+Si+CaO$ ══ $4/5V+CaO\cdot SiO_2$，$\Delta G_T^{\ominus}(Si)=-419340+49.398T$

$2/5V_2O_{5(l)}+Si+2CaO$ ══ $4/5V+2CaO\cdot SiO_2$，$\Delta G_T^{\ominus}(Si)=-445640+35.588T$

$2/3V_2O_3+Si+2CaO$ ══ $4/3V+2CaO\cdot SiO_2$，$\Delta G_T^{\ominus}(Si)=-341466.67-5.43T$

此外，硅还原低价钒氧化物的能力，在高温下不如碳，为了避免增碳，生产中在还原初期是用硅作还原剂，后期用铝作还原剂。

5.7.2.2 硅热法冶炼钒铁工艺

A 原料

硅热法所用原料如下：

V_2O_5：厚度不超过5mm，块度不大于200mm；

硅铁：通常用75%硅铁，块度20～30mm；

石灰：应煅烧良好，有效CaO大于85%，磷小于0.015%，块度30～50mm；

铝块：30～40mm块度；

废钢：用废碳素钢或从钒渣中磁选出的废钢，这些废钢应清洁、少锈。也可用废钢屑或其他优质钢铁料，但要求这些材料含碳不大于0.5%，磷不大于0.035%。

B 生产工艺流程

电硅热法冶炼钒铁的技术是很成熟的技术，冶炼都是在电弧炉内进行，分还原期和精炼期，还原期又分为二期冶炼和三期冶炼法，用过量的硅铁还原上炉的精炼渣，至炉渣中含 V_2O_5 低于0.35%，从炉内排出废渣开始精炼，再加入五氧化二钒和石灰等混合料精炼。当合金中硅量小于2%时出炉，排出的精炼渣含10%～15% V_2O_5，返回下炉使用。现将目前国内普遍采用的三期冶炼钒铁的工艺流程示于图5-29。

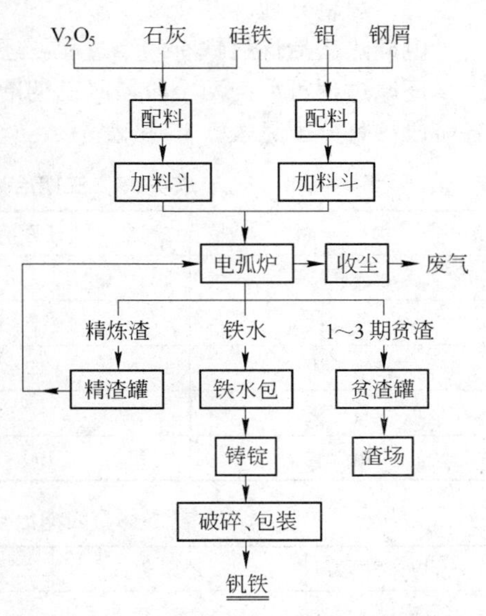

图5-29 硅热法冶炼钒铁工艺流程

C 生产设备

硅热还原法生产钒铁，在炼钢型电炉里进行熔炼，电压为150～250V，电流为4000～4500A，炉盖、炉底和炉壁用镁砖砌筑。使用石墨电极操作，电极直径为200～250mm。以某厂设备为例。

a 变压器参数

规格：HSK_7—3000/10，容量：2500kVA，一次电压：10000V，二次电压：121V，92V/210V，160V，额定电流：6870A。

b 电炉参数

规格：3t电弧炉，电极直径：ϕ250mm；炉壳体：内径 ϕ2900mm×1835mm；极心圆：ϕ760mm；电极行程：1300mm。

c 电极

石墨电极，GB-3072-82，ϕ250mm。

D 配混料

(1) 以冶炼1t钒铁为例配比计算。

1) 五氧化二钒配入量：理论需 V_2O_5 量 $W_1=1\times$钒铁含钒(%)×182/102

其中：182/102 为 V_2O_5 中的含钒比。

实际五氧化二钒配入量 W 比理论量过剩 7%左右。

$$五氧化二钒配入量\ W=\frac{W_1\times 107\%}{V_2O_5\ 纯度\%\times 回收率\%}$$

2）硅铁需要量：还原中有 80%的五氧化二钒用硅铁还原，20%用铝还原，由于烧损，需要硅过剩 10%，铝过剩 30%，石灰过剩 10%。

按反应 $2V_2O_5+5Si=4V+5SiO_2$ 计算出还原 1kg V_2O_5 需硅 0.385kg，则：

$$硅铁配入量\ W_2=\frac{W_1\times 80\%\times 0.285}{硅铁中\ Si\%}\times 110\%$$

3）铝块配入量：按反应 $3V_2O_5+10Al=6V+5Al_2O_3$ 计算出还原 1kg V_2O_5 需铝 0.5kg，则：

$$铝块配入量\ W_3=\frac{W_1\times 20\%\times 0.5}{铝纯度\%}\times 130\%$$

4）钢屑配入量：需钢屑量 $W_4=1\times$(1－钒铁含钒(%)－钒铁杂质(%))－硅铁带入铁量

其中：硅铁带入铁量＝需硅铁 $W_2\times$(1－硅铁含 Si%)

$$5）石灰配入量=\frac{W_2\times 硅铁\ Si\%\times \frac{62}{28}\times 碱度}{石灰\ CaO\%}\times 110\%$$

(2) 炉料分配。

电硅热法冶炼钒铁有两个过程：还原过程和精炼过程。

还原过程可分为两个阶段（三期冶炼法）和三个阶段（四期冶炼法）。对三期和四期冶炼各阶段炉料分配见表 5-35 和表 5-36。

表 5-35　三期冶炼各阶段炉料分配表（质量分数，%）

炉　料	1 还原期	2 还原期	3 精炼期
V_2O_5	15～18	50～47	35
硅　铁	75	25	0
铝　块	35	65	0
石　灰	20～25	50	30～25
钢　屑	100	0	0

表 5-36　四期冶炼各阶段炉料分配表（质量分数，%）

炉　料	1 还原期	2 还原期	3 还原期	4 精炼期
V_2O_5	20～22	26～28	24～27	26～27
硅　铁	54～58	21～26	19～22	0
铝　块	24～28	30～35	39～44	0
石　灰	16～18	30～32	29～31	0
钢　屑	100	0	0	0

E　第一期冶炼

第一期冶炼步骤如下：

(1) 上一炉出完渣后，炉顶倾回，迅速扒出炉渣和炉坡残存渣，用混合好的、有足够黏度的镁砂（卤水∶镁砖粉∶镁砂＝1∶3∶5），针对炉衬损伤情况高温快补，不漏一铲，且堵好出铁口。

(2) 补完炉后炉底要垫上一定数量的精炼渣。

(3) 钢屑加入后，根据电极烧损情况落放或拆换电极，检查各系统，正常后给电。此时用大电压，小电流，并且立即倒入上一炉以液态存在的精炼渣。

(4) 返完精炼渣后，加一期混合料。根据电弧稳定情况增大电流至最大值。一期混合料下完后，尽量将炉料推至三相电极中心区域。

(5) 当炉料熔化到一定程度，可开始分批加入硅铁还原，同时调整炉渣碱度。硅铁还原较充分后，碱度合适时加铝块还原，还原反应激烈，火焰较大时停电。当炉渣中 $w(V_2O_5) \leqslant 0.35\%$时，可倒出贫渣，倒渣过程要用低电压、小电流。倒渣后期要慢，且用拉杆检查，防止铁水倒出。贫渣倒完后用铁棍蘸取渣样化验分析五氧化二钒含量。

F 第二期冶炼

第二期冶炼步骤如下：

(1) 一期贫渣倒完后，用大电压给电加料，随着二期混合料的加入，电流逐渐给至最大值。

(2) 炉料基本熔化后开始加入硅铁还原，同时调整炉渣碱度，继续加硅铁还原，而后加铝贫化炉渣。出渣与一期相同。

G 第三期冶炼

与二期给电加料相同，炉料化清后，用木耙搅拌，取金属样送化验分析 V、Si、C、P、S。取样位置在三相电极中间。取样前样勺要清洁、烤干、沾渣。尔后调整炉渣碱度，加硅铁还原，加铝贫化，出渣与一期相同。

H 精炼期冶炼

精炼期冶炼步骤如下：

(1) 与二期给电加料相同。精炼期料量根据三期合金成分调整，先用大电压、大电流熔化炉料，炉料化渣后调整炉渣碱度。

(2) 炉渣碱度合适时，根据电弧长短及时改用小电压，大电流升温。当炉渣与合金具有合适的温度和流动性时，用铁、木耙搅拌，取合金样送化验分析 V、Si、C、P、S 成分，正常出炉。

(3) 出炉时先用小电压、小电流，从出渣口倒出精炼渣，并打开出铁口后，停电出铁。

I 浇铸

浇铸步骤如下：

(1) 铁水包连续使用时要保持干燥，无积渣，各部分机械要灵活好用，包底垫河砂适量(约 60kg)，锭模底垫钒铁粉 100～150kg，上、下模间用石棉绳垫好。

(2) 浇铸时对包要迅速、准确，以免跑漏，浇铸速度要根据铁水温度和排气情况适当控制，每锭浇铸量要适当，一般铁水面离锭模浇铸口上面 100mm 为宜，渣铁要分离，不得将渣铸入锭模。

(3) 锭模浇铸后 80min 要脱模，铁锭立即放入水冷池冷却 30～40min，水冷池水量一般占池容积的 2/3。放入铁锭后再注满水，取出铁锭干燥后送精整包装。

J 冶炼过程中的几个问题的处理

a 合金含钒不正常

合金含钒不正常是由于配料不准造成的：

(1) 钒含量低。

$$补加V_2O_5量=\frac{需增V(\%)\times炉中合金量\times\frac{182}{102}}{V_2O_5纯度\%}$$

（2）钒含量高。

$$补加钢屑量=\frac{需降V(\%)\times炉中合金量}{降后合金含钒数}$$

b 合金含硅不正常

合金含硅不正常是由于配料不准及反应不正常造成的。

（1）硅低。

$$补加硅铁量=\frac{需增Si\%\times炉中合金量}{硅铁Si\%\times增后合金含硅}$$

（2）硅高。

$$补加V_2O_5=\frac{降硅量\%\times炉中合金量\times\frac{364}{140}}{V_2O_5纯度\%}$$

$$补加石灰量=\frac{降硅量\%\times炉中合金量\times\frac{60}{28}}{石灰含CaO\%}$$

c 合金含碳、磷高

含金含碳、磷高是由于原料含碳、磷高造成的，用钢屑冲淡，同时要控制合金含钒量。

$$补加钢屑量=\frac{需降C\%\times炉中合金量}{降后合金C\%-钢屑含C\%}$$

d 炉衬的维护

由于冶炼过程渣铁对炉衬的侵蚀，为了提高其使用寿命，每次出炉后要尽快扒掉残留在炉壁上的精炼渣，同时要在高温下用具有一定黏度的补炉剂补炉。补炉后炉底要垫一层炉渣保护炉底，防止给电时将炉底烧穿。在搅拌和耙料时，要避免木耙或铁耙接触炉底，因木耙产生的气体会使变软的炉底泛起。一、二、三期冶炼操作时的温度不要提得过高，保持炉衬硬度，避免炉底烧软化。

正常情况下，一个炉体可炼 70 炉以上。

e 跑渣

跑渣是在冶炼过程中，炉渣沸腾、上涨以致从炉门冲出的现象，很易造成人身和设备事故。产生原因是由于还原时还原剂投入过快，还原反应激烈，炉内反应不平衡，局部反应过于集中。五氧化二钒中硫含量高，石灰消化等。因此针对上述问题，要加强物料管理、注意加料速度、控制好电流等措施，可以避免跑渣现象的出现。

K 技术经济指标

技术经济指标如下：

（1）贫渣含钒：$w(V_2O_5)\leqslant 0.35\%$；

（2）冶炼时间：80min；

（3）单耗：冶炼 1t FeV40 的单耗见表 5-37。

表 5-37 冶炼 1t FeV40 的单耗

V_2O_5/kg	FeSi75/kg	铝锭/kg	钢屑/kg	电极/kg	镁砖/kg	镁砂/kg	石灰/kg	水/kg	压缩空气/m^3	综合电耗/kW·h	冶炼电耗/kWh
735.6	340	130	250	28	130	130	1540	80	500	1600	1520

硅热法制得的钒铁含钒品位一般为35%～55%。钒的冶炼回收率很高，可达98%以上，由于采用价格比铝低很多的硅铁作还原剂，每吨含40%V的钒铁耗电1600～1700kWh，冶炼成本较低，但难以冶炼含钒大于80%的钒铁，产品碳含量一般难以降到0.2%～0.3%以下。

5.7.3 铝热法

5.7.3.1 铝热法冶炼钒铁的基本原理

金属热法冶炼铁合金一般是用较活泼的金属去还原较不活泼的金属氧化物，并获得该金属与铁熔于一起，从而生成铁合金，主要反应原理为：

$$Me_xO_y + Al \longrightarrow Al_2O_3 + Me，\Delta H^{\ominus}_{298}(Al) = Q \tag{5-27}$$

$$Me_xO_y + Si \longrightarrow SiO_2 + Me，\Delta H^{\ominus}_{298}(Si) = Q \tag{5-28}$$

$$Me_xO_y + Mg \longrightarrow MgO + Me，\Delta H^{\ominus}_{298}(Mg) = Q \tag{5-29}$$

$$Me_xO_y + Ca \longrightarrow CaO + Me，\Delta H^{\ominus}_{298}(Ca) = Q \tag{5-30}$$

一般认为，上述Q值等于-301.39kJ时，该反应式能自发进行，其反应放热能达到使炉料熔化、反应、渣铁分离的程度。当然，要使Me的收率达到高的指标，这个值不一定是最佳的。

如果上述反应的Q值不够-301.39kJ，就必须采取别的措施。一般是提供放热副反应及给体系通电等手段。副反应一般是根据本国的国情及参加副反应物质的价格水平来选择一些不至于污染合金的氧化物来和还原剂发生化学反应，并放出大量的热，以补充上述Q值的不足。在我国通常是选用$KClO_3$、$NaNO_3$，如：

$$6NaNO_3 + 10Al = 5Al_2O_3 + 3Na_2O + 3N_2\uparrow，\Delta H^{\ominus}_{298}(Al) = -710.90\text{kJ/mol} \tag{5-31}$$

$$KClO_3 + 2Al = Al_2O_3 + KCl，\Delta H^{\ominus}_{298}(Al) = -868.59\text{kJ/mol} \tag{5-32}$$

如果上述反应的Q值超过-301.39kJ，也应该采取别的措施，如配入一定量的炉渣、碎合金等吸收多余的热量，以免反应过于激烈而造成喷溅。因为喷溅时会造成被还原金属的收率降低，严重时还会危及设备及人身安全。

用铝热法生产钒铁的原理：钒的价态较多，通常可以描述为式5-33～式5-35的反应式：

$$3V_2O_{5(s)} + 10Al = 6V + 5Al_2O_3，\Delta H^{\ominus}_{298}(Al) = -368.36\text{kJ/mol} \tag{5-33}$$

$$\Delta G^{\ominus}(Al) = -681180 + 112.773T$$

$$3VO_2 + 4Al = 3V + 2Al_2O_3，\Delta H^{\ominus}_{298}(Al) = -299.50\text{kJ/mol} \tag{5-34}$$

$$\Delta G^{\ominus}(Al) = -307825 + 40.1175T$$

$$V_2O_3 + 2Al = 2V + Al_2O_3，\Delta H^{\ominus}_{298}(Al) = -221.02\text{kJ/mol} \tag{5-35}$$

$$\Delta G^{\ominus}(Al) = -236100 + 37.835T$$

$$3VO + 2Al = 3V + Al_2O_3，\Delta H^{\ominus}_{298}(Al) = -95.90\text{kJ/mol} \tag{5-36}$$

$$\Delta G^{\ominus}(Al) = -200500 + 36.54T$$

从反应方程式可见：上述反应的$\Delta G^{\ominus}$均为负值，在热力学上都是容易进行的。从反应放热值来说，式5-33铝热反应完全可满足反应自发进行要求的热量，称为铝热法。实际上该反应是爆炸性的(在绝热情况下，反应温度可以达到3000℃左右)，因此必须人为地控制反应速度。

用三氧化二钒还原的反应式5-35比式5-33少耗铝40%。但是在用铝热法冶炼高钒铁时，反应的热量明显不足，无法维持反应自动进行，所以需要补充一部分热量才行，目前是以通电的方式来补充热量的，称为电铝热法。当然也可以采用副反应(如式 5-32 等)。

铝热法冶炼可制得含钒品位高、杂质少的钒铁合金。

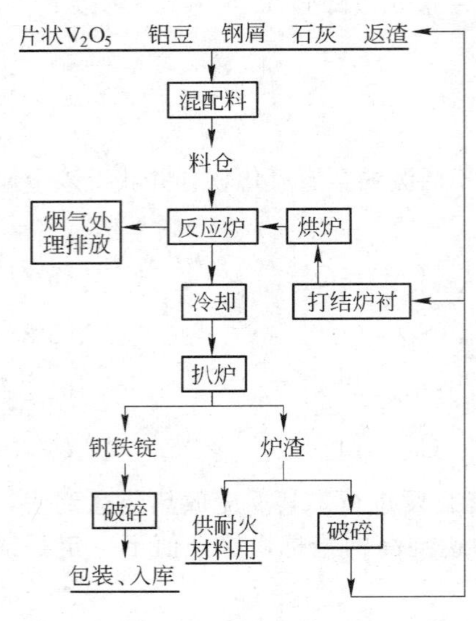

图 5-30　铝热法冶炼钒铁工艺流程

5.7.3.2　铝热法工艺流程

铝热法工艺流程见图 5-30。

A　原料

(1) 五氧化二钒：符合 GB 3283—1987 标准的 $V_2O_5$98 牌号。粒度：55mm×55mm×5mm。

(2) 铝豆：$w(Al)>99.2\%$，$w(Fe)<0.13\%$，$w(C)<0.005\%$，$w(Si)<0.1\%$，$w(P)<0.05\%$，$w(S)<0.0016\%$。粒度：10～15mm。

(3) 石灰：$w(CaO)\geqslant 85\%$，$w(MgO)<5\%$，$w(SiO_2)\leqslant 3.5\%$，$w(S)\leqslant 0.15\%$，$w(P)\leqslant 0.03\%$，灼减≤7%。

(4) 铁屑：含 $w(C)<0.40\%$，粒度小于 15mm。

(5) 返回渣：即铝热法生产得到的炉渣（刚玉渣），粒度：5～10mm。

B　配料

首先按反应：$3V_2O_5+10Al=6V+5Al_2O_3$ 计算出理论耗铝量：

$$\text{理论耗铝量}=\frac{V_2O_5\ \text{重量}\times V_2O_5\ \text{品位}\times\text{铝原子量}\times 10}{V_2O_5\ \text{分子量}\times 3}$$

铝热法冶炼钒铁配料的最佳工艺条件是每千克炉料反应热为 3140～3350kJ。配铝量按 V_2O_5 反应所需理论量的 100%～102%配入。一般而言，增加铝热反应的铝量，可使反应进行得很完全、充分，达到较高的钒回收率。但当配铝量超过一定限度后，多余的铝将进入合金中，达不到质量要求；同时，由于合金中含铝高，使其密度降低，影响合金在炉渣中的沉降速度，使渣中夹杂的合金增多，降低了钒回收率；同时由于耗铝量增加，使生产成本增高，不经济。

铝热反应发热量超过需要数值，故炉料中加入惰性料，如返回渣、石灰、碎合金等，以降低炉料发热量，保证反应平稳进行。惰性物料的加入量可视情况按 V_2O_5 用量的 20%～40%配入。

钒铁的产量=(投入的金属钒量×钒收率%)/合金含钒量%

钢屑加入量=钒铁产量×(1−合金含钒量%−合金杂质量%)

由于铝热反应后即成为自发反应，反应时间短，难以控制，因而配料工序质量的好坏直接影响到钒铁产品质量，故要求配料务必准确（计算与称量）、混料均匀，以免造成炉料偏析。

生产钒铁的各类原料都要彻底干燥，以避免冶炼时发生喷溅。

C　冶炼主要设备

冶炼主要设备如下：

(1) 混料机：根据情况选择。

(2) 反应炉：用铸铁或钢制成的圆筒形炉壳，外部用钢夹紧环加固，内衬镁砖砌筑，为了提高镁砖寿命，炉子内壁用磨细的刚玉渣和卤水混合料打结，炉底可铺镁砂，然后烘烤干燥。可将整体炉子安放在可移动的平车上。炉子大小视其产量确定，一般内径为0.5～1.7m，高0.6～1.0m。

(3) 反应室：带有抽风烟罩系统的冶炼空间，是铝热法进行冶炼的场所。

D 冶炼操作

钒铁冶炼是在筒式炉内进行的。冶炼炉准备过程分砌炉、打结和烘炉三道工序。钒铁冶炼炉的炉衬分永久层和临时层。永久层是用镁砖和高铝砖分三段砌筑的，临时层是用返回渣打结，耐急冷急热性较差，拆炉时，砖很容易损坏，良好的炉衬打结质量是防止漏炉的关键，打结强度适中，以免拆炉困难，同时炉体底部打结层要比上半部厚一些。另外，打结材料中不得混入其他低熔点的杂物；炉身和炉底的接缝处必须塞紧。

冶炼钒铁时，先将冶炼炉吊放到平车上，采用下部点火时在炉筒底部装入少量炉料，布好底料，表面放一些混合好的 V_2O_5 粉末和铝粉，再放一些点火剂，点火剂有 BaO_2、氯酸钾或镁屑等，再将平车送入冶炼室内。用点火剂点火后，依据反应情况逐渐从上部加入全部炉料，加料速度要合适，加料速度过快，炉料反应速度快，炉温升高，喷溅严重，使钒和铝损失增加；加料速度过慢，反应进行慢，冶炼温度低，会使炉渣过早粘结，渣铁分离不完全，合金凝聚不好，钒回收率随之下降。经验表明，加料速度控制在160～200kg/（m^2·min）较合适。

采用上部点火时，先将炉料全部加入炉内，再点火，这种方法由于反应激烈，热量集中，炉料喷溅严重，因此一般采用下部点火法。

冶炼拆炉后，先将合金锭进行水淬冷却处理，然后进行合金表面精整，再进行砸铁、破碎、筛分、包装，最后入库。

炉渣吊运到破碎系统，经处理后，一部分作为配料返回渣，一部分用来打结炉衬，余下的炉渣卖给耐火材料厂。

E 技术经济指标

技术经济指标如下：

(1) 产量：视炉子容积大小在500～1000kg之间，但不超过2000kg。

(2) 产品质量：一般可得到含钒75%～82%的产品。其他成分（%）为：1.0～1.5Si；1.0～2.0Al；0.15～0.2C；≤0.05S；≤0.025P。

(3) 钒回收率：一般为85%～90%，最高可达到95%。

F 提高铝热法钒回收率的措施

由于铝热法反应激烈，炉渣中将夹杂一些金属珠，炉渣中含有较高的钒。为提高钒收率，一般采用如下的两种方法。

a 加发热沉降剂法

在铝热反应结束后，立即往炉渣表面加入由三氧化二铁和铝粒组成的发热沉降剂，有两个目的：(1) 由于沉降剂的放热反应而使炉渣继续保持熔融状态，有利于炉渣与钒铁的分离，使合金继续下降；(2) 由于沉降剂反应产生的铁铝合金穿过渣层下降时，继续还原渣中尚未还原的钒氧化物和吸附悬浮在炉渣中的合金微粒而提高了钒的收率。通常采用这种方法可提高收率2%以上。

加入沉降剂的方法可人工加入或用机械方法（如喷枪喷入）。需要指出，在计算配料时要考虑到这部分增加的铁量，避免合金中的铁过高而降低钒的品位。

b 电热法

铝热反应完毕后，立即将平车送到电加热器位置，通电加热炉渣，保持炉渣的熔融状态，使合金继续下降，从而提高钒收率。

电加热可用电弧炉电极加热，此方法的设备布置见图 5-31。

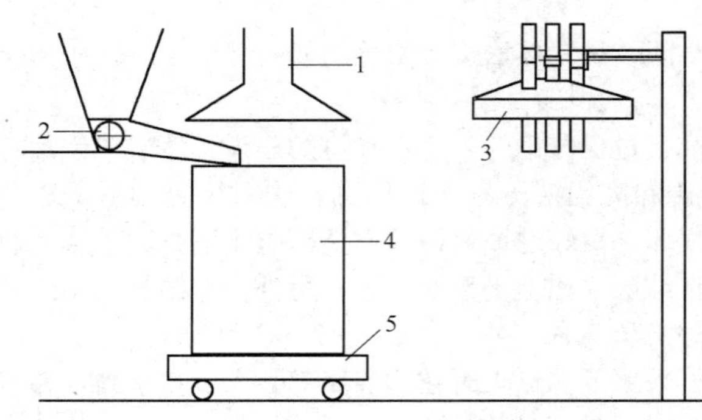

图 5-31　钒铁冶炼装置示意图
1—炉顶烟罩；2—加料系统；3—供电系统；
4—炉体；5—炉底小车

5.7.4　三氧化二钒冶炼钒铁

三氧化二钒冶炼钒铁，一般是用铝热法生产高钒铁，可以节省铝还原剂的耗量，降低生产成本。与一般炉外法用五氧化二钒冶炼钒铁不同的是由于三氧化二钒与铝反应的热量不足，不能自动进行，因此冶炼设备是在电弧炉中冶炼的。用电炉的目的有三：一是为了补充用 V_2O_3 冶炼时的热量不足；二是为了提高钒的回收率；三是使炉内的温度达到使炉渣能排出，且使铁水能浇铸到锭模的要求。德国 GFE 电炉的容积为 $5m^3$，功率为 1.2MVA,4.5t 三相电弧炉，石墨电极直径为 300mm，炉衬全部用本渣（刚玉渣）打结，不用耐火砖，每次只需要用炉渣补炉即可。冶炼过程如下：

（1）首先将 V_2O_3、铝粉（粒）、钢屑和石灰称量并混合放入储罐内，用运料叉车把混合料罐安放在电炉炉顶下料装置上；

（2）将部分钢屑熔化约 5～10min；

（3）然后再将混合料用电磁振动阀加入到炉内熔炼 50min 左右（电压为 130V）；

（4）再经过 5min 倾注排渣，使熔体在熔融状态下（温度为 2100℃）出炉注入衬有本渣的弧形锭模内；

（5）金属在锭模内冷一天（500℃），脱模后将合金放入水池内急冷后，经过精整、破碎得到高钒铁。炉渣除了作为补炉用之外，多余的卖给耐火材料厂。

总冶炼时间约 1h，炉料一次配好，冶炼过程不再加其他炉料。每炉电耗为 1900kWh，约得合金 2t 及含钒 2%～3%的炉渣 2.4t。钒的回收率为 97%。

5.7.5　碳还原法

碳热法还原五氧化二钒经过如下步骤：

$$V_2O_5+C = 2VO_2+CO\uparrow, \Delta G_T^{\ominus}(C)=49070-213.42T \tag{5-37}$$

$$2VO_2+C = V_2O_3+CO\uparrow, \Delta G_T^{\ominus}(C)=95300-158.68T \tag{5-38}$$

$$V_2O_3+C = 2VO+CO\uparrow, \Delta G_T^{\ominus}(C)=239100-163.22T \tag{5-39}$$

$$VO+C = V+CO\uparrow, \Delta G_T^{\ominus}(C)=310300-166.21T \tag{5-40}$$

$$V_2O_5+7C = 2VC+5CO\uparrow, \Delta G_T^{\ominus}(C)=79824-145.64T \tag{5-41}$$

碳热法还原 V_2O_5 生产钒铁时，反应都是吸热的，因此要用电补充热量才能进行。反应式 5-41 优先进行，因为在形成碳化物反应的同时，自由能会大量减少，所以反应急剧增强，结果形成含有一定比例的碳合金。实际上在此情况下炼得的合金含碳 4%～6%，因此工业上采用碳还原法炼不出低碳钒铁。但在实验室中，采用高温高真空却可以制出低碳钒铁。国外一些工厂用类似的方法生产了含 38%～40%V、2%～3%C、5%～12%S 的钒铁。这种合金对于大多数含钒合金钢都无法使用，因此目前碳热法冶炼钒铁已很少使用了。

5.7.6 钒渣直接冶炼钒铁

5.7.6.1 基本原理

钒渣直接冶炼钒铁的方法分两步进行，首先将钒渣中的铁(氧化铁)采用选择性还原的方法在电弧炉内用碳、硅铁或硅钙合金将钒渣中的铁还原，使大部分铁从钒渣中分离出去，而钒仍留在钒渣中，这样得到了 V/Fe 比高的预还原钒渣。第二阶段是在电弧炉内，将脱铁后的预还原钒渣用碳、硅或铝还原，得到钒铁合金。

5.7.6.2 主要方法

钒渣直接炼钒铁的国内外的方法很多，列举一些实例介绍如下。

俄罗斯的姆·阿·累斯(M. A. Рысс)介绍了用碳还原钒渣，1290～1390℃预还原，将 86%的氧化铁和小于 5%的氧化钒还原到金属中，分离后的钒渣中，V/Fe 比由 0.20～0.25 提高到 1.0～1.5。再用 75%的硅铁和铝还原预还原的钒渣，得到的合金成分(质量分数,%)：20～26V、10～15Mn、2～4Cr、14～18Si、3～6Ti。用预还原钒渣精炼此合金后得到钒铁合金(质量分数,%)：26～34V、14～18Mn、4～6Cr。

美国专利 US34202659 提出，第一步将钒渣(含 $V_2O_5$17.5%～22.5%，$SiO_2$16.74%～17.57%)、石英、熔剂与炭在 1200kV·A 电弧炉内冶炼出钒硅合金(18.97%V，42.02% SiO_2，32.16%Fe)；第二步用氧化钒和钒渣精炼钒硅合金，降低硅得到钒铁合金。精炼可分一次精炼法和两次精炼法。

(1) 一次精炼法由钒硅合金、五氧化二钒和石灰按 120∶75∶126 的质量比组成的炉料在电炉内精炼，得到如下成分的合金产品（质量分数,%)：44.46V、34.85Fe、16.97Si、0.91Cr、0.92Ti、0.71Mn、0.23C。同时得到中间渣（含 V9.1%)。

(2) 两次精炼法首先将一次精炼得到的中间渣与钒硅合金一起精炼得到中间钒硅合金（含 33.80%V、23.33%Si)，再配入五氧化二钒和石灰进行二次精炼得到钒铁成分为（质量分数,%)：55.80V、0.78Si。钒回收率 87%。

克里斯蒂安那斯皮格尔工厂（Das Christiania Spigerverk）提出的方法是：第一阶段是 1000kg 转炉钒渣，其组成为（质量分数,%)：12.2V、15.8SiO_2、4TiO_2、1.1MnO、0.5Cr_2O_3、0.5CaO、37.2FeO、18.7MFe，与 700kg 石灰和 90kg 硅铁（75%Si）在电弧炉内冶炼，产得 1400kg 含 V_2O_5 的炉渣，成分为（质量分数,%)：8.51V、23.2SiO_2、44.5CaO、4.5MgO、5.8FeO、2.8TiO_2、0.75MnO、0.35Cr_2O_3；产钢 425kg，成分为（质量分数,%)：0.25V、0.3C、0.02Si。第二阶段是将炉渣浇注到包里，在搅拌的情况下慢慢加入 80kg 的富硅（含 Si90%～95%）进行还原，然后徐徐倒出，得到钒铁合金成分为（质量分数,%)：57.2V、32.1Fe、6.4Si、2.3Mn、1.7Cr、0.2Ti；钒回收率 79%。

奥地利特雷巴赫工厂（TCW）采用的工艺流程见图 5-32。

最终得到的钒铁成分（质量分数,%)：45V、4.3Si、2Cr、1.1Mn、0.7C。

美国专利 US3579328 提出在普通炼钢电炉内用钒渣冶炼钒铁的方法：第一步，用 1000kg 钒渣，成分为（质量分数,%)：12.2V、4TiO_2、15.8SiO_2、1.1MnO、0.5Cr_2O_3、0.5CaO、37.2FeO 和 18.7MFe。与 700kg 石灰、90kg 硅铁（75%Si）混合，熔化 1.5h 后，温度控制在 1600～1700℃，得到 1400kg 中间渣和 425kg 钢。炉渣碱度控制在 1.0～2.0 以保证有良好的流动性，要用烧过的石灰或白云石，还可加入少量的氧化铝使炉渣含有 2%～10%MgO 和 2%～20%Al_2O_3，得到的炉渣倒入预热好的摇动的渣包内，在 18min 内向渣包内加入含 90%Si 的硅铁 83kg，还原温度约 1650℃，得到 169kg 钒铁合金，成分为（质量分数,%）：57.2V、32.1Fe、6.4Si、2.3Mn、1.7Cr、0.2Ti；钒回收率 79%。

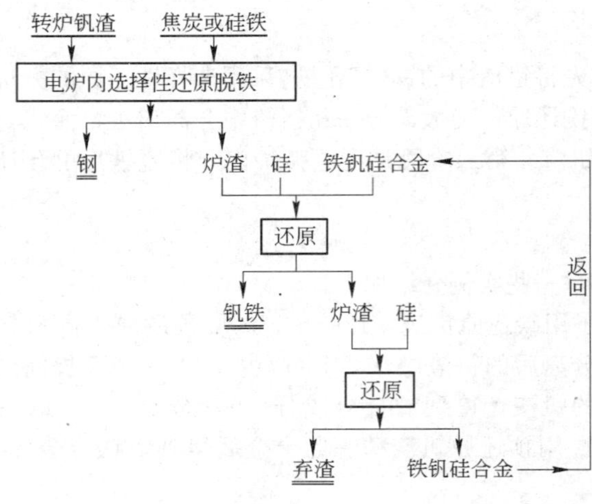

图 5-32　特雷巴赫（TCW）钒渣直接炼钒铁流程图

美国专利 US4165234 和西德专利 DIN2810458 介绍了在底吹转炉内钒渣直接冶炼钒铁的方法，在 10t 转炉的底部装有氧-天然气喷嘴，装入 6t 钒渣（含 11.2%V 和 42% Fe），用 30m^3/min 的速度吹氧和 15m^3/min 的速度吹天然气将转炉内钒渣熔化。在吹氧最后 20min 向转炉加入 550kg 石灰，并升温至 1500℃，熔化时间 45min。熔化后的炉渣含有 9.52%V 和 37%Fe，然后向炉内吹入水蒸气（12m^3/min）和天然气（4m^3/min），同时加入 550kg 硅铁（75%Si）与 550kg 石灰，最后加入 1150kg 铝和 550kg 石灰，吹入蒸汽加速还原。将炉渣（含 $V_2O_5$0.42%）倒出，向留在炉内的金属（含 17.6%V 和 1%Si）吹氧（35m^3/min）和天然气（3m^3/min），吹炼 20min 后得到 2.2t 炉渣（含 28%V 和 10%Fe）和 1.5t 钢（0.12%V 和 0.05%C）。将钢水放出，向炉内加入 800kg 铝块、1000kg 石灰还原炉渣，并吹入水蒸气（12m^3/min）与天然气（2m^3/min）搅拌，还原最高温度 1700℃，最后得到 1t 含 43.4%V 的钒铁合金。

加拿大专利 860866 介绍了用真空碳还原法直接冶炼钒铁的方法，将钒渣（14.4%V、38.5%FeO、20.1% SiO_2、8.1% TiO_2、2.3% Cr_2O_3、2.2% MnO、1.4% MgO、0.3% CaO、0.05%P_2O_5）破碎到小于 0.043mm，与石油焦粉（小于 0.043mm）混合压块，装入电阻真空炉内，真空压力 0.133Pa，3h 内加热到 1480℃，加热过程压力升至 27Pa，保温 10min，停电，压力降至 8Pa，最终得到如下成分的钒铁合金（%）：24.84～26.42V、0.97～1.86C、42.15～43.15Fe、8.50～11.7Si、8.50～2.8Cr、2.9～3.0Al、0.02～0.04Mn、0.25～0.10Ca。如果要提高合金钒含量可配入五氧化二钒，可得含 V50%以上的钒铁。

我国攀钢、锦州铁合金厂等单位也都试验过用电炉直接冶炼钒铁的工作。

5.7.7　钒铁的质量标准

国际上钒铁根据钒含量分为低钒铁：FeV35～50，一般用硅热法生产，还有中钒铁，FeV55～65 和高钒铁 Fe70～80，一般用铝热法生产。

5.7.7.1　中国钒铁标准

中国钒铁标准见表 5-38。

表 5-38　中国钒铁标准（GB 4139—1987）

牌　号	化学成分/%						
	V（不小于）	C（不大于）	Si（不大于）	P（不大于）	S（不大于）	Al（不大于）	Mn（不大于）
FeV-40-A	40.0	0.75	2.0	0.10	0.06	1.0	

续表 5-38

牌号	化学成分/%						
	V（不小于）	C（不大于）	Si（不大于）	P（不大于）	S（不大于）	Al（不大于）	Mn（不大于）
FeV-40-B	40.0	1.00	3.0	0.20	0.10	1.5	
FeV-50-A	50.0	0.40	2.0	0.07	0.04	0.5	0.5
FeV-50-B	50.0	0.75	2.5	0.10	0.05	0.8	0.5
FeV-75-A	75.0	0.20	1.0	0.05	0.04	2.0	0.5
FeV-75-B	75.0	0.30	2.0	0.10	0.05	3.0	0.5

5.7.7.2 钒铁国际标准

钒铁国际标准（ISO 5451—1980）见表 5-39、表 5-40。

表 5-39 钒铁国际标准

代号	化学成分/%								
	V	Si	Al	C	P	S	As	Cu	Mn	Ni
		≤								
FeV40	35.0～50.0	2.0	4.0	0.30	0.10	0.10				
FeV60	50.0～65.0	2.0	2.5	0.30	0.06	0.05	0.06	0.10		
FeV80	75.0～85.0	2.0	1.5	0.30	0.06	0.05	0.06	0.10	0.50	0.15
FeV80Al2	75.0～85.0	1.5	2.0	0.20	0.06	0.05	0.06	0.10	0.50	0.15
FeV80Al4	70.0～80.0	2.0	4.0	0.20	0.10	0.10	0.10	0.10	0.50	0.15

表 5-40 国际标准钒铁的颗粒粒度

等级	粒度范围/mm	过细粒度(最大)/%	过粗粒度(最大)/%
1	2～100	3	10
2	2～50	3	在两个或三个方向上不得有超过规定粒度范围最大极限值×1.15 的粒度
3	2～25	5	
4	2～10	5	
5	≤2		

5.7.7.3 日本钒铁标准

日本钒铁标准（JIS G2308—1986）见表 5-41～表 5-43。

表 5-41 日本钒铁标准化学成分

种类	代号	化学成分/%					
		V	C	Si	P	S	Al
			≤				
钒铁 1	FV1	75.0～85.0	0.2	2.0	0.10	0.10	4.0
钒铁 2	FV2	45.0～55.0	0.2	2.0	0.10	0.10	4.0

表 5-42　钒铁特殊指定化学成分

<table>
<tr><td rowspan="3">种　类</td><td colspan="3">化学成分/%</td></tr>
<tr><td>P</td><td>S</td><td>Al</td></tr>
<tr><td colspan="3">≤</td></tr>
<tr><td rowspan="2">钒铁 1、2 号</td><td rowspan="2">0.03</td><td rowspan="2">0.05</td><td>1.0</td></tr>
<tr><td>0.5</td></tr>
</table>

表 5-43　钒铁粒度

种　类	代　号	粒度/mm
一般粒度	g	1～100
小粒度	s	1～50

5.7.7.4　德国钒铁标准

德国钒铁标准（DIN 17563—1965）见表 5-44、表 5-45。

表 5-44　德国标准钒铁化学成分

<table>
<tr><td rowspan="3">名　称</td><td rowspan="3">代　号</td><td colspan="8">化学成分/%</td></tr>
<tr><td rowspan="2">V</td><td>Al</td><td>Si</td><td>C</td><td>S</td><td>P</td><td>As</td><td>Cu</td></tr>
<tr><td colspan="7">≤</td></tr>
<tr><td>钒　铁</td><td>FeV60</td><td>50～65</td><td>2.0</td><td>1.5</td><td>0.15</td><td>0.05</td><td>0.06</td><td>0.06</td><td>0.10</td></tr>
<tr><td>钒　铁</td><td>FeV80</td><td>78～82</td><td>1.5</td><td>1.5</td><td>0.15</td><td>0.05</td><td>0.06</td><td>0.06</td><td>0.10</td></tr>
</table>

表 5-45　德国铁合金粒度标准（DIN 17599—1981）

<table>
<tr><td rowspan="2">粒度范围/mm</td><td colspan="2">允许筛下物/%</td><td rowspan="2">允许筛上物/%</td></tr>
<tr><td>总　计</td><td><3.15mm</td></tr>
<tr><td>25～200</td><td>10</td><td>5</td><td>10</td></tr>
<tr><td>10～100</td><td>10</td><td>5</td><td rowspan="3">在 2～3 个方向上不得有超过粒度范围最大极限值×1.15 的粒度</td></tr>
<tr><td>3.15～50</td><td>5</td><td>5</td></tr>
<tr><td>3.15～25</td><td>5</td><td>5</td></tr>
<tr><td><3.15</td><td></td><td></td><td></td></tr>
</table>

5.7.7.5　前苏联标准

前苏联标准（ГОСТ 4760—1970）见表 5-46。

表 5-46　前苏联标准化学成分

<table>
<tr><td rowspan="3">代　号</td><td colspan="7">化学成分/%</td></tr>
<tr><td rowspan="2">V
≥</td><td>C</td><td>Si</td><td>P</td><td>S</td><td>Al</td><td>As</td></tr>
<tr><td colspan="6">≤</td></tr>
<tr><td>Ba1</td><td>35.0</td><td>0.75</td><td>2.0</td><td>0.10</td><td>0.10</td><td>1.0</td><td>0.05</td></tr>
<tr><td>Ba2</td><td>35.0</td><td>0.75</td><td>3.0</td><td>0.20</td><td>0.10</td><td>1.5</td><td>0.05</td></tr>
<tr><td>Ba3</td><td>35.0</td><td>1.00</td><td>3.5</td><td>0.25</td><td>0.15</td><td>2.0</td><td>0.05</td></tr>
</table>

破碎粒度不超过 5kg/块，但通过 10mm×10mm 筛孔的筛下量不得超过总量的 10%。

5.7.7.6　瑞典钒铁标准

瑞典钒铁标准（SS 146642），见表 5-47～表 5-49。

表 5-47 瑞典钒铁标准化学成分

项目	代 号	化学成分/%						
		V	Al	Si	C	S	P	Mn
			≤					
钒铁	FeV40	35～50	4	2	0.3	0.1	0.1	
	FeV60	50～65	2.5	2	0.3	0.05	0.06	
	FeV80	75～85	1.5	2	0.3	0.05	0.06	0.5
	FeV80Al2	75～85	2	1.5	0.2	0.05	0.06	0.5

表 5-48 钒铁中其他元素的最大含量

元素名称	Cr	Ni	Mo	Ti	Cu	Pb	As	Sb	Sn	Bi	Zn	N
含量/%	0.2	0.2	0.75	0.15	0.15	0.02	0.06	0.05	0.05	0.02	0.02	0.2

表 5-49 钒铁颗粒粒度

等 级	粒度范围/mm	大于规定粒度范围的数量/%	小于规定粒度范围的数量/%
2	3.15～50	≤10	≤5
3	3.15～25	≤10	≤8

5.7.7.7 ANSI/ASTM A102-76(81)

ANSI/ASTM A102-76(81)，见表 5-50～表 5-52。

表 5-50 美国钒铁标准化学成分

等 级	化学成分/%						
	V	C	Si	P	S	Al	Mn
	≥	≤					
A	50～60.0 或 70.0～80.0	0.20	1.0	0.050	0.050	0.75	0.50
B	50～60.0 或 70.0～80.0	1.5	2.5	0.060	0.050	1.5	0.50
C	50～60.0 或 70.0～80.0	3.0	8.0	0.050	0.10	1.5	
可锻铸级	35～45.0 或 50.0～60.0	3.0	8.0 或 7～11	0.10	0.101	1.5	

表 5-51 瑞典钒铁标准补充的化学成分(%)

等 级	Cr	Cu	Ni	Pb	Sn	Zn	Mo	Ti	N
ABC 锻	0.50	0.15	0.10	0.020	0.050	0.02	0.75	0.15	0.20

表 5-52 钒铁块度和允许误差

等 级	标准块度/mm	偏 差	
ABC 铸铁级	<50	大于 50mm≤10%	小于 0.84mm≤10%
	<25	大于 25mm≤10%	小于 0.84mm≤10%
	<12.5	大于 12.5mm≤10%	小于 0.60mm≤10%
	<2.36	大于 2.36mm≤10%	小于 0.074mm≤10%

5.7.7.8　美国钒铁标准

美国钒铁标准(MA 150、MA 151)见表5-53。

表5-53　美国钒铁标准化学成分

标准号	产品名称	化学成分/%					
		V	C	P	S	Si	Al
			⩽				
MA150	80%级低碳钒铁	78～82	0.15	0.06	0.02	1	1～2
MA151	标准级钒铁	60～70	1.5	0.1	0.1	8	5

钒铁颗粒粒度小于51mm。

5.8　钒铝合金

5.8.1　概述

钛和钛合金主要用于航空、航天、化工、石油、轻纺、冶金、电力等部门，特别是在航空航天领域使用的钛合金，对其性质要求非常严格，为了改善其性能，除了热处理外，添加合金元素也是一种有效的方法。这些合金元素只有一小部分是以工业级纯金属的形式加入到钛电极中，而大部分是以中间合金的形式加入的。此外由于中间合金的熔点低于纯金属的熔点，因此它们在最终合金中能分布得很均匀。由于上述原因对中间合金的纯度要求也非常严格，要求中间合金除了成分均匀外，其中有害的微量元素、氧化物、氮化物的含量，特别是高熔点的金属含量尽可能最少，是生产中间合金要求的关键所在。钒铝是制造钛合金的合金添加剂（中间合金），也可炼制不含铁的超合金和纯钒的原料。

钛合金中的Ti6Al4V(TC4)是应用最多的合金，它是用含钒48%、54%或65%的钒铝合金生产的。Ti-6Al-4V占世界钛合金材产量的50%，此外还有Ti-5Al-4V(TC3)、Ti-5Mo-5V-8Cr-3Al(TB2)、Ti-6Al-6V-2Sn-0.5Cu-0.5Fe(TC10)等。

AlV85中间合金使用量很少，主要用于制造Ti-3.5Al-10Mo-8V-1Fe(TB3)、Ti-4Al-7Mo-10V-2Fe-2Zr(TB4)等高钒合金。

钒铝合金生产主要是用钒氧化物和铝反应的铝热法生产的：

$$3V_2O_5+16Al \longrightarrow 6VAl+5Al_2O_3$$

5.8.2　钒铝中间合金的生产工艺

国外主要生产钒铝等中间合金的厂家有：

(1) 德国电冶金公司（GFE）；

(2) 美国战略矿物公司（Strategic Minerls Corporation）子公司——美国钒公司；

(3) 美国雷丁合金公司（Reading Alloys Inc）；

(4) 俄罗斯的上萨尔达冶金生产联合公司（VSMPO）。

国内钒铝合金主要生产厂家有：

(1) 宝鸡有色金属加工厂；

(2) 凌海大业铁合金厂（生产钒铝合金）；

(3) 锦州铁合金公司。

铝热法生产钒铝合金有两种方法：一步法和两步法，只有德国GFE和美国钒公司采用两步法，国内和世界其他厂家均采用一步法。一步法中间合金的质量很难保证航空级的钛合金的质量要求。

5.8.2.1 两步法

德国电冶金公司的航空、航天用的钒铝中间合金生产工艺流程是两步法，首先用铝热法生产含85%V、15%Al的中间合金（VAl85），然后在真空感应炉熔炼出含钒和铝各50%的钒铝中间合金（VAl50），是用来生产航空用的钛合金Ti6Al4V的原料，其两步法生产钒铝合金工艺流程见图5-33。

第一步用三氧化二钒和五氧化二钒与铝混合，炉料中加入过量的铝，以便生产出VAl85的合金（熔点1827℃）。熔炼容器用非常纯的材料捣结制成，每炉大约可生产1t。冶炼后块状钒铝要经破碎和精整，粉碎好的30mm钒铝进入处理装置。

第二步在真空感应炉冶炼，对防止吸收氧气和氮气、非金属夹杂，尤其是氧化物的去除是有效的。先将铝热法生产的钒铝合金聚集到20t，考虑到各炉不同成分的金属块，根据情况分析，按要求补加纯铝（含铝99.7%），在称量台上将不足的铝量与VAl85合金调整钒铝比，混合后，装入真空熔炼和铸造设备VSG600的装料器里。

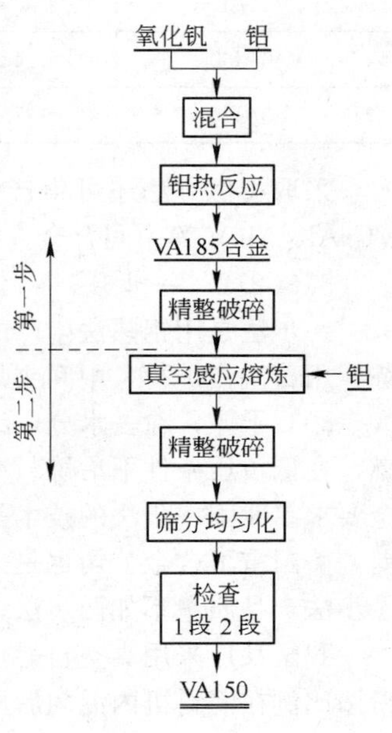

图5-33 两步法生产钒铝合金工艺流程图

在真空感应炉熔炼，在1550℃，铝的蒸汽压很高，要在2666Pa压力的氩气氛下熔炼，得到VAl50合金，含氮氧量很低。

VSG600电炉包括：

(1) 一个熔炼钒铝合金的倾动感应坩埚炉，由尖晶石作炉衬，供冷却钒铝合金块的真空水冷回转台；

(2) 铸模通道管，供给空铸模，取出铸满的锭模，不破坏炉内的真空；

(3) 真空泵机组。

在熔炼过程中，中频率感应熔池，每次可由装料导管，在不停真空下装料，经过1.5h，全部炉料（370kg）熔化，熔池熔体倾入铸模内，每次倾注完了，水冷的回转台移到下一个位置，以便下一炉熔炼过程中再用这个空模子。

注意不能使合金吸收气体，每块熔融物在VSG装置里冷却10h，约在250℃时由通道管取出。

从铸模里取出的钒铝合金块，大多数自动裂开，或用手工把大块破碎，再用可移动砂轮机清理表面氧化铝残渣，再入颚式破碎机(间隙度25mm)初碎后，送到一台双型鼓形筛里筛析。例如，按照用户要求的0.2～6mm粒度，小于0.2mm的细粒返回重熔，给生产VAl85用。粒度大于6mm的经过电磁振动比例给料器加到颚式破碎机里破碎，破碎后返回到双型鼓形筛。

0.3～6mm的中间粒级，经过斗式皮带输送机送到一台均化器里，10～30t为一批料，经回转均匀漏斗把它均布到20个容器里。均化后的物料经皮带输送机装入磁性分离器里，用磁选机除去生产过程带入的含铁高的颗粒。在皮带输送机上的料层厚度为单层晶体，用目视检查，两个检查员用钳子或夹子挑出不合格的物质(锭上部被氧化的晶粒)。首先是在正常光线下检查，然后根据买主的要求，在紫外线下进行检查除去带有氧化物杂质的颗粒，另有一台比例溜槽返回钒铝合金到皮带上，将单层晶粒再用X射线检查，密度大的晶粒被检出，由抽吸装置把它从皮带上抽出。自实行以来，出来的合金很少被沾污。小颗粒(1.0mm/1.25mm/1.5mm)加到流动槽中去，供考核检查员使用。经计算机控制的X射线检查后，这批钒铝合金通过另一台磁选机，在流动物料连续取样后准备包装。

德国GFE公司可生产的含钒中间合金成分见表5-54。

表5-54　德国工业标准DIN17563的钒铝中间合金成分（质量分数，%）

编　号	V	C	Si	Al
V80Al	85	0.10	1.00	15
V40Al	40	0.10	1.00	60
V40Al60	40～45	0.10	0.30	55～60
V80Al20	75～85	0.05	0.40	15～20

采取类似方法还可生产钒镍中间合金，其成分为：37%～40%Ni，57%～62%V。还有VCrAl、MnV等中间合金。

5.8.2.2　一步法

一步法是用铝热法生产的，原料是五氧化二钒和铝，造渣剂是用萤石，但是在真空炉内冶炼，用石墨作炉衬，中间夹层用不锈钢水冷套，对原料要求严格，比如五氧化二钒要事先在60～80℃干燥，除去水分，经过仔细混合后，装入真空炉内，冶炼方法是上部点火，用镁条点燃，在低负压条件下冶炼。冶炼后也要破碎到一定粒度，磁选。这种合金基本能满足一般钛合金要求。我国一步法的技术是西北有色金属研究院开发的。其他厂家的技术更简单些，质量更差。美国雷丁合金公司也是采用一步法，在水冷的铜反应器内采用悬浮熔炼法冶炼AlV合金。一步法产品质量不如两步法，产品表面发灰、或蓝、或黄。

我国某厂采用真空自燃烧法生产钒铝合金，将V_2O_5置于烘箱内80℃干燥，将V_2O_5与铝粉按比例在混料机内混匀后压制成块，然后置于石墨坩埚内，在真空反应器内，低真空下点火燃烧，反应完毕后冷却出炉，将钒铝合金打磨、喷砂、破碎、过筛，得到所需粒度的钒铝合金，经磁选、X射线检验、物化检验得到符合要求的钒铝中间合金。合金的氧含量为0.06%，氢含量为0.002%，氮为0.02%，铁为0.18%，硅为0.14%，碳为0.03%，钒为55.5%～56.5%，合金密度为3.9～4.1g/cm^3，相结构为Al_8V_5。

一些国家钒铝合金标准见表5-55。

表5-55　一些国家钒铝中间合金成分（质量分数，%）

标　准	编　号	V	C	Si	Fe	O	Al
德国GFE工业标准DIN1756	V80Al	85	0.10	1.00			15
	V40Al	40	0.10	1.00			60
	V40Al60	40～45	0.10	0.30			55～60
	V80Al20	75～85	0.05	0.40			15～20
美国战略矿物公司	65%VAl	60～65					34～29
	85VAl	82～85					13～16
我国GB 1985-04-17	AlV55	50～60	0.15	0.30	0.35	0.20	余量
	AlV65	60～70	0.20	0.30	0.30		余量
	AlV75	70～80	0.20	0.30	0.30		余量
	AlV85	80～90	0.30	0.30	0.30		余量

5.9 含钒储氢合金

5.9.1 概述

储氢材料是一种能够储存氢与输送氢的材料，它在一定的温度、压力下可逆地吸收氢、释放氢，是一种集存储能源和输送能源于一体的载体。

随着世界经济的发展和人口增长，对能源的需求也随之骤增，当今世界是以化石能源为主体，但化石能源储量有限，就石油资源估计，按现在的开采速度到2050年将消耗殆尽，同时，化石能源的广泛使用已造成全球生态环境污染日益严重，温室效应使气候变暖；风、涝、干旱等自然灾害频繁发生，并且有越演越烈的趋势，严重影响了人类的生存和发展。因此开发新能源成为世界各国的当务之急，而氢能作为重要的新能源之一就应运而生，在克服化石能源的缺陷方面，氢能正是人们所期待的新能源，它具有以下优点：

(1) 氢是自然界中存在最普遍的元素；

(2) 无毒，清洁；

(3) 高发热值，每千克氢气约1.21～1.43kJ；燃烧性好；导热性好，比大多数气体的导热系数高出10倍；

(4) 应用范围广；

(5) 适应性强；

(6) 可方便与其他能源转换。

鉴于上述种种优点，随着科学技术的不断进步，氢能的应用将不是遥远的未来，21世纪下半叶的能源体系将是氢能和电能的混合体系。氢能系统包括氢源开发、制氢技术、储氢和输氢技术以及氢的利用技术等。其中，储氢是最关键的环节。氢气储存有物理和化学两大类，物理储存方法主要有：液氢储存、活性炭吸附储存、碳纤维和碳纳米管储存、地下岩洞储存等。化学储存方法有：金属氢化物储存、有机液态氢化物储存等。目前研究较多的、较为成熟的是金属氢化物储存技术。自20世纪60年代后期荷兰菲利浦公司和美国布鲁克海文国家实验室分别发现了$LaNi_5$、TiFe、Mg_2Ni等金属间化合物的储氢特性以后，人们对储氢合金极为重视，世界各国都在竞相研究开发不同的金属储氢材料，新型的储氢合金层出不穷，性能不断提高，应用领域不断扩大。众多学者认为从保护环境、减少污染、充分发挥能源储存和运输等诸多方面考虑，氢能是最理想的载能体，而且是充分利用太阳能时不可缺少的重要环节。

5.9.2 储氢合金、储氢原理

5.9.2.1 吸放氢过程热力学原理

储氢合金能吸收相当于自身体积1000倍左右的氢气，在室温附近能反复进行吸放氢，这较液态氢能将体积相当于它800倍左右的氢气液化有利得多，很多金属都可与氢反应形成金属氢化物：

$$\frac{2}{x}M+H_2 \Longleftrightarrow \frac{2}{x}MH_x \tag{5-42}$$

$$\Delta G^{\ominus}=\Delta H^{\ominus}-\Delta S^{\ominus}T \tag{5-43}$$

若 M、MH_x、H_2 都看作是纯物质，则有：

$$\ln P_{H_2}=\Delta H^{\ominus}/RT-\Delta S^{\ominus}/R \tag{5-44}$$

式中　T——温度；

R——气体常数；

P_{H_2}——H_2 分解压。

几乎所有的金属元素都能与氢反应，但反应一般有两种性质，一种是容易与氢气反应，吸氢量大，形成稳定的、强键型氢化物，同时放出大量的热（$\Delta H<0$），这类金属主要是ⅠA～ⅤB族金属，如 Ti、Zr、Ca、Mg、V、Nb、Re 等；第二种是金属与氢的亲和力小，氢在这些金属中的溶解度低，形成的氢化物为不稳定的弱键型，但氢容易在其中移动，这类金属主要是ⅥB～ⅧB族过渡金属（Pd 除外），如 Fe、Co、Ni、Cr、Al 等，氢和这些金属反应时为吸热反应（$\Delta H>0$）。通常把前者称为放热型金属，称为氢稳定型因素，控制着储氢量，是组成储氢合金的关键因素。后者称为吸热型金属，称为氢不稳定型因素，控制着吸放氢的可逆性，起着调节生成热和分解压的作用。

由于气体氢进入金属后氢的熵变值极小，式 5-43 的熵变 $\Delta S^{\ominus}$ 可近似看作气体氢在 25℃时的熵，即 $\Delta S^{\ominus}_{298}H_2=130$kJ/(mol·℃)，因此不同金属氢化物的稳定性（$\Delta G^{\ominus}$ 值）取决于反应式 5-42 的焓变 $\Delta H^{\ominus}$ 的大小，$\Delta H^{\ominus}$ 越小则金属氢化物越稳定。$\Delta H^{\ominus}$ 值的大小，对探索不同目的的金属氢化物具有重要意义。做储氢材料用时，为提高能源利用率，$\Delta H^{\ominus}$ 值应该小；做蓄热材料用时，该值应该大。

金属与 H_2 反应，是由金属固溶体到氢化物的过程，根据式 5-44，金属与氢反应的相平衡可用图 5-34 所示的压力与组成的理想等温曲线（P-C-T）表示。

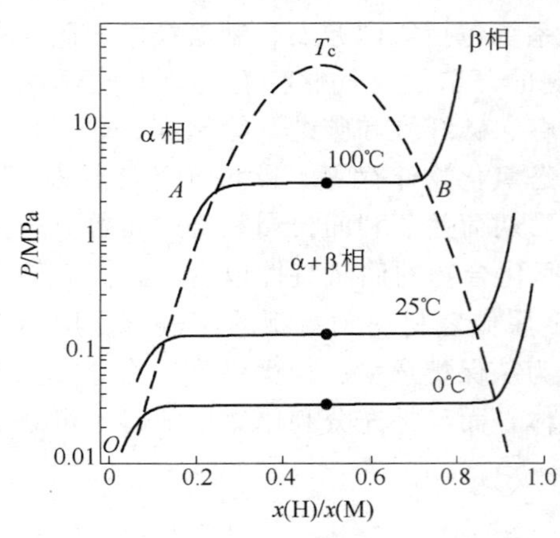

图 5-34　理想吸氢等温曲线

横轴为固相中的氢与金属的原子比，纵轴为氢压，整个吸氢过程分三步进行，在某一温度（如图 5-34 中的 100℃）下从 0 点开始，随氢压的增加，开始吸收少量的氢后，形成含氢固溶体 α 相，金属结构保持不变，溶于金属中的数量使其组成变为 A，其固溶度 $[H]_M$ 与固溶体平衡氢压的平方根成正比：

$$P_{H_2}^{1/2}\propto[H]_M$$

A 点对应于氢在金属中的极限溶解度，达到 A 点后，α 相开始与氢反应生成氢化物 β 相，当继续加氢时，系统的压力不变，氢在恒压下被金属吸收。当所有 α 相都变成 β 相时，组成达到 B 点，α 相消失。AB 段为吸氢过程的第二步，此段曲线呈平直状，故称平台区，又称为两相互溶区，相应的平衡压力为平台压。其反应式如下：

$$2/(y-x)MH_x+H_2\longrightarrow 2/(y-x)MH_y+Q \tag{5-45}$$

式中　x——固溶体中的氢平衡浓度；

y——合金氢化物中氢的浓度，且 $y\geqslant x$；

Q——放出的热量。

继续提高氢压，则 β 相组成会逐渐接近化学计量组成，氢化物中的氢仅有少量增加，属吸氢过程的第三步，氢化反应结束，氢压显著增加。

不同温度下，其 P-C-T 曲线的位置不同，从图 5-35 可见，温度越低，平台区越长，其吸氢量越大。

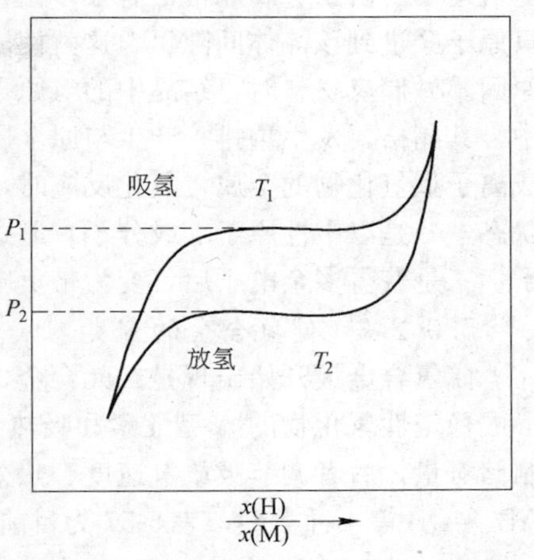

图 5-35 吸放氢循环过程

对于放氢过程，则是上述过程的逆过程，但由于氢反应前后金属晶粒大小、金属表面积、内部所受应力等变化很大，导致金属吸氢反应与放氢反应的吉布斯能变化的绝对值不相等，从而出现吸氢反应与放氢反应平衡氢压不相等的滞后现象，如图 5-35 所示，金属吸放氢反应为气-固相反应，详细反应机理目前还处于探索阶段。

5.9.2.2 氢在金属中的存在形式

氢同金属反应形成氢化物相当于氢侵入金属晶格中的位置，金属晶格也就成了氢的容器。金属晶格只有面心立方（fcc）、体心立方（bcc）和密排六方（hcp）三种晶格。fcc 和 bcc 中，六配位的八面体晶格间的位置和四配位的四面体晶格间的位置是氢稳定存在的位置。金属晶格的晶格位置及其数量如表 5-56 和图 5-36 所示。

表 5-56 金属晶格的晶格间位置与每个金属原子的位置数

晶体结构	fcc 晶格	bcc 晶格	hcp 晶格
八面体位置	1	3	1
四面体位置	2	6	2

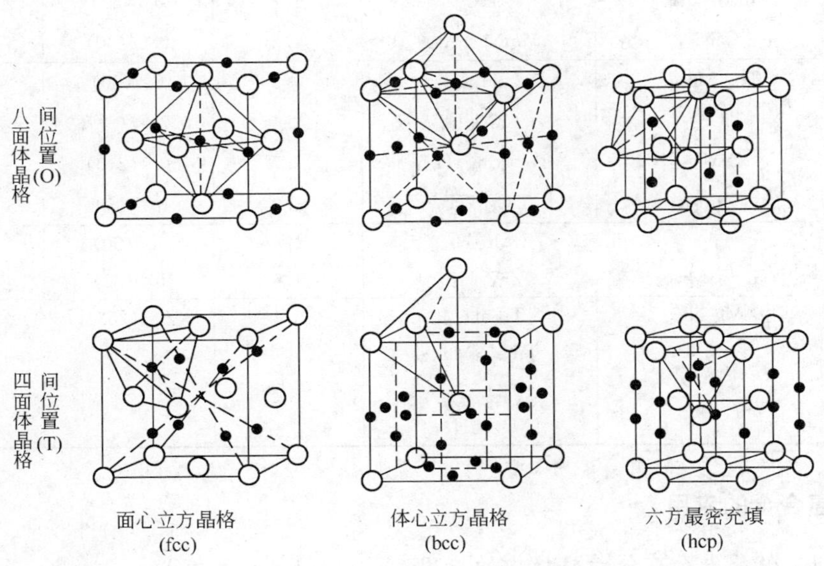

图 5-36 金属晶格中的晶格间位置

通过试验研究发现：存在这样一种倾向，当母体金属为 fcc 时，对于原子半径小的金属（如 Ni、Cr、Mn、Pd），氢进入八面体晶格间的位置（O）；在母体金属为 bcc 时，如 V、Nb、Ta，氢进入四面体晶格间的位置（T）；母体金属为 hcp 时，氢主要进入四面体晶格间的位置（T）；进入金属晶格中的氢不是在晶格中的某一点上固定不动，而是在其位置周围一定范围内随机运动。由于金属晶格中有很多位置，能吸收大量的氢，而金属晶体中原子排列十分紧密，氢原子又进到该晶体间隙里，这就使氢也处于最紧密的填充状态，这就是金属能致密吸收氢的原因。做储氢材料时，结晶中的氢原子数为金属原子的1～2倍。大多数金属在氢化反应过程中，其晶格要发生重排，产生与原金属晶格不同的结构，少数金属氢化后，金属晶格不变，生成离子型氢化物的金属，氢化反应时，发热量大，且体积收缩。氢原子在金属中，有三种存在状态，一是以中性原子（或分子）形式存在；二是放出一个电子后，氢本身变为带正电荷的质子；三是获得多余电子后，变为带负电荷的氢阴离子。

5.9.2.3 储氢合金的分类

储氢合金最开始出现是二元合金，虽然后来相继出现三元以上的合金，但都是以发热型、形成稳定性氢化物的A型元素和吸热型、难以形成稳定性氢化物的B型元素的组合，前者控制储氢量，后者调节吸放氢速度、热效应、氢压等。按照原子比不同，它们构成AB_5、AB_2、AB、A_2B等4种类型，表5-57为目前开发的几种基本型AB合金的性质。

表5-57 主要吸氢合金及其氢化物的性质

类　型	合　金	氢化物	吸氢量（质量分数）/%	放氢压（温度）/MPa	每摩尔氢气氢化物生成热/kJ
AB_5	$LaNi_5$	$LaNi_5H_{6.0}$	1.4	0.4(50)	−30.1
	$LaNi_{4.5}Al_{0.4}$	$LaNi_{4.5}Al_{0.4}H_{5.5}$	1.3	0.2(80)	−38.1
	$MmNi_5$	$MmNi_5H_{6.3}$	1.4	3.4(50)	−26.4
	$MmNi_{4.5}Mn_{0.5}$	$MmNi_{4.5}Mn_{0.5}$	1.5	0.4(50)	−17.6
	$MmNi_{4.5}Al_{0.5}$	$H_{6.6}$	1.2	0.5(50)	−29.7
	$CaNi_5$	$MmNi_{4.5}Al_{0.5}$	1.2	0.04(30)	−33.5
AB_2	$Ti_{1.2}Mn_{1.8}$	$H_{4.9}$	1.8	0.7(20)	−28.5
	$TiCr_{1.8}$	$CaNi_5H_4$	2.4	0.2～5(−78)	
	$ZrMn_2$	$Ti_{1.2}Mn_{1.8}H_{2.47}$	1.7	0.1(210)	−38.9
	ZrV_2	$TiCr_{1.8}H_{3.6}$	2.0	10^{-9}(50)	−200.8
AB	TiFe	$ZrMn_2H_{3.46}$	1.8	1.0(50)	−23.0
	$TiFe_{0.8}Mn_{0.2}$	$ZrV_2H_{4.8}$	1.9	0.9(80)	−31.8
A_2B	Mg_2Ni	$TiFeH_{1.95}$	3.6	0.1(253)	−64.4
		$TiFe_{0.8}Mn_{0.2}$			
		$H_{1.95}$			
		$Mg_2NiH_{4.0}$			

5.9.3 储氢合金的应用

5.9.3.1 储氢合金在能量转换中的应用

任何能源的使用，都要解决能量的储存和运输问题，也就是解决能量的转换问题，将一次能源转化为二次能源才便于使用。目前的化石能源经过加工或处理后，有两种存储和运输方式，一是按原有形式存储，采用机械工具运输（汽车、火车、轮船、飞机等）。这种方式成本高，且不安全。二是转化为电能，通过输电线路运输。这种方式运输和使用虽然方便，但无法存储。另外，正如绪论中所述，化石能源最终会退出历史舞台，取而代之的是太阳能、水能、原子能、海洋能、风能、地热能等，但这些能源的储存和运输，没有化石能源方便，这就必须要有与之相匹配的二次能源转化系统。

储氢合金吸放氢的过程不仅是化学反应过程，同时还伴随吸放热和氢气压力的变化过程，这就可以将吸放氢的化学能和热能、机械能的转化联系起来，同时，如把吸放氢反应以电化学反应进行，也可以实现化学能和电能的转化，利用储氢合金与氢的可逆反应，就可以实现化学能与电能、热能、机械能的储存和转化，虽然其他化学反应也有这些功能，但储氢合金的可逆性好，速度快，反应热效应好，而且储氢合金运输方便，且安全，可在甲地储存，乙地使用。例如，太阳能源、风能、海洋能、地热能通常都有地域性，而且风能、海洋能还不稳定，如通过空气压缩机将风能、海洋能转化为热能，通过吸放氢过程中的热效应将热能储存在储氢合金中，在适当的时间和地点，再通过吸放氢过程将能量以适当的形式释放出来。另外，还可利用储氢合金来回收工业废热，用储氢合金回收工业废热的优点是热损失小，并可得到比废热源温度更高的热能。再如：水电站、原子能电站在运行过程中存在着高低峰期问题，高峰期电不够用，低峰期电用不完，而用储氢合金，则可以在低峰期利用多余的电能电解水生产氢气并储存起来；在高峰期，则将氢气释放出来，供燃料电池直接发电，或燃烧氢气生产水蒸气，驱动透平机发电。所以，储氢合金能有效地实现能量的转换、储存和运输。

5.9.3.2 储氢合金在氢分离、回收和净化中的应用

石油化工等行业经常有大量的含氢尾气，一些化学、冶金（将来还有生物）工业中，往往伴随着含氢气体的排出，如合成氨尾气含有50%～60% H_2，以往是将这些气体排空或燃烧掉，这部分氢没有加以利用，在经济上是一个较大的损失。而另一些工业，如半导体器件、集成电路、电子材料、光纤、高纯金属的还原制取等又需要氢气，现有的氢气净化技术耗能高、成本高，使得回收废气中的氢得不偿失，如用储氢合金的选择性吸收氢的功能，不但可以回收氢，而且氢的纯度高、占地面积小、制氢效率高、成本低、安全。

5.9.3.3 储氢合金在氢同位素分离中的应用

核工业中，常用重水作为反应堆的冷却剂和中子减速剂，氘和氚则是核聚变的原材料，氢气中都含有一定的氘和氚，但分离、富集氘却是一个较大的技术难题。而金属氢化物均表现出一定的同位素效应，可选择性地吸收氘和氚，因此利用储氢合金的选择性吸氢功能，可方便地生产氘和氚。

5.9.3.4 储氢合金作催化剂

在储氢合金的储放氢过程中，氢是以原子形式和金属发生可逆反应，而许多有氢气参加的化学反应过程，都有氢分子首先分解成氢原子，然后氢原子再和其他反应物反应的过程，而某些储氢合金的吸放氢过程很快，这就说明这些储氢合金具有相当大的活性，可以把它们作为活性催化剂来使用。作为不饱和化合物的吸氢，或与此相反的饱和化合物的脱氢，其通式为：

$$\text{不饱和化合物}+MH_x \Longleftrightarrow \text{饱和化合物}+M$$

式中 M——储氢合金；

MH_x——吸收氢后的金属氢化物。

有关储氢合金的催化机理，尚未完全搞清楚，但在生产实际中已证实了它良好的催化效果。例如：合成氨反应、甲烷反应、烯烃加氢反应等：

$$N_2+3H_2 \longrightarrow 2NH_3$$

$$CO+3H_2 \longrightarrow CH_4+H_2O$$

$$C_2H_4+H_2 \longrightarrow C_2H_6$$

储氢合金应用在上述反应中，其效果均优于传统的催化剂。

5.9.3.5　储氢合金传感器

储氢合金在吸放氢过程中有热效应，也就是环境温度对储氢合金的吸放氢有影响，因此可以利用一些对环境温度敏感的储氢合金吸放出来的氢气对活塞做功，带动指针指示温度。

5.9.3.6　储氢合金蓄电池

工业时代以来，汽车的出现，给人类交通带来了巨大的变化和便利，现在汽车已进入普通百姓的家庭。但汽车带给人们方便的同时，也带来了严重的环境污染和加快了化石能源的消耗。由于受化石能源的日益枯竭和环境污染的双重压力，世界各国越来越重视电动汽车及相关技术的发展，目前汽车用储电池常见的有铅酸电池和镉镍电池，铅酸电池质量重，有硫酸及铅污染，镉镍电池性价比不如铅酸电池，且有镉污染，现在虽然出现了锂电池，但锂资源有限，且价格又太贵，只能用于手机、笔记本电脑等方面。

近年来，储氢合金的出现，给蓄电池的发展带来了新的机会。从前一节所知，某些氢化物中的氢在合金中是以正或负离子形式存在，这类储氢合金的储放氢反应是伴随着电子得失的氧化还原反应，这就为发展储氢合金电池提供了理论基础，金属氢化物的电化学应用也随之开始了。1990 年以来，Ni-MH 储氢合金电池首先在日本商业化，它的电池反应最大特点就是无论正极或负极，都是氢原子进入到固体内进行反应，不存在传统的铅酸电池和镉镍电池所共有的溶解、析出反应，氢原子以氢氧根离子（OH^-）的形式在氢氧化钾水溶液里面传递电子，吸氢合金本身并不作为活性物质参与反应，所以，高密度填充金属氢化物的储氢合金不仅可使电极反应顺利进行，而且还有能量密度高、成本低、质量轻、无污染等优点，现已开始取代传统的镍镉电池在信息产业、航天领域等方面大规模应用。

除了 Ni-MH 储氢合金电池外，世界各国还在积极开发其他储氢合金电池，其中 V 基、Ti 基和 V-Ti-M 基储氢合金电池有着非常大的发展前景。

5.9.3.7　氢的储存与运输

氢的储存与运输是氢能利用系统的重要环节，它的关键技术是安全而经济的储存和运输。目前用钢瓶高压气储运和液态氢储运存在着不安全、耗能高、经济性差等因素，如用储氢合金储运时，氢是以原子态储存于合金中，在放氢过程中，要经过扩散、相变、化合等过程，受到各种热力学、动力学因素的制约，因此不会爆炸，安全性高。又因金属吸氢后，体积增加，密度下降，因此储氢合金质量轻，易于利用汽车、轮船和飞机等运输工具运输。

最有前景的是将氢燃料的储存和输送有机地统一起来，用金属氢化物作为汽车的储能装置，相当于现在汽车的油箱，用金属氢化物储存的能量作为汽车的动力。有两种供能方式，一种是以储氢合金电池供能，利用储氢合金蓄电池驱动电动汽车行驶，另一种供能方式是直接燃烧氢气，利用汽车尾气的热量加热车上的、已储有氢气的合金，让储氢合金放出氢气作为汽车的燃料。这两种补充能量的方式（充氢或充电过程）则在车外完成，当储氢合金中存储的氢或电用完后，可在专门的氢站（相当于现在的加油站）充氢或充电或更换储氢合金。但目前的 Ni-MH 储氢合金由于储能较少，还不能完全替代化石燃料。现在看来这方面最有前景的是 V-Ti 基储氢合金。

以上所述的实际应用如图 5-37 所示，这些只是储氢合金的能量变换功能在一方面的应用，随着科学技术的发展，储氢合金还有很大的应用潜力。

5.9.4　钒钛型储氢合金

5.9.4.1　钒氢反应规律

V 与 H_2 反应时形成两种氢化物 $VH_{0.95}$ 和 $VH_{2.01}$，$VH_{2.01}$ 的储氢量高达 3.8%（质量分数）

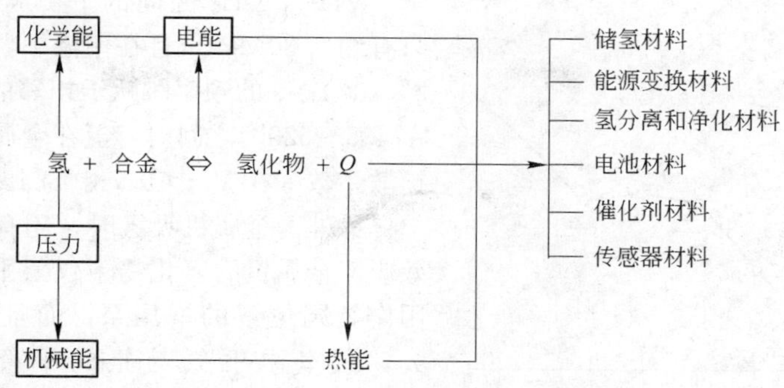

图 5-37 储氢合金的应用功能

(HM=2)，是典型的 AB_5 型储氢合金 $LaNi_5H_6$ 的 3 倍左右。同时，V 与 H_2 的反应表现出两个平台，第一个平台的反应是 $VH_{0.95} \rightarrow VH$，但是该反应的平台分解压很低，称为低压区。第二个平台的反应是 $VH_{0.95} \rightarrow VH_{2.01}$，该反应可以在接近室温和常压的条件下进行，称为高压区，如图 5-38 所示。因此，实际上可以利用的放氢反应 $VH_{0.95} \rightarrow VH_{2.01}$ 的放氢量只有 1.9%（质量分数）左右，但仍然高于现有的 AB_5 和 AB_2 型储氢合金。

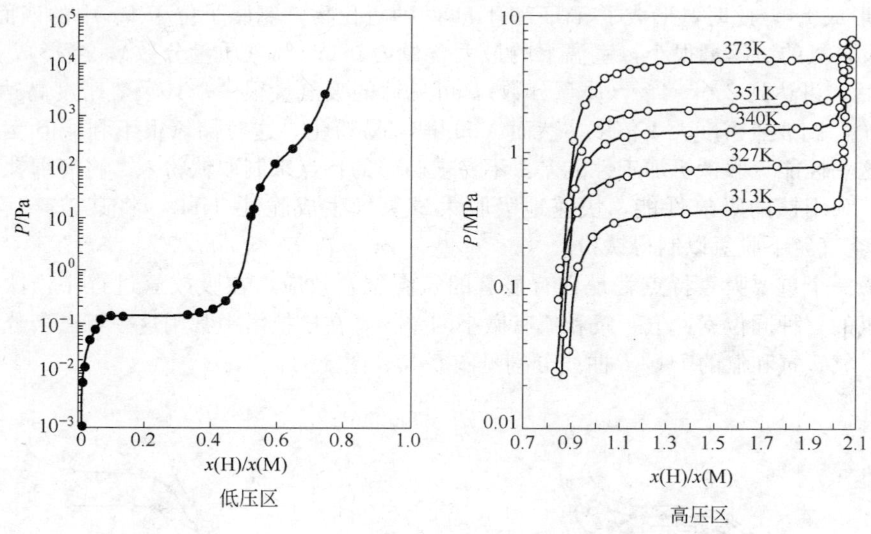

图 5-38 钒-氢的 P-C-T 曲线

对钒基固溶体的研究表明，金属钒的晶体结构为体心立方晶格(bcc)，对 VH_x 储氢合金，当 $x<0.5$ 时，VH_x 是(bcc)；$x \approx 0.5$ 时，氢化物由 bcc 转变为 bct(体心四方)结构；随 x 增大，结构又向 bcc 转变；当 $x \geqslant 1$ 后，VH_x 逐渐转变为 fcc，这与 V-H 相图十分相符。可见金属钒吸氢后，其晶体结构都发生了转变，在两相区域(即 α+β)内含氢量很低时形成体心四方晶格结构，可以认为是略有扭转的体心四方晶系。根据彭述明、赵鹏骥等人的研究，无论什么样的晶体结构，氢在钒晶体中均位于四面体位置，并且当 $x(H)/x(V)$ 小于 0.75 时，体积增加不到 10%，其中具有 bcc 结构的 VH 只占约 14%，当 $x(H)/x(V)$ 从 1.5～2.0 时，含氢的体积百分数迅速增加，VH_2 的体积百分数占了 41%，是具有 bcc 结构的 VH 的 3 倍(图 5-39)。因为 bcc 结构的抗粉化性比 fcc 好，所以在 bcc 阶段，氢化物有良好的抗粉化性能，而在 fcc 阶段则只有低的抗粉性。

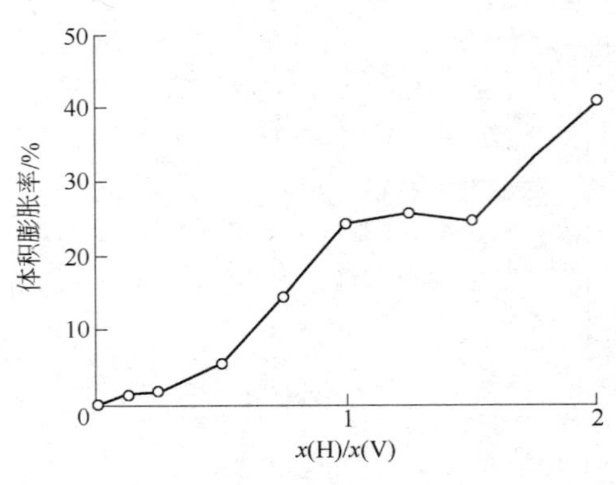

图 5-39 VH_x 的体积膨胀率随 $x(H)/x(V)$ 的变化曲线

VH 与 VH_2 之间的平衡离解压在 313K 时，只有约 0.30MPa，且在室温下，钒中的氢原子以 2×10^{12} 次/s 的频率跳跃于相邻的晶格间。当温度在 435～620℃之间时，氢在金属钒内具有很高的扩散系数（在 VH<0.7 中约 $4\times10^{-8}m^2/s$）。

另外，金属钒吸氢时，还有一定的氢同位素效应。金属钒的氢化物不仅氢平衡压力高，常被用作氢同位素的增压泵，而且氢同位素效应较大，在室温下氕与氘的平衡压力相差可达 0.3MPa。金属钒的氚化物比氘化物稳定，而氘化物又比氕化物稳定。

5.9.4.2 钛氢反应规律

纯钛是一种较早应用的单质储氢材料，钛的氢化物为 TiH_x（x=1～4），根据文献［135］，钛的氢化物以 TiH_2 最为稳定。通常钛的氢化物均指 TiH 和 TiH_2。钛的晶体结构是密排六方结构（hcp），吸氢开始时，氢原子溶解在钛中，与钛形成间隙式固溶体，随着吸氢反应继续，吸氢过程伴随着晶体结构改变，由 hcp 转变为 bcc，最后形成 fcc，此时，形成了 TiH 和 TiH_2 两种氢化物，氢原子位于 fcc 中的四面体位置。在 hcp 阶段，氢的溶解量很小，室温下的最大含量为 0.001%（质量分数）；当形成 fcc（TiH～TiH_2）后，可达到 2%～4%（质量分数），可见钛的吸氢量很大。其吸氢密度高达 9.2×10 氢原子/cm^3，比液氢密度大 1 倍多。然而 TiH_2 很容易粉化，这对储氢很不利，但反过来则可利用钛的这一性能克服钛机加工性能差，不易被破碎的特点来制取钛粉末。将海绵钛粉置于一定高温下，利用钛的吸氢性能，快速地吸收大量氢气生成脆性 TiH_2，将其破碎后在 600～750℃和真空气氛下脱氢以制得钛粉。

钛的另一个重要吸氢特点就是具有显著的氢同位素效应，在吸放氢过程中，钛的 *P-C-T* 曲线对于氢的三种同位素：氕、氘和氚有微小的差异，在核技术中常用这一特点来分离氕、氘和氚。钛对氕、氘和氚的 *P-C-T* 曲线分别见图 5-40、图 5-41。

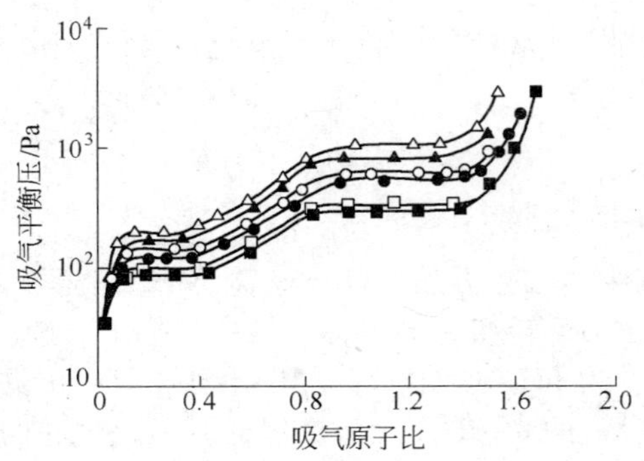

图 5-40 钛吸氕和氘的 *P-C-T* 曲线

■—550℃吸氕；●—575℃吸氕；▲—600℃吸氕；
□—550℃吸氘；○—575℃吸氘；△—600℃吸氘

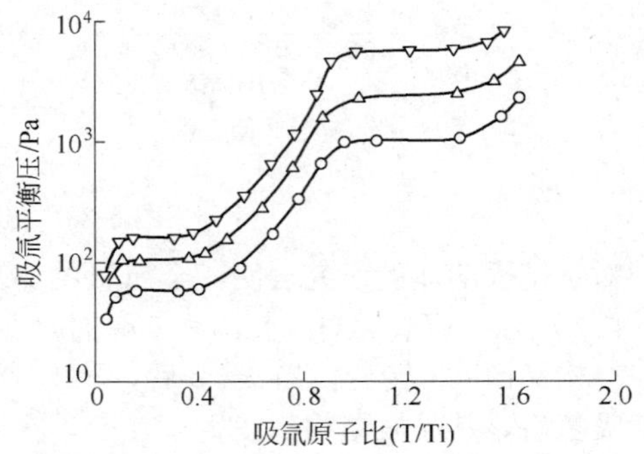

图 5-41 钛吸氚的 *P-C-T* 曲线

○—500℃；△—525℃；▽—550℃

对于钛吸氢时出现同位素效应的原因，国外学者 G. H. Sickin、T. Schobe、R. Hempelmann、Papazoglou、Hepwon、Wasilewski 和 Keh 等分别作了大量的研究，提出了不同的解释。我国学者黄刚、曹小华、龙兴贵等在前人的基础上，深入研究了各种氢同位素的热力学性质和动力学性质，揭示出它们的热力学性质和动力学性质之间的差异，如表5-58、表5-59所示。

表5-58 钛氕、钛氘、钛氚的热力学参数

H/Ti原子比	$\Delta H^{\ominus}$/kJ·mol^{-1}			$\Delta S^{\ominus}$/J·K^{-1}·mol^{-1}			对应物相
	吸氕	吸氘	吸氚	吸氕	吸氘	吸氚	
0.2	−82.5±0.7	−88.5±0.3	−105.5±1.9	−137.2±0.9	−139.8±0.9	−163.3±1.9	α+β
1.0	−120.9±4.8	−135.2±2.5	−179.6±5.6	−212.5±6.5	−212.9±2.9	−290.3±7.1	β+γ

表5-59 钛吸收氕、氘和氚在不同温度下的速度常数

气 体	550℃	600℃	650℃	700℃	750℃
氢	0.00617	0.00973	0.01353	0.02092	0.03155
氘	0.0012	0.00246	0.00633	0.01421	0.0257
氚	0.00173	0.0062	0.01572	0.06215	0.15382

从热力学上分析，$\Delta H^{\ominus}$越小，生成的物质越稳定。从表5-58可见，对应于相同的物相和原子比，$\Delta H^{\ominus}$和$\Delta S^{\ominus}$按照氚化钛、氘化钛和氕化钛的顺序依次增大，说明氚化钛比氘化钛稳定，氘化钛比氕化钛稳定。

从表5-59数据可以得知，对同一种气体而言，温度越高，钛吸气反应的速率常数越大，表明反应随温度的升高而变快。在温度较低时，吸氕的速度常数均比氘和氚大，但当温度大于等于650℃后，吸氚的速度常数大于吸氘的速度常数，而吸氘的速度常数在各种温度下均小于氕和氚。另外，我国学者黄刚、曹小华、龙兴贵等人还通过实验测得钛吸氢、氘和氚的表观活化能E_a分别为55.64～2.4kJ/mol、110.24～3.0kJ/mol和155.54～3.2kJ/mol，表明钛吸收氢同位素气体的表观活化能从高到低依次为吸氚、吸氘和吸氕，显示出钛在与氢同位素作用时的动力学同位素效应，钛吸氚进行氚化反应的激活能最高，氚化反应最难进行，而吸氕进行氢化反应相对要更容易一些。

5.9.4.3 钒钛合金储氢的可行性

目前具有较高储氢量的储氢合金主要有镁系和稀土系（以镍氢电池为代表）两大类，但镁系储氢合金的放氢温度太高（约200℃），稀土系（LaNi系）储氢合金虽然已进入实际应用，但储氢量不太高，约1.4%（质量分数）。如前两节所述，钒、钛均有较强的储氢能力，且都有氢同位素效应，钒的放氢温度接近室温，因此钒基或钛基储氢合金是极具竞争力和发展前景的储氢合金，也是当今世界各发达国家研究的热点，是第三代储氢合金研究开发的重点对象。但钒和钛均有弱点，钒放氢量只有吸氢量的一半左右，金属钒的氢化物氢平衡压力高，在实际操作中不太方便，并有多种相结构（α、β和γ相氢化物）。钛吸放氢大，但吸氢后容易粉化，放氢温度高，如能将两者结合起来，做到优势互

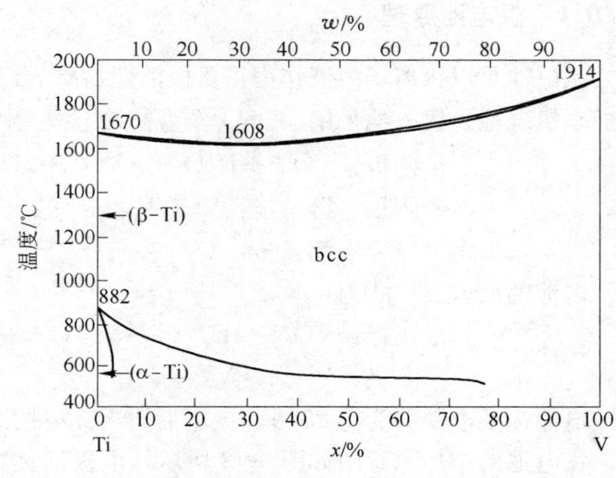

图5-42 Ti-V相图

补，这完全是可能的。

图 5-42 为 Ti-V 相图，从相图可知，钒钛能很好地相互互溶，是无限固溶体，且晶体结构为 bcc，因此，就有较好的抗粉化性能。它的吸氢容量可达到 2（x（H）/x（M）），按质量百分比测定，能达到接近 4%的吸氢量，约是 LaNi 系储氢合金的 2.7 倍。钒的晶体结构吸氢后形成的氢化物为 fcc 结构的 β 相氢化物，且有氢同位素效应。但是它的吸放氢动力学性能很差，吸放氢过程相当缓慢，且在作电池材料时，存在着主要元素溶解、钛氧化和导电能力降低等因素造成的性能退化。因此，在 V-Ti 合金中添加其他元素，改善其性能，就成了当今世界 V-Ti 基储氢合金的发展方向。

5.9.4.4 钒钛基储氢合金

储氢合金是由氢稳定型因素的金属和氢不稳定型因素的金属组成，V-Ti 合金实际上完全是氢稳定型因素的金属，即 A 型金属，所以还必须加入氢不稳定型因素的金属，即 B 型金属才能形成完整的储氢合金。对于钒钛基储氢合金，所选的 B 型金属主要有 Fe、Cr、Mn、Ni 和 Zr 等，甚至还有添加稀土合金的。所形成的合金种类有 Ti-Fe、V-Fe、Ti-Ni、ZrV_2、Ti-V-Fe、Ti-V-Cr、Ti-V-Ni、Ti-V-Mn、Ti-V-Cr-Mn、V-Ti-Zr-Ni、V-Ti-Cr-Fe、Ti-Fe-Mn-M（M=V、Zr、Ca)、Ti-V-Zr-Ni、V-Ti-Ni-M（M=Cr、Si、Zr)、V-Ti-Fe-Mn、V-Ti-Zr-Mn-Ni 等，每一种类合金又因各组分量不同，还可细分。总之，种类很多。但每一种类型都只是某一项或某几项指标较好，有一定的使用方向。虽然类型较多，但可大概分为 V-Ti-Fe+M、V-Ti-Cr+M、V-Ti-Ni+M 三大类，V-Ti-Fe+M 和 V-Ti-Cr+M 主要用于循环吸放氢方面（氢气的储存和运输、氢气提纯等)，其中 V-Ti-Cr+M 还有富集氢同位素方面的应用，V-Ti-Ni+M 主要作为电池用储氢合金。上述各式中的 M 是加入起调节和起其他功能的元素，例如，加入锆，除了有抗粉化作用外，还有固氮和超导的性能。

虽然钒钛基储氢合金的研究已取得了很大的进展，并显示出较好的发展前景，但目前仍处于起步阶段，其原因是许多基础理论问题仍有待解决，如合金的成分、结构、组织和电化学性能等之间的关系，多相合金中各相之间的协同作用关系等。

5.10 钒氧化还原液流电池（钒电池）

5.10.1 钒电池原理

钒电池是以钒离子溶液作为正负极活性物质的二次电池。钒在溶液中有四种不同价态，可组成全钒电池。钒电池采用 $VOSO_4$ 作为初始电极活性物质，最初充电过程为：

阳极：$VO^{2+} + H_2O \longrightarrow VO_2^+ + 2H^+ + e$ (5-46)

阴极：第一步：$VO^{2+} + 2H^+ + e \longrightarrow V^{3+} + H_2O$ (5-47)

第二步：$V^{3+} + e \longrightarrow V^{2+}$ (5-48)

电池的放电反应式为：

正极：$VO_2^+ + 2H^+ + e \longrightarrow VO^{2+} + H_2O \quad +0.999V$ (5-49)

负极：$V^{2+} \longrightarrow V^{3+} + e \quad +0.255V$ (5-50)

电池标准电动势为 1.254V。放电后再次充电按式 5-46、式 5-48 两式反应。

钒电池的结构示意图如图 5-43 所示，电极活性物质存于储液罐，循环供给电堆即可激活电池。充电后的活性物质溶液保存在储液罐中，可与电堆分开，大大改善了储存性能。

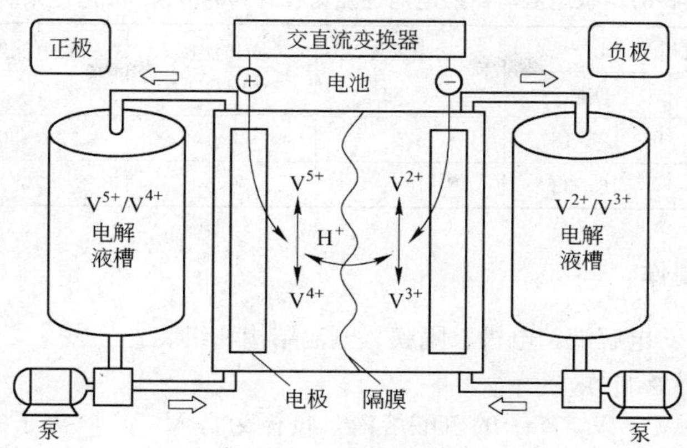

图 5-43 钒电池原理图

5.10.2 钒电池的优缺点

与其他二次电池相比，钒电池具有以下优点：

(1) 功率大小取决于电堆，容量大小取决于活性物质溶液的量；

(2) 容量增加容易，增大储液罐和活性物质的量即可；

(3) 充放电反应为液相反应，不包含复杂的固相变化；

(4) 储存寿命长；

(5) 深放电达 100%，对电池组无害；

(6) 因为活性物质理论上无损耗，也不会失效，电堆寿命可达 10 年以上，而且活性物质与电堆分开，所以，电池的维护费用很低，且易于维护；

(7) 由于所有的单电池接受相同的活性物质溶液，因此，所有的单电池处于同样的充电状态，通过一个开路单电池，可连续监测整个电池组的充电状态；

(8) 通过更换活性物质溶液，可“瞬间再充电”，使得充电像汽车加汽油一样方便；

(9) 随放电电流改变，钒电池的容量变化不大；

(10) 活性物质可化学再生，使活性物质恢复带电状态的过程变得简单。

与其他电池相比，钒电池的缺点是比能量小，因而，在做小型电池方面不如锂电池，可以说钒电池在小型化方面没有竞争优势。在做动力电池方面，它不如燃料电池，但燃料电池要想用作普通电动汽车的动力电源，也有其不利的因素，而且，燃料电池是一次电池，要消耗燃料，同时要用金属铂作催化剂；而储氢电池需要氢气和储氢合金，难度较大。钒电池是二次电池，可循环使用，钒电池在城市电动汽车动力电源方面大有作为。钒电池与其他电池比较见表 5-60 和表 5-61。

表 5-60 钒电池与其他储能电池的特性比较（1MW×8h 储能系统）

性 能	钒电池	钠硫电池	锌溴电池	Ni/Cd 电池	铅酸电池
使用寿命/次	>13000	3000	2500	10800	3500
效率/%	78	70	68	70	45
初次投资/美元·(kW·h)$^{-1}$	289	1500	1200	2000	1550
环境影响	极小	严重	严重	中等	中等
相应时间	极好	极好	好	好	极好
深放电能力（>70%）	好	好	好	不好	不好
20 年投资及操作费用/美元·(kW·h)$^{-1}$	441	6439	6317	3133	6860

表 5-61　钒电池与铅酸电池性能比较（100kW×15h 储能系统）

电　池	能量密度/kW·L^{-1}		功率密度/W·kg^{-1}	操作温度/℃	放电深度/%	维护费用/美元·$(kW·h)^{-1}$
	理论	实际				
铅酸电池	70	12～18	370	−5～40	25～30	0.02
钒电池	30～47	16～33	166	0～40	75	0.001

5.10.3　钒电池的制作

钒电池主要包括：电解液、电极、隔膜、电池结构和组装。

5.10.3.1　电解液制作

正极电解液为含 V^{5+}/V^{4+} 离子的硫酸溶液，负极为含 V^{3+}/V^{2+} 离子的硫酸溶液。钒电池的能量密度取决于电解液中钒离子的浓度，浓度越高，能量密度越大，但越不稳定，电阻增大。因此要求电解液有较高的稳定性和较高的电导率。

用于合成钒电池用活性物质 $VOSO_4$ 溶液的原料有 V_2O_5 等，主要流程如图 5-44 所示。

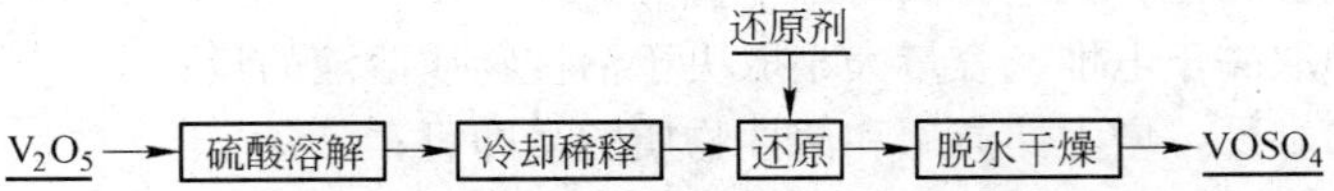

还原剂 ↓
V_2O_5 → 硫酸溶解 → 冷却稀释 → 还原 → 脱水干燥 → $VOSO_4$

图 5-44　$VOSO_4$ 合成工艺

常规选用的还原剂有 SO_2、草酸等。

也可用三氧化二钒与五氧化二钒混合，用硫酸溶解制得 $VOSO_4$ 溶液，省去了还原工序，得到的 $VOSO_4$ 溶液用电解法可将 V^{4+} 离子还原而得到含 V^{3+} 离子的电解液。为使电解液稳定，通常还要加入稳定剂，使之在使用和存放过程中不析出沉淀。

5.10.3.2　电极材料

可作为正负电极材料的有金属类、碳素类和复合导电塑料，金属类（金、铅、铂、钛等）极易钝化，电化学可逆性差。碳素类电极（石墨毡、玻炭、炭布等）长期使用易粉化，使用前要进行改性处理。复合导电塑料主要是把高分子物质（聚乙烯、聚丙烯、聚氯乙烯等）以一定比例与导电剂（乙炔黑、石墨粉、碳纤维石墨）混合，热压成形制得，有成本低、质量轻、易加工成形等优点。

5.10.3.3　隔膜

隔膜的作用是防止正负极电解液的交叉污染，提高离子的选择性，只允许质子通过，对不同价态的钒具有高选择性。通常用阳离子 jchr 膜为主，在电池充放电时，电池内部通过电解液中的阳离子（主要为 H^+）在膜中定向迁移而导通。要求钒离子不透过膜，H^+ 迁移速度快，面电阻低，耐腐蚀，耐氧化，使用寿命长，成本低等。一般选择的膜也要经过改性处理。

5.10.3.4　电池组

将电极、隔膜、电解液的单电池，加上储液罐、循环泵、框架及经过结构设计组装合在一起构成了电池组，要求各种材料具有耐腐蚀、质量轻、具有好的强度、美观、寿命长等特点。实际电池是单块电池叠加起来的（图 5-45）。

5.10.4　钒电池的研发情况

钒电池研发工作早在 1984 年由澳大利亚新南威尔士大学 M. S. Kazacos 提出，将 V^{2+}/V^{3+}

电对和 V^{4+}/V^{5+} 电对应用于氧化还原电池中，1986 年获得专利，1993 年钒电池在太阳能系统获得应用，1994 年钒电池用于高尔夫球车上，并用 4kW·h 电池作为潜艇备用电源，1999 年将专利授予日本住友公司和加拿大 Vanteck 公司。1989 年住友公司电站调峰用 60kW 级钒电池运行 5 年，循环 1800 多次。三菱化工 1994 年开发光电转换系统用储能钒电池（50kW×50h），1997 年住友公司建成电站调峰用的 450kW 级钒电池，循环 170 次，同年 9 月建成 200kW×4h 电站调峰钒电池，循环 650 次，1999 年 Pinnacel 公司与住友公司共同开发了 450kW、1MW·h 的电站调峰钒电池系统，250kW、520kW·h 钒电池在日本已经投入商业化运营。2001 年日本住友电工公司建设的钒电池系统见表 5-62。

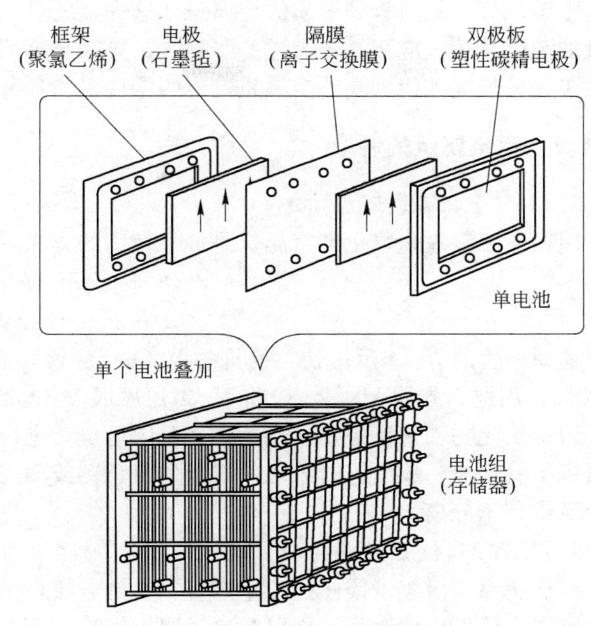

图 5-45 钒电池组示意图

表 5-62 住友电工自 2001 年建设的钒电池系统

用 户	配置地点	配 置	用 途	建立时间
Institute of Applied Energy	Horikappu 风力发电站	AC170kW×6h	风力涡轮功率输出	2001.3
Obayashi Corp.	高尔夫球场	AC1.5kW×1h	平衡负载（光伏系统）	2001.4
		DC30kW×8h	调 峰	2001.4
(Italy) CESI	研究中心（Malin）	AC42kW×2h	调 峰	2001.11
Sumitomo Denasetsu Co., Ltd.	办公大楼	AC100kW×8h	调峰平衡负载	2001.2
Totton SANYO Electric Co., Ltd.	液晶半导体厂	AC3000kW×1.5s	UPS 平衡负载	2001.4
		AC1500kW×1h	调 峰	2001.4
KwanaseiGakuin University	KoheSanda 校园	AC500kW×10h	调 峰	2001.7

钒电池在国内研究概况：中国工程物理研究院 1995 年率先在国内进行了钒电池的研制，先后研制出 500W、1000W 的钒电池样机。目前已经具备了组装 10kW 级钒电池系统的能力。攀枝花钢铁公司 1999 年起，分别与中国工程物理研究院、中南大学等单位合作，在钒电池的活性物质制备等方面获得两项发明专利。此外，国内很多单位也在钒电池的研发方面做了很多工作，如：北京大学、北京地质大学、东北大学、大连化学物理研究所、哈尔滨工业大学、清华大学等。我国的钒电池研究仍然处于优化改进阶段，距离产业化及应用还有相当一段距离。

5.11 金 属 钒

5.11.1 概述

生产金属钒通常分两步进行，第一步用钙热还原法、镁热还原法和真空碳热还原法制取含有一定碳、氧、氮与氢等杂质的金属钒，这种金属钒因含有这些杂质，硬度高，不利于下一步的机加工以及某些应用，还需进一步提纯。第二步再用熔盐电解法、真空熔炼法、碘化物热分解法等进一步提纯得到高纯金属钒，也叫塑性钒。各种方法的基本原理由下面各节分别介绍。

5.11.2　粗金属钒的制取

5.11.2.1　钙热还原法

用钙还原钒氧化物生产金属钒是最早使用的方法，其反应式如下：

$$V_2O_5+5Ca=\!=\!=2V+5CaO$$

$$V_2O_3+3Ca=\!=\!=2V+3CaO$$

还原高价的 V_2O_5 反应快，低价的 V_2O_3 反应慢，而且还原 V_2O_3 所用的钙比还原 V_2O_5 少约 40%，因此，先用 H_2 或 CO 将 V_2O_5 还原成 V_2O_3 是值得考虑的方法。

因钒氧化物和钙反应是放热反应，反应能自动进行，便形成以氧化钙为主的炉渣，往往和金属钒不易分离，故冶炼时添加一定量的氯化钙或碘或硫与氧化钙形成流动性好的炉渣，使之与金属钒易于分离。

5.11.2.2　镁热还原法

镁热还原是借鉴了镁热还原生产金属钛的方法，由于镁的纯度高，生产氯化镁的挥发性比氯化钙高，价格也比钙低，所以镁热还原较钙热还原有一定的优势。

镁热还原法是首先将钒铁中的钒氯化成 VCl_3 或 VCl_2，或将高价氧化钒用碳还原成低价氧化钒后，再将低价氧化钒氯化成 VCl_3 或 VCl_2，最后用金属镁还原 VCl_3 或 VCl_2 得到金属钒。其基本化学反应式如下：

$$2/3V+Cl_2=\!=\!=2/3VCl_3$$

$$1/2V+Cl_2=\!=\!=1/2VCl_4$$

$$V+Cl_2=\!=\!=VCl_2$$

$$2VCl_4\longrightarrow 2VCl_3+Cl_2$$

$$2VCl_3\longrightarrow VCl_2+VCl_4$$

$$V_2O_5+C\longrightarrow V_xO_y+CO$$

$$V_xO_y+C+Cl_2\longrightarrow VCl_4+VOCl_3+CO/CO_2$$

$$3VOCl_3+2C+3/2Cl_2\longrightarrow 3VCl_4+CO/CO_2$$

$$Mg+VCl_3=\!=\!=V+MgCl_3$$

$$Mg+VCl_2=\!=\!=V+MgCl_2$$

用镁还原 VCl_2 比 VCl_3 经济，它有如下优点：

(1) 镁的用量减少约三分之一；

(2) 提高了反应器的利用率；

(3) VCl_2 比 VCl_3 稳定，对冶炼设备的腐蚀性相对较轻；

(4) VCl_2 不会从空气中吸潮气，容易解决运输问题。

镁还原 VCl_2 的工艺过程如下：

(1) 用碳还原高纯 V_2O_5 为低价钒氧化物；

(2) 氯化低价钒氧化物为 VCl_4 和 $VOCl_3$；

(3) 再将 $VOCl_3$ 进一步氯化为 VCl_3；

(4) 热分解 VCl_3 为 VCl_4 和 VCl_2 或用氢气将 VCl_3 还原为 VCl_2；

(5) 镁还原 VCl_2 为金属钒。

5.11.2.3 真空碳热还原法

真空碳热还原过程较为复杂，大致为两个步骤：

第一步骤是用碳将钒氧化物还原碳化成VO与VC，这一步骤最为复杂，因为钒为五价，钒氧化物的还原是由高价到低价，对于其还原碳化机理，有直接还原和间接还原两种，对于直接还原，其主要反应式如下：

$$V_2O_5+C=2VO_2+CO$$
$$2VO_2+C=V_2O_3+CO$$
$$V_2O_3+C=2VO+CO$$
$$VO+2C=VC+CO$$

对于间接还原，其主要反应式如下：

$$C+CO_2=2CO$$
$$V_2O_5+CO=2VO_2+CO_2$$
$$2VO_2+CO=V_2O_3+CO_2$$
$$V_2O_3+CO=2VO+CO_2$$
$$VO+3CO=VC+2CO_2$$

一般是两种还原机理都同时存在，但有主次之分，至于是哪种反应机理为主，取决于原料的初始混合状态。当钒氧化物和碳粉均匀混合呈粉料还原，应以间接还原为主；当钒氧化物颗粒被碳包裹，则以直接还原为主。当将两者做成球后还原，则两种反应机理都同时存在。

钒氧化物的价态越低，其还原难度越大，其不仅有热力学的原因，也有动力学的原因，而且还原（特别是在后期）要在真空下进行，随时将所产生的还原气体带走，促使反应向右进行。

第二步骤是VC与VO相互作用生成金属钒。反应式为：

$$VO+VC=2V+CO$$

提高温度和提高真空度对还原有利。用此法得到的金属钒通常含有一定的碳和氧，而且两者呈反比例关系，也就是氧含量低则碳含量高，而碳含量低则氧含量高。所得金属钒纯度通常没有钙或镁热还原法的高，还需要进行进一步高真空精炼才能得到塑性钒。

5.11.3 高纯金属钒的制取

5.11.3.1 熔盐电解法制取高纯钒

钙热还原法所得的金属钒通常只有99.5%～99.6%的纯度，还含有少量氧、氮、碳等杂质，不能完全满足用户的需要，还需要进一步提纯。采用熔盐电解是制取高纯钒的重要方法之一。用钙热还原钒做阳极，铁棒为阴极，用溴盐或氯盐为电解质，在惰性气体保护下，630℃左右电解，可将钒中杂质总量由0.4%～0.5%降到0.05%，甚至更低，所得金属钒的硬度由电解前的90HRB降到50 HRB，即得到塑性钒[3]。如果还要降低杂质成分，则进行二次熔盐电解。二次熔盐电解采用一次电解所得的金属钒为阳极，用钼棒为阴极，氩气保护下，在$KCl-LiCl-VCl_2$中电解，可得杂质总量为121×10^{-6}左右高纯钒。

熔盐电解法还可用于电解VC制取高纯钒[4]。以VC作阳极，用钼棒为阴极，用$NaCl-LiCl-VCl_2$作电解质，在氩气保护、650℃下电解，可得钒含量从98.50%～99.22%的金属钒，但它仍然没有塑性，还需进行二次电解。二次电解是在和一次电解同样的电解质中，降低电流密度和电解时间，得到含钒为99.92%，硬度35HRB的高纯钒。

另外，熔盐电解法还可用于电解铝热还原法制得的含铝为20%～5%的钒铝合金，使用KCl-LiCl-VCl_2或NaCl-KCl-VCl_2作电解质，可得杂质总量为0.328%～0.358%左右的金属钒。

5.11.3.2　真空熔炼法提纯钒

真空熔炼法是在真空炉内，真空提纯精炼金属钒，所用真空炉有真空感应炉、真空电弧炉、真空电子束炉等。真空感应炉和真空电弧炉用于真空精炼真空碳热还原法制得的粗钒和铝热还原法制得的V-Al合金，粗钒经破碎，加入钒氧或钒碳中间合金调整碳氧比后，压块，在真空感应炉或真空电弧炉内0.133Pa下脱氧、碳、氮等，可得含钒99.7%～99.8%的金属钒。铝热还原法制得的含铝为11%左右的V-Al合金，在真空感应炉内加热至1700℃，在0.0066Pa下脱铝8h，可将铝含量从11%左右降至1.42%，氧含量从0.29%降至0.010%。

经过真空感应炉或真空电弧炉处理后的金属钒再经真空电子束炉精炼，其中的铝含量可降至0.010%，氧含量可降至0.005%，碳含量可降至0.015%。

5.11.3.3　碘化物热分解提纯钒

碘化物热分解提纯钒的基本原理是在真空气氛850℃下，粗钒与碘生成VI_2，然后再升温至1350℃下VI_2在钨丝上分解成高纯V和I，然后I又继续和粗钒反应，又再分解，如此循环往复。在和碘化合、分解两过程中，绝大部分杂质和碘的反应效率很低，从而粗钒得到提纯。这种方法特别适用于提纯钙热还原和碳热还原制得的金属钒。所制得钒的典型成分如表5-63。

表5-63　碘化物热分解法制得纯钒的典型成分（质量分数,%）

V ≥	Ca <	Mg <	Cr <	Cu <	Ti <	Fe <	Ni <	C <	N <	O <	H <	Si <
99.95	0.002	0.002	0.007	0.003	0.002	0.015	0.002	0.015	0.0005	0.004	0.001	0.005

5.12　纳米钒材料

纳米材料在力、热、电、光、磁等方面显示出许多独特的性能，从而自20世纪80年代中期以来，它成为全球性新的研究、开发与投资的热点，被认为是21世纪最有发展前途的新型材料。当物质到纳米尺度时，由于其尺寸效应、晶界效应和量子效应等，材料显示出奇特的物理、化学性能，或其有明显改变的生物功能，利用这些效应可大幅度提高材料的强度，改善其脆性等。对于纳米粒子，其特性既不同于原子，又不同于结晶体，可以说它是一种不同于本体材料的新材料，其物理化学性质与块状材料有明显差异。

在结构上，大多数纳米粒子呈现为理想单晶，也有呈非晶态或亚稳态的纳米粒子。纳米粒子只包含有限数目的晶胞，不再具有周期性的边界条件，其表面振动模式占有较大比重，表面原子的热运动比内部原子激烈。表面原子能量一般为内部原子能量值的1.5～2倍，德拜温度随粒子半径减小而下降。又因为粒子表面积随粒径减小而急剧变大，引起比表面原子数迅速增加，悬挂键增多，活性增大，其尺寸下降到最低值时，费米能级附近的电子能级由准连续变为离散能级。这是由于宏观物体包含无限个原子，即大粒子或宏观物体的能级间距几乎为零，而纳米粒子包含的原子数有限，导致能级间距发生分裂。当能级间距大于热能、磁能、静磁能、静电能、光子能量或超导的凝聚态能时，就导致纳米粒子磁、光、声、热、电以及超导电性与宏观物体的显著不同。例如，随着半导体粒子尺寸的减小，价带和导带之间的能隙有增大的趋势，就使得同一种材料的光吸收或者发光带的特征波长不同。近年来人们还发现纳米粒子在含有奇数或偶数电子时，显示出不同的催化特性。

由于钒是一种高熔点稀有金属，导电性仅为铜的十分之一，致密的钒在室温下对氧、氮或氢都是稳定的，并且耐盐酸、稀硫酸、碱溶液及海水腐蚀，但至今未发现有单独的钒矿。近年来钒在钢铁、化工、TiAl金属间化合物、光学转换涂层、核聚变反应堆、代替合金中的金属元素、汽车、二次电池、储氢、航空航天等方面得到应用和开发。随着纳米材料的不断深入广泛研究，人们发现纳米钒材料在整个纳米材料的研究中占有举足轻重的作用，被认为是钒催化剂、光电开关、激光防护薄膜、光学数据存储材料等纳米钒材料功能发生飞跃的关键，它的研究也指明了纳米钒材料今后的发展方向。

5.12.1 纳米钒氧化物

氧化钒是一种复杂的体系，存在多种不同状态的氧化钒，其晶格结构和空间排列各不相同，各种晶体结构的电学性能也差异很大，研究比较多的氧化钒纳米材料是VO_2（vanadium dioxide）、V_2O_3（vanadium sesquioxide）和V_2O_5（vanadium pentoxide）以及二氧化钒纳米管。

5.12.1.1 纳米V_2O_5

V_2O_5（vanadium pentoxide）晶体结构在氧化钒复杂的体系中具有最稳定的结构。V_2O_5晶体为三斜晶系（a=1.151nm，b=0.365nm，c=0.437nm），是一种n型半导体和催化剂，其结构如图5-46所示。其结构可以看成是由公共顶点的两个三方两锥形VO_5多面体连接而成，具有二维层状结构，在这种结构中，钒所处的环境最被视为是一个畸变四方棱锥体，钒原子与5个氧原子形成5个V—O键，使VO_4四面体单元通过氧桥结合为链状。两条这样的链彼此以第5个氧原子通过另一个氧桥连接成一条复链，从而构成起皱的层状排列。若从另一层中引入第6个氧原子，钒氧原子之间距离为0.278nm，如图5-46a中虚线所示，第6个氧原子使各层连接起来，这样最终便构成了一个V_2O_5晶体。这样由6个氧原子所包围的钒原子是一个高度畸变了的八面体，当由这个八面体移去第6个氧原子时，就得到畸变的四方棱锥体的构型。

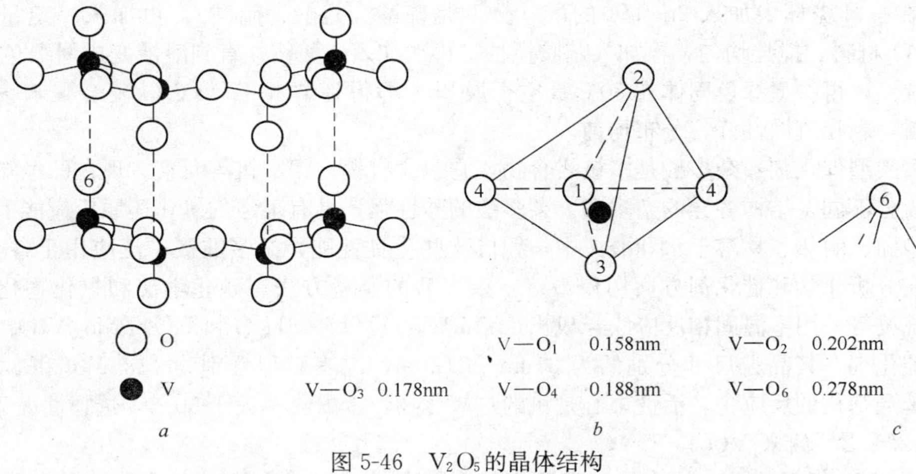

图5-46 V_2O_5的晶体结构

对V_2O_5单晶的研究表明，它是一个缺氧半导体，是一种含有以V^{4+}离子形式出现的点缺陷晶体。V_2O_5晶体的转换温度在257℃。当V_2O_5晶体处于半导体时，禁带宽度为2.24eV，且具有负的电阻温度系数。

V_2O_5在685℃时熔融，在熔融的V_2O_5表面上的气相由V_4O_{10}、V_6O_{14}、V_6O_{12}和V_4O_8等组成。

由于V_2O_5的层状结构及细的固相骨架，其制备的纳米多孔结构明显地降低离子的注入行程，缩短了扩散时间并且离子注入量大、交能密度高。因为 V_2O_5 具有这样的特殊结构才使其具备电子导电性、离子导电性和优良的电化学性能，并在充电锂电池、薄膜锂电池、电致变色器件、催化及传感器等方面具有广阔应用前景。在工业上被大量应用，如在化学工业上用于生产硫酸的钒催化剂，冶金工业上用于生产钢材的钒铁合金等。

V_2O_5 纳米催化剂的制备：负载型催化剂，负载型钒氧化物具有有趣的催化烷烃氧化脱氢反应性能，但不同载体负载的钒氧物种的结构及其键合环境不同，而具有不同的氧化还原性，同时不同载体的酸碱性也不同，因而具有不同的催化性能。但目前对在负载型钒基催化剂上烷烃选择氧化的作用机制还不很清楚，活化烷烃的氧物种究竟是晶格氧物种，还是吸附氧物种尚无定论，从文献上看持前一种观点的居多，但近来也有持后一种观点的，对于晶格氧，活性物种可能是端双键氧或桥氧。

马建蓉等采用等体积浸渍法制备了 V_2O_5/AC 催化剂，即把 V_2O_5 担载在活性焦（AC）上。将活性炭筛分至 0.3～0.178mm（30～60 目），并用配制好的 NH_4VO_3 草酸溶液在室温浸渍 3h，在 50℃和 10℃分别干燥 12h 和 6h，然后依次在 500℃氩气中煅烧 8h，250℃空气中煅烧 5h 即得 V_2O_5 担载量为 2%的 V_2O_5/AC 催化剂。

硫酸制备催化剂：杨绍利等用溶胶-凝胶法制备了 V_2O_5 纳米颗粒催化剂，将在 800℃温度熔化的熔融 V_2O_5 缓慢加入一定体积的蒸馏水中水淬，溶液浓度为 40g/L，该工艺简单，所得粒度为 30～40nm，用此法制备的纳米 V_2O_5 催化剂高温型、低温型、加铯盐宽温型均达到或超过了化工行业标准要求。

苏广均和李建华以钛酸正丁酯和偏钒酸铵为原料制备了纳米 TiO_2-V_2O_5 和纳米 TiO_2-V_2O_5 复合聚苯胺导电高分子材料，方法是室温下把钛酸丁酯缓慢加入一定量的无水乙醇中，再把一定比例的无水乙醇、冰醋酸和水的混合液缓慢加入其中，搅拌形成透明溶液后再加入偏酸铵的草酸溶液，形成凝胶后，静置三天，80℃真空干燥，研磨后于 500℃烧结 4h，制得纳米 TiO_2-V_2O_5；在三口烧杯中加入 2mol/L 的酸（分别是硫酸、盐酸、硝酸），再加入一定量的纳米 TiO_2-V_2O_5 材料，搅拌均匀，再加入苯胺搅拌，再次加入硫酸铵，直到溶液变成墨绿色，3h 后过滤、洗涤，再将墨绿色固体在 80℃真空干燥 2h，即得到纳米 TiO_2-V_2O_5 复合聚苯胺导电高分子材料，颗粒流散性好，分布均匀。

杂多酸型催化剂：杂多酸是多核络合物，它包含有钨、钼、钒等元素。现在已经知道有一百多种成分不同、结构各异的杂多酸。杂多酸的酸性强，具有很强的氧化还原反应能力，它们的结构稳固、耐热、易溶于水和酸液中，凭借这些优良性能，杂多酸被广泛应用于各个领域，特别是在分析化学和催化剂方面用得最广。杂多酸的制备方法有碘化学法和氧化物化学激活法。石晓波等采用室温固相反应法合成出 $H_3NiPMo_{10}V_2O_{40}\cdot5H_2O$ 和 $H_3ZnPMo_{10}V_2O_{40}\cdot5H_2O$ 的纳米催化剂，其晶粒尺寸分别约为 31nm 和 12nm，比表面积分别为 $138m^2/g$ 和 $148m^2/g$。在催化苯羟基化的反应中，活性中心是钒的过氧化物，苯酚收率大于 50%，选择性大于 98%。

5.12.1.2 纳米 VO_2

自从 1959 年 F. J. Morin 在贝尔实验室发现钒和钛的氧化物具有半导体-金属相变特性以来，人们对 VO_2 的研究一直在不断进行，由于 VO_2 在 340K 附近由低温半导体单斜晶相转变为高温金红石四方晶金属相，并伴随着电阻率、磁化率、光透射率和反射率等物理性质的突变，尤其对红外和近红外光透射率变化最为明显。

二氧化钒材料在转变逆过程中显示了晶体转变的一般倾向，转变温度取向由高到低，但原子的重新分类并不广泛，原来的原子群仅有轻微的失真。因此，VO_2 纳米材料可以作为热电开关、磁开关、光开关、时间开关，而且在建筑物的太阳能温控装置、可擦除光存储材料、电热

关、磁开关、光开关、时间开关，而且在建筑物的太阳能温控装置、可擦除光存储材料、电热致变色显示材料、非线性电阻材料、各种传感器及激光致盲武器防护装置等方面具有广泛的应用，近期更成为研究热点。

VO_2是所有相变材料中相变温度 T_c 最接近室温的材料，是一种负温度系数（NTC）临界温度电阻（CTR）材料。在过渡温度 T_c 处，原子群的变化迅速且可逆，具有很好的开关特性。

在 VO_2中每掺入1% W和Mo原子时，T_c 分别降低26K和11K，使这种材料适宜于室温条件下使用。但 T_c 减小的同时，电阻突变的开关特性也降低，因为掺杂原子填充了VO_2晶格间隙的原因。单晶 VO_2 在0.1K区间电阻率突变高达5个数量级，高温端金属相电阻率为$10^{-6}\Omega\cdot m$，而多晶 VO_2电阻突跃比单晶减少了1～2个数量级，鉴于此，单晶 VO_2在微电子和光电子领域具有众多的应用，而单晶 VO_2的整比性也对其 T_c 和电阻率跃变数量级有很大的影响。研究发现，细粒度的 VO_2粉体能显著减小相变时的应力，随粒度的减小，电阻突变量和光学透过率均有增加趋势，并且可以涂制薄膜或压制陶瓷，使用十分方便。

细粒度 VO_2粉体制备方法很多，但真正能制取纳米级 VO_2粉体的成熟方法现在可知的只有两种：一种是激光诱导化学气相沉积法（LICVD），另一种是热分解法。

Toshiyuki 等首次用 $VOCl_3$气体，以 CO_2激光器为激光源，用激光诱导气相反应法合成了纳米（小于100nm）VO_2结晶粉体。该法主要用于合成一些用常规方法难以获得的化合物纳米粉体。通过调整激光波长或频率，用高能量激光束垂直照射 $VOCl_3$气体，$VOCl_3$气体以一定的流速喷出与垂直方向的激光束相交，形成高温火焰，反应气体在高温下迅速分解、化合，生成物经快速气相凝聚成核，生长后快速冷却，由于反应迅速且 VO_2晶粒温度迅速降低来不及长大，纳米 VO_2粉体沉积，在气流惯性和同轴惰性气体及机械泵的作用下载入粉体的收集装置。

该法优点：反应火焰不与反应室器壁接触，避免了金属污染；加热冷却速率极高（约10^6℃/s)，因而可形成非常细小的粒子（小于20nm)；反应火焰稳定，反应区尺寸小，使得粒子粒度分布窄，形状规则；可通过调整工艺参数对粉体成分、粒度、晶型进行控制，生长速度快，沉积参数易调整，生成的纳米晶粒颗粒均匀，并且粒径小。但实验手段复杂、成本高、产率低。

中山大学的郑臣谋、雷德铭等应用热分解法对氧钒（Ⅳ）碱式碳酸铵前驱体热分解合成了粒度约为20nm的 VO_2粉体。其方法是以 V_2O_5、$N_2H_4\cdot 2HCl$、HCl和 NH_4HCO_3为主要原料，合成氧钒（Ⅳ）碱式碳酸铵$(NH_4)_5[(VO)_6(CO_3)_4(OH)_9]\cdot 10H_2O$，以此为前驱体，在乙醇中用超声波粉碎机将前驱体破碎至粒径小于1μm，然后将前驱体置于通以保护性气体和适当 O_2分压下的管式炉中，在450～550℃快速热解，分解出大量气体，使前驱体发生爆裂。通过控制热解温度、保温时间和保护气氛中 O_2分压来控制产品的化学配比、粒径大小和晶态，从而可得到粒径可控为10～60nm，$VO_{1.950\pm x}$～$VO_{2.050\pm x}$（$x<0.005$）整比性可控的无定形态、准结晶态或结晶态、颗粒均匀、呈球形的 VO_2纳米粉体，其分散于分散剂中的 VO_2纳米粉体平均粒径为20nm。

此法特点是合成过程简单，成本较低，能大量地制备粉体，并且能通过控制前驱体热分解时氮气流中的氧分压，制备从 $VO_{1.96}$到 $VO_{2.05}$的不同整比性的粉体。

林华、邹建等以草酸氧钒（$VOC_2O_4\cdot H_2O$）为前驱体在350℃热分解制备了纳米 VO_2粉体，粉体呈结晶态，组分单一，粒径为80～120nm，相变温度为68.5℃，热滞宽度为15℃，电阻突变量约3个数量级。其方法是：按一定比例将工业 V_2O_5粉加入草酸溶液中，在60℃水浴中搅拌反应，完毕后澄清过滤，然后蒸干，得蓝色前驱体（$VOC_2O_4\cdot H_2O$)，再将该前驱单，周期短，稳定性好。

5.12.1.3　纳米 V_2O_3

V_2O_3（vanadium sesquioxide）晶体有两个与温度有关的相变：在约 160K 发生低温反铁磁绝缘相到高温顺磁金属相的一级相变，电阻率变化呈 NTC 特性，单晶电阻率突变达 7 个数量级；在约 350K 到 540K 的范围发生低温顺磁金属相到高温顺磁金属相的二级相变，相变时电阻率呈正温度系数（PTC）特性。在 V_2O_3 中掺入少量的 Cr、Al 和稀土氧化物，它的顺磁金属相变成反铁磁绝缘相，具有明显的 PTC 效应，PTC 转变居里温度为 60℃左右。V_2O_3 也是体效应材料，与著名的 $BaTiO_3$ PTC 材料相比，V_2O_3 材料室温电阻率要低 1 个数量级，阻温特性不受电压和频率效应的影响，耐压性能高，通电流密度大，在用作大电流过程保护元件等方面具有其他类型的 PTC 材料难以代替的作用。

V_2O_3 和 VO_2 材料一样，也具有优异的光、电、磁性质，也可作为热电开关、磁开关、光开关、时间开关、气敏传感器、全息存储材料、电热致变色显示材料、非线性电阻材料等。粉体材料 V_2O_3 可以用来制备陶瓷材料，也可以用来制备薄膜材料等。

V_2O_3 粉体的传统制备方法只能制取微米级的粉体材料，而真正制取纳米级的 V_2O_3 粉体方法鉴于报道的有：激光诱导 $VOCl_3$ 气体气相 H_2 还原法，其制备方法和 VO_2 粉体制备方法差不多，只是通以氢气进行还原；热分解法，其制备方法是以氧钒（Ⅳ）碱式碳酸铵为前驱体在 H_2 气流中在 1070K 温度下还原热分解 30min，即获得粒度分布均匀，粒径小于 30nm 的 V_2O_3 粉体材料；湿化学法是以 VO（OH）$_2$ 和 NH_4Cl 为原料把 V_2O_5 和浓硫酸按一定比例加入到一定量的蒸馏水中，搅拌得到悬浊液，在 90℃温度通以 SO_2 气体并加热搅拌，得到蓝色溶液，加入 5%的氨水调节 pH 值为 6～7，得到灰色沉淀物，在真空过滤后用蒸馏水洗涤过滤，然后让沉淀物分散在过饱和的氯化铵溶液中，在 30℃搅拌 2h，在 0℃真空过滤后得到灰白色的混合物，混合物在氩气环境下于石英管内 400～500℃热处理 5h，冷却至室温，即获得纳米 V_2O_3 粉体，其粒径为 30～50nm。

5.12.1.4　氧化钒纳米管

氧化钒具有层状结构，层与层之间以较弱的 V—O 键相连，层与层之间可插入一些阳离子化合物。

1998 年，瑞士联邦学院的 Nesper 等用钒的醇盐和胺为原料，由溶胶-凝胶水热合成法制备了氧化钒纳米管，其中氧化钒层与层之间的距离可通过改变胺中 CH_2 链的长度来控制。

2002 年清华大学李亚东研究小组采用液相以有机物做模版得到了氧化钒纳米管。方法是把起模版作用的有机物加入到搅拌着的 NH_3VO_3 的水溶液中，把 pH 值调到适当的值后，把产物移到密封的高压釜里，加热釜温到 180℃，保温 72h，然后自然冷却到室温，最后把产物清洗，并在真空和 70℃下烘干 6～8h，获得氧化钒纳米管，其管径 30～100nm，管长 0.3～8μm，管壁由 3～10 层的氧化钒构成，其中优点是可通过选择不同的模版和试验条件控制管长、管径和管壁的层数。Ajayan、Rao 等以碳纳米管为模版也制备出了氧化钒纳米管。

余愿、韩培德等以十二胺和五氧化二钒为原料通过水热反应合成了氧化钒纳米管，其氧化钒纳米管转化率很高，可宏观控制，纳米管内径分布很窄（约 20nm），管长 3～10μm，外径约 50～100nm，管壁层数各异，在 3～15 层之间，都呈晶态。其方法：把一定摩尔的十二胺溶于无水酒精中，然后倒入同等摩尔量的五氧化二钒，添加适量去离子水，经超声波处理 15min 后得到黄色悬浊液，再经电磁搅拌 48h 后变成红褐色，室温下静置 12h，倒入不锈钢反应釜中，密封好后经 170℃加热不同时间，得到黑色悬浮液，过滤并用酒精庚烷和去离子水冲洗，最后在空气中晾干，得到黑色粉末状物质，那就是氧化钒纳米管。

密封好后经170℃加热不同时间，得到黑色悬浮液，过滤并用酒精庚烷和去离子水冲洗，最后在空气中晾干，得到黑色粉末状物质，那就是氧化钒纳米管。

5.12.2 纳米钒的碳、氮化合物

钒的碳、氮化合物中研究比较多的是 V_8C_7、VC 和 VN。过渡族金属碳化物 V_8C_7 具有较高的熔点、硬度和良好的热导性等优异的性能，在冶金、电子学、催化剂等领域得到广泛的应用。

在制备超细硬质合金时，V_8C_7 粉末作为晶粒长大抑制剂得到广泛应用。其作用机理是：合金烧结时，V_8C_7 先溶解在 Co 中，阻止 WC 向 Co 相溶解，从而有效地阻止 WC 的溶解析出过程。在冷却阶段，V_8C_7 一部分溶解在 Co 相中，一部分沿 WC/WC、WC/Co 边界以（W，V）C 析出，阻止晶界的迁移。同时，V_8C_7 也是有效的催化剂，由于具有较高的活性选择性、稳定性以及在烃类反应中抵抗“催化剂中毒”的能力，作为一种新型催化剂得到广泛的应用。

制备 V_8C_7 粉末的传统方法是通过固体碳还原碳化钒氧化物，一般在较高的温度（1500～1600℃）下才能碳化完全，但随着温度的升高，晶粒长大，粉末粒度为 2～4μm，而工业应用中要求粒度更小的 V_8C_7 粉末。研究者们开发了许多制备超细 V_8C_7 的方法。

R. Kapoor 等利用 CH_4/H_2 混合气体气相碳化钒氧化物得到超细 V_8C_7 粉末；R. K. Sadangi 等则采用“喷雾干燥-还原分解-气相碳化”工艺制备了粒度为 0.5μm 的 V_8C_7 粉末；F. Meunier 等将 V_2O_5 转化为液体，再将 V_2O_5 液体覆盖在活性炭的表面得到超细的 V_8C_7 粉末。其工艺复杂，存在难以控制的缺点。

吴恩熙等人用“V_2O_5 溶解-喷雾干燥-还原碳化”方法制得粒径为 30～50nm、晶粒度为 26.5nm 的纳米粉体，一次颗粒纳米粉体形成多孔空壳球形。其方法是将 V_2O_5 粉末置于有机酸溶液中，形成黄色的悬浊液，将悬浊液加热使 V_2O_5 粉末溶解，到溶液全部转变为蓝色，然后将溶液在离心喷雾干燥塔中进行喷雾干燥，进风口温度为300℃，出风口温度为170℃，转速为30000r/min。再将干燥后的粉末在还原炉中进行加热，粉末发生还原/碳化反应，1100℃时得到碳化完全的 V_8C_7 粉末，在还原/碳化过程中前驱体粉末首先热解成 V_2O_3 与游离碳均匀混合的粉末，在碳化过程中碳原子只进行短程迁移形成间隙相，不需通过 CO/CO_2 质量传输机制将碳进行长程扩散，有效降低了碳化温度，缩短了碳化时间，避免了晶粒长大。

碳化钒（VC）具有面心立方结构，作为一种重要的合金添加剂，在钢铁和硬质合金中得到了广泛的应用。

研究表明：在冶炼高强度低合金钢等钢种时，添加碳化钒能提高钢的耐磨性、耐蚀性、韧性、强度、延展性、硬度以及抗疲劳性等综合性能，并使钢具有较强的可焊接性能，而且能起到消除夹杂物等作用。现在原位内生颗粒增强钢铁基复合材料的研究大部分集中在熔体内部反应或自蔓延高温合成碳化物颗粒增强体及氮化钒增强体，由于温度高，有大量液相存在，所生成的碳化物及氮化钒快速生长，使其颗粒尺寸变大，这对提高复合材料的强韧性和耐磨性是很不利的。含有大量细小、弥散分布的粒状型碳化物的复合材料耐磨性能好。

在硬质合金生产中碳化钒作为晶粒生长抑制剂，抑制烧结过程中 WC 晶粒的长大。据资料报道，添加 VC 可使硬质合金寿命提高20%，其作用机理还不很清楚。现代工业的高速发展迫切需要在高温、高速、耐磨损条件下的结构件，现在材料越来越难以满足需要，颗粒增强钢铁基复合材料已成为近年开发的热点。

现在研究的重点就是怎样控制晶粒长大。目前国内外大规模生产的还是微米级，而真正纳米级碳化钒颗粒还需技术上的突破。

氮化钒（VN）具有十分高的热、化学稳定性和强的力学性能，广泛用于切削工具、磨具和结构材料；VN 也是一种良好的催化剂，具有高催化活性、高选择性、良好的稳定性和抗中毒性能。细粒度的 VN 能有效提高催化活性，改善结构材料的韧性，其催化行为类似 Pt、Pd 和 Rh，是这些稀贵金属的经济的代用物。细的球状颗粒 VN 粉体能提高材料镀层和陶瓷的韧性与密度及催化剂的催化活性，因此制备纳米 VN 粉体是近年来研究的热门课题之一。

VN 粉体的传统制备方法是应用 NH_4VO_3 在 NH_3 气中氨解，需在 1100℃下加热 12h，冷却并研磨物料，再氨解 12h，仅能获得 90％的微米 VN 粉体。应用 VS_2 作为前驱体和对纳米 V_2O_5 氨解都可获得纳米 VN，但 VS_2 和 V_2O_5 都不易制备，还需用精确控制温度。

张新民等于 2002 年用氧钒（Ⅳ）碱式碳酸铵 $(NH_4)_5[(VO)_6(CO_3)_4(OH)_9] \cdot 10H_2O$ 作为前驱体，在 NH_3 气氛中进行氨解制备了较纯的纳米 VN 粉体，且反应温度不用精确控制。中国科学院上海硅酸盐研究所于 2004 年推出了立方相纳米 VN 粉体制备方法，这种方法是以沉淀法制备的一水合五氧化二钒（$V_2O_5 \cdot H_2O$）粉体为原料，在氨气气氛中将一水合五氧化二钒（$V_2O_5 \cdot H_2O$）粉体于管式反应炉中高温氮化制得立方相纳米 VN 粉体，通过改变氮化温度、氮化时间等工艺条件可获得小于 50nm 的不同晶粒尺寸的纳米 VN 粉体，其反应温度控制在 500～800℃，氮化保温时间 3～5h，氮化升温速度为 5～10℃/min。

美国卡内基梅隆大学材料科学与生物医学工程教授 Prashant Kumta 领导的一个研究小组于 2006 年发现了纳米 VN 的合成和如何控制纳米尺度表面的氧化。这种新型纳米 VN 结晶材料可以在工业和便携式电子产品中得到广泛应用，可提高充电汽车电池、燃料电池和其他使用电池的电子产品的寿命。纳米氮化钒的合成和如何控制纳米尺度表面的氧化对下一代超级电容器非常关键，这种电容器可以应用于汽车、摄像机、割草机、医院和机场的工业备用电力系统等领域。

5.12.3 纳米钒氧化物薄膜

薄膜光学是应用光学学科的一个重要分支，由于光谱干涉、激光及空间光学等技术的飞跃发展，促使光学薄膜向集光、电、热等多功能于一身的方向发展，形成一膜多用的态势。

研究报道的非致冷红外焦平面技术的热敏薄膜材料有氧化钒、多晶硅、多晶锗硅和钛等材料。多晶硅和多晶锗硅薄膜材料热敏电阻形成温度过高，较难适应焦平面技术等的工艺要求，而钛等材料的电阻温度系数偏低，电阻率较小，对工艺的要求较高。

过渡元素如 Mn、Fe、Co、Ni、Cu 和 V 等的金属氧化物具有较高的 TCR 值等热敏材料特性，其中钒的氧化物具有较低的形成温度，因此氧化钒成为非致冷红外焦平面热敏材料应用较理想的材料。

氧化钒材料本身也是具有很多奇异物理和化学特性的材料，被广泛应用于化学催化剂、固态电池的阴极、太阳能电池的窗口、电致彩色器件和光学开关器件。为了获得热敏性能好并于硅集成电路工艺相兼容的氧化钒薄膜制备方法，人们正在试验多种制备技术。

氧化钒薄膜研究最多的是二氧化钒薄膜和五氧化二钒薄膜。

5.12.3.1 VO_2 薄膜

VO_2 薄膜是一种具有相变特性的功能薄膜，广泛应用于非致冷红外成像、光电开关和智能窗、热触发光电转换器、电子扫描激光器、光存储、气敏传感器、毫米波调制技术、建筑物的节能窗、红外探测器和对抗激光侵袭等领域，特别是近年来对以氧化钒薄膜为敏感膜的非致冷焦平面阵列的研究，非常广泛，目前已与热释电陶瓷薄膜一起，成为室温红外探测和非致冷红外成像的主要敏感膜，在军事和民用等许多方面已成功应用。

相的转变中原子分类并不广泛，原子的原子群仅有轻微失真，单斜晶系变为立方晶系由金属键变为 V-V 共价键，每个钒原子的 d 轨道电子都定域于 V-V 共价键上，结果造成在沿 c 轴方向上 VO_2 不再具有金属的导电性，由顺电态变为反铁电态，同时薄膜的电导率、光吸收、磁化率、折射率及比热容等物理性质均有较大改变。

对于 VO_2 单晶薄膜，在相变的同时伴随有 4～5 个数量级的电阻率突变和明显的光学透过率的改变，特点是红外波段的透过率由高变低，甚至为零，但在可见光波长处的透射系数变化一般很小，处于半导体时禁带宽度在 0.6～0.7eV 区间，且在红外波长处有较高的透射系数，这就为它的应用提供了广阔的前景。这种相变过程是在纳秒量级上发生的（约为 20ns），并且多次可逆。对于 VO_2 多晶薄膜，相变时其电阻率的改变只有 1～3 个数量级，光学透过率的变化也小于单晶。

鉴于理论研究和实际应用的需要，VO_2 薄膜的相变行为和性能研究受到众多研究人员的重视。应用中绝大多数都要求其相变温度接近室温，掺杂是改变其性能的一个方法，研究表明：掺杂能明显改变 VO_2 结构的相变温度，进而影响其光电性能。一般来说掺杂 W^{6+}、Mo^{6+}、Nd^{5+}、Ta^{5+} 等金属离子和 F^-、P^{3-} 等非金属离子可使相变温度有明显的降低，掺杂 Cr^{3+} 和 Al^{3+} 使相变温度升高。目前 VO_2 薄膜的掺杂主要有两类：一是在制膜的同时进行掺杂；二是对已制备好的薄膜采取适当的手段进行掺杂。这两种方法均可改变 VO_2 薄膜的相变温度。

5.12.3.2 V_2O_5 薄膜

近几年对五氧化二钒薄膜的研究热度不减，其原因是 V_2O_5 薄膜独特的结构及其在电学、光学、物理化学等方面具有奇异的性质，其主要用于湿度传感器、气体传感器、抗静电涂层、电压开关、电致变色显示器件、充电锂电池、薄膜锂电池、催化等方面，其应用前景十分广阔。V_2O_5 是一个缺氧半导体，含有以 V^{4+} 离子形式出现的点缺陷晶体，V_2O_5 晶体的转换温度在 257℃。当 V_2O_5 晶体处于半导体时，禁带宽度为 2.24eV，且具有负的电阻温度系数。

V_2O_5 多晶薄膜在室温附近电阻率一般大于 100Ω·cm，甚至达到 1000Ω·cm，这主要取决于薄膜的制备条件，V_2O_5 多晶薄膜在可见光与近红外波长处的透射系数比 VO_2 多晶薄膜高很多。作为过渡族金属氧化物，氧化钒材料有多于 13 种的点阵结构和间隔相异的不同位相，其中的钒会以不同价态存在，同时晶格结构的复杂性及 V—O 键的复杂性增加了制备单一物态氧化钒薄膜的难度，其薄膜的质量受制备方法等条件的影响。

国内外专家为制取优异的薄膜采取了许多不同的方法，主要有以下几种。

A 溅射法

溅射是一种物理气相沉积（PVD）方法，在制备氧化钒薄膜中应用广泛。溅射方法主要有射频溅射、离子束溅射和 RF 磁控溅射。靶材一般采用纯度很高的 V_2O_5 或金属钒，衬底为 C-Si 片、SiO_2/Si、蓝宝石单晶等，衬底的加热温度一般在 300～500℃，真空度优于 10^{-3} Pa，腔体内一般充氧气和惰性气体，通过改变氧分压和沉积温度可控制不同组分的氧化钒薄膜，其沉积速率与靶-衬距离及溅射速率有关。

溅射法是制备大面积均匀分布薄膜的有效途径，而且可以方便地控制薄厚；膜层与基片的附着力好，但也存在局部受热引起靶表面开裂、变形和二次电子等对膜质量不利的影响。

B 蒸发法

蒸发法是最常见的薄膜沉积方法，有电子束蒸发、真空热蒸发以及离子束辅助蒸发。蒸发源可为 V_2O_5 或 VO_2 粉末及金属钒。衬底温度在 200～600℃，速率受基片与蒸发源间的距离、蒸发源温度和氧分压的影响。此法制得的薄膜存在机械强度低以及与衬底附着力小等缺点，而且有时衬底温度过高，不适于与硅集成电路进行单片集成。

蒸发源温度和氧分压的影响。此法制得的薄膜存在机械强度低以及与衬底附着力小等缺点，而且有时衬底温度过高，不适于与硅集成电路进行单片集成。

C　脉冲激光沉积（PLD）

PLD是利用大功率激光的热效应沉积薄膜的方法，常用准分子激光为脉冲激光源。脉冲宽度在20ns左右，脉冲频率约5～50Hz，沉积真空度优于10^{-3}Pa，工作室的窗口材料是石英，照射在靶上的激光能量流是5～7J/cm^2。有一个扫描装置来控制成膜条件以得到均匀及所需厚度的膜。衬底温度在300～550℃，沉积气氛一般为氧气或氧氩混合气，通过调节氧分压可沉积不同组分的氧化钒薄膜。这种方法的最大优点是可制备具有良好可控性的高纯度薄膜，沉积表面平坦，残余应力小，但难以得到大面积的多晶薄膜。

D　溶胶-凝胶法（Sol-gel）

溶胶-凝胶法是一种操作简单，成本低廉的薄膜制备方法。制备的薄膜具有高纯度，符合化学计量比和易掺杂等特点，但致密性差，厚度不易控制，容易存在气泡或开裂等缺陷。制备氧化钒薄膜的溶胶可用有机盐或无机氧化物配制。

a　有机盐配制溶胶

将异丙基氧化钒$VO(OC_3H_7)_3$溶于有机溶剂中，配制成VO_2重量浓度为2%～6%的先体溶液，用旋转涂布法成膜。涂膜装置封闭于充满氮气的干燥箱中，用这种装置可得到比较理想的纳米厚度的V_2O_5湿膜，增加涂膜次数可获得所需厚度的膜。湿膜在大于370℃的温度下加热，将有机成分从膜中去除，加热温度不要超过670℃，这样可得到良好取向的多晶V_2O_5膜；在50%CO+50%CO_2或H_2的气氛中，加热V_2O_5多晶膜到480～530℃可使它转换为VO_2多晶膜。

b　V_2O_5熔融配制溶胶

把V_2O_5粉末（纯度大于99.7%）置于坩埚中熔化，熔化温度为800～1200℃。熔化后的V_2O_5快速倒入蒸馏水（10℃左右）中，形成棕色的V_2O_5溶胶，它的成膜方法也是旋转涂膜。由于该溶液中没有有机物，将湿膜在空气气氛中300℃左右的温度下加热，即可得到V_2O_5多晶膜。V_2O_5薄膜在温度为400～550℃的真空炉中加热数小时可得到VO_2多晶膜。

5.13　钒钛金属陶瓷

5.13.1　概述

金属陶瓷是一种由金属或合金同一种或几种陶瓷相组成的非均质的复合材料，其中后者约占15%～85%（体积分数）。它既保持有陶瓷的高强度、高硬度、耐磨损、耐高温、抗氧化和化学稳定性等特性，又有较好的金属韧性和可塑性，是一类非常重要的工具材料和结构材料，其用途极其广泛，几乎涉及到国民经济的各个部门和现代技术的各个领域，对工业的发展和生产率的提高起着重要的推动作用，对金属陶瓷的研究已成为材料研究领域中一个非常重要的研究课题。

由于“金属陶瓷”和“硬质合金”两个学科术语没有明确的分界，所以两者很难划分界线。从材料的组元看，“硬质合金”应该归入“金属陶瓷”。

研究金属陶瓷的目的是要制取具有金属和陶瓷两者优点的材料，而这些性能是仅用金属或仅用陶瓷所不能得到的。最为典型的是WC-Co基金属陶瓷作为研究最早的金属陶瓷，由于具有很高的硬度（HRA80～92），极高的抗压强度（5880MPa（600kg/mm^2）），已经应用于许多领域。

受到 WC-Co 基金属陶瓷的启示，人们开发了很多品种的金属陶瓷，使用领域也日益扩展。因它们的抗疲劳强度和抗腐蚀性能高于钢和高温合金材料，因此，它被广泛应用于航空、精密仪器、机械、工模具、电子、能源工程、生物陶瓷等领域。

现有的金属陶瓷大概分氧化物基金属陶瓷、碳化物基金属陶瓷、碳氮化物基金属陶瓷、硼化物基金属陶瓷、含石墨或金刚石状碳的金属陶瓷等 5 类，这里所讲钒钛金属陶瓷主要是 TiC、TiN、VC、VN、Ti（C，N）和 V（C，N）等，是属于碳化物基金属陶瓷和碳氮化物基金属陶瓷类的，其中 TiC、TiN 和 Ti（C，N）又被称为钛基金属陶瓷，VC、VN 和 V（C，N）又被称为钒基金属陶瓷。由下面各节分别介绍。

5.13.2 钛基金属陶瓷的应用

5.13.2.1 Ti（C，N）类钢结硬质合金

TiC、TiN 和 Ti（C，N）目前最主要的应用是各种机加工刀具，同时，VC 作为钛基金属陶瓷的辅助材料出现。因为该应用领域以前是 WC-Co 基金属陶瓷（也称为钨基硬质合金或钨基金属陶瓷）的应用领域，所以又称为 Ti（C，N）类钢结硬质合金。它们之所以进入钨基硬质合金的应用领域，其原因有二：一是在于 W 和 Co 资源逐渐枯竭，促使了无钨金属陶瓷的研制与开发；二是 TiC、TiN 自身的优势，使它们成为最有希望代替 WC-Co 基金属陶瓷。同时 VC 也是重要的非钨金属陶瓷添加剂。表 5-64 为 TiC、TiN、VC 和 WC 的主要性能比较。

表 5-64 TiC、TiN、VC 和 WC 的主要性能比较

化合物	C 或 N 含量/%	密度/g·cm^{-3}	熔点/℃	显微硬度/MPa	弹性模量/MPa
TiC	20.1	4.93	3250	28500～32000	350000
VC	19.08	5.48	2830	20940	276000
TiN	22.65	5.21	2950	21600	256000
WC	6.12	15.6	2600	17300	72200

从表 5-64 可见，TiC、TiN、VC 的熔点、硬度、弹性模量均比 WC 高，而密度却大大低于 WC，所以用 TiC、TiN、VC 制得的金属陶瓷具有性能好、质量轻的优点，但钛基金属陶瓷的韧性还不如钨基金属陶瓷，所以寻求出合适的粘结相，提高钛基金属陶瓷的韧性就成了钛基金属陶瓷能否完全替代钨基硬质合金的关键。

为了使金属陶瓷同时具有金属和陶瓷的优良特性，首先必须有一个理想的组织结构，要达到理想的组织结构，就得注意以下几个主要原则：

（1）金属对陶瓷相的润湿性要好。金属与陶瓷颗粒间的润湿能力是衡量金属陶瓷组织结构与性能优劣的主要条件之一，润湿力愈强，金属形成连续相的可能性愈大，金属陶瓷的性能愈好。

（2）金属相与陶瓷相应无剧烈的化学反应。金属陶瓷制备时如果界面反应剧烈，形成化合物，就无法利用金属相改善陶瓷抵抗机械冲击和热震动的性能。

（3）金属相与陶瓷相的膨胀系数相差不可过大。金属陶瓷中的金属相和陶瓷相的膨胀系数相差较大时，会造成较大的内应力，降低金属陶瓷的热稳定性。

钛基金属陶瓷的发展迄今已历经三代。第一代是第二次世界大战期间，德国以 Ni 粘结 TiC 生产金属陶瓷；第二代是 20 世纪 60 年代美国福特汽车公司发明的，它添加 Mo 到 Ni 粘结相中改善 TiC 和其他碳化物的润湿性，从而提高材料的韧性；第三代金属陶瓷则将 TiN 引入

合金的硬质相，改单一相为复合相，又通过添加钴和其他元素改善黏结相。

TiN和Co的引入，形成了Ti（C，N）基金属陶瓷，其主要成分是TiC-TiN，它是以Co-Ni为黏结剂，以其他碳化物为添加剂，如WC、MoC、（Ta，Nb）C、Cr，C、VC等。由于加入了各种碳化物添加剂，并以Co-Ni为黏结剂，从而大大改善了Ti（C，N）基金属陶瓷的综合性能。

加入一定量的高熔点的TaC、NbC可改善合金的抗塑性变形能力，VC可提高合金的抗剪强度，改善合金的力学性能。MoC可提高Co-Ni黏结剂的强度，并在碳化物、氮化物和黏结剂间起连接作用。在相同的切削条件下，Ti（C，N）基金属陶瓷刀具的耐磨性远远高于WC基。在高速切削下，Ti（C，N）基金属陶瓷比钨基金属陶瓷的YTi4、YTi5合金的耐磨性高5～8倍。

Ti（C，N）基金属陶瓷应用于加工领域已成现实，已制成各种微型可转位刀片，用于精镗孔和精加工以及“以车代磨”等精加工领域，且由于Ti（C，N）基金属陶瓷有低密度、低摩擦系数、高耐磨性、良好的耐酸碱腐蚀性能和稳定的高温性能，还可用于：各类发动机的高温部件，如小轴瓦、叶轮根部法兰、阀门、阀座、推杆、摇臂、偏心轮轴、热喷嘴以及活塞环等；也可用于石化工业中各种密封环和阀门，还适合作各种量具，如滑规、塞规、环规口等。

目前世界各发达国家都希望用Ti（C，N）类钢结硬质合金代替WC用于制备刀、模具，并在这方面进行了大量的研究，其合成的热力学、动力学机理以及制备方法长期以来都是国外研究的热点。经多年努力，取得了不少成就，但还不能完全做到。主要原因是现有Ti（C，N）类钢结硬质合金的冲击韧性不如WC类硬质合金。

今后一段时间内，Ti（C，N）类钢结硬质合金仍将是世界各主要工业国研发的高技术材料之一，其主要研究内容有两方面：一是针对不同的用途，寻求合适的粘结相；二是通过制取超细晶粒的Ti（C，N）来进一步提高它的力学性能。目前，国内外在制备超细晶粒Ti（C，N）的研究取得不少成果，处于世界领先地位的是日本。

5.13.2.2　Ti（C，N）强化金属材料

Ti（C，N）在钢的高强度化、微合金化和超细化中扮演着重要的角色，Ti（C，N）强化金属材料的原理是近年来国内外研究的热点之一，国外对Ti（C，N）在基体金属中的析出机理、分布规律、基体金属及其他强化元素的相互作用及热力学和动力学原理、微观组织结构等作了较深入的研究，取得了许多重要研究成果。而国内则偏重于应用方面的研究，原理方面的研究较少。

国内外的研究结果表明：钛（以钛铁形式加入）在钢中的强化是钛在冷却过程中，逐渐和钢中的C、N化合以Ti（C，N）第二相质点析出，并且高度弥散分布在基体材料中，析出的Ti（C，N）能阻碍晶界迁移、细化晶粒、提高钢的硬度和耐磨性、韧性及抗疲劳性能，即使在析出过程中长大了的Ti（C，N）粒子，其对母材或粗晶疲劳裂纹的开裂及扩展也无明显有害影响。

Ti（C，N）强化金属材料在耐火钢、铸铁、齿轮钢、微合金调质钢、螺栓钢、马氏体时效钢、不锈钢、耐热钢等方面的应用潜力很大。现就Ti（C，N）在耐火钢、高强度微合金化结构钢、强化有色金属材料三个方面的应用和研究进展分别进行介绍：

A　耐火钢

多年来，耐火度较差一直是钢结构建筑存在的一个较大缺陷，日本早在20世纪80年代就开展了耐火钢的研制，主要是用Cr、Mo提高钢的耐热性，实质上是耐热钢的延伸，又因这类贵重金属会大幅度增加生产成本且不利于焊接，故没有引起人们的足够重视。美国9·11事件后，建筑用钢材不仅强调抗震性，而且强调耐火性。此前，日本开发Cr、Mo系列耐火钢不仅

国内对耐火钢的接触较早，早在唐山大地震后，我国就发现含 V、Ti 的建筑钢材具有良好的抗震性，但没有注意到它的耐火性，而是模仿日本发展 Cr、Mo 系耐火钢。我国目前耐火钢的生产主要在宝钢、武钢、马钢。随着我国攀枝花地区钒钛资源的开发，我国耐火钢的开发有很大的潜力。

B 高强度微合金化结构钢

早在 1997 年，日本就提出了超级钢研究计划，其核心研究内容就是钢铁材料组织的细化晶粒技术。韩国在 1998 年提出了高性能结构钢计划，我国在 1998 年也提出了新一代钢铁材料重大基础研究计划。钢铁材料细化晶粒的手段有好几种，其中 Ti、V、Ni 的碳氮化物在细化晶粒方面扮演着不可替代的重要角色，而且它们还兼有提高钢的耐蚀性和耐火性的优异特点。

特别值得一提的是，含 V、Ti 的高强度微合金钢在管线钢中的应用；随着世界石油工业的迅速发展，各种海上油气田、极地油气、腐蚀环境油气田的开发，特别是我国西气东输工程，输气管道要经受复杂的地质条件和气候条件的考验，要求管线钢要有高的强度、好的韧性、好的疲劳性能、抗断裂韧性和耐腐蚀性。

因此，各种用 Ti（C，N）配合其他元素强化增韧的针状铁素体钢、超低碳贝氏体钢、超细晶粒钢、焊接高热输入钢等将在管线钢领域得到广泛应用。

近年来，国内外在金属熔体中原位合成 Ti（C，N）强化基体材料异军突起，也取得了一些成就，但生产成本高，离工业化距离还远。

我国的钒钛资源丰富，但铌资源贫乏，因此，以钒、钛作为细化晶粒的主要元素应是我国的方向。

C 强化有色金属基体材料

用 Ti（C，N）强化有色金属基体材料的研究，无论国内外均落后于强化钢铁材料，而且往往和制取金属陶瓷相联系，二者之间无明确界线。

俄罗斯南乌拉尔国立工业大学分别进行了 Ti（C，N）对铜、铝、45 号钢的强化效果研究，研究结果表明，碳氮化钛的加入可使铜、铝、钢的耐磨性提高 44.7%、20.3%和 18.6%，并且耐磨性的提高与碳氮化钛的加入量呈线性关系。

我国已有的研究也表明，Ti（C，N）可显著提高铜和铝的耐磨性和抗疲劳性，增强钛基复合材料的断裂韧性。

发达国家则主要偏重于 Ti（C，N）类复合材料的研究，例如 Ti（C，N）-Al_2O_3复合材料、Ti（C，N）-SiC 复合材料、Ti（C，N）-SiC-AlC 复合材料、Ti（C，N）-Al 复合材料等。

D Ti（C，N）涂层

物理气相沉积在我国成功的引进和应用是二汽的多弧离子镀和株洲硬质合金厂引进的溅射镀膜，这两项均是国外较领先的技术和装备。值得注意的是我国科学家近年来开发了一种新型物理沉积法，即电泳沉积法（EPD）制备 TiC 薄膜，它是以 TiC 颗粒为原料，利用电泳原理将其沉积在金属基体表面。它具有设备简单、成本低、成膜快、基体形状不受限制、薄膜厚度均匀可控、直接用 TiC 沉积的优点，是一种适合我国国情的技术。

化学气相沉积（CVD）从 20 世纪 60 年代末出现以来，已逐渐成熟。为防止 $TiCl_4$ 对装置和涂层的腐蚀，近年来，国外有学者将钛的有机化合物或碘化钛作为新的钛源，发展了等离子体增强化学沉积法（PECVD），低温化学沉积法（450～600℃）、激光化学气相沉积（LCVD）、真空化学气相沉积等。

今后，还将有射频加热化学气相沉积、紫外光能辅助化学气相沉积等方法出现。我国虽然在实际运用于刀、模具上和国外差距较大，但我国对它的理论研究已较充分，其研究程度已接近国际先进水平。今后，国内外对它的研究还将十分活跃，沉积多层、梯度或复合成分的 TiN ＋TiC 或 Ti（C，N）是一个新的研究热点。

激光表面熔覆 Ti（C，N）技术是美国领先，我国的激光表面熔覆 Ti（C，N）技术从 20 世纪 80 年代末起步，和国外基本一致，在理论研究上发展也较快，有关论文的质量和数量在世界上均名列前茅，但因为我国的经济实力不尽如人意，大功率激光器及其外围设备的研制和生产和国外差距较大，在实际中运用还不十分广泛。

5.13.3 钛基金属陶瓷的生产

5.13.3.1 Ti（C，N）晶体结构及其转化

Ti（C，N）是典型的 NaCl 型面心立方（F，C，C）结构，见图 5-47。

从图 1 中可见；钛原子占据面心立方顶角，碳或氮原子占据面心立方的（1/2，0，0）位置。因 TiC 和 TiN 的晶格常数非常接近，分别为 0.4329nm、0.4235nm，故它们形成由 TiC_{1-x} 和 TiN_x 组成的连续固溶体，其相邻钛原子平面与由（C，N）组成的原子平面间以 Ti-（C，N）最强键结合。在晶体中，C、N 原子是统计分布的。

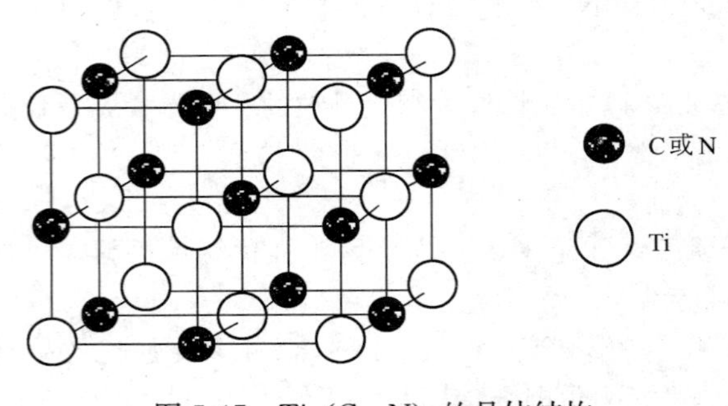

图 5-47 Ti（C，N）的晶体结构

用 TiO_2、碳为原料，采用碳热还原法生产 TiC、TiN 和 Ti（C，N）是目前的主流方法。从 Ti（C，N）晶体结构可知，TiO_2 应首先被还原碳化成 TiC，如要生产 Ti（C，N），则氮原子再替代部分碳原子在 TiC 晶体上的位置，最后形成 Ti（C，N），当氮原子几乎全部取代 TiC 晶体上的碳原子后，形成了 TiN。

TiO_2→TiC 的过程是逐级进行的，即 TiO_2→Ti_nO_{2n-1}（$n>10$）→Ti_nO_{2n-1}（$4<n<10$）→Ti_3O_5→Ti_2O_3→Ti_xO_y→TiO→TiC

因缺乏 Ti_nO_{2n-1} 的热力学及晶体结构数据，这里忽略了 Ti_nO_{2n-1}（$n>10$）→Ti_nO_{2n-1}（$10>n>4$）过程，只介绍 TiO_2→Ti_3O_5→Ti_2O_3→TiO→TiC 过程。TiO_2、Ti_3O_5、Ti_2O_3、TiO、TiC 的晶体结构见表 5-65。

表 5-65 TiO_2、Ti_3O_5、Ti_2O_3、TiO、TiC 的晶体结构

项目	TiO_2	Ti_3O_5	Ti_2O_3	TiO	TiC
晶体结构	四方	菱方	斜方	面心立方	面心立方

从表 5-65 可见：还原过程各阶段，随 O 含量降低，其晶型也在变化，也就是在还原的同时伴随相变。而对于 TiO→TiC，两者的晶体结构相同，且晶格常数非常接近，分别为 0.4162nm、0.4329nm，故无相变，是碳原子取代了氧原子在晶格中的位置并形成 Ti（O，C）。

5.13.3.2 碳氮化钛的制备方法

目前，Ti（C，N）的制备方法主要有直接碳氮化法、Ti（C，N）涂层法、等离子碳氮化法、金属热还原碳氮化法和碳热还原法 5 种。

A 直接碳氮化法

该方法的基本原理是用高纯钛粉末或氢化钛粉末直接和碳或氮反应合成，其化学反应式为：

$$Ti+C=TiC \tag{5-51}$$

$$[Ti]+[C]=[TiC] \tag{5-52}$$

$$2Ti+N_2=2TiN \tag{5-53}$$

$$2[Ti]+2[N]=2[TiN] \tag{5-54}$$

$$2TiH_2+N_2=2TiN+H_2 \tag{5-55}$$

该法进一步细分为自蔓延燃烧合成法、原位合成法、氢化钛直接合成法和机械合金化法4种。

自蔓延燃烧合成法是前苏联科学院化学和物理研究所的研究者于20世纪60年代发现的一种新方法。它是将纯钛粉和石墨粉混合压成柱状形，在氩气气氛下点火，利用钛/碳反应放热完成自蔓延燃烧合成TiC，其化学反应式如式5-51所示。如将高纯钛粉压成柱状，在氮气气氛下点火，则合成TiN，其化学反应式如式5-53所示。该方法具有简便、产品纯度高的优点。其缺点是要求原料纯度高，生产过程不易控制，容易产生粉末烧结。

原位合成法是将钛以纯钛粉末和碳粉末加入金属熔体中，其化学反应式如式5-52、式5-54所示，在金属熔体中钛和碳化合成［TiC］和［TiN］颗粒，且弥散分布在熔体中，再经铸造，得到颗粒强化的金属材料。该方法实质上氮是金属熔体内的自蔓延燃烧合成，它将合成和溶解熔为一体，简化了工艺，但存在着钛粉价高，生产过程要在保护性气体中进行，而且须解决质量轻、纯度高的钛粉和石墨粉（或炭黑）在金属液体中均匀化溶解等难题。

氢化钛直接合成法是以氢化钛粉末为原料，将其放入真空炉内，先抽真空，然后通入氮气在较低的氮气压力下直接氮化制取TiN，其化学反应式如式5-55所示。该法的优点是氢化钛对动力学起着调控作用，脱氢是吸热反应，氮化是放热反应，两者相辅相成，在生产上易于控制。其缺点是增加了一道从钛粉到氢化钛的工序，生产成本仍然很高。

机械合金化法是将金属钛粉末或氢化钛粉末置于高能球磨机内，在氮气气氛下，用机械合金化方法合成TiN。该法的优点是合成温度低，氮化过程易于控制，产品纯度高。缺点是原料价高，设备复杂。

B 碳氮化钛涂层法

Ti（C，N）涂层是金属表面处理的一个重要方面，利用Ti（C，N）的高硬度和高强度，将其复合在金属基体表面可制取出外硬内韧的金属复合材料。该法可提高零件的使用寿命和可靠性，同时还可提高材料的耐磨性、耐蚀性和装饰性，是当今金属复合材料发展的一个重要方向。国内外已有许多种不同的复合方式，但大致可分为物理气相沉积（PVD）、化学气相沉积（CVD）和激光表面熔覆3个方面。

物理气相沉积是在真空条件下，用物理的方法，将钛材气化成原子、分子或使其电离成离子，再通过气相过程，在材料或部件表面沉积一层Ti（C，N）薄膜。具体还可细分为真空蒸镀、溅射镀膜和离子镀。

化学气相沉积是以$TiCl_4$为原料，在氢气或氮气气氛和高温下，$TiCl_4$和氢气或氮气、基体中的碳反应生成Ti（C，N）薄膜。其主要反应为：

$$TiCl_4+C+2H_2=TiC+4HCl \tag{5-56}$$

$$2TiCl_4+N_2+4H_2=2TiN+8HCl \tag{5-57}$$

$$2TiCl_4+2C+4H_2+N_2=2Ti(C,N)+8HCl \tag{5-58}$$

激光表面熔覆是利用激光的高能量，在保护气氛下将纯钛粉和基体中的碳在金属表面原位合成 Ti（C，N），也可以直接用 Ti（C，N）粉末，通过激光照射，将其熔覆在金属表面。

Ti（C，N）涂层法的优点是不需改变整体材料，而使表面获得所需要的理想功能（防腐、耐高温、抗氧化、耐磨），用材少，既可以对材料进行表面保护，又可以对机件进行修复。其缺点是工艺、设备复杂，对相关的配套技术（真空技术、表面沉积技术、大功率激光技术等）要求高。

C　等离子碳氮化法

等离子碳氮化法是以钛的卤化物和碳粉为原料，在氮的等离子体气氛下生产 TiC、Ti（C，N）。该法可生产超细 TiC、Ti（C，N）粉体，但生产率低，商品化尚有一定的难度。

D　金属热还原碳氮化法

金属热还原碳氮化法是以二氧化钛为原料，首先与金属还原剂进行还原制得金属钛粉末，金属钛粉末再和氮气反应化合成 TiN。该方法有两种，一种是还原和氮化分步进行，另一种是还原和氮化一步完成。前者是采用金属铝粉作还原剂，后者是用金属镁粉作还原剂。

金属热还原碳氮化法实质上是自蔓延燃烧合成法的改进方法，所不同的是可用供应相对容易的二氧化钛作原料，但要用价格不菲的高纯金属铝粉或金属镁粉，并且还带来分离附产氧化铝或氧化镁的问题。

E　碳热还原法

碳热还原法是最为传统的工艺，它是以二氧化钛、碳为原料，在氮气或氩气或真空气氛下、高温（1700～2100℃）还原制取 TiC、TiN 和 Ti（C，N）。该方法是目前国内外主流的生产方法，主要应用于生产 Ti（C，N）系金属陶瓷。其优点是原料廉价、工艺简单，缺点是制备温度高，反应复杂且时间长。其基本反应如下：

$$3TiO_2+C=Ti_3O_5+CO \tag{5-59}$$

$$Ti_3O_5+2C=3TiO+2CO \tag{5-60}$$

$$2Ti_3O_5+3N_2+10C=6TiN+10C \tag{5-61}$$

$$Ti_3O_5+2C=3TiO+2CO \tag{5-62}$$

$$Ti_2O_3+C=2TiO+CO \tag{5-63}$$

$$Ti_2O_3+C=2TiO+CO \tag{5-64}$$

$$Ti_2O_3+3C+N_2=2TiN+3CO \tag{5-65}$$

2003 年，我国华南理工大学还发明了微波条件下的碳热还原制取纳米级碳氮化钛新技术。

5.13.4　钒基金属陶瓷的应用

因为目前工业上生产 VC 和 V（C，N）大多数是用碳热还原法生产，所得到的 V（C，N）中氮含量较高，实际上，通常代替 VN 使用而不影响使用效果，在商业上，已习惯将 V（C，N）称为氮化钒，故本章只论述 VC 和 V（C，N）。

5.13.4.1　在金属陶瓷方面的应用

如前所述，全球面临钨资源枯竭的问题，而钨又是重要的战略物质，故在金属陶瓷或硬质合金行业中节约钨就成了亟待解决的问题。节约钨资源无非从两方面去解决，一方面大力发展钛基金属陶瓷代替钨基金属陶瓷，另一方面就是尽可能提高现有钨基金属陶瓷的使用效果，降低钨的消耗。在这两方面，VC 都有不俗的表现。不管是在钛基金属陶瓷还是在钨基金属陶瓷，VC 主要表现为细化晶粒。

在钨基金属陶瓷中，WC 晶粒长大一直是超细 WC-Co 合金研制和生产的瓶颈。晶粒大小的分布对 WC-Co 合金的许多性能具有重要的影响，比如，当 WC 晶粒尺寸减小，合金的硬度和耐磨性甚至在很多情况下的抗弯强度都会增加；少量异常长大的 WC 晶粒会对强度产生不利的影响。因此，少量的其他金属碳化物如 VC、Cr_3C_2、NbC、TaC 及其混合物经常被添加到钨基金属陶瓷中以抑制烧结过程中 WC 晶粒的长大。这是因为 WC 晶粒度越小，晶界密度就越高，系统自由能也就越高，WC 晶粒长大的趋势就越明显。

为了解决 WC 晶粒在烧结过程中的增粗问题，寻求一种高效晶粒长大抑制剂尤为重要。而 VC 在钴相中具有较高的溶解度和较低的共晶温度，即使在相当高的温度下（1300～1350℃）下，也会产生抑制晶粒长大的早期效应。从理论上讲，VC 是最佳的晶粒长大抑制剂，且比其他碳化物添加剂成本低。但在实际中，还要综合考虑 VC 添加的工艺因素以及和其他细晶粒的元素（例如 Cr_3C_2）配合使用。另外添加 VC 还有效地降低 WC-Co 合金的居里点，产生非磁性。

在 Ti（C，N）基陶瓷中，添加碳化物能导致最强键上共价电子数 n 增加，其中添加 VC 的影响最为明显，依次为 VC>MoC>NbC>WC>TaC，并且 VC 还有改善镍基粘结相润湿性的功能。VC 和 Cr_3C_2 配合，能有效提高金属陶瓷的抗弯强度和细化晶粒。

另外，在新型 TiB_2 基金属陶瓷中，适量添加 VC 也能有效抑制晶粒长大，使硬质相颗粒均匀细化，还可以使 TiB_2 金属陶瓷中的耐磨性、高温强度和高温抗氧化性得到改善。

5.13.4.2 *在钢铁材料中的应用*

VC 和 V（C，N）是两种重要的钒合金添加剂，80%～90%钒用于钢铁工业的非常主要的原因是钒同碳、氮反应形成耐熔性碳、氮化物，根据钢的成分和钢处理过程的温度情况，这些化合物在钢中能起沉淀硬化和晶粒细化的作用。因此，碳化钒、氮化钒合金在钒钢生产中起着日趋重要的作用。

VC 和 V（C，N）可用于结构钢、工具钢、管道钢、钢筋、普通工程钢以及铸钢中。

已有的研究表明：碳化钒、氮化钒添加于钢中能提高钢的耐磨性、耐腐性、韧性、强度、延展性和硬度以及抗热疲劳性等综合力学性能，并使钢具有良好的可焊接性能，而且能起到消除夹杂物延伸等作用，尤其是在高强度低合金钢中，它们能更有效地强化和细化晶粒，和加钒铁相比，钒的加入量减少，降低了生产成本。其原因为：传统的加钒方式是以钒铁形式加到钢中，而钒要与钢中的碳和氮形成 VC 和 VN 析出才能起到强化作用，而钢中的 C、N 含量有限，这就限制了钒在钢中的使用量，如直接与 VC 或 V（C，N）的形式加入钢中，从理论上讲，可不受限制。

与使用钒铁相比，VC 和 V（C，N）有如下优点：

（1）能更有效地强化和细化晶粒；

（2）减少钒的加入量，成本降低；

（3）有利于钒和氮的利用；

（4）纯度高；

（5）粒度均匀并便于包装。

另外，和钒铁相比，VC 和 V（C，N）的生产过程无污染，钒回收率高（理论上为 100%），能耗低，因此，由于它价格低廉而适用于许多含碳高强度钢的添加剂。

5.13.5 钒基金属陶瓷的生产

目前钒基金属陶瓷主要是指 VC 和 V（C，N），它们的晶体结构和 TiC、Ti（C，N）相同，均是面心立方结构。其生产均是以 V_2O_5 或 V_2O_3 为原料，用碳热还原法生产，其还原碳化过程和 TiC、Ti（C，N）相似，也是有一系列的相变，其基本原理和 TiC、Ti（C，N）相似，所不同的是还原碳化过程的温度比 TiC、Ti（C，N）低。

5.14　含钒新型功能材料

5.14.1　激光器件

掺钕钒酸钇（Nd：YVO_4）晶体：是一种性能优良的激光基质晶体。YVO_4 为四方晶体，锆石英结构，属正单轴晶体。YVO_4 晶体中的钇离子部分被钕取代（Nd 以＋3 价的离子形式存在）而形成 Nd：YVO_4。Nd：YVO_4 晶体具有大的双折射（在 1064nm 处，$n_0=1.958$，$n_e=2.168$），并且其 a 轴切割时光吸收和辐射具有明显的偏振依赖性，最强吸收和最强辐射均发生在 π 偏振方向（$e/\!/c$ 轴），因此非常有利于偏振输出。

Nd：YVO_4 晶体的能级结构有两个吸收带分别位于 880nm 和 808nm 附近，分别对应于从 $^4I_{9/2}\rightarrow{}^4F_{3/2}$ 和 $^4I_{9/2}\rightarrow{}^4F_{5/2}$ 的跃迁，其中最重要的也是最强吸收带为 808nm 附近的一个，峰值波长为 808.7nm，吸收带宽约为 20nm，远大于掺钕铝酸钇晶体（Nd：YAG）的 4nm 吸收带宽，而且吸收截面大，这非常有利于 LD 泵浦，因为其宽度远大于 LD 的谱宽，即使因温度的漂移导致 LD 发射波长的改变也不会显著地影响泵浦效应。

此外，吸收系数随着钕离子掺杂浓度的增加而增大。用 808nm 附近的 LD 泵浦 Nd：YVO_4 晶体，将粒子从基态激发至能级 $^4F_{5/2}$，因为该能级的寿命极短（约为 0.1ns），所以粒子通过无辐射跃迁快速地弛豫至能级 $^4F_{3/2}$。能级 $^4F_{3/2}$ 是一个亚稳态（寿命约为 0.1ms），因此易于实现布局反转。

处于能级 $^4F_{3/2}$ 的粒子跃迁至低能级，主要有四条发射谱线：$^4F_{3/2}\rightarrow{}^4I_{15/2}$、$^4F_{3/2}\rightarrow{}^4I_{13/2}$、$^4F_{3/2}\rightarrow{}^4I_{11/2}$、$^4F_{3/2}\rightarrow{}^4I_{9/2}$，相应的发射波长分别为 1839nm、1342nm、1064nm、914nm，其中 1064nm 谱线的发射截面最大（$20\times10^{-19}cm^2$），约是 Nd：YAG 相应波长的 7～8 倍，是最强的一条谱线，占绝对优势，因而增益最高，不过其谱线宽度为 0.8nm，略宽于 Nd：YAG 的 0.6nm，1342nm 次之（发射截面为 $6\times10^{-19}cm^2$），1839nm 和 914nm 最弱。

Nd：YVO_4 晶体基态的 Stark 分裂仅有 439.0cm^{-1}，约相当于室温下热能的 20%，因此 914nm 的跃迁可以被看作准三能级系统中的跃迁。相反其他三条谱线的跃迁则是典型的四能级系统。同时其光-光转换效率高，最高的斜效率达 72%，其良好的机械物理性能和对温度好的稳定性，使其在众多应用领域包括光隔离器、环行器、光分束器几个蓝系列偏光器等偏振光器件中，钒酸钇可替代方解石及金红石等双折射晶体。但缺点是热传导性较差，适合于中小功率激光器。

5.14.2　新型钒催化剂

(1) 硫酸生产中所用催化剂是以钒氧化物为主催化剂、碱金属氧化物为助催化剂、硅藻土为载体的催化剂。在二氧化硫氧化的工业条件下，该催化剂的活性组分呈液相状态，是一种典型的液相负载型催化剂，因此，必须选用优质的精制硅藻土作载体。含铯钒催化剂是近几年国内外才开发出的一种新型催化剂，与传统的钒催化剂 S101、S107、S108 相比较，它的起燃温度低（20～40）℃，可使转化器的一段进口操作温度从 425℃降低到 380～390℃，适合用于处理低浓度 SO_2 或用富氧空气生产的高浓度 SO_2 气体。可降低转化工段的换热面积，节省投资，可获得较高的转化率，降低尾气中 SO_2 的排放浓度，具有较大的操作灵活性，给硫酸生产企业带来较大的经济效益，也带来了巨大的社会效益。研究表明，钒催化剂的活性成分是 V_2O_5，对 SO_2 氧化来讲，纯 V_2O_5 的活性并不高，添加活化剂（碱金属，特别是钾）后，活性迅速提高。与钾相比，铷和铯的助催化作用更大，在低温下铷和铯的助催化效应特别高，其铷-铯-钒系催化剂起燃温度较常用的硫酸催化剂低 30～50℃左右。

(2) 负载型钒催化剂是一种重要的选择氧化催化剂。V_2O_5 在载体表面的单层分散及存在状态，对于催化剂的活性和选择性有决定性的影响。研究表明，催化剂活性组分可以在制备条件下自发地分散在载体表面，若活性组分负载量在最大单层分散容量附近时，获得的催化性能最好。因此，最大单层分散容量成为影响催化剂制备因素的重要依据。

(3) 杂多酸催化剂是一种含钒的制备有机物的催化剂，近年来如何降低碳烷烃转化为重要的含氧化合物引起了人们的广泛注意，其中已成功工业化的例子是正丁烷一步氧化制取马来酸酐。杂多化合物由中心原子和配位原子经氧桥连接，具有特定的空间结构，属于一类特殊的化合物——多和配合物，其催化功能是迄今最重要、最有前途的应用之一，并被广泛应用于烷烃的催化转化。可以组成杂多化合物的元素多达七十余种，而每种元素又可以不同价态存在于杂多阴离子中，因此杂多化合物种类繁多。杂多化合物即可作为酸型，又可作为氧化还原型或者双功能型催化剂，可以通过控制元素的组成、价态和配比来调节其氧化还原性和酸性，以适应不同催化反应的需要。目前应用和研究最广泛的是 Keggin 型杂多化合物，是一种优良的酸型、氧化型和多功能型催化剂，可用于多种催化反应，其中钼系杂多化合物氧化性最强。当钒原子取代钼以后，它的氧化能力可以调变，因此研究钼系杂多化合物对于开发新型、高选择性的催化剂具有十分重要的意义。

5.14.3　含钒薄膜材料

5.14.3.1　VO_2 薄膜

研究表明，VO_2 及其他价态的氧化物薄膜将在光阀、光电开关、电子扫描激光器、温度敏感半导体器件、光全息、光存储以及建筑物室温调节涂层材料等方面有广泛的应用前景。

(1) 光电转换开关：VO_2 薄膜的光电转换开关作用已应用于热敏光电转换器、电致变色和光致变色装置、热敏传感器以及透明导电体。将 VO_2 薄膜涂制在红外光电传感器及光电探测装置的窗口上，可以用来阻止大功率激光或红外波对光学系统和光学元件的损伤。

(2) 光存储：VO_2 薄膜的低能量阈值和可擦除-重写性使之可在光的记录、存储领域大有作为。Masaharu Fukuma 等利用蒸发法制备的 VO_2 薄膜建立了直接光单元记录装置。入射脉冲或连续激光经 $\lambda/2$ 玻片极化，通过分光镜后聚焦在样品上，反射光经过 $\lambda/4$ 玻片后，显示与入射光垂直的极化方向，因而可以被 PIN 二极管探测到。通过除去和添加一个无指向性滤光片，可以实现数据的存储和读取。

W. R. Roach 通过一个空间正弦变化的光束，实现了利用 VO_2 薄膜的全息光存储。

(3) 非致冷红外焦平面微测辐射热计：这是 20 世纪 90 年代以来发展起来的一项先进技术。由于这项研究具有军用价值，虽然国外已经研制出非致冷红外焦平面 VO_2 微测辐射热计，但一直未公开技术细节，国内现在也已取得了技术上的突破。其工作原理是探测器吸收红外辐射后温度升高，从而引起探测器阻抗的变化。这种焦平面的结构大致分为两个部分：探测单元和信号读出与处理电路。焦平面通过特定的设计和工艺使探测单元和衬底之间形成一定的热绝缘，这样探测单元吸收热辐射后能够形成一定的热积累，热效应引起的阻抗变化通过下面的信号读出电路被检测出来。

(4) 智能玻璃：随着人类生活水平的提高，居住面积的增大，对玻璃的利用量也日益增加。在建筑窗玻璃上实现节能、室温调节一直是人类社会追求的目标。VO_2 薄膜新型智能玻璃无疑在此方面显示出了光明的前景。太阳辐射的主要能量集中在 0.3～3μm 的波长之间，可见光区段 0.38～0.76μm 占有相当比重，近红外辐射 0.76～3μm 热敏并不明显，其能量分布在 3～40μm 的波长之间。普通玻璃对远红外的吸收率很高，约为 0.8 左右，远红外辐射热不能直接透过玻璃，但可以被玻璃吸收后使玻璃的温度升高而以辐射和对流的方式再向外散出。人们希望在冬季可以更多地获得太阳能辐射，又减少室内红外热辐射的外泄，而夏季又希望将红外辐射挡在室外，以减轻空调制冷的负担，因此含钒智能玻璃成了人们的选择。

VO_2 薄膜是一种具有相变特性的热敏功能材料，在 68℃左右，其从半导体态的锐钛矿相转变为金属态的金红石相。自由电子对光的吸收会引起光透过率，特别是红外波段的光透过率急剧降低、反射率增加，从而可以有效阻挡红外线的进入，避免温度继续上升。温度降到 68℃以下，它又会提高红外光的透过。这样，VO_2 薄膜就能循环往复地自动调节室外太阳能辐射能流和室内因热传递、对流、辐射损耗的热量，避免室内过热或过冷，实现对室内温度的智能化调节。

研究人员在 VO_2 中掺杂其他元素有效地降低了 VO_2 发生相变的临近温度，使其尽可能接近室温。目前对于 VO_2 薄膜型智能玻璃的研究主要集中在高品质 VO_2 薄膜制备工艺与最佳掺杂元素与掺杂浓度的探索，以及双分子层膜系的设计研究等方面。由于薄膜转化特性取决于薄膜样品的微结构、结晶形式、晶粒尺寸，同时也取决于样品的制备。因此要得到性能优异的 VO_2 薄膜就必须控制好沉积时反应气体分压力、基片温度、退火处理时的温度、退火时间以及退火气氛种类等影响薄膜质量的关键工艺参数。

研究表明，通过掺杂的途径可以降低相变温度，但同时也会影响其相变前后光学性能的变化幅度，以及热滞回线的宽度。如何保证既有较低的相变温度，又有较大的相变幅度，与较窄的热滞回线宽度，还期待研究工作能取得新的突破。在大气环境下，由于 VO_2 在钒氧化物中属于次稳定氧化物，它能稳定存在的范围非常窄，容易发生水和作用或被氧化，且这种智能玻璃可见光透过率为 40%～60%，与低辐射玻璃 60%～80%相比较低，有待进一步提高。

研究表明，在 VO_2 薄膜上再加镀一层具有特殊性质的薄膜，形成的双分子层膜系有助于改善 VO_2 薄膜的性能。

5.14.3.2　V_2O_5 薄膜

由于 V_2O_5 薄膜可用于锂电池正极材料、热激发电子开关、光学开关以及电致变色和光致变色器件等，引起了人们的兴趣。

(1) 电致变色薄膜。V_2O_5 薄膜集物理、化学、材料科学于一体，在微小电压信号的作用下能实现光密度连续可逆持久的变化，可应用于非辐射显示器、防眩光倒视反射镜、阳光控制节能窗以及未来空间热发射调节器等。通常电致变色器件由五层薄膜组成，外边两层为透明导电薄膜，里面依次为电致变色薄膜、离子导体和离子储存薄膜（或反电极）。其中离子储存薄膜（反电极）性能好坏直接影响器件的耐用性和光学对比度。

在众多无机离子储存材料中，V_2O_5 薄膜可能是最有实用价值的候选材料。V_2O_5 薄膜存在着阴阳两种电致变色，随着锂离子注入量的增加，近紫外和蓝光波段的透射率不断提高，吸收边缘向短波方向移动，此时为阳极致色，而约 500nm 以上波段的透射率却不断下降，此时为阴极致色。

V_2O_5 薄膜表面上呈现双重电致变色是由不同致色机理引起的。在锂离子注入过程，伴随注入电子浓度的增加，使得费米能级进入导带，并向上移动，从而使电子吸收光子向更高能级跃迁，增加了禁带宽度，吸收边缘蓝移，导致较强的阳极致色。而随着电子和离子的不断注入，在 V_2O_5 薄膜中产生了小极化子，电子在 V^{4-} 和 V^{5-} 之间跃迁产生的小极化子吸收是阴极电致变色的来源。

（2）湿度传感器：$V_2O_5 \cdot nH_2O$ 凝胶薄膜的电导率与凝胶中的水含量，即与环境中水的分压有非常大的关系。Bondarenka · V 等研究发现，通过钼原子取代 V_2O_5 中部分钒原子，制得具有湿敏特性的 $H_2V_{12-x}Mo_xO_{31\pm y} \cdot nH_2O$ 薄膜（x=0、1、2、3），在不同温度下，电导率 σ 随相对湿度 ϕ 变化而变化，其变化可用下式表示：

$$\sigma = \sigma_0 + \sigma_1 \exp(a_c \phi)$$

式中 σ_0、σ_1、a_c——常数。

图 5-48 表示在不同温度下 ln（$\sigma-\sigma_0$）＝f（ϕ）的直线关系。

从图 5-48 中可看出：随相对湿度的增加，电导率增大，是因为在 V_2O_5 为基体的凝胶 $H_2V_{12-x}Mo_xO_{31\pm y} \cdot nH_2O$ 薄膜中电导率包括两个方面：离子电导和电子电导。电导主要由质子迁移决定，随相对湿度的增加而增大。

（3）电压开关：在 V_2O_5 凝胶薄膜中可以观察到电压开关特性。童茂松等将金蒸镀在薄膜上形成金电极，相隔 0.1mm，形成平面结构，经过几个循环后，器件开始出现开关特性。电阻比值（$\beta=R_{off}/R_{on}$）与器件的制备工艺有关。其值可高达 800，阈值电压与温度有关，同时开关特性还与 V^{4+} 所占的比例 r（V^{4+}/（$V^{4+}+V^{5+}$））有关。当比例 $r>0.04$ 时，器件没有开关特性。

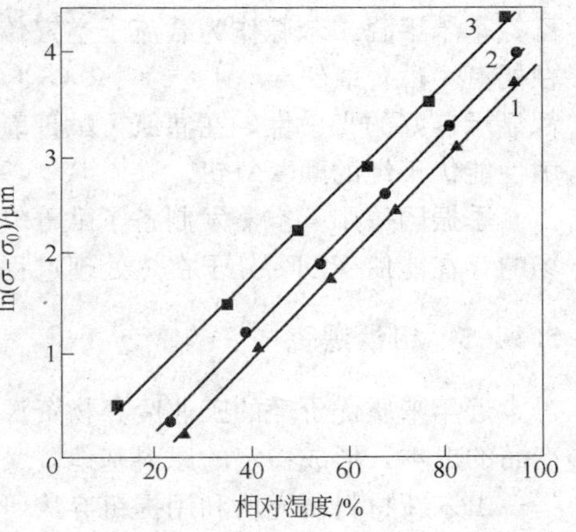

图 5-48 $H_2V_{12-x}Mo_xO_{31\pm y} \cdot nH_2O$ 凝胶薄膜在不同温度下电导率随相对湿度的变化

1—298K；2—308K；3—318K

（4）锂电池的可逆负极：锂电池是利用 Li^+ 离子能可逆地出入基体晶格的性质制成的。可逆负极的研究主要集中在具有层状结构的过渡金属-硫族化合物上。V_2O_5 为基体的凝胶薄膜具有层状结构，而且层与层之间具有较弱的 V-O 键，Li^+ 离子在出入其中时晶格变化较小。

M. Nabavi 等将 $LiAsF_6$ 溶于环乙醚中作为电解质，进行电化学测试，结果表明，电压在 3.5V 和 2V 之间时，每摩尔 V_2O_5 中能可逆地出入的 Li^+ 离子可高达 1.8mol，与晶体 V_2O_5 作为负极相比，开路电压连续地随着进入的 Li^+ 的量降低而降低，可逆过程中无相变发生。

实验表明，V_2O_5 干凝胶层状结构的层中按一致取向堆积的 V_2O_5 带在 Li^+ 进入时被破坏，而变成无序的结构，但是这种一维堆积可在逆过程中恢复。把苯胺单体嵌入层状物中，层状主体钒具有强氧化性，苯胺单体被氧化聚合，形成 p 掺杂即导电态的高分子，复合材料中电子便可以利用高分子主链作通道，在层间或相邻两层之间进行传递，提高二维、三维的导电率。

5.14.4 金属酞菁化合物

自从 60 年前金属酞菁被发现以来，就引起人们的广泛兴趣，其原因主要在于它们在染料、颜料、光化学、催化和成像中的应用。和许多其他酞菁衍生物一样，钒氧酞菁具有光导和半导体特性，这使它在光电子学、电子成像、化学传感器、微电子器件中都有十分光明的应用前景。

通常酞菁以几种不同的多晶异构体即不同的晶体排列结构方式存在，因此其光电特性不仅取决于分子中心的金属原子，而且取决于它们的晶体结构。

光电器件的微型化和智能化的发展趋势对材料的光敏性提出更高的要求，如何拓宽材料的光谱响应范围，提高材料的光敏特性成为有机半导体光电材料与器件领域最重要的研究课题之一。又由于酞菁金属配合物的能带结构易于剪裁，可以通过改变能带结构以改变器件光电导性能，因此在光电领域具有重要的应用前景。

近期研究主要集中在光储存器件、光伏电池、非线性光学器件、有机发光器件、有机半导体器件等。

Loutfy 报道把在近红外区具有光敏性的 VOPc 分别与在可见光区具有光敏性的二溴代苯并芘二酮和苯并咪唑芘进行共混复合作为光生载流子材料，实验发现，共混复合后不仅光谱响应范围得到扩展而且光电导性能得到提高。

蒋克键等采用二元共混方法，以双偶氮颜料和酞菁氧钒颜料作为光生载流子产生层，以二乙氨基苯甲醛二苯腙作为载流子空穴传输层，制备功能分离型双层光电导体。研究结果显示，在偶氮∶酞菁氧钒＝（4∶6）～（6∶4）范围，光电导体在可见光和近红外（450～810nm）都显示良好的光敏性，在偶氮∶酞菁氧钒＝（3∶7）～（1∶9）范围，光电导体在近红外的光敏性能优于纯的酞菁氧钒。

季振国等用真空蒸发制备了酞菁氧钒（VOPc）薄膜，并在磁场中进行了热处理，发现磁场的存在能使 VOPc 分子在热处理过程中发生定向排列。

5.14.5　钒钛黑瓷

近年来质优价廉的工业废弃物资源在建材行业得到了广泛的应用，它不仅有利于降低建材产品的成本，形成稳定的原料基地，又使制品获得有特色的优异性能。

山东新材料研究所利用提钒弃渣研制成功瓷质优良、性能卓越的黑色瓷质砖。攀钢引进该技术，并建厂生产出质量优异的钒钛黑瓷砖。

通常，光热转换材料是指将光如太阳光转换为热能或将热能转换为光，如将电热元件的热能转换为远红外射线的材料。一般由 Fe、Cr、Mn、V、Ti、Co、Ni 等第四周期过渡金属化合物经准确搭配复杂的加工过程成为光热转换材料。一般是灰体或称作准黑体，生产成本高，价格贵，通常作为涂层涂覆在金属、玻璃等基体材料上使用，涂层的性能往往随使用时间延长而衰减。

实验表明，提钒尾渣是优良的光热转换材料，是优良的成瓷材料。钒钛黑瓷中空大板用作太阳能房顶，具有足够的结构强度与刚性，背面、侧面结合发泡材料，正面结合玻璃板即可成为集热板，可提供热水或热空气，再配备相关设备，冬暖夏凉。

5.15　含钒颜料

5.15.1　钒酸铋黄颜料

由于传统的黄色颜料铬酸铅、镉黄等含有铬、铅、镉等重金属，有毒性，在环保要求越来越严格情况下，许多国家已经禁止使用。钒酸铋黄色颜料是环保型颜料，成为镉黄的替代品。钒酸铋具有优良的颜料性能，用于塑料、橡胶、陶瓷、油漆、印刷油墨等方面，尤其在黄色汽车漆、汽车修补漆、高级建筑涂料方面应用。

钒酸铋颜料的合成方法：

(1) 水溶液沉淀法：将 Bi^{3+} 和 V^{5+} 盐高纯溶液在一定条件下生成 Bi-V 氧化物-氢氧化物胶体。提高温度进行结晶，形成沉淀粗颜料。可用磷酸盐或氧化物包覆改进性能。

(2) 煅烧法：一定比例的氧化物加少量促进剂。可用上述得到的干胶体代替母体，600℃以上煅烧形成颜料结晶。用碱可洗涤可溶性成分。

5.15.2 钒钼酸铋黄颜料

将硝酸铋、偏钒酸铵或偏钒酸钠和钼酸钠溶解于硝酸中，用氢氧化钠处理，直到细小胶体颗粒析出。随后洗涤干燥得到无定型物质。将固体在 600℃煅烧，失去 5%的水，得到双相钒酸铋与钼酸铋结晶。通常再经湿磨、过滤、聚集体解磨。产品是平均直径为 0.25mm 的球形颜料颗粒。

5.15.3 钒酸铋示温颜料

将 Bi_2O_3 和 V_2O_5 以化学剂量混合，650℃煅烧 12h，750℃煅烧 12h，得到 $BiVO_4$。我国采用分析纯 Bi_2O_3 和 V_2O_5 按铋钒原子比 1∶1 煅烧，制得 $BiVO_4$ 示温材料，室温呈黄色；120℃呈橙色；200℃呈红色；耐热临界点为 750℃。稳定性：不溶于水、碱、乙醇；安全性：对人无毒。

将 Bi_2O_3 和 V_2O_5、$Mg(OH)_2$、CaO 混合，按上述类似工艺制得 $BiVO_4$-0.1MgO 和 $BiVO_4$-0.1CaO。它们比单纯的 $BiVO_4$ 好，具有可逆性。25℃呈黄色或亮黄色；140℃呈橙红色；350℃橙红色到粉红色，但没有明确的转变温度。$BiVO_4$-0.1MgO 和 $BiVO_4$-0.1CaO 开始熔融温度分别为 844℃和 853℃。

5.15.4 钒锆蓝色料

钒锆蓝是锆基陶瓷釉用的色料，广泛用于卫生陶瓷、日用陶瓷和搪瓷工业中，显色稳定，高温稳定性好，颜色鲜艳，耐化学腐蚀，能与许多其他种类色料混合配色，应用广泛。能产生蓝、绿、黄色，作蓝色着色剂。

其合成方法：

(1) 固相法：由氧化物混合研磨，然后煅烧、球磨、水洗、烘干、粉碎得到钒锆蓝色料，为了得到理想的蓝色料，在配料中要加入一种或几种矿化剂。

(2) 液相法：以锆英砂或其他原料与钒氧化物经碱溶、酸处理后再合成钒锆蓝色料。

5.15.5 玻璃和油漆

在玻璃中添加五氧化二钒 (0.02%)，可消除对眼睛有伤害和造成织物颜色褪色的高能超紫外线。钒也用于调黄绿色玻璃，而添加氧化钒和氧化铯混合物可制得绿玻璃，用于测量 UV 辐射强度。

加利福尼亚 Pasadena 的喷气推进试验室开发的干凝胶型玻璃，在一定的污染环境下能改变颜色。含有氧化钒，在通常条件下为粉红色，与硫化氢接触后，干凝胶变为琥珀色，在氨水中转变为浅黄色，在甲酸中为褐绿色，在醋酸中为中绿色，在氢气中为紫色。这种玻璃做成凝胶形式，然后干燥，在材料表面留下细孔，当不同物质的分子进入细孔时与氧化钒反应，缓慢改变材料结构，改变玻璃反射光和颜色。

氧化物和偏钒酸盐用于生产印刷油墨，可促使反应形成树脂黑涂料。添加钒酸铵可生产快干油墨。少量五氧化二钒也用于织物印花业，钒有助于氧化苯胺，得到较浓而不褪色的黑色染料。

本章小结：

本章介绍了主要钒化合物如钒渣、五氧化二钒、三氧化二钒等生产的基本原理及工艺流程。

思　考　题

(1) 写出铁水提钒过程中气-液相间的氧化反应通式。
(2) 影响提钒的主要因素有哪些？
(3) 氧气顶吹转炉提钒的优点有哪些？
(4) 用钒渣生产五氧化二钒的基本原理是什么？
(5) 用钒渣石灰焙烧法生产五氧化二钒的基本原理是什么？
(6) 钒渣钠化焙烧的目的是什么？
(7) 熟料的浸出目的是什么，浸出方式有哪几种？
(8) 从含钒溶液中沉钒的方法有哪几种？
(9) 影响多钒酸铵沉淀的条件有哪些？
(10) 绘出表 5-21 中反应 4-7、4-8 和 4-9 的 $\Delta G^{\ominus} T$ 关系图。
(11) 简述制备二氧化钒粉体和二氧化钒薄膜的主要方法。
(12) 写出一种金属钒与卤素直接反应制取钒的卤化物的化学反应方程式。
(13) 碳化钒和氮化钒在钢中的强化机理是什么？
(14) 写出以三氧化二钒为原料，用碳热还原制取碳化钒和氮化钒的主要化学反应方程式。
(15) 绘出硅热法冶炼钒铁合金各反应：(5-1) ～ (5-4) 的 $\Delta G^{\ominus} \sim T$ 关系图。
(16) 绘出铝热法冶炼钒铁合金各反应：(5-14) ～ (5-17) 的 $\Delta G^{\ominus} \sim T$ 关系图。
(17) 钒铝合金主要是用什么方法生产的？
(18) 简述一步法、两步法生产钒铝合金的生产过程。
(19) 为什么说氢能是最理想的载能体？
(20) 金属元素和氢反应形成哪两种氢化物，这两种氢化物在储氢合金中各有什么样的功能？
(21) 简述储氢合金的 P-C-T 曲线及吸放氢过程。
(22) 氢在金属晶格中处于什么样的位置，它是固定不动的吗？
(23) 为什么说储氢合金能有效地实现能量的转换、储存和运输？
(24) 简述金属钒和金属钛吸氢过程中的晶体结构变化，氢在钒或钛晶格中处于什么样的位置？
(25) 简述金属钒和金属钛的氕化物、氘化物、氚化物稳定性的排列顺序。
(26) 钒、钛作为储氢金属各有什么优缺点，为什么说它们都属于 A 型金属？
(27) 简述钒钛基储氢合金大致分类以及各类的应用方向。
(28) 简述钒电池的充放电过程、基本构成、生产方法及基本原理。
(29) 写出镁热还原生产粗金属钒工艺过程中各步骤相应的化学反应式。
(30) 纳米五氧化二钒、纳米二氧化钒的主要用途和制备方法各是什么？
(31) 什么叫金属陶瓷，钛基金属陶瓷和钒基金属陶瓷由哪些合金组成？
(32) 简述钛基金属陶瓷和钒基金属陶瓷的应用领域、生产方法。
(33) 借鉴碳热还原法制取 Ti（C，N）的基本化学反应式，写出碳热还原法制取 V（C，N）的基本化学反应式。

(34) 掺钕钒酸钇晶体的用途有哪些?

(35) 二氧化钒薄膜、五氧化二钒薄膜的用途主要有哪些?

(36) 钒钛黑瓷的主要性能、用途有哪些?

(37) 简述钒酸铋、钒钼酸铋、钒锆蓝的合成方法。

参 考 文 献

1 廖世明，柏谈论. 国外钒冶金. 北京：冶金工业出版社，1985：1，279～303

2 黄道鑫，陈厚生等. 提钒炼钢. 北京：冶金工业出版社，2000：4～15，90～101

3 Спицына В И и др. ХИМИЯ И ТЕХНОЛОГИЯ ВАНАДИЕВЫХ СОЕДИНЕНИЙ. Материалы Первого Всесоюзного овещания по химии техниологии и применению соединений ванадия Перимь 1972 Пермуское книжное издательство, 1974

4 Смирнов Л Аи др. Производство и использование ванадиевых шлаков，Москва：Металлургия. 1985

5 Смирнов Л Аи др. Металлургическая ванадий - содержащих титаномагнетитов. Москва：Издательство Металлургия, 1990

6 利亚基舍夫 Н П 等著. 钒及其在黑色冶金中的应用. 崔可中等译. 北京：科学技术文献出版社重庆分社，1987

7 瓦托林 Н А著. 钒渣的氧化. 王长林译. 北京：冶金工业出版社，1982

8 陈寿椿等编. 重要无机化学反应. 第三版. 上海：上海科学技术出版社，1994：827～850

9 梁英教，车荫昌. 无机物热力学数据手册. 沈阳：东北大学出版社，1993. 8

10 Ильясова А К. и др. Ж. Неорганическая Химия. 1988 (1)：89～94

11 Ивакин А А. и др. Ж. Неорганическая Химия. 1987 (1)：212～215

12 Слободин Б В и др. Ж. Прикладной химии. 1965 (4)：801～806

13 戈文荪等. 攀钢转炉提钒工艺的技术变革与展望. 钢铁钒钛，2001，22(3)：11～14

14 刘祥官，刘学艺. 雾化提钒工艺参数的优化. 浙江大学学报(理学版)，2005，32(1)：30～33，38

15 陈勇，张大德. 转炉提钒工艺的开发与优化. 中国冶金，2003，(1)：36～38

16 王勇等. 铁水提钒与含钒钢种的生产. 钢铁技术，2005，(5)：5～8

17 张群赞. 钒渣标准的讨论. 承钢技术，2002，(1)：35～36

18 陈厚生. 钒渣回转窑一次焙烧-水浸提钒试验研究. 钢铁钒钛，1989，10(4)：1～8

19 陈厚生. 钒渣石灰焙烧法提取 V_2O_5 工艺研究. 钢铁钒钛，1992，13(6)：1～9

20 Robert S，Roth et al. pH 值 ase Diagrams for Ceramists Vol. Ⅳ. The American Ceramic Society，1981：48

21 Мукин В Я и др. Сталь，1977，(7)：668～669

22 Сирина Т Л и др. Ж. Неорганическая Химия. 1983，28 (8)：1970～1972

23 Филинпова Н В. и др. Ж. Неорганическая Химия. 1987，32 (3)：631～635

24 Доьюш В Г. и др. Комплекс Использ. Минераль. Сырья，1986(3)：34～36

25 陈厚生. 钒化合物. 化工百科全书. 第 4 卷. 北京：化学工业出版社，1993：73～92，85

26 陈中军等. 浙川钒矿钠化焙烧工艺条件研究. 钒钛，1992，(6)：39～42

27 符迈群. 石煤提钒. 钒钛，1992，(5)：12～14

28 王永双，李国良. 我国石煤提钒及综合利用综述. 钒钛，1993，(4)：21～30

29 蔡晋强，巴陵. 石煤提钒新工艺及市场动向. 钒钛，1993，(5)：30～35

30 鲁兆伶. 用酸法从石煤中提取五氧化二钒的试验研究与工业实践. 湿法冶金，2002，21(4)：175

～183

31　戴文灿等. 石灰在钙化焙烧中固硫作用的研究. 环境污染治理技术与设备，2002，3(9)：42～45

32　张中豪，王彦恒. 硅质钒矿钙化焙烧提钒新工艺. 化学世界，2000，(6)：390～392

33　陆芝华等. 石煤氧化焙烧-稀碱溶液浸出提钒工艺研究. 稀有金属，1994，18(5)：321～327

34　邹晓勇等. 含钒石煤无盐焙烧酸浸生产五氧化二钒工艺研究. 化学世界，2001，(3)：117～119

35　张云等. 从石煤酸浸液中萃取钒的工艺研究. 成都理工学院学报，28(1)：107～110

36　张云等. D290树脂从石煤酸浸中吸附钒的研究. 矿物岩石，2000，20(4)：95～98

37　漆明鉴. 从石煤中提钒现状及前景. 湿法冶金，1999(4)：1～10

38　童庆云等. 废钒触媒中钒的回收. 钒钛，1989，(1)：21～27

39　王新文等. 从废催化剂中回收精制五氧化二钒的试验研究. 硫酸工业，1998，(2)：47～57

40　许碧琼，吴玉通. 从废催化剂中回收钒资源的研究. 华侨大学学报(自然科学版)，1995，16(1)：90～93

41　吴继宝译. 从废催化剂中回收钼和钒. 钒钛，1990，(2)：1～6

42　李志强译. 从废触媒中回收钼和钒. 钒钛，1987，(1)：68～71

43　了一译. 采用自燃烧法从原油脱硫废催化剂中回收钼和钒. 钒钛，1986，(4)：1～6

44　刘公召. 重油加氢脱硫(HDS)失活催化剂中提取钒、钼、镍的研究：[博士学位论文]. 沈阳：东北大学，2002

45　席歆等. 国外含钒石油渣提钒生产技术现状. 世界有色金属，2001，(5)：36～40

46　JP61141622. (84. 12. 13申请). 低价氧化钒的生产——用氨气与高价钒氧化物的反应. Tsukagoshi Kunimitsu

47　Masanori Kato，et al. 钒酸铵的热分解. Kogyo Kagakuzasshi. 1966，69(11)：2102～108 (Inst. Technol.，Tokyo)

48　Hachn，Reinhard，et al. 纯钒的生产. 第Ⅰ部分：高纯五氧化二钒的制取和还原. Metall. 1985，39(8)：704～707 (GFE Ges. Elektyometall. m. b. h. Nuernberg，Fed. Rep. Ger)

49　SU1006375(1980. 10. 20申请). 三氧化二钒. ainulin，Yu. Ç. et al. (Ural Institute of Chmistry)

50　Sullivan，Robert J，et al. 挥发或分解溶液和用氢还原合成三氧化二钒. J. Am. Ceram. Soc. 73(12)：3715～3717. 1990 (Mater Res. Leb. Pennsylvania State Unir. University Park PA 16802 USA)

51　Yankelevich R G，et al. 三氧化二钒的合成. 乌克兰化学杂志(Ukr. Chemi. Zh.)，42(12)：1247～1248. 1976. (Inst. Obshch. nearg. Khim. Odess. USSR)

52　US3410652. 偏钒酸铵热还原制备三氧化二钒的方法. Hausen D. M. et al.

53　JP7447294(72. 09. 06申请). Abe. Yasuhiko，et al. 三氧化二钒

54　Sata，Toshi Yuki，et al. 五氧化二钒和偏钒酸铵用氢还原制取二氧化钒和三氧化二钒. Kogyo-Kagaku Zashi，1968，71(5)：643～647. (Res. Eng. Mater. Tokyo Inst. Technol. Tokyo，Japan)

55　FR1478120(1966. 4. 29申请)，Union CarbideCorp，用钒酸铵制取三氧化二钒，Union Carbide Co.

56　刘红，郑步清，孔先. V_2O_3回转窑的国产化设计. 工业炉，2002，4(1)：29～31

57　Range，Klans Juergen，et al. 在敞开和密闭系统偏钒酸铵的热分解. Z. Naturforseh. B. Chem. Sci.，1988，43(3)：309～317 (Inst. Inorg. Chem.，Unir. Regensburg，D-8400，Regensburg，Fed. Rep. Ger)

58　Хубатов Ю. Я.，и др.，在质子的三钒酸盐中，质子置换过程的研究，Ж. Неорганической Химии，1986，(8)：2152～2153

59　吴阶达，林辉中等. 联氨钒盐热分解制取氧化钒(Ⅲ). Chin. Chem. Lett.，1991，2(11)：901～904(Dep. Chem. Tongji Univ，Shanghai，Peop. Rep. China)

60 SU315412(1970. 01. 05 申请)用五氧化二钒制取三氧化二钒. Yankelevich R. G., et al. (Instituteof Generralcmol Inorganic Chemistry, Academy of Science, Ukrainian S. S. R).

61 JP7572894(1975. 06. 16). 五氧化二钒的还原, Sekiya Tadashiet al. (Agency of Industrial Sciences and Technology)

62 Meyer R J. Gmelins Handbuch der Anorganischen Chemie VANADIUM Teil A-lieferung 2. 1968. Verlag chemie · GMBH · Weinheim/Bergstr, 1968

63 陈厚生等. 三氧化二钒的生产方法. ZL94111901. 7. 1994. 9. 15

64 郭宁等. 二氧化钒粉末制备工艺的现状和发展趋势. 钢铁钒钛, 2003, 24 (2): 61～63

65 徐时清等. 二氧化钒超细粉末制备技术及进展. 稀有金属, 2001, 25 (5): 360～363

66 黄维刚等. 纳米 VO_2 粉体的制备及性能和应用. 表面技术, 2004, 33 (1): 67～69

67 郑晓丹, 李锦州. 二氧化钒纳米粉体和薄膜的制备技术. 化学工程师, 2005, (4): 36～38

68 何山等. 二氧化钒和三氧化钒研究进展. 无机化学学报, 2003, 19 (2): 113～117

69 尹大川. 无机溶胶-凝胶技术制备二氧化钒薄膜的研究: [硕士学位论文]. 西安: 西北工业大学, 1996

70 王学进. 钒氧化物薄膜的制备与性质研究. [博士学位论文]. 北京: 中国科学院物理研究所, 2002

71 杨绍利. VO_2 薄膜制备及其应用性能基础研究. [博士学位论文]. 重庆: 重庆大学, 2003

72 宋玉林等. 稀有金属化学. 沈阳: 辽宁大学出版社出版, 1991: 328

73 廖世明, 柏谈论. 国外钒冶金. 北京: 冶金工业出版社, 1985

74 黄河振, 李会士. 钒酸钇晶体及其在光纤通讯中的应用. 光电子 · 激光, 2002, 13 (2): 212～215

75 林树坤等. 双折射晶体 YVO_4 原料的合成与表征. 光谱学与光谱分析, 2003, 23 (3): 474～476

76 张晓林. 钒酸钇晶体的原料合成、晶体生长及性能测试. [硕士下为论文]. 长春: 长春光学精密机械学院. 2001

77 李敏生等. 大尺寸优质钒酸钇双折射晶体生长. 人工晶体学报, 1999, 28 (1): 27～30

78 张文朴. 无机钒铋颜料-稀有金属精细化学品的系列研究. 稀有金属和硬质合金, 1981, (1): 51～57

79 唐安平. 钒酸铋颜料的开发进展. 有色金属, 2005, 57 (4): 43～46

80 张强, 周学东. 钒锆蓝陶瓷色料的制备及其性能. 山东陶瓷. 2000, 23 (3): 18～20

81 杨萍. 钒锆蓝色料的研制. 佛山陶瓷, 2002, (5): 11～14

82 张强, 周学东. 关于钒锆蓝色料反应合成过程及其在釉中呈色的研究. 陶瓷学报, 2000, 21 (2): 121～124

83 陈厚生. 碳化钒与氮化钒. 钢铁钒钛, 2000, 21 (1): 70～71

84 穆宏波等, 氮化钒铁的研制. 钢铁钒钛, 1996, 17 (3): 51～55

85 王功厚. 碳氮化钒生产工艺的实验室研究. 钢铁钒钛, 1988, (2): 19

86 Baker C, et al. Process for Making Vanadium Carbide Briquettes. US. 3, 342, 553. 1967. 9. 19

87 Carpenter A. Vanadium Carbide Precess. US3, 383, 196. 1968. 5. 14

88 Merkert R F, et al. Method of Producing A Composition Containing A Large Amount of Vanadium and Nitrogen. US. 4, 040, 814. 1977. 8. 9

89 Goddard J B, et al. Preparation of Low-Carbon Vanadium nitride. US. 4, 562, 057. 1985. 10. 31

90 Servaas Middelhook, et al. Process for the Preparation of Vanadium carbide. US. 3,716,627. 1973

91 Servaas Middelhook, et al. Process for the Preparation of Vanadium (carbide) Nitride. US. 3, 745, 209. 1973

92 James H Downing, et al. Vanadium Containing Addition Agent and Process for Producing Same. US3, 334, 992, 1967

93 宋玉林, 董贞俭. 稀有金属化学. 沈阳: 辽宁大学出版社, 1991: 321～348

94 卢志玉等．由三氧化二钒制备碳氮化钒的研究．稀有金属，2003，27（1）：193～195

95 隋智通，陈厚生，卢志玉等．一种钒氮微合金添加剂及制备方法．ZL03111159．9，2003．03．13

96 卢志玉．高密度钒氮微合金添加剂制备研究：博士学位论文．沈阳：东北大学，2005

97 汪珂译．氮等离子流中用丙烷还原钒（Ⅲ）氧化物．国外钒钛．1984，（2）：13

98 王永刚．V_2O_5 和 V_2O_3 冶炼钒铁的工艺探讨．铁合金，2002，（3）：10～13

99 杨仰军等．用三氧化二钒电硅热法冶炼 FeV50 试验研究．钢铁钒钛．2003，24（2）：19～23

100 白风仁，刘福泉．用钒渣直接冶炼钒铁的新工艺探讨．铁合金．1995，（1）：30～35

101 卢森．低价钒冶炼钒铁的研究．钒钛．992，（6）：43～48

102 Ferrovanadium Production by Plasma Carbothermic Reduction of Vanadium Oxide. Electric Furnace Conference Proceedings. 1977，V34：96～100

103 Bobkova，Moscow. Process for Producing Vanadium-containing Alloys . US4，256，487 . March 17，1981

104 黎明，明宪权．提高钒铝合金冶炼回收率的途径探讨．铁合金，2000，（4）：11～13

105 卢森．钒铝合金生产途径探讨．铁合金，1992，（4）：29～32

106 胡子龙．储氢材料．北京：化学工业出版社，2002：31，45

107 刘守平，赵罡，李荣等．储氢合金的开发与应用．2003，26（5）

108 Liu J，Lee Huston E. Calorimetry within Hysteresis Loop Application to $LaNi_5$ [J]. J Less-common Metals，1983．90：11～20

109 大角泰章．金属氢化物的性质与应用．吴永宽译．北京：化学工业出版社，1990

110 徐光宪，稀土．下册．储氢材料．北京：冶金工业出版社，1995：286

111 大角泰章．水素吸藏合金っ基礎．见：MH 利用開発セミナー，97．大阪：大阪科学技术セニタ一，1997．1

112 Takeshits T，Wallace W E，Craig R S. J. Ctal.，1976，44：236

113 Reilly J J，et al. Inorg Chem.，1968，7：2254

114 Shwab E，et al. Z. Phys. Chem.，1984，NF14：13

115 阎杰，汪根时，朱怀勇等．稀土，1988，3：6～8

116 Coon V T，Wallace W E，Craig R S. J. Phys. Chem.，1976．80（17）：1873

117 陈豫，周建略，陈树滋等．高等学校化学学报，1982，3（3）：403

118 曾我和雄，今村速夫，池田朔次等．日本化学会誌，1978，923

119 今村速夫．触媒，1983，25：202～210

120 汪景春，蔡永玉，远松月等．催化化学报，1981，2：1

121 汪景春，蔡永玉，远松月等．催化化学报，1983，4（1）：18～23

122 Ssksi T，Uehara I，Ishikawa H. J. Alloys Comp.，1999，293～295：732～769

123 吴荣华．现代材料动态，2000，3：12

124 文力．电池快讯，2001，6：15

125 文力，电池快讯，2001，6：3

126 谢德明，王建民，张鉴清等．电池，2000，30（5）：225～227

127 赵罡，刘守平，周上祺等．钒-氢反应规律与钒基固溶体储氢合金开发．钢铁钒钛，2003，24（2）：39～43

128 严义刚，闫康平，陈云贵．钒基固溶体型储氢合金的研究进展．稀有金属，2004，28（4）：738～742

129 彭述明，赵鹏骥，杨茂年等．金属钒及其氢化物的晶体结构模拟．原子能科学技术，2000，34（5）：469～472

130 ［日］长崎诚三，平林真．二元合金状态图集［M]，刘安生译，北京：冶金工业出版社，2004：

311，287

131 彭述明，赵鹏骥，杨茂年等. 金属钒及其氢化物的第一原理研究. 中国核科技报告，1999：1～6

132 彭述明，龙兴贵，赵鹏骥等，TiH_x（$x=2$，3，4）的从头计算研究. 化学研究与应用，2000，12（4）：430～433

133 冯颖芳，张震. 钛粉的生产及应用. 钛工业进展，2000.（6）：6～9

134 Alefeld G，JV～lk1. Hydrogen in Metals I. New York：sonnger-Verlag Berlin Heidelberg，1978

135 黄刚，曹小华，龙兴贵等. 钛吸气、氘和氚的热力学同位素效应. 同位素，2004，17（4）：218～221

136 Nowicka E. Surface Phenomena and Isotope Effect in the Process of Titanium Hydrides (Deuterides) Formation. Vacuum，1996，47（2）：193～199

137 黄刚，曹小华，龙兴贵等. 钛吸氢、氘和氚的动力学同位素效应研究. 材料科学与工程学报，2005，23（6）：850～853

138 Sicking G H. Isotope Effects in Metal-hydrogen Systems. Journal of Less-common Metals，1984，101：169～190

139 Schober T. Wenzl H. The Systems NbH（D），Tal（D），VH（D）：Structures，Phase Diagrams，Morphologies，Methods of Preparation [A]. Alereid G，V 6lkl J. Hydrogen in Metals Ⅱ [M]. Berlin Heidelberg：Springer Verlag，1978. 11～67

140 Hempelmann R，Richter D，Stritzker B. Optic Phonon M odes and Super conductivity in a O-hase（Ti，Zr）-（H，D）Alloys E [J]. J Phys F，1982，12（1）：79～86

141 Wasilewski R J，Kehl G L. Difusion of Hydrogen in Titanium [J]. Metallurga，1954，50：225

142 Hirooka Y，Miyake M. A Study of Hydrogen Absorption and Desorption by Titanium [J]. Joumal of Nucl Mater，1981，96：227～232

143 万竟平，彭述明，郝万立等. Ti-V 合金吸氢性能研究. 核化学与放射化学，2004，26（3）：141～146

144 Sun，X Z Zun Y F，Lin Y，et al. Degradation Behaviors of New Type TiV-Based Hydrogen Storage Electrode Alloys [J]. Acta Metall. Sin.，2006，19（1）：68～74

145 崔艳华，孟凡明. 钒电池储能系统的发展现状及其应用前景. 电源技术，2005，29（11）：776～779

146 Sykkas-Kazacos M，et al. New All-vanadium Redox Cell. J. Electrochem. Soc.，1986，133：1057～1058

147 罗冬梅. 钒氧化还原电池研究：[硕士学位论文]. 沈阳：东北大学，2002

148 刘素琴等. 储能钒液液流电池研发热点及前景. 电池，2005，35（5）：356～359

149 李林德，陈厚生. 硫酸氧钒的制备方法及应用. ZL0213308. 6. 2002. 9. 25

150 赵平等. 全钒氧化还原液流储能电池组. 电源技术，2006，30（2）：141～143

151 张华民等. 钒氧化还原液流储能电池. 电源技术，2005，26（1）：23～26

152 李林德. 全钒液流电池钒电解液及电极材料研究：[硕士学位论文]. 昆明：昆明理工大学，2005

153 黄可龙等. 钒氧化还原液流电池石墨-炭黑复合电极性能. 电源技术，2004，128（2）：91～93

154 李俊杰等. 全钒氧化还原流体电池电极材料的研究. 广西大学学报（自然科学版），2001，26（2）：83～86

155 张环华等. 全钒离子氧化还原液流电池电极活性物质的研究. 广东工业大学学报，2000，17（4）：78～80

156 李晓刚等. 全钒氧化还原液流电池集流体的性能. 电池，2005，35（2）：93～94

157 褚德成，姚立为. 全钒氧化还原储能电池制备方法的研究. 应用能源技术，2000，(2)：13～14

158 谭宁等. 全钒液流电池隔膜在钒溶液中的性能. 电源技术，2004，28（12）：175～178

159　Rostoker W. Metallurgy of Vanadium John Wiley & Sons, Inc. 1958
160　Campell T T. Met. Trans., 1973, 4(1): 237～241
161　Sullivan. T A. J ME. 1965, 17(1): 45～48
162　Lei K P V, Sullivan T A. J. Electroch. Soc., 1973, 120(2); 211～215
163　Carlson O N, Owen C V. J. Electroch. Soc., 1961, 108(1): 88～93
164　冯端，师昌绪，刘治国．材料科学导论．北京：化学工业出版社，2002
165　郑子樵，李红英．稀土功能材料．北京：化学工业出版社，2003
166　李风生，杨毅．纳米/微米复合技术及应用．北京：国防工业出版社，2002
167　Morin F J. Oxides Which Show a Metal-toinsulator Transition at the Neel Temperature. pH 值 ys. Rev. Lett., 1959, 3: 34～36
168　郑臣谋，张剑辉等．纳米二氧化钒粉体的合成．中山大学学报，1999，38(6)：54～56
169　雷德铭，何山等．VO_2 纳米粉体与纳米晶功能陶瓷的制备与特性．哈尔滨理工大学学报，2002，7(6)：72～74
170　单凡，黄祥成．二氧化钒薄膜的光学特性及应用前景．应用化学，1996，17(2)：39～42
171　Kokabi H R, Papeaux M, Aymami J A, et al. Mater. Sci. Eng. B, 1996, 38: 80
172　Zhang Kai feng, Guo Jin shan, et al. Preparation and Characterization of V_2O_3 Nanopowder by Solid pH 值 ase Reaction. Chinese Journad of Inorganic Chemistry, 2005, 21(7): 1090～1092
173　韦柳娅，傅群等．氧钒(Ⅳ)碱式碳酸铵的热分析和纳米氧化钒的制备．无机化学学报，2003，19(9)：1006～1010
174　童茂松，戴国瑞等．溶胶-凝胶法制备 V_2O_5 为基体的薄膜材料及其应用．功能材料，2000，31(3)：230～236
175　杨绍利，徐楚韶等．工业五氧化二钒制备 V_2O_5 半导体薄膜分析．重庆大学学报，2002，25(5)：97～100
176　Toshiyuki O, Yasuhiro I, Kenkyu K R. Synthesis of SnO_2, VO_2 and V_2O_3 Fine Particles by Laser-induced Vapor-pH 值 Ase Reaction [J]. J pH 值 Otopolym Sci. Technol., 1997, 10(2): 211
177　林华，邹建，李庆．草酸氧钒热分解制备纳米 VO_2 及粉体特征．钢铁钒钛，2006，17(1)：55～58
178　许献云，李晓光．溶剂热合成纳米孔状 V_2O_3 粉末的研究．安徽化工，2003，6，20～21
179　朱沁伟，余晴春等．V_2O_5 干凝胶的制备新方法．功能材料，2000，31(6)：660～661
180　杨绍利，徐楚韶等．含纳米颗粒 V_2O_5 溶胶凝胶的制备方法．化工新型材料，2002，30(2)：34～36
181　杨绍利，徐楚韶等．制备参数对纳米 V_2O_5 颗粒形貌的影响．硅酸盐学报，2003，31(3)：312～315
182　袁宁一，李金华，林成鲁．氧化钒薄膜的制备方法及结构性能．江苏石油化工学院学报，2000，12(4)：1～4
183　吴广明，吴永刚等．V_2O_5 薄膜制备结构及光学性质研究．功能材料，1999，30(4)：404～406
184　吴广明，夏长生等．纳米结构 V_2O_5 薄膜的溶胶凝胶制备与特性研究．同济大学学报，2003，31(12)：1501～1504
185　林晨，傅群等．特殊前体路线制备纳米五氧化二钒．中山大学学报，2003，42(4)：125～126
186　许旻，邱家稳，何延春等．二氧化钒薄膜的结构、制备与应用．真空与低温，2001，7(3)：136～138
187　徐时清．二氧化钒纳米粉末和掺杂薄膜的制备及光电特性研究．西安理工大学，硕士毕业论文
188　王一三，丁义超，程凤军等．固相反应生成 VC 颗粒增强铁基复合材料．热加工工艺，2004，9：9～11
189　丁义超，王一三等．VC－Fe 基表面复合材料的铸造烧结过程和耐磨性研究．热加工工艺，2003，

2：7～11

190 吴恩熙，颜练武，钱崇梁．纳米 V_8C_7 粉末的制备．中南大学学报，2005，36(5)：771～775

191 颜练武，吴恩熙．超细 V_8C_7 和 Cr_3C_2 粉末的制备方法．硬质合金，2004，21(4)：244～248

192 Kapoor R，Oyama S T. Synthesis of Vanadium Carbide by Temperature Programmed Reaction [J]. J Soid State Chem.，1995，155(2)：320～326

193 Sadangi R K，Mc Candlish L E，Kear B H，et al. Synthesis and Characterization of Submicron Vanadium and Chromium Carbide Grain Growth Inhibitors [A]. Oakes J，Reinshagn J H. Advances in Powder Metallurgy & Particulate Materials(Part 1)[C]. Princeton：MPIF，1998，9～15

194 Meunier F. Synthesis and Characterization of High Specific Surface Area Vanadium Carbide：Application to Catalytic Oxidation [J]. Journal of Catalysis，1997，169(1)：33～34

195 张新民，林晨，傅群等．纳米氮化钒粉体的合成．中山大学学报，2002，41(6)：114～116

196 傅群，张新民，韦柳娅等．氧钒(IV)碱式碳酸铵的氨解和纳米 VN 的制备．无机化学学报，2003，19(10)：1104～1108

197 周进，茹国平等．氧化钒热敏薄膜的制备及其性能的研究．红外与毫米波学报，2001，20(4)：291～295

198 潘梅，陆卫．氧化钒热致变色薄膜的研究进展．激光与红外，2002，32(6)：374～377

199 童茂松，戴国瑞等．V_2O_5 薄膜的电学性质及其应用．材料导报，2000，14(10)：36～38

200 Jerominek H，Picard F，Vincent D. Vanadium Oxide Films For Optical Switching and Detection[J]. Optical Eng.，1993，32：2092

201 谢太斌，李金华，谢建生等．二氧化钒多晶薄膜的掺杂改性．红外技术，2005，27(5)：393～398

202 张立德，张玉刚．非碳纳米管研究的新进展．评述，2005，34(3)：191～198

203 Chen Xing，et al. Inorganic Chemistry，2002，258：414～524

204 Knimeich F，et al. J. Am. Chem. Soc.，1999，121：8324

205 Ajayan P，et al. Nature，1995，375：564

206 余愿，韩培德等．水热法氧化钒纳米管生长过程的研究．材料热处理学报，2003，24(3)：46～49

207 王金超，陈厚生，吴健春，杨绍利．纳米 V_2O_5 催化剂的开发．钢铁钒钛，2002，23(4)：10～13

208 马建蓉，刘振宇等．NH_3 在 V_2O_5/AC 催化剂表面的吸附与氧化．催化学报，2006，27(1)：91～96

209 苏广均，李建华．纳米 TiO_2-V_2O_5 复合聚苯胺导电高分子材料的制备．南通大学学报，2005，4(2)：21～22

210 陈明树，翁维正等．负载型钒基催化剂上丙烷的氧化脱氢．催化学报，1998，19(6)：542～545

211 将自立．制取杂多酸的新技术．内江科技，1998，3：25

212 石晓波，石淑华等．Keggin 结构磷钼钒酸盐纳米催化剂的合成及其催化性能．功能材料，2005，36(3)：451～453

213 石晓波，石淑华等．$H_3ZnPMo_{10}V_2O_{40}\cdot 5H_2O$ 纳米催化剂的固相合成及其催化性能．江西师范大学学报，2006，30(1)：69～72

214 徐润泽．粉末冶金结构材料学．长沙：中南工业大学出版社，1998

215 江玉和．非金属材料化学．北京：科学技术文献出版社，1992

216 Clark E B，Roebuck B. Refractory Metals b-Hard Materials. 1992，11(1)：23～33

217 康新婷，刘素英，蒋纪麟．硬质合金，1999，16(1)：51～55

218 Raghavan V. C-Fe-N-Ti (Carbon-Iron-Nitrogen-Titanium). Journal of Phase Equilibria，2003，24(1)：75～76

219 Galgali R K. Wear Characteristics of TiC Reinforced Cast iron Composites. I. Adhesive wears. Materials Science and Technology. 1998. 14 (8)：810～815

220 王宗明，张科纯，叶俊等．铸铁中的钛．现代铸铁，2003，2：31～33

221 傅杰，朱剑，迪林等．微合金钢中 TiN 的析出规律研究．金属学报，2000，36(8)：801～804

222 惠希东，王执福，孙本茂等，颗粒 TiC 增强铸造 Fe-Cr-Ni 基复合材料的制备工艺和显微组织，铸造，1996(11)：4～7

223 肖锋．微钛处理钢中 Ti(C、N)第二相质点析出、长大行为及其对晶粒长大的阻止作用研究．四川冶金，1998，(4)：46～49

224 宋维锡．金属学．北京：冶金工业出版社，1980：362

225 莫德敏，张亚中，王怀宇．TiN 技术在控轧低碳 Nb-V 钢中的应用．宽厚板，2001，7(2)：35～40

226 章桥新，梅志，杨勇勤．碳含量对 TiC 颗粒增强铁基复合材料微观结构的影响．特种铸造及有色合金，2001(2)：8～9

227 董瀚．合金钢的现状及发展趋势．特殊钢，2000，21(5)：1～10

228 陈茂爱，唐逸民，赵能．Ti-V-Nb 微合金管线钢焊接粗晶区组织及性能．特殊钢，2000，21(3)：14～17

229 钱健清．耐火钢的发展状况．建筑门窗与金属建材，2003，(2)：41～43

230 王国宏摘译．添加碳化钛提取高金属材料的耐磨性．钛工业进展，1998，(2)：41

231 高惠临，董玉华，周好斌．管线钢的发展趋势与展望．焊管，1999，22(3)：4～8

232 张二林，曾松岩，曾晓春等．Al/TiC 复合材料中 TiC 合成的研究．粉末冶金技术，1995，13(3)：170～173

233 曾泉浦，毛小南，张廷杰．热处理对 TO-650 钛基复合材料组织与性能的影响．稀有金属材料与工程，1997，26(4)：18～21

234 Lee Minyoung，Szala Lawrence E. Ceramic Al. Sub. 20. sub. 3 Substoichiometric TiC Body，US Patent no. 4407968

235 Jun Choll K，Brun Milivoj K. Silicon Nitride-titanium Nitride Based Ceramic Composites and Methods of Preparing the same，US Patent no. 4900700

236 Mehrotra Pankaj K，Billman Elizabeth R. Alumina-titanium Carbide-silicon Carbide Composition，US Patent no. 5059564

237 Hida George T. Titanium Carbide/Alumina Composite Material. US Patent no. 5071797

238 胡树兵，张明，葛顺兰，陈湘一等．多弧离子镀 TiN 涂层在冲孔冲模上的应用．金属热处理，1997，(2)：16～17，20

239 谢宏．切削刀具 PVD 涂层技术的发展及应用．硬质合金，2002，19(1)：14～17

240 游常，江东亮，谭寿洪等．电泳沉积法制备碳化钛膜的研究．陶瓷学报，2001，22(3)：125～128

241 张鸿俭，冯钟潮，张鹤等．TiN 类薄膜的激光化学沉积．兵器材料科学与工程，1999. 22(1)：41～44

242 宋华，池成忠．化学气相沉积 TiN 技术在模具表面强化中的应用研究．山西机械，2002，116(3)：20～21

243 王豫，水恒勇．化学气相沉积制膜技术的应用与发展．热处理，2001，16(4)：1～4

244 崔大伟，伦冠德．金属表面激光熔覆陶瓷涂层技术概述．潍坊高等专科学校学报，2001，(2)：59～60

245 李捷辉，袁迎南．激光表面处理技术在汽车工业中的应用．江苏理工大学学报，1999，20(4)：36～40

246 章桥新．$TiC_{1-x}N_x$ 固溶体的介电子结构及其性能研究．稀有金属与硬质合金，2000，143：28～38

247 郑伟涛．填隙碳氮原子所引起的面心 Fe-Cr-Ni-Mn 合金膨胀的研究．吉林大学自然科学学报，1990，(1)：80

248 Berger L M；E. Langholf，Jaenicke-Rōbler K，Leitne G. Mass Spectrometric Investigations on the

Carbothermal Reduction of Titanium Dioxide, Journal of Materials Science[J], 1999, 18: 1409～1412

249 莫畏，邓国珠，蜀方承等. 钛冶金. 北京：冶金工业出版社，1998

250 严有为，魏伯康，傅正义，林汉同. 袁润章. Fe-Ti-C熔体中TiC颗粒的原位合成及长大过程研究. 金属学报，1999，35(9)：909～912

251 Banerji, Abinash , Reif, et al. Producing titanium carbide particles in metal matrix and method of using resulting product to grain refine. US Patent no. 4748001

252 罗锡山. 氢化钛直接反应合成氮化钛的研究. 粉末冶金工业，1997，7(3)：28～30

253 朱心昆，程抱昌，张修庆等. 固态反应法合成TiC. 粉末冶金技术，2001，19(6)：335～338

254 Zimnicki. J. Creation of TiN Paths on Titanium Alloy OT4-1 by the Use of a Laser Beam. Journal of Materials Science, 1998, 33(5): 1385～1388

255 阎洪. 化学气相沉积层的技术和应用. 稀有金属与硬质合金，1999，136(1)：57～62

256 张松，张春华，康煜华等. 钛合金表面激光熔覆原位生TiC增强复合涂层. 中国有色金属学报，2001，11(6)：1026～1030

257 丁常英，胡博理，刘廉君. 清华大学与企业联手结硕果. 科技日报，2001，8. 25

258 江 涛. 铝还原法从金红石制取氮化钛. 广东教育学院学报，1999，19(3)：77～81

259 林 立. 燃烧还原化合法制备氮化钛粉末(Ⅰ)——理论分析. 材料开发与应用，2000，15(5)：1～5

260 林 立. 燃烧还原化合法制备氮化钛粉末(Ⅱ)——试验研究. 材料开发与应用，2000，15(5)：6～11

261 刘兵海，欧阳世翁，张跃进等. 微波碳热还原法制备TiC. 金属学报，1996，32(9)：921～925

262 Berger S, PoratR, Rosen R. Nanocrystalline Materials: A study of WC-based Hard Metals[J]. Progress in Materials Science, 1997, 42: 311～315

263 Chic K. 国外难熔金属与硬质材料，2000，17(1)：21～255

264 金永中，吴卫. VC抑制WC晶粒长大的研究评述. 机械工程材料，2005，29(1)：7～9

265 孙景. 粉末冶金技术，1999，177(2)：103～106

266 许育东，石敏，刘宁等. (Ti, Me)(C, N)/Ni的润湿性及其价电子结构. 复合材料学报，2005，22(4)：75～80

267 郑勇，刘文俊，游敏等. Cr_3C_2和VC对Ti(C, N)基金属陶瓷中环形相的价电子结构和性能的影响. 硅酸盐学报，2004，32(4)：422～426

268 孙景，魏庆丰，刘俊朋等. 添加VC的TiB_2Fe_2Mo硬质合金. 天津大学学报，2004，37(4)：349～352

269 李秀凯，雷宇，江桥等. Keggin型钼钒磷杂多酸催化剂上丙烷选择氧化性能的研究. 化学学报，2005，63(12)：1049～1054

270 丁建芳. 对钒催化剂载体的评述. 硫酸工业，2003，(3)：10～13

271 Herron N, Stucky G D, Tolman C A. Shape Selectivity in Hydrocarbon Oxidations Using Zeo Lite Encap Sulated Iron Phthalocyanine Catalysts. J Chen Soc., Chen Canmun, 1986, 1521～1522

272 Sheldon R A, Arends IW C E, Lempers H E B. Activities and Stabilities of Redox Molecular Sieve Catalysis in Iiquid Phase Oxidations a Review. Collect Czech, Chen Canmun, 1998, 63: 1724～1742

273 AtsushiFukuoka, NaonoriHigashinoto. Ship-in-bottle Synthesis and Catalytic Performances of Platinum Carbonyl Clusters, Nanowires, and Monoparticles in Micro-and Mesoporous Materials[J]. Catal Today, 2001, 66: 23～31

274 Cavani F, Koutyrev M, Trifiro F. Catal. Today , 1995, 24, 365

275 Li W, Ueda W. Catal. Lett. 1997, 46, 261

276 Mao X, Yin Q, Zhong B K, Wang H, Li X H . J. Mol. Catal. A, 2001, 169, 199

277 Jiang H S，Mao X，Xie S J，Zhong B K. J. Mol. Catal. A，2002，185，143
278 Cavani F. Catal. Today，1999，51，561
279 Ceni G，Trifiro F. In Proceeding of the First Tokyo Coference on Advanced Catalytic Science and Technology，Eds.：Yoshida S，Takezawa N，Ono T，Elsevier，Amsterdam，1991：225～230
280 Mizuno N，Tateishi M，Iwamoto M. Appl. Catal. A，1995，128，L165
281 Li W，Oshihara K，Ueda W. Appl. Catal. A，1999，182，357
282 李锦，魏红莉，何峰. VO_2 薄膜智能玻璃的研究进展. 玻璃，2006，1：45～48
283 靳艾平，陈文，朱泉峣. 电泳沉积法制备 V_2O_5 薄膜的结构和性能. 化学物理学报，2005，18(5)：812～816
284 方国家，刘祖黎等. 脉冲准分子激光扫描沉积(PLD)高 *c* 轴取向 V_2O_5/Si 薄膜及结构分析. 硅酸盐学报，2001，29(1)：13～17
285 杨绍利，徐楚韶等. V_2O_5 薄膜的导电特性研究. 钢铁钒钛，2001，22(4)：33～37
286 吴广明，吴永刚等. 五氧化二钒薄膜结构与电致变色效应. 太阳能学报，1999，20(4)：449～454
287 郭丽，吴益华，吴晓梅. 锂蓄电池正极复合材料 PEG_xPANI_yVXG 的研究. 研究与设计，2004，28(6)：342～347
288 张青，刘燕刚，黄德音等. 钒氧酞菁的合成及其薄膜结构与光电性能的研究. 感光科学与光化学，1999，17(2)：141～144
289 孙景志，汪茫，周成等. TiOPc/VOTPP 复合光生材料在近红外光区光敏性协同增强的机理. 功能材料，2003，34(1)：100～102
290 蒋克键，张其春，迟成林等. 光谱响应有机光电导体的性能研究. 高技术通讯，2000，8：30～33
291 Loutfy R O，US Pat，4882254
292 季振国，向因等. 真空蒸发沉积 VOPc 薄膜及磁场对薄膜结构与性能的影响. 真空科学与技术，2003，23(4)：275～281
293 李华彬，何安西等. 尾矿瓷质砖配方及烧成工艺研究. 中国陶瓷，1999，35(1)：31～33
294 许建华，曹树梁. 钒钛黑瓷制作中空太阳板. 山东陶瓷，2005，28(4)：44～45

6　钛材料制备原理及主要工艺

本章要点：

钛精矿、富钛料、钛白粉、海绵钛、钛合金和其他钛材的制备原理和主要工艺，纳米钛白、泡沫钛等含钛新材料。

6.1　钛　精　矿

我国的钛资源居世界首位，国内外已发现钛资源总储量近 20 亿 t，我国约占 48%。全国有 20 个省市自治区有钛矿，其中 98.9%是钛铁矿，仅 1%左右是金红石矿。在钛铁矿中又以原生岩矿占绝大多数（96.3%），较难选矿，次生矿很少（2.6%）。在原生岩矿中又以四川攀枝花—西昌地区的钒钛磁铁矿为主，占全国钛铁矿岩矿的 96%。

我国的钛矿大体有 3 种类型：钒钛磁铁矿、钛铁砂矿和金红石矿。钒钛磁铁矿是我国储量最大的一种，占全国钛资源的 90%，主要分布在四川攀枝花和河北承德；钛铁砂矿主要分布在海南、广西壮族自治区、广东、河北和云南，总储量 7.07×10^7 t（以 TiO_2 计），矿点多、分布分散；金红石矿我国虽储量丰富，约占世界 20%，主要分布在河南、湖北和陕西，但品位低、产量很小，开采费用高、生产规模小、企业经济效益差。

我国主要产钛区资源情况如表 6-1 所示。

表 6-1　我国主要产钛区资源情况表

地　区	钛矿类型	储量/t	比率/%	原矿品位（TiO_2）/%	精矿品位（TiO_2）/%
四　川	钒钛磁铁矿	87349×10^4	86.36	5	>47
河　南	金红石岩矿	5000×10^4	4.94	2.02	≥90
海　南	钛铁矿砂矿	2556×10^4	2.53	约 7	≥54
河　北	钒钛磁铁矿	2031×10^4	2.0	约 8	≥47
云　南	钛铁矿砂矿	1146×10^4	1.13	约 7～10	≥49
广西壮族自治区	钛铁矿砂矿	708×10^4		0.7	≥54
	金红石砂矿	0.3×10^4		约 1.5	≥90
广　东	钒钛磁铁矿	1062×10^4	1.77		≥47
	钛铁矿砂矿	629×10^4			≥54
	金红石砂矿	91.1×10^4		约 1.5	≥90
	高钛金红石砂矿	11×10^4			≥90
湖　北	金红石砂矿	565×10^4	0.56	2.31	≥90

钛精矿是原矿经过选矿等物理、化学富集后 TiO_2 含量为 40%～60%的钛矿。前几年，我国钛精矿的生产能力为 6×10^5 t/a，实际产量更少。近几年随着钛白需求量大幅增加，各厂不同程度地进行了技改和扩产，但受到技术落后、规模小、成本高、区域分散等因素制约，起色不大。

2006 年我国最大的钛精矿生产厂——攀枝花钢铁公司，年产钛精矿近 3×10^5 t（客户订单达 4×10^5 t 左右），占全国产量的近 30%，也就是说全国产量约 10×10^5 t/a。

目前，钛精矿绝大部分用于生产钛白粉，用于生产高钛渣的约 7%，用于生产海绵钛的不足 2%。我国目前稍有规模的钛白粉生产厂家有 50 余家，总生产能力已达 70×10^5 t /a，钛精矿仅用于生产钛白粉就需要消耗 10×10^5 t 以上，因此我国钛精矿的产量不足，近几年一直靠进口弥补。

钛精矿生产主要采用重选、电选、磁选、浮选等工艺。

6.1.1　重选

重选法因其生产成本低，对环境污染少而备受重视。目前在提高重选效率、研制及使用新设备方面有了新进展。

攀钢选钛厂采用 GL-2C 螺旋替代原有的 FLX-ϕ600 铸铁螺旋选矿机取得了较好的结果，在精矿品位相近的情况下，微细粒级钛铁矿回收率提高 15%，两种选矿机比较见表 6-2。

表 6-2　两种选矿机比较

选矿机名称	给矿浓度/%	处理量/t·h^{-1}	品位/%			回收率/%
			给矿	精矿	尾矿	
GL-2C	32.45	1.51	11.40	23.97	5.23	63.27
FLX-ϕ600	34.50	1.49	10.35	23.27	7.31	47.40

GL-2C 螺旋有以下特点：槽面采用多种线型组合而成，矿物在槽面上分带明显；螺距从上到下逐渐增大，有利于矿物分选，并减少了末圈堆矿现象的发生；GL-2C 螺旋在第二圈之后有一个断面收缩口，使矿浆全部混匀分选，有利于将被夹杂带入横面外缘的重矿物全部回收，同时也使螺旋脱水作用得到缓解。GL 螺旋选矿机的以上特点决定了它不需冲洗水，对细粒级回收率高等优点。

摇床在钛铁矿选矿中得到较广泛的应用，特别是一些小型矿山使用摇床便得到合格精矿。昆明地区矿样采用摇床—摇床工艺，经除铁后钛铁矿品位达到 48.82%，回收率 76%以上。由于电选中矿温降较大，返回再选时效果很差。因此，攀钢选钛厂生产上应用摇床处理电选中矿，取得了较好效果。另外，攀钢钢城企业公司还利用摇床从电选尾矿中回收钛铁矿。

6.1.2　电选

电选作为生产钛精矿的最后把关作业，得到了广泛的应用。攀钢选钛厂采用长沙院研制生产的 YD-3 型高压电选机选别重选粗精矿，结果很好：原矿品位 28.86%，精矿品位 47.74%，尾矿品位 10.63%，作业回收率达 84.18%。1994 年，该厂从美国引进两台 HTP（25）231～200Carpco 型电选机，从生产应用情况来看，该机型不适宜选别原生钛铁矿，与 YD-3 型电选机比较，精矿品位低 0.84%，尾矿品位高 3.98%，回收率低 8.32%。主要原因是 Garpco 型电选机是为选别海滨砂矿设计，对含泥量大的原生矿不适应。

采用气流式悬浮电选机处理细粒钛铁矿也得到品位 49.17%，作业回收率 82.41%的钛精矿的较好结果，探索了细粒钛铁矿电选回收的可行性。

6.1.3　磁选

采用 SLon 型高梯度磁选机分级抛尾试验表明，粗细粒级经强磁机抛尾后，其富集比均大于 2，回收率大于 80%，结果见表 6-3。

攀钢选钛厂还探讨了用 SLon 型强磁机替代重选螺旋选矿机富集钛铁矿的可行性，并初步得出了满意的结果。

长沙院采用仿环斯型齿介质高梯度强磁选机处理重选精矿，可以降低重选精矿品位，有利于提高重选的作业回收率，从而提高整个选钛厂的总回收率。重选精矿品位约 21%～23%，经过强磁选后，强磁精矿品位约 28%～29%，作业回收率达 90%以上。通过在重选＋电选工艺流程中加入弱磁作业，即成为重选＋强磁＋电选流程后，使选钛厂主流程回收率由原来的 30%提高到了 35%。

表 6-3 SLon 型高梯度磁选机分级抛尾试验结果

名 称		产率/%	品位/%	回收率/%
粗 排	精 矿	34.45	22.82	20.32
	尾 矿	59.77	2.42	13.68
	弱磁矿	5.78	10.16	6.00
	给 矿	100.00	9.79	100.00
细 排	精 矿	41.77	28.19	81.21
	尾 矿	58.73	4.78	18.79
	给 矿	100.00	14.50	100.00

广州化工研究院研制的带式强磁表面场强可达 10000Oe，用于攀钢选钛厂原矿抛尾作业，其结果表明，作业回收率达 80%，抛尾率 35%以上。

强磁机的成功应用还在于细粒级钛铁矿的分选上，由于重选时－0.074mm 粒级回收率低下，使得大量钛铁矿因此而损失。

赣州所采用 SLon-1500 立环式脉动高梯度磁选机选别攀钢选钛厂微细粒级钛铁矿工业试验，获得指标为：原矿品位 11.03%，粗钛精矿品位 21.22%，产率 39.63%，回收率 76.24%，为细粒级钛铁矿的浮选回收打下了基础。

6.1.4 浮选

浮选法是回收细粒钛铁矿的有效方法，20 世纪 40 年代末起，钛铁矿的浮选法就已成功地用于工业生产，陆续建厂的有美国的麦克太尔（Macintyle）矿，芬兰的奥坦麦克（Otanmaki）矿，挪威的太尔尼斯（Tellnes）选厂，前苏联库辛矿，我国的承钢双塔山选矿厂，重钢的太和铁矿，以及攀钢选钛厂等。

6.1.4.1 浮选药剂

进行钛铁矿浮选之前，先要用浮选法分选出硫化矿物，然后再浮选钛铁矿，硫化物浮选采用常规浮选药剂制度，即用黄药为捕收剂，2 号油为起泡剂，硫酸为 pH 调整剂，有的选厂还采用硫酸铜作为硫化矿物浮选的活化剂。

对钛铁矿浮选药剂的研究比较多，钛铁矿常用的捕收剂为脂肪酸类，国外多用油酸及其盐类，如塔尔油皂或使用捕收剂与煤油混合。近年来有人研究使用异羟基肟酸，苯乙烯膦酸，水杨羟肟酸等作为钛铁矿浮选捕收剂。

两种或多种药剂组合起来其选别效果往往优于其中任何一种药剂，这就是药剂的协同效应，近年来采用混合药剂浮选钛铁矿成为研究的主要方向。用苯乙烯膦酸与松醇油 4B1 比例混合，用来浮选攀枝花细粒钛铁矿，效果较好，经一次粗选五次精选可获得含 TiO_2 47.22%，回收率 74.58%的钛精矿。MOS 捕收剂是朱建光研制的一种钛铁矿捕收剂，浮选攀枝花细粒钛铁矿得到指标：给矿原矿品位21%，精矿品位47.5%以上，浮选作业回收率70%左右。目前，该厂已用MOS捕收剂进行浮选钛铁矿生产。

采用F968组合药剂浮选攀枝花钛铁矿，可实现全粒级入选（－0.115mm，＋0.100mm）。F_{968}处理磁选尾矿，经一粗一扫四精选别，试验指标为：原矿 TiO_2品位 11.03%，精矿 TiO_2品位 48.45%，浮选作业回收率 80%。

采用肟酸、煤油等组分配成ROB捕收剂，小试指标较好，目前在攀钢选钛厂进行工业试验。给矿品位21%，精矿品位48%，浮选收率70%以上。

以复配脂肪酸皂为捕收剂，$Pb(NO_3)_2$为活化剂，在不添加任何抑制剂的情况下，实现了钛铁矿与脉石矿物的良好分离。在攀钢选钛厂微细粒级浮选结果为：给矿品位21.96%，精矿品位47.82%，浮选收率63.25%。由于没有采用抑制剂，钛铁矿浮选药剂成本大幅度降低。

6.1.4.2 浮选机理

苯乙烯膦酸与钛铁矿的表面键合机理认为，捕收剂为钛铁矿的作用，先通过其膦酸基团中的氧与钛铁矿表面具有未补偿键或弱补偿键的晶格阳离子生成四元环螯合物或难溶化合物。同时，苯乙烯基的离域P电子与晶格阳离子的P电子相互作用。钛铁矿表面的 Fe^{3+}、Fe^{2+}、Ti^{4+}与SPA作用活性的相对大小为 $Fe^{3+}>Fe^{2+}>Ti^{4+}$，少量的 Mg^{2+}和微量的 Al^{3+}、Mn^{2+}对钛铁矿可浮性的影响不明显。将钛铁矿预先加热氧化增大其表面 Fe^{3+}的分布密度，延长充气搅拌时间，则能显著提高其浮选回收率。

在酸性的条件下，硫酸的活化作用主要是促进充气搅拌过程中钛铁矿表面的电化学溶解，因而SPA捕收钛铁矿的能力增强。

水杨羟脂酸与钛铁矿的作用机理，通过对水杨羟肟酸浮选钛铁矿时矿浆pH值对回收率和N电位的影响研究表明，采用水杨羟肟酸为捕收剂钛铁矿回收率最高时钛铁矿表面N电位达－40mV。因此认为水杨羟肟酸在钛铁矿表面发生了特性吸附，利用水杨羟肟酸在钛铁矿表面上吸附的红外光谱图推断水杨羟肟酸在钛铁矿上的吸附为化学吸附。

利用微波能预处理钛铁矿，其机理研究表明微波能加速了钛铁矿表面亚铁离子氧化成三价铁离子，加强了油酸根离子在其表面的吸附，从而大幅度提高了钛铁矿的浮选回收率。通过在钛铁矿浮选时添加 $Pb(NO_3)_2$作活化剂，钛铁矿浮选回收率由65%提高到83%。矿物表面电位研究表明：铅离子选择性地吸附于钛铁矿的Helmholzt层，加强了油酸根离子在钛铁矿表面的吸附，从而活化了钛铁矿。

6.1.4.3 浮选工艺

芬兰奥坦麦克（Otanmaki）选矿厂在大量研究的基础上，利用不脱泥方法，用塔尔油为捕收剂，燃料油为辅助捕收剂，Etoxolp-19为乳化剂，在长时间搅拌条件下，实现了钛铁矿的油药混合浮选并得到比用单一塔尔油脱泥浮选更好的效果。

研究表明，当给矿含有矿泥时，添加燃料油是完全必要的，同时随着给料粒度不同，所要求的油药比也不同，即粒度愈细，比表面愈大，燃料油的比例越大。细泥多时，若不加燃料油，则浮选矿浆黏稠，且无选择性。

乳化剂对搅拌速度和浮选结果有很大影响。在所研究的乳化剂当中，阴离子乳化剂并不提高搅拌速度和改善浮选指标；在非离子乳化剂中，如聚乙二醇醚脂肪醇，聚乙二醇醚脂肪酸和聚乙二醇醚烷基酚中，以聚乙二醇醚烷基酚最为有效，它能加速搅拌和改善浮选指标。

对微细粒级钛铁矿的自载体浮选、分选进行了研究。以苯乙烯膦酸为捕收剂浮选攀枝花细泥，自载体浮选效果优于常规浮选结果。在粗选精矿两次精选，粗选尾矿两次扫选的对比开路流程中，自载体浮选获得的钛精矿品位为含 TiO_2 36.51%，回收率78.17%，比常规浮选钛精矿品位高 2.11%，回收率高出 26.84%。絮凝分选试验结果表明，氧化石蜡皂与 HPAM30 联合使用是较好的选择性絮凝分离药剂制度。

6.1.5 联合流程分选钛铁矿

重-磁-电-浮等选矿方法均可用于钛铁矿选矿富集，重选生产可靠，成本低，适于处理较粗粒级物料，而对细粒级物料选别较差，回收率低；细粒物料进入电选造成电选车间粉尘污染大，严重损害工人的身心健康。粗钛精矿筛分分级，粗粒电选、细粒浮选新工艺，获得钛精矿品位 47.74%，精选作业回收率 78.13%的工业试验指标，比同期单一电选的精选作业回收率提高 3.46%，电选车间粉尘降低了 55.73%。

回收钛铁矿的典型工艺流程如图 6-1 所示。

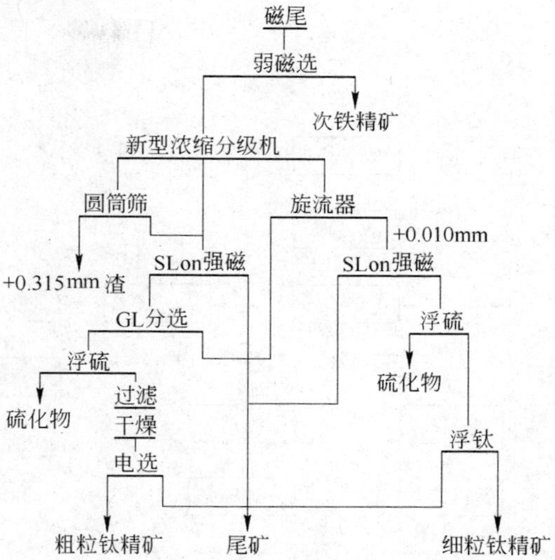

图 6-1 攀钢选钛厂回收钛铁矿的典型工艺流程

从图 6-1 可以看出，采用联合流程选别钛铁矿是钛铁矿选矿技术的发展方向。

由以上可知，重选-电选流程选别钛铁矿仍是当前选别钛铁矿的主要工艺流程。为最大限度地回收钛铁矿资源，细粒级钛铁矿的选别愈来愈引起选钛厂家的重视，强磁浮选是回收细粒级钛铁矿的有效方法，联合流程选别钛铁矿是钛铁矿选矿技术的发展方向；浮钛以组合捕收剂的研究为主，并使用活化剂，使浮选回收率有一定提高，而药剂成本大幅度降低。

6.2 富 钛 料

富钛料一般指 TiO_2 含量不小于 70%的电炉冶炼钛渣或人造金红石。用电炉冶炼钛精矿制取的产品 TiO_2 含量不小于 90%称为高钛渣，TiO_2 含量小于 90%时，产品称为钛渣。以钛精矿为原料，用其他方法制取的产品称为人造金红石。

富钛料的制备方法很多，最终产物有钛渣和人造金红石；按生产工艺可分为火法工艺和湿法工艺。火法工艺又包括电炉熔炼法、选择氯化法、等离子熔炼法、微波-热等离子体生产活性富钛料及人造金红石等方法。湿法工艺包括部分还原-盐酸浸出法、部分还原-硫酸浸出法、全还原锈蚀法、三氯化铁浸出法以及其他的化学分离法。常用的方法是电炉熔炼法、盐酸浸出法、还原锈蚀法等。

6.2.1 钛渣生产方法[1,2]

钛渣的生产方法主要是电炉熔炼法。这种方法是使用还原剂，将钛精矿中的铁氧化物还原成金属铁分离出去的，选择性除铁，从而富集钛的火法冶金过程。其主要工艺（见图 6-2）是：以无烟煤或石油焦还原剂，与钛精矿经过配料、制团后，加入矿热式电弧炉内，于 1600～1800℃高温下还原熔炼，所得凝聚态产物为生铁和钛渣。根据生铁和钛渣的密度和磁性差别，使钛氧化物与铁分离，从而得到含 TiO_2 72%～95%的钛渣。其主要反应如式 6-1～式 6-4 所示。

$$FeTiO_3 + C = Fe + TiO_2 + CO \tag{6-1}$$

$$2FeTiO_3+3C=2Fe+Ti_2O_3+3CO \quad (6\text{-}2)$$

$$FeTiO_3+2C=Fe+TiO+2CO \quad (6\text{-}3)$$

$$Fe_2O_3+3C=2Fe+3CO \quad (6\text{-}4)$$

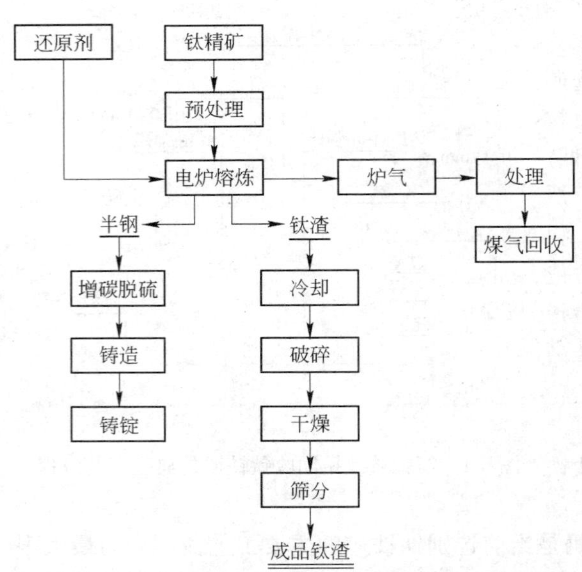

图 6-2 密闭电炉熔炼钛渣的原则工艺流程

生产钛渣的电炉是介于电弧炉与矿热炉之间的一种特殊炉型，有敞开式、半密闭式和密闭式三种，熔炼温度一般为 1600～1700℃，最高温度可达 1800℃。电炉熔炼所得到的钛渣可以用来生产钛白粉、人造金红石和 $TiCl_4$。该方法的优点是生产工艺简单，设备易于大型化，“三废”少，且炉气可以回收利用，副产品生铁回收加工容易，缺点是除去非铁杂质能力差，耗电量较大，一般在电力较充足的地区使用。

6.2.1.1 敞口电炉

A 敞口电炉熔炼高钛渣

目前国内生产的高钛渣主要用于焙烧为人造金红石和流态化氯化生产四氯化钛，高钛渣中总 TiO_2 要达到 93%，FeO 含量要小于 3%～4%。生产这种高还原度的高钛渣现采用敞口电炉。

敞口电炉熔炼高钛渣的工艺流程包括：配料、制团、电炉熔炼、渣铁分离、炉前高钛渣、破碎、磁选、成品高钛渣。

B 敞口电炉熔炼酸溶性渣

用于硫酸法生产钛白的钛渣，在国内俗称为酸溶性钛渣。敞口电炉熔炼酸溶性钛渣与熔炼高钛渣的工艺、设备和操作方法基本上相同，但也有不同之处。既在还原熔炼时要控制适当的还原度，使获得的钛渣达到下列基本要求：

(1) 具有良好的酸溶性，一般要求酸解率不小于 94%；

(2) 要有适量的助溶杂质 FeO 和 MgO，以使钛渣具有良好的酸解反应性能；

(3) 低价钛含量要控制适量；

(4) 对生产钛白有害的杂质（特别是硫、磷、铬、钒）含量不能超标。

钛渣的酸溶性能主要取决于它的物相结构，而物相结构又随其化学组成和它在出炉后的冷却方式而变化。作为酸溶性钛渣，应含有适量的助溶杂质（主要是 FeO 和 MgO）和一定量 Ti_2O_3，以使钛的氧化物尽可能存在于黑钛石固溶体中，并在工艺上采取措施避免生成金红石型 TiO_2。

由原生矿选出的钛铁精矿含硫较高（硫含量不小于 0.2%），在电炉熔炼前需进行氧化焙烧处理，脱除其中的硫，并提高焙烧矿的磁化率，以便能用磁选法进一步精选。如能将钛铁矿中的部分辉石、斜长石等脉石矿物除去，降低精矿中的非铁杂质含量，就可使电炉熔炼的酸溶性钛渣的 TiO_2 含量达到 80%左右；如采用大型化矩形密闭电炉在具有丰富水电的地区进行大规模生产，合理利用副产品半钢，大幅度降低生产成本，就能促进酸溶性钛渣在我国的广泛应用。

6.2.1.2 半密闭电炉熔炼钛渣

半密闭电炉的熔炼方法与目前我国敞口电炉方法不同，采用一次性加入粉料的熔炼方法。钛铁精矿与破碎好的无烟煤按比例配料之后送至炉顶的混合料仓，经计量从炉中心加料进入炉内。加料后采用手动方式调节三相功率进行还原熔炼，待三相功率基本稳定后转为自动调节。

该种粉料入炉的工艺，消除了以前使用沥青作黏结剂的团料工艺常发生塌料翻渣现象，不需要进行捣炉作业，可实现机械化作业，减轻了操作人员的劳动强度，并同时消除了沥青的毒害，但是这种熔炼方法生产的钛渣还原度不宜太高。

6.2.1.3 密闭电炉熔炼钛渣

在敞口电炉冶炼钛渣时，经常发生塌料，容体喷溅到炉表面冷料区结成坚硬的料壳，造成大量热损失，使炉料的透气性变坏，从而加剧料壳的断裂塌陷。电炉容量越大，这种塌料喷渣现象就越严重。炉表面的料壳需在出炉后用人工或机械方法捣入炉底，方可重新加入新料进行冶炼。该法不适用于密闭电炉，因为塌料喷渣不仅会严重腐蚀炉顶，而且需要进行捣炉作业。在密闭电炉中，炉盖具有除尘、保温等作用，可大大减少热辐射损失，因此连续加料的开弧熔炼方法可应用在密闭电炉中。但采用这种熔炼方法时，布料、电炉参数和电气制度的选择必须合理，才能获得较好的技术经济指标。

密闭电炉熔炼钛渣与敞口电炉比较，有如下优点：

(1) 热损失减少，电耗降低 5%～8%，TiO_2 回收率提高了 5%左右；

(2) 还原熔炼在密闭的还原气氛下进行，避免了电极的高温氧化和还原剂的氧化烧损，电极和还原剂消耗分别减少了 50%和 30%；

(3) 无噪音，消除了烟尘污染，并可回收电炉煤气，有利于环境保护和改善劳动条件；

(4) 炉况稳定，不需要进行捣炉作业，减轻工人劳动强度，有利于实现机械化作业。

密闭电炉熔炼钛渣可克服敞口电炉熔炼的许多缺点，是一种先进的熔炼钛渣方法。按炉型不同，有圆形密闭电炉和矩形密闭电炉之分。

A 圆形密闭电炉

圆形密闭电炉冶炼钛渣时，由于钛渣熔炼温度高，又是开弧熔炼，圆形炉 3 根电极呈三角形排列，中心过热又比较严重，因而炉中心温度很高，对炉体和炉盖的热侵蚀严重，炉盖寿命短；而且圆形炉盖结构复杂，检修和更换都比较困难。另外，粉料入炉也是个问题，因为国内钛精矿的粒度都比较细，不易加入炉内。采用粉料入炉的圆形密闭电炉熔炼钛渣工艺能否成功地用于工业生产，还有待工业实验加以证实。

B 矩形密闭电炉

矩形密闭电炉熔炼钛渣与圆形密闭电炉比较，有如下优点：

(1) 圆形电炉的容量受其过热现象限制，而矩形电炉不受限制，在熔炼钛渣的大型密闭电炉选择矩形炉为宜。

(2) 矩形电炉由三个单相变压器供电，每个变压器分别与相应的两根电极连接构成三相，避免了相与相之间的干扰，熔炼过程在多区进行，有利于熔炼过程的平稳，局部过热现象大大减轻，这对于提高经济指标和炉体寿命是有利的。

(3) 矩形电炉的熔炼过程是连续进行的，而圆形电炉不是连续进行。

(4) 在设计一个相同功率的电炉时，矩形电炉的电极直径和单个变压器功率要比圆形电炉小，这对于建造大型密闭电炉特别重要。

(5) 矩形密闭炉的炉盖结构比较简单，制造、维修和更换都比较容易。

6.2.2 人造金红石生产方法[3,4]

目前，生产人造金红石主要以钛精矿为原料，生产方法有还原锈蚀法、盐酸浸出法、硫酸浸出法等，所得人造金红石中 TiO_2 含量均大于 90%。

6.2.2.1 Becher 还原锈蚀法

目前澳大利亚的 ILUKA 公司使用 58%～63% TiO_2 的钛砂矿，生产含 TiO_2 90%以上的人造金红石，其生产工艺如图 6-3 所示。将钛铁矿进行高温氧化后，在特制的窑内加入反应性好的煤还原，冷却后用磁选分离出残炭，然后将还原后的钛铁矿投入锈蚀槽，在初始 pH 值 6～7 的 1.5%～2% NH_4Cl 溶液中锈蚀约 12h，再用旋流器将富钛料和水合氧化铁分开，再经稀硫酸溶液浸除部分残铁和锰，最后经过滤、洗涤、干燥后得到人造金红石。

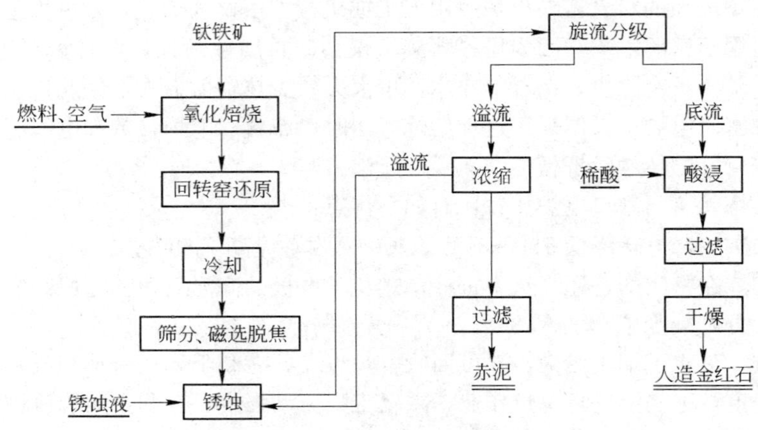

图 6-3 Becher 还原锈蚀法生产工艺

该工艺适合高品位（TiO_2 含量大于 54%）的钛砂矿，并且随 TiO_2 的品位增高其生产成本降低，原料中 TiO_2 的最佳品位在 60%～63%之间。该工艺的局限性是仅可除去铁和锰，不能除去其他非铁杂质。

6.2.2.2 BCA 盐酸循环浸出法（Benillite）

该工艺采用重油为钛铁矿的还原剂，然后用盐酸将 Fe、Ca、Mg 等漂洗出来，目前在美国的克尔-麦吉（Kerr-McGee）公司、印度稀土有限公司都使用该工艺生产人造金红石，该工艺通常采用含 54%～65% TiO_2 的钛铁矿为原料，最佳品位是 TiO_2 含量大于 60%，工艺如图 6-4 所示。

首先用重油在回转窑中将钛铁矿中的 Fe^{3+} 还原 Fe^{2+}，反应温度为 870℃，产物的金属化率为 80%～95%。还原料冷却后，加入球型回转压煮器中用 18%～20%的盐酸浸出，浸出过程中将 FeO 转化为 $FeCl_2$，且溶解掉钛铁矿中的一系列杂质，如 Mn、Mg、Ca、Cr 等，将 18%～20%的盐酸蒸气注入压煮器以提供所必需的热，避免了水蒸气加热引起的浸出液变稀的问题。浸出之后，固相物经带式真空过滤机进行过滤和水洗后，在 870℃煅烧成人造金红石。浸出母液中的铁和其他金属氯化物，采用传统的喷雾焙烧技术再生，用洗涤水吸收分解出来的 HCl，形成浓度为 18%～20%的盐酸，返回浸出使用。

BCA 盐酸循环浸出法具有可以除去大多数的杂质，获得高品位的人造金红石，全部废酸和洗涤水都能再生和循环使用等优点。但该工艺的盐酸回收系统成本较高，同时生产设备需要专门的防腐材料制造。

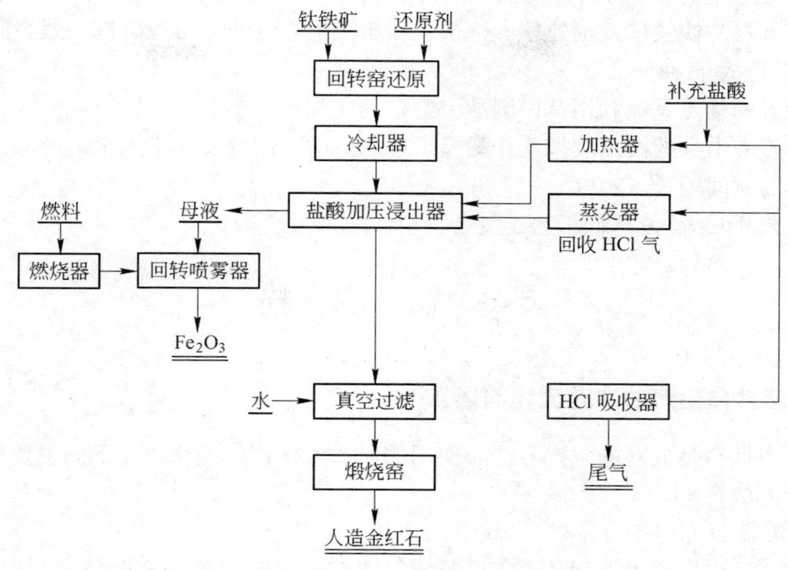

图 6-4 BCA 盐酸循环浸出法（Benillite）

6.2.2.3 选-冶联合稀盐酸加压浸出生产工艺

1984 年，成都科大与自贡东升钛黄厂等单位采以 ϕ3000mm 浸出罐为主体试验设备，进行稀盐酸加压浸出生产人造金红石工艺研究，该工艺先将钛铁矿用 20%的稀盐酸加压浸取，钛铁矿中的铁、钙、镁等杂质溶解后，TiO_2 与杂质分离，再经过过滤和煅烧，最后得到人造金红石，产品人造金红石含 $TiO_2 \geqslant 94\%$，$CaO + MgO \leqslant 0.5\%$。目前，该工艺已实现了工业化生产，浸取球的耐酸效果较好，但未实现盐酸的再生和循环使用，从而造成生产成本较高和环保问题严重。

6.2.2.4 选择氯化法

1980 年，北京有色研究总院等单位以攀枝花钛铁矿为原料进行了人造金红石的试验，该方法利用钛铁矿中各组分在氯化过程中热力学的差异，控制适当配碳量，在 900～1000℃条件下有选择地将杂质氯化，而钛不被氯化，并根据氯化物的物理、化学特性使之分离，以达到富集 TiO_2 的目的，该方法制得的人造金红石品位为 83%左右，而钙、镁含量较高，要进一步降低杂质含量，技术难度较大，经济上不合理，氯化时伴有大量的氯化铁和其他附产物，同时难以解决氯化钙和氯化镁在底部富集凝结而使氯化无法进行等问题。

6.2.2.5 预氧化-流态化盐酸浸出法

长沙矿冶院以攀枝花钛铁矿为原料，其工艺流程主要是把钛铁矿在回转窑氧化焙烧，冷却后加入流态化浸出塔，用稀盐酸三段逆浸取，再经洗涤、过滤、煅烧并制得人造金红石，由浸取塔排出的废酸母液，除部分回流外，其余可用于生产 $FeCl_3$、$MgCl_2$、铁红等多种产品，该工艺较好地解决了攀枝花钛铁矿在酸浸过程中的粉化问题，生产的产品 TiO_2 大于 90%，但尚未实现盐酸的再生和循环使用，还存在处理废酸母液的副流程较长等问题。

6.2.2.6 钛白废酸处理攀枝花钛铁矿（石原法）

日本石原公司开发出硫酸浸出法（石原法），以印度高品位的氧化砂矿（TiO_2 含量为 59.03%）为原料，利用钛白废酸浸出钛铁矿，生产出含 TiO_2 不小于 90%的人造金红石。

2000 年，北京有色研究总院开展了用钛白废酸处理攀枝花钛铁矿制取人造金红石的扩大试验，其工艺流程是钛铁矿经预处理、磁选、加压浸出，过滤后再经磁选、煅烧制得人造金红石，其 TiO_2 品位大于 88%。

该工艺最大的优点是能利用钛白废酸，存在的弊端有：

(1) 由于硫酸本身的浸出效果比盐酸差，过滤后的一部分反应不完全的产品需返回浸出；

(2) 反应的时间较长（浸取时间 12h）；

(3) 该工艺 TiO_2 品位越低工艺越复杂。

6.3 钛白粉

6.3.1 硫酸法钛白生产的工艺流程简述

硫酸法生产钛白是成熟的生产方法，使用的原料为钛精矿或钛渣。下面主要叙述以钛精矿为原料的生产方法。

A 工艺流程

硫酸法生产钛白主要由下列几个工序组成：原矿准备；用硫酸分解精矿制取硫酸钛溶液；溶液净化除铁；由硫酸钛溶液水解析出偏钛酸；偏钛酸煅烧制得二氧化钛以及后处理工序等。

B 工艺流程简述

a 原矿准备

按照酸解的工艺要求，用雷蒙磨磨矿，将钛精矿粉碎至一定的粒度。

b 硫酸钛溶液的制备

钛液的制备实际上包括钛精矿的酸分解，固相物的浸取，还原等工艺步骤。

酸分解作业是在耐酸瓷砖的酸解罐中进行的。将浓度为 92%～94%的浓硫酸装入酸解罐中并通入压缩空气，在搅拌的情况下加入磨细的钛精矿。精矿与硫酸的混合物用蒸气加热以诱酸解主反应的进行，主反应结束后，让生成的固相物在酸解罐中熟化，使钛精矿进一步分解，分解后所得固相物基本上是由钛铁硫酸盐和一定数量的硫酸组成。

固相物冷却到一定温度后，用水浸出，并用压缩空气搅拌，浸出完全以后，浸出溶液用铁屑还原，将溶液的硫酸高铁还原成硫酸亚铁。

c 钛液的净化

钛液净化包括沉降、结晶、分离、过滤等工序。

沉降是借助于重力作用，向钛液中加入沉降剂（主要絮凝剂是改性聚丙烯酰胺），除去钛液中的不溶性杂质和胶体颗粒，使钛液初步净化。

冷冻结晶在冷冻锅中进行，主要利用硫酸亚铁的溶解度随着钛液温度降低而降低的性质。用冷冻盐水带走钛液热量，使其降至适当的温度，从而使大量的硫酸亚铁结晶析出。

分离、过滤是由锥蓝离心机分离，抽滤及板框压滤三个工序构成。冷冻后的钛液经锥蓝离心机分离及抽滤池抽滤，得到初步净化的稀钛液，最后将稀钛液通过板框压滤，得到符合生产需要的清钛液。

d 钛液浓缩

钛液浓缩采用连续式薄膜蒸发器，在减压真空的条件下蒸发掉钛液中的水分，以符合水解工序的需要。

e 水解

水合二氧化钛是由钛的硫酸盐溶液热水解而生成的。为了促进热水解反应，并使得到的水合二氧化钛符合要求，一般采用引入晶种或自生晶种的方法。

f 水洗及漂洗

由于水解反应是在较高的酸度下进行的，因此大部分杂质磷酸盐仍以溶解状态留在母液中。水洗的任务是将水合二氧化钛与母液分离，再用水洗涤以除尽偏钛酸中所含可溶性杂质。经过水洗而仍残留在水合二氧化钛中的最后一部分杂质（高铁为主），则以漂洗来除去，即在酸性条件下以还原剂将不溶的高铁还原为可溶性的亚铁，再进行二次水洗。

g 盐处理

盐处理是在盐处理锅中进行。

在充分搅拌的情况下，向偏钛酸浆液中加入碳酸钾和磷酸等盐处理剂，可防止煅烧物料烧结，隐蔽杂质元素的显色，使煅烧产品颗粒松软，色泽洁白等。

h 煅烧

回转窑是目前最广泛采用的煅烧设备。

盐处理后的偏钛酸在回转窑中经高温脱水、脱硫及晶型转化等过程，得到具有颜料性能的钛白粉。

i 后处理

二氧化钛后处理是按照不同用途对煅烧所得二氧化钛进行各种处理以弥补它的光活性缺陷，并改变它的表面性质。后处理包括分级，无机和有机表面包膜处理，过滤，干燥、超微粉碎和计量包装等，从而获得表面性质好，分散性高的二氧化钛成品。

总之，硫酸法的优点是可直接用钛铁矿作原料，设备简单，工艺技术容易掌握，缺点是三废量大，不利于环境保护，并且处理三废费用很多，从而使生产成本增加。为克服上述缺点，采用含 TiO_2 70%～80%的钛渣为原料，不但可降低硫酸消耗的三分之一，而且废副产品物排出量可减少 30%。

6.3.2 原矿的粉碎

A 目的

钛精矿一般粒度比较粗，比表面积较小，酸解时与硫酸接触面积小，不易被硫酸有效地分解。因此，在使用前必须将其磨细，以增加反应接触面，使酸解反应能够正常进行。

参加酸解反应的矿粉不仅必须达到一定的细度，而且粒度分布要求窄而均匀，这样才能得到较高的酸解率，得到符合工艺要求的硫酸钛液。一般矿粉细度要求为：325 目 筛余不大于 1.5%。

B 粉碎的工艺流程

钛精矿由斗提式提升机送入储料斗，再由给料装置将原矿定量、均匀、连续地送入雷蒙磨进行粉碎。已被粉碎的物料由鼓风机鼓入的空气流以分析器带出，粗颗粒被挡后落入粉碎区域重新返回雷蒙磨构成闭路循环。分离出的物料自旋风分离器下部卸出，进入矿粉中间储槽，再由脉冲气力输送泵，送至矿粉储槽，供酸解使用。

部分循环风经布袋收尘器除尘后排空，收尘下来的飞粉进入矿粉中间储槽。

C 粉碎设备——雷蒙磨

这是国内常用的设备，是一种摆轮式研磨机，靠摆轮的重力加离心力，对钢圈所产生的挤压和研磨作用达到粉碎物料的目的。攀钢集团公司使用的是 4R3216 型雷蒙磨（4R：四辊；32：磨辊直径 32cm；16：磨辊高度 16cm）。

雷蒙机的工作原理是：雷蒙主机内装有磨环和磨辊，磨环固定在机座上，磨辊则自由悬挂在竖轴顶端的十字形悬辊架上，磨辊既能绕中间竖轴旋转又能自转。雷蒙机运转时，磨辊在离心力作用下紧贴在磨环表面对加入物料产生挤压和研磨作用而使其粉碎。未被粉碎的物料坠于机底，并被铲刀铲起重新将其抛掷于滚动很快的磨辊前的磨环面上，已被粉碎的物料由空气流携出。空气流由机底上吹，使粉碎后物料通过分析器分级，细度合格的进入旋风分离器中，细度不合格的再返回雷蒙磨重新研磨。转速越大，粒度越细；反之则粒度越粗。

粉碎细度可由调节吹入的空气量的大小及分析器的转速等控制。

6.3.3 酸解

A 酸解的基本原理

a 酸解的化学反应

钛铁矿与硫酸的反应非常缓慢，在常温下几乎不发生变化。为了促进这个反应，往往需要加热，引导反应的开始。如以偏钛酸亚铁 $FeTiO_3$ 代表钛铁矿的主要成分，则酸解反应一般认为按下列两个反应式进行：

$$FeTiO_3+3H_2SO_4 \longrightarrow Ti(SO_4)_2+FeSO_4+3H_2O$$

$$FeTiO_3+2H_2SO_4 \longrightarrow TiOSO_4+FeSO_4+2H_2O$$

也可以把 TiO_2 视作是钛铁矿的一个单独成分，则上面反应可写为：

$$TiO_2+2H_2SO_4 \longrightarrow Ti(SO_4)_2+2H_2O$$

$$TiO_2+H_2SO_4 \longrightarrow TiOSO_4+H_2O$$

钛铁矿中的铁则按下列反应式进行反应：

$$FeO+H_2SO_4 \longrightarrow FeSO_4+H_2O$$

$$Fe_2O_3+3H_2SO_4 \longrightarrow Fe_2(SO_4)_3+3H_2O$$

从上述反应式可知，反应结果得到的是(正)硫酸钛 $Ti(SO_4)_2$，硫酸氧钛 $TiOSO_4$，硫酸亚铁 $FeSO_4$ 和硫酸高铁 $Fe_2(SO_4)_3$ 这四种物质。硫酸氧钛的生成，也可以视为是硫酸钛初步水解的产物。

$$Ti(SO_4)_2+H_2O \longrightarrow TiOSO_4+H_2SO_4$$

酸解后生成的硫酸钛 $Ti(SO_4)_2$ 和硫酸氧钛 $TiOSO_4$ 之间的比例由酸解条件而定。从方程式中可以看出，生成一份硫酸钛需要二份硫酸，而生成一份硫酸氧钛只需要一份硫酸。

b 有效酸和酸比值

有效酸：在钛溶液中，硫酸有三种不同的形式：

(1) 与钛结合的硫酸；

(2) 与其他金属（主要是铁）结合的硫酸；

(3) 游离酸——未被结合的过剩的硫酸。

无法单独测定与钛结合的酸或游离酸，只能测定二者的总和，并称之为有效硫酸。

有效酸＝与钛结合的酸＋游离酸

有效酸一般用酸碱滴定的方法来测定，目前仍作为评价酸解效果与质量的一个控制指标，与生产与科研单位广泛应用。

酸比值：在控制有效酸指标时，有这样一个问题；就是同样的钛液，如果浓度稍有变化，(例如经过适当浓缩或稀释)。钛液的性质没有变化，而有效酸的数值却发生变化。为了解决这个问题，采用酸比值指标。

酸比值又称酸度系数，通常用符号 F 表示。所谓酸比值是指钛液中有效酸与总钛含量之比值。

$$F=\frac{\text{有效浓度}}{\text{总 } TiO_2 \text{ 浓度}}$$

因为这是一个比值，因此钛液经过浓缩或稀释后，F 值是保持不变的，F 值的高低，能显示出钛液中钛的组成。

钛液 F 值的高低，还能影响以后的水解产物的结构状态，因此生产不同品种的钛白，对钛液的 F 值常常要严格控制。

B 固相法酸解

a 操作步骤

固相法酸解的操作步骤如下所述：

(1) 投料。酸解操作时，在强烈压缩空气搅拌下，先投入硫酸，再投入矿粉后，使矿粉与硫酸充分混合，最后加入稀释水。

(2) 加温。直接用蒸汽加温。当槽内反应物温度升至 80～100℃时应立即停止蒸汽加温，此时开始剧烈反应。

(3) 主反应。由于反应是放热反应，反应物温度急剧自动上升，在数分钟内达到最高温度约 200℃。在这阶段内，反应非常剧烈，槽身有可察觉的振动，同时排出大量的酸雾，反应物也经过黏稠阶段而逐渐凝成多孔的海绵固体。

(4) 成熟。主要反应结束，反应物的温度逐渐下降。在冷却的同时，尚继续发生酸解反应，使反应更加完全。

(5) 浸取。成熟后的固相物溶于水，以得到硫酸氧钛的溶液。

b 酸解反应控制条件

酸解反应的控制条件如下所述：

(1) 酸矿比。酸矿比是投料时硫酸与矿粉质量的比值。(硫酸浓度以 100%计算) 在选择酸矿比时，主要应使矿粉得到最大程度的分解而又耗用最少量的酸。一般来讲，酸矿比越高，过量的硫酸越多，反应越完全，酸解率也越高，根据固相法的特点，一般控制酸矿比为 1.54～1.65。

一般认为酸矿比是决定酸解反应的一个工艺指标。酸矿比对钛液的 F 值影响尤为显著。但是为了节约硫酸，F 值可以在浸取时加入废酸进行调节。

酸矿比如果过高，对提高酸解率的作用便不明显。相反却要多消耗硫酸。与液相法相比，固相法所用的硫酸浓，反应温度高，因此耗用酸便可以少。

(2) 硫酸反应浓度。硫酸反应浓度是指钛铁矿酸解反应时必须控制的硫酸浓度。

原则上讲，硫酸反应浓度越高，则反应越完全。但实践表明，当硫酸反应浓度过高时，容易发生反应后固相物的早期水解。其原因可以认为是由于硫酸浓度越高，则反应温度也越高，使反应初期的生成物在反应结束时已发生水解。

实际控制的硫酸反应浓度，应依据设备的容量，投料量等条件不同而变化，一般控制在 84%～88%。

(3) 加温温度。矿粉与硫酸反应，需要加热到一定温度时才能开始。但反应本身能放出大量的热，因此大部分热量是依靠自发的。

$$TiO_2+H_2SO_4 \longrightarrow TiOSO_4+H_2O+24.45\text{kJ}$$

$$FeO+H_2SO_4 \longrightarrow FeSO_4+H_2O+121.42\text{kJ}$$

$$Fe_2O_3+3H_2SO_4 \longrightarrow Fe_2(SO_4)_3+3H_2O+141.51\text{kJ}$$

一般来说温度越高反应越剧烈，也越完全。酸解反应是个放热反应，当反应开始时便放出大量的热，使反应物的温度迅速上升。因此短时间内即转变为剧烈反应，反应物的温度可高于200℃。一般情况下，开始时物料需要适当加温以引发反应，但当反应开始后应立即停止加温，以免反应过分猛烈而发生冒锅或早期水解。

加温温度一般控制为80～100℃，也要根据设备大小而定。

一般中小设备控制为60～80℃，一般大设备控制为100～120℃。

加温温度过低，例如小于60℃，则引发主反应的时间长，反应不剧烈，容易生成难溶性的固相物，酸解率低。加温温度过高，例如大于130℃，则主反应来得太早，反应温度急速上升，不仅容易致使冒锅事故的发生，而且还会使酸解率降低，生成固相物难浸取。

如果使用高浓度硫酸，例如大于96%，当加入稀释水后的发热量已足够引发反应时，便可不必再另行加温。这种情况称为自然反应。在炎热季节，室温较高，即使采用93%的硫酸，也可考虑不再加温，由物料自然反应。

(4) 成熟时间。成熟的目的是在主反应结束后，让固相物逐渐冷却。让一部分未酸解的矿粉继续与存在的游离酸作用，以利于提高酸解率。

成熟过程是提高酸解率的重要措施。成熟时间长，固相物温度低，浸取速度便慢，但酸解率高。成熟时间短，固相物温度较高。浸取速度较快；但酸解率低。一般控制在1～3h。要视设备大小和室温高低而定。

c 固相物的浸取

成熟后的固相物，加入水或稀钛液，在压缩空气搅拌下，使多孔状固相物溶解，得到硫酸钛溶液。起初在加入水时温度有上升现象，但随即冷却下降。溶液的最终浓度一般应含 TiO_2 110～130g/L。此时溶液密度约为1.52～1.53g/cm³。

为了调节浸出液的 F 值，并节约浓硫酸，浸取时常常需添加废硫酸。这时废硫酸必须准确测定。加入量也必须严格控制。

根据酸解固相物的性质不同，浸取时间一般为5～12h。

d 还原

铁在矿粉中以二价与三价两种不同状态存在，因此在浸取后的溶液中既有硫酸亚铁($FeSO_4$)，又有硫酸高铁($Fe_2(SO_4)_3$)，这两种铁盐在一定条件下会发生水解而变成沉淀。

$$FeSO_4 + 2H_2O \longrightarrow Fe(OH)_2 \downarrow + H_2SO_4$$

$$Fe(SO_4)_3 + 6H_2O \longrightarrow 2Fe(OH)_3 \downarrow + 3H_2SO_4$$

上述两水解反应只有在达到一定的pH值时才会发生。硫酸亚铁在酸性溶液中是稳定的，只有在pH值大于5时才开始水解，因此在钛液水解过程中它始终保持溶解状态，而在偏钛酸洗涤时得以除去。而硫酸高铁在溶液中的危害性比较大。因为它在pH值为2.5的酸性溶液中即开始水解，生成氢氧化铁沉淀。在偏钛酸洗涤时，它会变成沉淀而混杂于其中，煅烧时变成红棕色的三氧化二铁而污染成品。为了防止这种现象的发生，在钛液中不允许有高铁存在，应该把高铁还原成亚铁。

还原的方法很多，工业上应用的有化学还原和电解还原两种。

化学还原是加入一种还原剂，如铁屑、铝、锌等。其反应如下：

$$Fe_2(SO_4)_3 + Fe \longrightarrow 3FeSO_4$$

或

$$2Fe^{3+} + Fe \longrightarrow 3Fe^{2+}$$

电解还原在阴极发生，其反应如下：

$$Fe_2(SO_4)_3 + H_2O + 2C \longrightarrow 2FeSO_4 + H_2SO_4 + 1/2\ O_2 \uparrow$$

或 $$Fe^{3+} + e \longrightarrow Fe^{2+}$$

为了保证溶液中 Fe^{3+} 全部还原为 Fe^{2+}，还原反应该略微过度，此时溶液中就有少部分 Ti^{4+} 被还原为 Ti^{3+}。

$$2TiOSO_4 + Fe + 2H_2SO_4 \longrightarrow Ti_2(SO_4)_3 + FeSO_4 + 2H_2O$$

$$2Ti(SO_4)_2 + Fe \longrightarrow Ti_2(SO_4)_3 + FeSO_4$$

或 $$2Ti^{4+} + Fe \longrightarrow 2Ti^{3+} + Fe^{2+}$$

在电解还原中钛的还原如下进行：

$$2Ti(SO_4)_2 + H_2O \longrightarrow Ti_2(SO_4)_3 + H_2SO_4 + 1/2\ O_2$$

三价钛的存在，可以保证三价铁还原完全。这是因为氧化还原反应有先后次序，三价铁先还原为二价铁，然后再是四价钛，还原为三价钛。但在生产过程中经常遇到氧化条件，例如与空气接触或以压缩空气搅拌，因此还原要过量一些，保持有一定数量的三价钛。这是因为，三价钛的还原性比较强，它比二价铁先氧化，这样保证了二价铁不被氧化。但是过多的三价钛存在是不利的，因为在正常水解情况下，三价钛不会水解沉淀而留在溶液中，成为生产中的损失，直接影响水解率。一般操作中，还原溶液中应保持三价钛含量为 2.5～4g/L（以 TiO_2 折算）。三价钛控制高低要视品种的不同和温度的高低而定。

e 酸解率

酸解率亦称为分解率，是衡量酸解反应的质量和收率的一个综合控制指标。它是以质量分数来核算的。其值为溶液中的可溶性钛盐总量（以 TiO_2 计）占所投钛铁矿中所含钛总量（以 TiO_2 计）的百分数。

$$酸解率(\%) = \frac{溶液中总钛}{矿粉中总钛} \times 100$$

鉴于钛铁矿中总有一部分不能被热浓硫酸分解的矿物（如金红石与脉石），同时又受工业现行酸解手段的限制，酸解率不能达到百分之百。一般可达到 90%～97%。

6.3.4 钛液的净化

钛液净化的好坏直接影响到工艺控制和产品性能，诸如水合二氧化钛洗涤的难易程度，产品的化学纯度、硬度等。

钛铁矿用硫酸酸解制备的钛液是一个较复杂的体系，其中有三类杂质：

(1) 可溶性的盐类（铁、钒、铬、锰、铌、锡、铜、镁、钠、钾、稀土等元素的硫酸盐及磷酸盐）；

(2) 颗粒在 10μm 以上的由未分解的钛铁矿、金红石、脉石、泥浆及碳、铅、钙等的化合物组成的不溶性悬浮残渣；

(3) 粒度为 0.1～10μm 的水合二氧化硅、水合氧化铝及早期水解产生的水合二氧钛等具有较高动力学稳定性的胶体。

A 沉降

沉降是借助于重力作用，除去钛液中的不溶性杂质和胶体颗粒，将钛液初步净化。通过沉降除去杂质，可提高副产品硫酸亚铁的质量并加快它的过滤速度。同时胶体微粒如不除去，在以后水解时便成为一种无一定组成和数量的晶核，会影响水解过程和水解产物的结构。

沉降是适用于从粗分散体系悬浮液中分离出固体颗粒的方法，它是利用重力作用使体系中的悬浮固体颗粒沉降下来。对于钛液中属粗分散体系的悬浮残渣，可通过沉降而分离出来。然而对于粒径为 1～10μm 的细不溶杂质和属细分散体系的胶体颗粒，则由于布朗运动，重力不能使之沉降。前者由于钛液黏度很大，使颗粒悬浮在体系中相对稳定。后者由于胶粒在钛液中吸附 H^+ 而带有相同的正电荷，因而具有静电排斥力，并在胶体周围形成了溶剂化的双电层，十分稳定，不能相互凝聚。

钛液中的胶体是在强酸性高离子浓度的溶液中形成的含量约占不溶性杂质总量（一般为15～23g/L）的20%～30%。要想破坏这些胶体的稳定性，采用加入电解质的方法是不现实的。但可加入带相反电荷——负电荷的溶胶以产生共沉淀。由于电性中和，使颗粒的电动电位 ξ 达到临界值——等电状态而完全失去静电排斥力，就会在布朗运动相互碰撞时，合并成较大的粒子，在重力的作用下沉降。同样也可利用某些高分子极性基团的亲和力而产生的特性吸附和桥联作用，使悬浮颗粒借助于絮凝剂分子的作用而相互连接长大，网络成大的聚集体而迅速沉降。

沉降设备的生产能力与它的高度无关，仅与水平截面积和颗粒的沉降速度有关，而沉降速度又与微粒的大小、质量以及介质的密度与黏度有关。所以沉降一般采用大型、大截面积的、有防腐衬里的设备。沉降过程应注重沉降剂的选择与用量、钛液的浓度和温度，以求得最佳沉降效果。

B 结晶

a 结晶的工艺原理

在经沉降所得到的热钛液中，各种硫酸盐和磷酸盐的溶解度是不同的而且与温度有关。这些溶解度可由实验测定。如 $FeSO_4$ 浓度为120g/L、有效硫酸浓度为240g/L时，$FeSO_4$ 的溶解度与温度的关系见表6-4。

表 6-4 $FeSO_4$ 在不同温度时的溶解度（TiO_2 浓度为120g/L，有效酸浓度为240g/L）

温度/℃	30	20	15	10	5	0	−2	−6
$FeSO_4$/g·L^{-1}	240	190	130	117	95	79	59	38

在上述条件下，硫酸亚铁已达饱和，如果降低温度，便会有结晶析出。利用溶解度的这种差异，依据结晶原理，降低温度，以降低 $FeSO_4$ 的溶解度，当此溶解度低于溶液中的实际浓度时，便成为过饱和，其超过部分便会从钛液中结晶析出，从而达到除去大量硫酸亚铁的目的。

b 结晶的一般方法

结晶的方法，除了按照投料方式，分为间歇式和连续式两种外，按照使溶液达到过饱和所采用的方法不同，分为蒸发结晶、机械冷却结晶和真空结晶三种方式。蒸发结晶是在等温下进行的，就是使溶液不断蒸发，使溶液不断浓缩最后达到饱和而析出晶体，这个方法适用于某些在不同温度时溶解度变化很小的盐类如食盐，不适用于绿矾的结晶。绿矾结晶的常用方法有以下两种：

(1) 机械冷却结晶。这种结晶方法，是通过热交换来使溶液降低温度，最后达到过饱和而析出晶体，常用的方法有自然结晶和机械冷冻结晶两种。

1) 自然结晶。根据钛液温度与室温的差别由其自然冷却，或用自来水通入热交换器中，使钛液缓慢冷却到室温，可得到大块晶体。结晶后在钛液中仍含有40～60g/L（以 Fe^{2+} 计）的硫酸亚铁。

2) 机械冷冻结晶。通常是利用冷冻机产生的冷冻剂，通过热交换器（冷冻盘管）与钛液进行热交换，来使钛液迅速冷却。因此在这种结晶器内部装有盘管，管内用低温的冷冻液进行循环，器内配有搅拌机，使钛液冷冻均匀，得到的是细粒的晶体。冷冻液一般是由氨压缩机制冷得到的低温的氯化钙或氯化钠溶液。

在工业生产时需要控制的条件主要是冷冻终了温度。这由钛液的铁钛比值指标要求而定。生产涂料钛白时，一般要求 Fe/TiO_2 为 0.20～0.25，其冷冻终了温度一般控制在 6～10℃。对某些品种的钛白生产，例如搪瓷或电焊条钛白，对铁钛比无严格要求，而在冷冻过程中钛液温度越低，则冷冻速度越慢，为了提高效率并节约能耗，其终了温度可适当控制高些，例如 10～14℃。

结晶时的搅拌速度，对晶体的颗粒大小有关。搅拌转速快，则晶体颗粒细，太细时晶体过滤速度会变慢；而搅拌转速太慢则晶体可能沉降下来，堵塞放料口，具体转速还应由搅拌器的式样来定。一般门框式搅拌机，其转速以 50～70r/min 为宜。

(2) 真空结晶。真空结晶是使钛液冷却至硫酸亚铁达到饱和而析出晶体的过程。但它没有热交换过程。钛液的热量是由一小部分溶液的蒸发吸热而得以除去的。这是因为在减压（真空）下，钛液的沸点下降而形成局部沸腾，使溶剂蒸发，由于汽化潜热，它需要吸收大量热量，钛液本身降温。与机械冷冻结晶相比，此法有很大的优越性，从发展前景来看，它终将代替机械冷冻结晶。

C 硫酸亚铁的分离

硫酸亚铁又称绿矾，由于 Fe^{2+} 的离子半径很小，又有不对称的 d 电子，所以经过结晶得到的是含 7 个结晶水分子的呈淡青色的水合晶体 $FeSO_4 \cdot 7H_2O$，在结晶时会吸去钛液中的部分水分。通常用水洗回收晶粒表面吸附的钛液，并提高硫酸亚铁的品质。硫酸亚铁在水中的溶解度比在硫酸和钛液中都大。为防止硫酸亚铁的复溶引起铁钛比的相应升高，一般总是先用少量的稀钛液然后用冰水洗涤。如果水温高，并用大量水洗涤，不仅加速了硫酸亚铁的复溶，而且由于钛液浓度的降低而改变钛液的组成，使稳定性下降，引起钛液品质的恶化。

硫酸亚铁与钛液的分离可用真空法和离心法来实现。使用真空抽滤器、真空圆盘过滤机、卧式离心机、立式锥篮离心机、程序控制的 SX 型离心机等。离心机自动化程度高，可连续操作，钛液损耗低，显然优于真空法。

由钛液分离出来的硫酸亚铁是不纯净的，其含量应不低于 90%。TiO_2 含量不高于 0.15%，钛液的 TiO_2 含量应相应提高到 140～175g/L。

使用 SX 型离心机时，应先检查有无异物、制动装置是否良好，预先调整好油泵压力和时间继电器，然后开动主机自动控制，检查自动控制运转情况，正常后加料运行，并根据硫酸亚铁的质量和钛液浓度等的变化及时调整加料、脱液、洗涤的时间，开启钛液和硫酸亚铁输送机械。

硫酸亚铁分离后，钛液由于黏度下降而引起密度下降，澄清度也由于温度下降、一些胶体（如 Sb_2S_3 等）的絮凝析出而变坏，仍需进一步净化。

绿矾能溶于水和甘油而几乎不溶于乙醇，密度 1.895～1.898g/cm^3（14.8℃），属单斜晶系，熔点 64℃，沸点 300℃，在干燥空气中，风化成 $FeSO_4 \cdot H_2O$ 白色粉末，氧化后变为黄色的碱式盐。

D 钛液的过滤

a 钛液过滤的目的

经沉降和去除绿矾的钛液仍含有胶体和细小的机械杂质，它们的表面积可吸附重金属离子，如不除去，则在水解时会成为不良的结晶中心，使水解产物粒子长大，影响水合二氧化钛粒子的大小和形状，使最终成品的品质，特别是外观白度显著变坏。钛液过滤的目的，就是除去这些杂质，使钛液进一步净化。

b 钛液过滤工艺操作

先将助滤剂用水调和，搅拌均匀，用泵打入上好滤布的过滤设备，进行循环过滤，在真空或压力的作用下，先使过滤介质上面形成一层均匀的助滤层，至循环液澄清为止。然后进行循环过滤钛液，至滤出液澄清度符合要求后，停止循环，进行正常过滤作业，得到澄清的钛液。助滤剂用量：105μm 硅藻土每平方米过滤面积加 0.5kg，用管滤机助滤层铺设厚度为 1mm；105μm 木炭粉（筛余 2%），每平方米 1.0kg，压滤机助滤层铺设厚度 1～3mm；稻壳灰为每平方米过滤面积加入 2.5kg。

过滤介质用滤布以耐酸的长纤维 240 号、621 号或 901 号涤纶布为好；管滤机以陶瓷、特种金属微孔管为好。

以压力为推动力的过滤设备，预涂助滤层和进行物料过滤时应杜绝压力波动及间断过滤，这样容易破坏助滤层，影响净化效果。

过滤介质可再生。滤布（涤纶）用稀碱浸泡，陶瓷管则先用 2%硫酸洗涤，再用稀氢氟酸溶液清洗。

6.3.5 钛液的浓缩

为了制得具有优越颜料性能的钛白粉，要求水解得到的偏钛酸的颗粒细而均匀，这样对水解所用的钛液的浓度有一定的要求，用经过结晶过滤的钛液来制作是不行的，因为钛液浓度低，则水解得到的偏钛酸的颗粒便会变粗。实践证明，只有钛液的 TiO_2 含量在 200g/L 以上时，才能制造出具有优越颜料性能的钛白。为此，必须先要将钛液进行浓缩，使其浓度达到涂料钛白生产的要求。

借加热的作用使溶液中一部分溶剂气化而获得浓缩的过程称为蒸发。

蒸发的目的是为了使溶液中的溶剂气化，因此溶剂应具有挥发性，而溶质则不应具有挥发性。对于钛液来说，水是溶剂，是可以挥发的，硫酸氧钛、硫酸亚铁和游离硫酸等是不可挥发的。按照分子运动学说，当溶液受热时，靠近加热面的溶剂分子便获得能量，当这种动能大于分子间的吸引力时，这些分子便逸出液面跑向空间变为自由分子，这就叫气化。这时气化生成的气体（蒸汽）如在空间或容器中不予除去，则蒸汽与溶液将渐渐处于平衡状态，这样气化就不能继续进行。因此进行蒸发的必要条件是热源要不断排除。

在工业生产中，蒸发所生成的蒸汽又称为二次蒸汽，这是为了和作为热源的蒸汽有所区别，蒸发生成的蒸汽的排除可以采用冷凝法，有间接冷凝法和直接冷凝法两种。间接冷凝在间壁冷凝器中进行，蒸汽在间壁的一面被冷凝，而冷凝剂则在间壁的另一面流动，热的传递是通过金属管壁来进行。而直接冷凝法的特点是冷却剂（如冷水）与蒸汽直接接触，故又称混合冷凝。热的传递是通过冷却剂与蒸汽直接接触来进行，因此传热效率和速率比间接冷凝法高，但得到的冷凝液全部与冷却水混合流出，故只能用于无甚价值的蒸汽的冷凝。在钛白生产中，由于钛液蒸发的溶剂是水，所以一般都采用直接冷凝法。

众所周知，溶液在常温下的气化是很缓慢的，如果提高温度至沸点，此时气化速度最高，因此生产中的蒸发一般都是沸腾状态下进行。通常情况下钛液的沸点为 104～114℃（1 个标准大气压，TiO_2：130～230g/L），在此温度下长时间加热蒸发，钛液的稳定性会迅速下降，最终导致早期水解（钛液水解的临界温度为 80℃），这对于制造优质的颜料钛白是很不适宜的。

液体的沸点是与压力成正比的，为了降低溶液的沸点提高蒸发的效率，浓缩蒸发常常是在减压下进行的，称为真空浓缩。真空度越高，溶液的沸点越低。为此，钛液的浓缩采取真空浓缩，以降低钛液的沸点来防止发生早期水解。为了满足钛液指标、保证钛液质量，应控制浓缩温度不超过 75℃，这样真空度便不能低于 0.073MPa。

目前，国内钛白生产中钛液浓缩常用的方法有间歇式单效真空浓缩和连续式薄膜真空浓缩两种。以前者为例进行说明。

A 设备

浓缩罐：一般多为钢制搪瓷反应锅或钢罐，内衬耐酸陶瓷板、搪铅等以防腐，利用蛇管或夹套进行蒸汽加热，罐顶有汽液分离装置及进料阀，底部有放料阀，为了便于操作和控制，罐上还设有液位计、温度计和真空表。

混合冷凝器：又称为立式逆流空位冷凝器，采用钢制或塑料制，内有几层筛板，增加汽液接触面。

B 工艺流程

浓缩罐中钛液被间接蒸汽加热后在真空下达到沸点，钛液中的水分开始气化，从真空浓缩罐顶部排出进入冷凝器逆流而上，冷却水从冷凝器顶部喷淋而下，与蒸汽充分接触，冷凝后从气压管排到水封池流出系统，经过冷凝器而未被冷凝的气体（空气或其他不冷凝性气体）从冷凝器顶部排出，经气液分离装置到真空缓冲罐，再经真空泵排入大气。

从冷凝器排出的水，经气压管流入水封池。整个浓缩系统是在负压下操作的，而水封池是开启式的（常压），为了使冷却水和冷凝水能从气压管底部自动排出，气压管必须有足够的高度，以便在管中保持一定的液柱，此液柱所产生的压头必须有足够的高度，以便在管中保持一定的液柱，此液柱所产生的压头必须大于外面大气压强与冷凝器中压强（冷凝器中的真空度）之差，故此冷凝器的位置必须在水封池的液面上至少 10m 的位置。

6.3.6 钛液的水解

钛液的水解是二氧化钛组分从液相（钛液）重新转变为固相（偏钛酸）的过程，从而与母液中的可溶性杂质分离以提取纯二氧化钛。

水解工序是硫酸法生产中及其重要的工序之一。水解作用的优劣不但影响工业生产的经济性，而且对最终产品的质量有极大的关系，水解时造成的差错往往在后工序是不能挽救的。工业上对水解有如下要求：

(1) 水解率要高，即液相中的二氧化钛组分转变为固相的百分率要高，在不影响成品质量和性能的条件下水解率越高越经济；

(2) 水解产物必须是具有一定大小而均匀的粒子，组成要恒定，同时易于过滤与洗涤；

(3) 工艺条件要成熟易于控制；水解产物的质量要稳定，设备要简单，能适应工业生产的需要。

A 水解工艺基本原理

a 盐类的水解

由弱酸或弱碱生成的盐，溶于水时会发生水解反应，而使溶液呈碱性或酸性。例如弱酸盐醋酸钠，水解后生成微弱电离的 HAC 分子而释出 OH^- 离子，使溶液呈碱性。

$$NaAC+H_2O=HAC+Na^+ +OH^-$$

弱碱盐氯化铵水解后则生成微弱电离的 NH_4OH 分子而释出 H^+ 离子，使溶液呈酸性。

$$NH_4Cl+H_2O=NH_4OH+Cl^- +H^+$$

反应进行到各有关浓度之比等于其水解常数值，反应便达到平衡。

如果水解的生成物是难溶物质或气体，就破坏了反应平衡，使反应继续进行，甚至可达到完全水解的程度。例如：混合氯化铝溶液和碳酸钠溶液时，溶液中便发生相当于碳酸铝完全水解的反应。

$$2AlCl_3+3Na_2CO_3=6NaCl+Al_2(CO_3)_3$$

$$Al_2(CO_3)_3+3H_2O \longrightarrow 2Al(OH)_3+3CO_2\uparrow$$

影响盐类水解度的因素，有溶液的温度、所含盐的浓度和溶液的 pH 值。因为水解反应是吸热反应，所以提高反应温度促使平衡向水解方向移动，增加水解的程度。降低溶液中所含盐的浓度有利于盐的电离，也能使水解程度提高。但对水解率影响最大的是 pH 值，因为在盐类达到水解平衡之后，加入 H^+ 或 OH^- 便能破坏平衡使反应向顺或逆向移动。如对弱酸强碱的盐，若提高溶液的酸度能抑制盐的水解使水解平衡向逆方向移动。所以对于铁(Fe^{3+}，Fe^{2+})、铝(Al^{3+})、锰(Mn^{2+})、铜(Cu^{2+})、镍(Ni^{2+})、钒(V^{2+})、铅(Pb^{2+})等金属的硫酸盐或盐酸盐，它们在酸度较高的溶液中一般不会水解，生成相应的氢氧化物沉淀。

在硫酸法钛白生产过程中，由于钛液的酸度很高，所以在热水解过程中它所含的杂质金属离子受到酸度的抑制而不会水解。

b　钛液的水解反应

钛液的水解与一般盐类的水解有所不同，它没有一个固定的 pH 值，只要在加热或者稀释的条件下它即能水解而析出氢氧化钛的水合物沉淀。甚至在酸度极高（如含 H_2SO_4 400～500g/L）时，经长时期的煮沸也会析出沉淀。因此在水解前的各工序中，钛液的温度应控制在 70℃以下，同时也应避免过分稀释以免发生早期水解的危险。

在常温下用水稀释钛液时，析出的是胶体氢氧化钛沉淀。这种水合物即使在常温下也很易溶于有机酸、稀的无机酸、碱以及钛盐溶液中，这样的溶液具有明显的胶体特征。这种水合物的组成接近于二氧化钛二水合物($TiO_2\cdot 2H_2O$)或者 $Ti(OH)_4$。

$$TiOSO_4+3H_2O \longrightarrow Ti(OH)_4\downarrow+H_2SO_4$$

当水合物陈化时，例如经过加热则失去胶体特征和易于胶溶的能力，也丧失了易溶于有机酸、弱酸、碱和钛盐溶液的能力。此时，其组成也发生变化，接近于一水合物——$TiO_2\cdot H_2O$ 或者 $TiO(OH)_2$。

由于钛的氢氧化物具有两性的特征，且偏酸性，故可把它们看成是钛酸，$Ti(OH)_4$就是正钛酸或 α 钛酸 H_4TiO_4；$TiO(OH)_2$就是偏钛酸或 β 钛酸 H_2TiO_3。经 X 射线分析表明，正钛酸是无定型化合物，而偏钛酸具有不太明显的晶体结构，它与锐钛型二氧化钛的晶体结构完全相同。据此可以认为钛酸实质上是高分散和活性状态的二氧化钛，它牢固地吸附着一定数量的水。

如果将钛液加热使其维持沸腾也会发生水解反应，生成白色偏钛酸沉淀。这是硫酸法钛白生产，在工业上制取偏钛酸的唯一方法。

$$TiOSO_4+2H_2O \xrightarrow{\text{沸腾}} H_2TiO_3\downarrow+H_2SO_4$$

水解生成的偏钛酸具有无定型结构或者不明显的锐钛型微晶体结构，其直径为 3～10μm，它们按一定的方向（20～30）配位成为胶粒。胶粒在硫酸盐离子的作用下加速凝聚，构成凝聚体（偏钛酸）而沉析出来。它决定着二氧化钛粒子的大小。凝聚体的大小为 0.4～2.0μm（基本上为 0.55～0.75μm），它的比表面积约为 60～70m^2/g。由于比表面积很大，所以能够吸附相当数量的水和硫酸根离子。每 1mol 偏钛酸约吸附 0.1mol SO_4^{2-}，所以 H_2TiO_3的组成近乎是 $H_2TiO_3SO_3$。也有些报道认为凝聚体的大小仅 0.6～0.7μm，这些颗粒是由大约 1000 个（60～75）nm 的小微粒胶凝而成，每个微粒约含有 20 个 2nm 的微晶体，这是加到溶液中的晶种。

水解过程中，不仅发生粒子凝聚成为偏钛酸沉淀而析出，而且以前析出的沉淀会重新溶解，然后又以组成改变了的固相形态析出。偏钛酸的具体结构比较复杂，而且因水解条件的不同而各有所异。可以用 $TiO_2 \cdot xSO_3 \cdot yH_2O$ 来表示，式中 x 和 y 都是不固定的。因此工业上的水解产物的正确名称应是水合二氧化钛而不是偏钛酸，但为了简便通俗，以后仍称偏钛酸。

水解在三氧化钛生产中极为重要，水解的条件决定着微晶体、胶粒和粒子的大小，归根到底也就是决定着最终产品的质量。

以上就是通常所说的钛液的热水解过程。此反应是在较高的酸度下进行的，并且随着反应的进行，偏钛酸的析出，使结合着的酸游离出来，增加了游离酸的浓度。由于其他金属盐类只能在很低的酸度下才能发生水解而残留在母液中（俗称废酸），因而析出的偏钛酸应是“纯净”的。然而，在实际生产时，偏钛酸总会含有杂质，这是由于它具有很大的比表面积而吸附杂质，而且它是胶粒的凝聚体，在凝析聚沉时会夹着杂质共同沉析。

B 钛液热水解过程的步骤

根据研究结果表明，水解过程大致可以分为以下三个阶段。

a 第一阶段——晶核的形成

水解的第一步，是从完全澄清的溶液中析出第一批极为微小的结晶中心，称为晶核。不同的水解条件，得到的是不同数量和具有不同组成的晶核。晶核的数量与组成决定了水解沉淀物的组成，也决定了最后成品的性质。因此水解是二氧化钛生产中最主要的一环，而形成结晶中心是水解过程中最重要的一环。

在实际生产中，生成晶核有两种方法，一种是在原来溶液中培养晶核，即所谓自生晶种；另一种是另外制造晶核，而后把它引入澄清的溶液中去，即所谓外加晶种。

b 第二阶段——晶核的成长与沉淀的形成

当晶核形成后，如果使水解作用继续进行，则根据结晶原理，在晶核表面便发生钛的固析。这就促使晶核逐渐累积长大，当达到相当大小时便成为沉淀而沉析出来。

c 第三阶段——熟化

沉淀物的组成以及溶液组成，随着水解作用的进展而改变，当沉淀物开始析出后，水解作用仍以较大的速度在进行，晶体继续成长。在这阶段里，溶液的成分随着沉淀而不断变化。TiO_2 的含量逐渐降低，而游离酸浓度不断提高。这个变化直接影响了沉淀物的组成，能使沉淀的粒子局部溶解，而后又重新析出新组成的沉淀，也可能是固体沉淀物的直接转化。这个过程不断继续直到水解完全，溶液中只剩下极少数的钛及较浓的硫酸，此时沉淀物的组成才最后固定下来。

钛液中三价钛离子的水解 pH 值接近于 3，并且不具有胶体特征，所以在热水解过程中它不发生水解反应，不产生沉淀。在热水解结束后仍留在母液中。但由于搅拌及沸腾的影响，会有部分被空气氧化而成为硫酸氧钛。

$$2Ti_2(SO_4)_3 + O_2 + 2H_2O = 4TiOSO_4 + 2H_2SO_4$$

水解后母液中应保持 Ti^{3+} 含量在 0.5g/L 左右。

C 水解的方法和操作

在工业生产上有三种水解方法：外加晶种加压法水解；外加晶种常压法水解；自生晶种稀释法水解。这里主要介绍第三种方法的水解操作。

自生晶种稀释法水解的操作过程如下：首先在水解锅里注入一定量的沸水，然后在搅拌下预热至 90～98℃，含二氧化钛 250g/L 左右的浓钛液于 16～18min 内加入水解罐中，控制钛液与沸水的体积比为 4∶1。用直接蒸汽加热到沸腾进行水解。开始时钛液由于稀释生成沉淀，但在继续注入浓钛液时由于酸度提高而重新溶解，形成具有一定性质的晶核，这个过程大约在

1min之内就能完成。加完钛液后，在一定的时间内将钛液升温至沸腾，使之水解。当溶液达到一定的比色标准后，即表示水解的诱导期结束，此时水解反应迅速进行，为得到良好的偏钛酸粒度，这时最好停一段时间搅拌和蒸汽加热。在停搅拌和蒸汽的过程中，水解反应迅速进行，溶液由蓝灰色变为黄褐色，然后再开启搅拌和蒸汽加热，使溶液升温至沸腾，沸腾一定的时间以后，再缓慢地加入一定量的稀释水，调节总钛浓度为160～170g/L继续水解，加完稀释水还应保持浆料沸腾直到水解完全。在水解的过程中始终要保持浆料沸腾。在水解过程中搅拌速度控制在大约10r/min。总水解时间为5.5h左右。

自生晶种稀释法水解流程简单，不需另设制造晶种的设备，但在晶种制备过程中控制比较困难，晶种的好坏直接影响水解产品的好坏，最终决定成品的粒度及白度等重要指标，故水解操作时必须精细，各指标必须严格控制。

6.3.7　偏钛酸的水洗

偏钛酸水洗工艺流程如下所述。

水解产物在冷却槽中经盘管冷却至40℃左右，放入分离槽中，将叶滤机接通真空，并使整组叶片浸没在浆液中，上片前先开动槽底搅拌机或压缩空气，使浆液搅拌均匀，避免出现滤饼上薄下厚的现象，由于真空的压差滤液逐步渗过滤布，而水合二氧化钛则沉积在叶片表面，槽内液位相应下降，需不断补充浆液，保持液面高度。水合二氧化钛沉积到一定厚度（一般为25～40mm）时，用电动吊车将整组叶片吊起，稍稍抽干后，放入一次水洗槽内水洗，此时水合二氧化钛已与一半以上母液分离。母液经抽吸液罐，自动排出，由泵送到沉降槽，回收稀酸中少量穿过滤层的悬浮水合二氧化钛。

叶片首先在一次水洗槽内洗涤1～2h，此时抽出的滤液仍含有一定量母液，仍需送到沉降槽回收。经过头洗的叶片吊入二次水洗槽进行水洗，根据不同品种估计水洗大约时间。例如涂料品种约洗10h后，从抽水总管中用局部排除真空法取出少量滤液，用1%赤血盐（铁氰化钾）溶液定性检测，如呈绿色，表示即将洗净；如呈现黄色，表示已经洗净。也可以用硫氰酸铵溶液检定（此试剂只能检定高铁离子，因而滤液应先用双氧水氧化，使亚铁离子氧化成高铁离子），如呈现棕黄色尚需继续水洗；如呈无色，表示已经洗净。可将整组叶片吊到打浆槽上部，准备刮料，此时水合二氧化钛含水量尚高，相应的有极少部分母液残留，可保持真空到表面出现大量裂缝为止，以进一步降低含水量，再切断真空，打浆槽内事先放置部分清水，并开动搅拌机，将叶片表面物料刮落至打浆槽内，搅拌均匀，送至下一工序。

水洗正常操作时，真空叶滤机真空度应保持53～87kPa(400～650mmHg)，上片时间小于1.5h，水洗时间约8～16h，滤饼含水量不大于65%，含铁量不大于0.01%。

每组真空叶滤机的生产能力C(t/h)为：

$$C = AY\delta d/(100t)$$

式中　A——每片叶片的过滤面积，m^2。

Y——每组叶滤机叶片块数，块；

δ——滤饼厚度，cm；

d——滤饼密度，t/m^3；

t——水洗总时间，h。

滤饼含水量计算，取一定量滤饼在400℃烘干2h，按下式计算含水量i：

$$i = (W_{前} - W_{后})/W_{前} \times 100\%$$

式中　$W_{前}$——样品烘干前质量，g；

$W_{后}$——样品烘干后质量，g。

水洗操作条件：

(1)浆液温度：30～40℃；

(2)真空度：67kPa(500mmHg)以下；

(3)滤饼厚度：25～40mm；

(4)偏钛酸含铁量：不大于0.01%。

6.3.8 偏钛酸的漂白及漂洗

A 偏钛酸漂白的原理

经水洗的偏钛酸中的铁杂质是以三价铁离子水解生成的极为细小的固体氢氧化铁的形式存在的。漂白就是先将固体氢氧化铁转化为可溶性的硫酸盐，然后用化学活泼性强的金属或金属离子将其还原为低价的硫酸盐，最终通过水洗进一步除去。发生的化学反应是氢氧化铁大量转化为硫酸铁，硫酸高铁在还原剂的作用下被还原成硫酸亚铁。

$$2Fe(OH)_3+3H_2SO_4=Fe_2(SO_4)_3+6H_2O$$

$$Fe_2(SO_4)_3+Zn=ZnSO_4+2FeSO_4$$

$$Fe^{3+}+Ti^{3+}=Fe^{2+}+Ti^{4+}$$

B 偏钛酸漂白的方法

偏钛酸漂白的方法按漂白时使用的还原剂不同可分为以下两种：

(1)锌漂。用锌粉作还原剂的漂白方法叫锌漂。还原反应如下：

$$2Fe^{3+}+Zn=2Fe^{2+}+Zn^{2+}$$

(2)三价钛漂。用三价钛离子作还原剂的漂白方法叫三价钛漂。还原反应如下：

$$Fe^{3+}+Ti^{3+}=Fe^{2+}+Ti^{4+}$$

三价钛漂白和锌漂相比，前者具有硫酸用量少、还原剂用量少、操作温度低、漂白时间短，无残留物污染等优点，所以三价钛漂白是目前最佳的漂白方法。

C 偏钛酸漂洗

偏钛酸漂白后的漂洗与前章所述水洗过程相同，一般采用真空叶滤机或转鼓真空过滤机。为了防止物料重新被污染，洗涤用水需经净化处理，至少应经过砂滤以除去固体杂质，如能用电渗析水或去离子水，效果更好。由于物料本身含铁量较低，水洗时间比第一次水洗短，一般不超过10h。水洗后，物料含铁量应低于0.003%(以TiO_2计)。

锌漂漂白容易使氧化锌混入成品，氧化锌是一种很强的金红石型转化促进剂，但也有副作用。某些不允许含氧化锌的产品就不宜用锌漂，另外，锌漂过程为液固反应，还原剂渗入偏钛酸颗粒内部需要较长时间，效果较差，故已逐步为三价钛盐漂白所代替。

6.3.9 偏钛酸的盐处理

偏钛酸在煅烧前加入少量化学品添加剂进行改性处理的过程称为盐处理，亦称前处理。

偏钛酸如不经过盐处理而直接煅烧，得到的产品颗粒往往很硬，色相及其他颜料性能差，漆用性能低劣。因此，在生产颜料钛白时，都要根据不同品级的需要，在偏钛酸中加入少量添加化学品进行改性，然后再在适当的温度下煅烧，使产品具有良好的色相、光泽，较高的消色力、遮盖力，较低的吸油量和合适的晶粒大小，形状以及在漆料介质中的易分散性。某些非颜料型产品中有时也需要加入某些化学品，使产品具有各种特殊性能。

A　锐钛型颜料钛白的盐处理

生产锐钛型颜料钛白粉的盐处理时，常使用的添加剂有钾盐和磷酸（或磷酸盐）。加入添加剂的作用主要有两点：(1）使产品具有优良的颜料性能；(2）使锐钛晶型起稳定作用，抑制形成金红石晶型，防止产品中混有金红石晶型。但是添加剂加入量过多会使钛白粉的水溶性盐含量明显增加和水选时水分散性下降，只有严格控制加入量，才能既发挥添加剂本身的作用，又不影响钛白粉的其他性能。

a　钾盐

在盐处理锐钛型颜料钛白粉时，加入碳酸钾或硫酸钾等钾盐，其作用是：(1）可以使偏钛酸在较低温度下脱硫，从而降低煅烧温度，使物料在较低温度下达到中性，避免高温烧结而引起产品的变黄或变灰或出现色变现象，造成产品漆用性能低劣，分散性能极差。添加了钾盐，即使在较高温度下煅烧时，也不失去钛白粉的优良的颜料性能，因为在较高温度煅烧时，二氧化钛颗粒比较致密，有利于提高耐候性和降低吸油量；(2）能促进锐钛型二氧化钛微晶体的成长；(3）可以改善颜料性能，使钛白粉颗粒松软、色泽洁白，消色力提高。钾盐的添加量一般为 TiO_2 的 0.4%～2.0%，相当于 0.25%～1.4%的 K_2O。

b　磷酸盐

偏钛酸经过水洗（或再经漂白）后，仍含有少量的杂质元素铁。在生产锐钛型颜料钛白粉时，如果不加处理就直接送去煅烧，则在煅烧过程中，铁元素将生成红棕色的氧化铁，这样会大大地降低钛白粉的白度。而加入了磷酸或磷酸盐，可使铁在高温下转变成稳定的淡黄色的磷酸铁，比红棕色的氧化铁对钛白粉的色泽影响小得多，而磷酸铁在煅烧的温度下也不会分解，从而能隐蔽杂质元素铁的显色，提高钛白粉的白度和柔软性。同时可以提高钛白粉的耐候性。其反应的化学方程式如下：

$$Fe(OH)_3 + H_3PO_4 = FePO_4 + 3H_2O$$

所加的磷酸有一部分先与偏钛酸浆料中的可溶性钛、稀土等作用，生成不溶性的磷酸盐，然后剩下的磷酸才与铁作用。真正与铁作用的磷酸并不多，但是必须保证有足够的磷酸与铁作用，否则就会影响产品的白度，而过多的磷酸也不好，因它会使产品的消色力下降，并且多加了酸，增加了脱硫的困难，使达到最大消色力的煅烧温度移向较高的温度处。温度高了，又容易造成由于晶格脱氧而带灰相。同时还要考虑到钛铁矿中含有一定量的磷，这些磷在生产中无法除去，会有一部分转移到成品中，因此生产时要结合现实生产条件进行调整。一般添加量为 TiO_2 的 0.08%～0.3%(以 P_2O_5 计)。

磷酸盐还是钛白粉向锐钛型转化的促进剂，又是锐钛晶型转变为金红石晶型以及金红石晶型粒成长的抑制剂，生产锐钛型钛白粉时，加入磷酸盐是为了偏钛酸向锐钛晶型转化，同时又防止金红石型钛白粉的生长；生产金红石型钛白粉时，能抑制金红石型晶粒的长大。因此生产锐钛型钛白粉时，不要把磷看成杂质，而在生产金红石型钛白粉时，要求磷含量不能过高，P_2O_5 含量要小于 0.1%，即使在确定配方时也要将偏钛酸中带来的 P_2O_5 考虑在内，要求除去偏钛酸中的 P_2O_5。

B　金红石型钛白的盐处理

钛白工业的初期产品都是锐钛型的，20 世纪 40 年代开始出现金红石型产品。由于金红石型钛白粉在紫外区具有较大的吸收能力，在可见光区的反射率高于锐钛型钛白粉，因此，金红石型钛白粉的光化学稳定性和光泽度均高于锐钛型钛白粉，具有更大的实用价值。用硫酸法钛液水解制得的偏钛酸是无定型的（使用金红石型晶种除外），在高温下（1050℃以下）长时间煅烧虽然可以使产品全部转化为金红石晶型，但是结晶过程会产生严重烧结，晶格缺陷很多，晶粒过大而且很硬，产品颜料性能极差，另外，高温常使晶格脱氧，使产品呈灰相。因此在生产中，必须在偏钛酸中添加一些金红石化的促进剂和晶型调整剂，使 TiO_2 以合理的速度成长，在较低的煅烧温度下生产出晶型转化完全、大小适中、外形规整的颜料粒子。

a 金红石化促进剂

大多数金属氧化物在钛白粉的锐钛型向金红石型转化过程中都具有诱导、促进和正催化剂的作用。一般认为阳粒子的离子半径越小，促进金红石化的作用就越强。但是有实用价值的必须是能生成白色氧化物的那些金属化合物。常用的促进剂有锌、镁、锑、锡、锂等元素的氧化物和盐类以及二氧化钛溶胶。

(1) 锌盐。锌盐是很强也是最广泛使用的金红石化促进剂，常用硫酸锌、氧化锌和氯化锌。采用锌盐可加速晶型转化，提高转化率，降低达到最高转化率的温度，提高产品耐候性。但是若单独添加锌盐，由于粒子生长过快，容易造成烧结而降低产品的颜料性能，使底相泛红、颗粒变硬、分散性下降、制成的涂料黏度增加。如同时添加二氧化钛凝胶或铝盐，可以改善颗粒形状及减少烧结，因而锌盐大都与钾盐、磷酸、铝盐、二氧化钛溶胶等组合使用。一般锌盐添加量为 TiO_2 的 0.2%～1.2%(以 ZnO 计)。

(2) 镁盐。镁盐是一种弱的金红石型转化剂，它对加速样品的 pH 值达到中性具有显著的作用。一般用量为 TiO_2 的 0.2%～0.5%(以 MgO 计)。

(3) 二氧化钛溶胶。二氧化钛溶胶俗称煅烧晶种、乳化晶种或偏钛酸外加晶种，有相当强的促进作用，能提高产品消色力，降低转化温度，改善煅烧物粒子外形，使之较为圆滑规整，使产品疏松易于粉碎。常和锌盐、铝盐组合使用，相辅相成。添加量为 TiO_2 的 2%(此为钛酸盐制成的 TiO_4 胶溶)或 TiO_2 的 6%(此为 $TiCl_4$ 制成的 TiO_2 溶胶)。

b 金红石晶粒调整剂

为使金红石型钛白粉在煅烧时能形成圆滑规整、性能优良的颜料颗粒，以及满足各种品级钛白粉的特殊要求，需要在偏钛酸中添加一些调整剂。常用的调整剂有钾、铝、磷、氨和锑等元素的盐类。这些调整剂大多是金红石化的负催化剂。

(1) 钾盐。常用的有碳酸钾、硫酸钾和硫酸氢钾。添加钾盐对改善产品的颜料性能有很大的好处，可以使颗粒疏松，提高白度和消色力，可以使二氧化钛在较高的温度下煅烧而不失去优良的颜料性能，因为在较高的温度下煅烧时二氧化钛颗粒比较致密，有利于提高耐候性和降低吸油量。添加量一般为 TiO_2 的 0.25%～0.7%(以 K_2O 计)。

(2) 铝盐。目前国外采用铝盐添加剂日益增多，一般使用硫酸铝并配成溶液加入偏钛酸中。添加铝盐能防止二氧化钛烧结，避免颗粒过分长大，产品比较柔软，即使在 1000～1100℃煅烧，产品白度仍很好。由于添加铝盐后能在更高温度下煅烧，产品颗粒较致密，耐光性和耐候性都很好。但铝盐是一种负催化剂，与 TiO_2 胶溶组合使用，才能达到较高的转化率和消色力。添加量为 TiO_2 的 0.8%～1.0%(以 Al_2O_3 计)时，产品遮盖力为最高。

(3) 磷酸或磷酸盐。磷酸或磷酸盐能改善产品白度和耐候性，颗粒比较柔软容易粉碎。添加量一般为 TiO_2 的 0.1%(以 P_2O_5 计)。如同时添加锌盐，则磷酸用量可提高，少量磷酸不会阻碍金红石化，但会使消色力稍有降低，并使达到最大消色力的煅烧温度提高。生产时还要考虑到钛铁矿中磷含量，因为会有一部分磷转移到成品中，由此磷酸添加量可适当减少。但是当偏钛酸浆料中含可溶性钛及稀土时，则要多加磷酸，因为有一部分磷酸要先消耗于与钛和稀土的结合。

氨水或铵盐：水洗合格的偏钛酸中约含有硫酸 8%～10%，用氨水中和到 pH 值为 5～8，产品容易研磨，但会降低金红石化的能力，如在氨水中和后，将硫酸铵洗去，再加 1%的氧化锌，所得的产品消色力可相对提高一些，但吸油量较高。单加氨水会使金红石化能力降低，因而要与金红石化促进剂配合使用。

6.3.10　偏钛酸的煅烧

硫酸法钛白生产中，偏钛酸是通过高温煅烧转变为二氧化钛的。煅烧过程主要是除去偏钛酸中的水分和三氧化硫，同时使二氧化钛转变成所需要的晶型，并呈现出钛白的基本颜料性能。

偏钛酸煅烧是一个强烈的吸热过程，工业上都采用回转窑煅烧。煅烧工序是由偏钛酸输送、二氧化钛冷却及输送、窑后排风收尘和燃料供给系统所组成。

经过盐处理的偏钛酸料浆，送至煅烧工序的储槽内，然后用积压泵（或软管泵）打入内燃式回转窑内进行煅烧。若生产电焊条、冶金、搪瓷、电容器等级别的钛白粉，水解大都采用常压法，其所得的偏钛酸颗粒较粗，为节约燃料起见，可用离心机甩干后，用固体输送设备直接送至煅烧工序，再用斗式提升机将偏钛酸块料加入窑内进行煅烧。回转窑由变速电动机传动，可根据浆料、温度等工艺条件的要求进行调速。窑内采用逆流加热，从窑尾端加入的偏钛酸，随着回转窑的旋转，被带到一定高度后，由于自身的转动而不断地升起和落下。由于窑体有2%～4%的倾斜度，物料每升起再落下一次，便向窑头方向前进一定的距离，偏钛酸就是借助重力作用，向窑前移动；燃料及助燃空气由较低的窑头端入窑，经燃烧产生的高温气体自窑头向窑尾流动，与偏钛酸浆料成了逆流运行。偏钛酸就是这样从窑尾送到窑头，同时在温度逐渐升高的过程中完成脱水、脱硫、晶型转化和粒子成长等一系列物理化学变化，而形成一定晶型的钛白粉产品。钛白粉经窑头下料口落入冷却转鼓进行冷却，然后通过斗式提升机送至储粉斗，备粉碎之用。

燃烧生成的大量废气从窑尾排出，其中除燃烧产物，水汽、三氧化硫外，带有部分二氧化钛粉尘（俗称窑灰）。为了提高回收率，需将废气送入收尘系统以回收二氧化钛粉尘。工业上采用重力收尘（如沉降室），湿法收尘（喷淋装置），离心收尘（旋风分离器）及电收尘（静电收尘器）等，分离粉尘后的尾气含有一定量的三氧化硫，经三氧化硫吸收装置降低到符合排放标准后排空。

如采用煤气及天然气等气体燃料，可直接通过一定规格的喷嘴进入窑内燃烧，如用柴油等液体燃料，尚需附有燃油储罐、喷油、雾化等装置。燃烧所需的氧气来自空气，用鼓风机将空气送至窑头助燃。

A　偏钛酸燃烧的物理化学变化

偏钛酸燃烧时，除脱水脱硫外，最主要的是晶型转化及粒子成长两个过程；具有颜料性能的钛白粉有锐钛型及金红石型两种晶型。

燃烧窑的区域划分：燃烧窑按偏钛酸在各部位发生的不同变化，可划分为干燥区、晶型转化区和粒子成长区三个区域。窑内的温度根据窑的大小、物料离热源中心的远近和热电偶所放测温点的位置离热源点的远近都有关系，各厂不一样，一般温度范围如表 6-5 所示。

表 6-5　煅烧回转窑各区域的温度范围

区　域	干 燥 区	晶型转化区	粒子成长区
温度/℃	200～800	800～860	860～920

各区域中发生的物理化学变化如下所述。

a 干燥区

在干燥区域中，偏钛酸发生脱水和脱硫的变化。这种变化可用下式表示：

$$TiO_2 \cdot xH_2O \cdot ySO_3 = TiO_2 + xH_2O + ySO_3$$

（1）脱水。偏钛酸所含的水有两种形式：一种是湿存水，即附着在颗粒表面及夹带在颗粒间隙里的水。这部分水与 TiO_2 的结合不牢固，在100～200℃之间便蒸发掉。另一种是化合水，即结合在偏钛酸分子内部的水，这部分水与二氧化钛的结合比较牢固，要在200～300℃之间才能脱掉。

（2）脱硫。水解生成的偏钛酸浆料中，含有的硫酸大部分是游离酸，通过水洗即可除去。但是占偏钛酸总量7%～8%的硫酸，以 SO_2 的形式与偏钛酸结合得很牢固。由于偏钛酸形成的条件和夹带的杂质不同，它所含的硫酸要在500～800℃之间，才能分解成 SO_2 和 SO_3 气体而脱去。

b 晶体转化区

一般硫酸法制得的偏钛酸全部是锐钛型晶体。经较低温度的煅烧后，得到的全部是锐钛型钛白粉。这种锐钛型通常在900℃以下是稳定的，当温度超过950℃时，就开始向金红石型晶体转化。纯净的锐钛型晶体必须在1200℃以上的高温，才能完全转化为金红石型晶体。在这样的高温下煅烧，TiO_2 易烧结，为此，必须加入各种金红石型转化促进剂，是其晶体转化的温度降低到800～860℃之间，使其成长的锐钛型晶体顺利地完全地向金红石型晶体转化。

c 粒子成长区

细小晶体聚结成颜料粒子需要获得一定的能量。煅烧温度越高，粒子成长的速度便越快。在600℃以下，粒子成长的速度非常慢，超过600℃时，粒子成长速度开始加快，温度达到900℃时，可以发现粒子成长的速度有极大地增加。如果煅烧温度升高到1000℃时，则聚结成的粒子的直径将达到1μm。而作为颜料钛白粉最合适的粒径是0.2～0.3μm，即粒径应是可见光波波长的一半。如果粒径小于可见光波的半波长，则颜料粒子将成为透明；若粒径大于可见光波的半波长，则将使白色颜料呈现红相。为此，应根据不同的条件，将这个区域的温度控制在860～950℃之间，使长大的晶体聚结成颜料粒子。

B 煅烧时二氧化钛与杂质间的反应

高温煅烧时，二氧化钛会和许多杂质元素反应生成钛酸盐或形成固溶体。

a 二氧化钛与钾盐的反应

在生产涂料钛白时，往往添加碳酸钾一类的钾盐进行盐处理。碳酸钾与偏钛酸中的硫酸反应即生成硫酸钾，在煅烧过程中，硫酸钾与二氧化钛能在高温下反应生成钛酸钾。这种钛酸钾遇水会发生水解反应而生成氢氧化钾。正是由于氢氧化钾这种碱性物质的出现，使钛白粉的水浸pH值达到中性或弱碱性，煅烧终点也正是利用这种变化来控制。其一系统反应的化学方程式如下：

$$K_2CO_3 + H_2SO_4 = K_2SO_4 + H_2O + CO_2$$

$$2K_2SO_4 + 2TiO_2 = 2K_2TiO_3 + 2SO_2 + O_2$$

$$2K_2TiO_3 + 2H_2O = H_2TiO_3 + 2KOH$$

纯净的 TiO_2 是中性的。水浸液pH值偏酸性或偏碱性都会影响涂料的稳定性，使涂料在调制时不固化。有资料报道，水浸液pH值呈酸性时，对消色力与底相有降低与变坏的倾向，为此必须避免出现偏酸现象，在盐处理时适当多加一些碳酸钾可使其水浸液出现偏碱现象。

b 二氧化钛与一氧化碳的反应

当燃料在窑中燃烧不完全时，会产生还原物质CO。在高温下，CO能把 TiO_2 还原成

Ti_2O_3。而 Ti_2O_3 的出现会使钛白粉的色泽带灰相，并导致 TiO_2 晶格上的缺陷，影响到钛白粉的颜料性能。其反应的化学方程式如下：

$$2TiO_2+CO=Ti_2O_3+CO_2$$

一般燃料燃烧都有这种现象，窑尾的粉料呈灰色就是这个道理。有时由于窑内通风不畅，煅烧废气不能及时排出，也会造成燃料的不完全燃烧而产生 CO。另外，偏钛酸中若含有还原性的三价钛较多，在窑内得不到充足的氧气氧化，也容易生成 Ti_2O_3 而使钛白粉出现灰相。

为了避免 CO 和三价钛等还原性物质的不良影响，就得保证燃料在窑内燃烧完全，并且有一定的氧化气氛，这就需要准确地控制燃料与助燃空气的比例。一般将燃料（煤气）与助燃空气的比例控制在 1∶3.2～1∶3.3，用柴油或重油作燃料时，空气的过剩系数控制在 1.2，即过剩空气为 20%。在窑头加大进风量，加强窑内通风，保持窑内有足够的氧化气氛，可以防止还原物质产生，或使原有还原物质得以氧化，使钛以最高价态存在，这样的钛白粉才是白色的。但是加大风量会降低窑温，这样又要加大油量，造成油耗增高。不增加油量而加大鼓风量，肯定会降低窑头温度，这样做虽然可以提高产品白度，但是消色力会降低，吸油量会升高。这种矛盾就要各厂根据各自的生产条件和质量要求而权衡利弊，采取相应的措施。

C 煅烧条件对颜料性能的影响

偏钛酸煅烧时，要求晶型转变尽可能完全而单纯，如锐钛型钛白不应有金红石晶型；金红石型钛白不应有锐钛晶型。产品应有优良的颜料性能，如较高的着色力和遮盖力，较低的吸油量以及优良的白度和易粉碎性。

a 煅烧强度的影响

偏钛酸煅烧时，从窑头处下料口落下的煅烧品质量很大程度上取决于回转窑中达到的煅烧强度。因此，工业上生产钛白时，必须根据各种品级的要求来制订具体煅烧条件。

（1）煅烧温度。窑内所发生的一切变化必须有一定的煅烧温度。温度越高，则各种变化的反应速度越快，反应也进行得越完全。对煅烧窑来说，最重要的温度体现在窑头和窑尾两部位的温度。整个窑体内的温度分布决定于窑头、窑尾温度的高低。

窑头温度通常称为高温带温度，它决定着二氧化钛晶型的转化和颜料粒子的成长，是影响钛白粉颜料性能的重要因素。一般来说，窑头温度越高，二氧化钛的晶型转化及粒子成长就越快、越完全。但是窑头温度过高，容易使物料烧结，使煅烧品颗粒变硬，色泽变黄变灰。在 810℃左右，消色力随温度的上升而提高，但升到一定的温度后，消色力会急剧下降，一般控制在 850～950℃之间。

窑尾温度直接影响到干燥区内的各种变化，也是一种窑内通风状态好坏的标志。窑尾温度高，通风好，煅烧后的废气易排出。但通风量过大，被废气带走的热量和钛白粉粉尘增多，造成一定的损失。同时水分过早脱尽，进入高温区脱水、脱硫不完全，以致出现煅烧品夹带生料的现象。一般控制在 150～300℃之间。

（2）煅烧时间。煅烧时间与煅烧温度也是相互关联的。产品要达到一定的煅烧强度，温度较低时，必须相应延长时间，煅烧时间长短是由物料在转窑内滞留时间决定的。二氧化钛颜料粒子是在煅烧后形成的，在这一阶段中，物料的滞留时间对二氧化钛的晶型转化、粒子的大小和形状有决定性的影响。

工业生产中，希望煅烧形成的粒子外形圆滑规整，因此，晶型形成和晶粒长大都不能太快，这包括从无定形的偏钛酸环绕着锐钛型微晶体（水解时加入的晶种）成长成锐钛晶型，以及再转化金红石晶型，都需要有足够的时间使晶格排列整齐并逐步长大。从理论上讲，希望煅烧时不产生聚集和烧结，使初级粒子按晶学规则长大到所要求的颜料粒子大小（0.2μm）。但实际上由于煅烧时不可避免的过烧现象以及初级粒子间的相互团聚，煅烧品大都是聚集体。因此，煅烧必须有足够长的时间，温度相应降低，烧结及聚结现象也可相应减少。一个直径3.6m、长48m、倾斜度1/30的转窑，最高温度为800～900℃时，物料滞留时间为10～12h。如果煅烧时间过短，温度相应升高，往往形成硬度很高的角质粒子，吸油量反而升高。但物料滞留时间过长则影响产量，故是没有必要的。

b 回转窑尺寸及结构的影响

煅烧二氧化钛的回转窑宜短而粗，工业上的回转窑内径从1.0～4.2m不等，根据直径大小，长度与直径比一般为12∶1～20∶1。直径小的，比例大一些；直径大的，比例小一些。直径为2.4～4.2m的窑，其长度大都为48m左右，直径小于2.4m窑的长度也相应短一些。一般而言，产量与直径成正比。直径大时物料充填系数相应低一些，对质量有好处。

由于偏钛酸脱水约耗用热量的一半以上，细而长的窑为使脱水带有足够的热量，窑头温度必须相应提高，或加大气量。温度提高容易造成过烧，加大气量使物料的线速度增大，造成阻力增加，粉尘损失也增加，这对煅烧是不利的。由于窑的截面积与直径的平方成正比，因此随着直径增大，截面积增加得很快。以上这些问题在大直径回转窑中虽然同样存在，但相应要好得多。

回转窑有没有一个单独的燃烧室，对质量有很大影响，由于火焰温度可高达1300℃左右，如火焰与物料接触，燃烧气与物料间温差很大，在烧成带物料本身温度很高，就不可避免要产生烧结。一般认为燃烧气与物料最高温度间的温差应不超过200℃，因此安装一个燃烧室使燃料充分燃烧后用空气稀释至一定温度后再输入窑体与物料接触，对提高产量质量是有好处的。一个48m长的回转窑，燃烧室约6m左右，所得的煅烧物像米粒大小，色泽洁白而且比较柔软。

c 窑内气氛的影响

当窑内出现还原性气氛，如一氧化碳气体后，二氧化钛将被还原成三氧化钛，影响钛白粉的质量。为了避免产生一氧化碳还原物质，就得保证燃料在窑内完全燃烧。这里应该准确控制燃料与助燃剂空气的比例。一般将燃料（煤气）与助燃空气的比例控制在1∶3.2，有时由于窑内通风不畅，煅烧废气不能及时排出，也会造成燃料的不完全燃烧，此时，应加强窑内通风，以防止产生还原物质。

d 投料量

投料量的多少是由窑的几何尺寸来决定的。对于一定的窑，如果投料量过多，窑内的料层过厚，则物料在窑内的各种变化进行得不完全，煅烧品会夹带生料。如果投料过少，窑内的料层就过薄，容易使物料发生烧结，使煅烧品颗粒变硬，色泽变黄、变灰，并且降低班产量，增加能耗。

一般可将窑的填充系数控制在10%～20%之间，在生产中，往往是根据煅烧品的质量情况及窑的操作情况，通过实际计量的方法来控制投料量的。当然投料量还按钛白品种的不同而不同。生产非涂料钛白时投料量可以比生产涂料钛白时的投料量增加一倍以上。

e 偏钛酸的含水量及颗粒度

偏钛酸水含量的高低决定了物料在干燥区中脱水脱硫的完全程度。水含量过高时，由于脱水脱硫不完全、物料就以团状或大颗粒状态进入高温区。而高温区停留的时间是很短的，因此，煅烧品中常常夹带生料。水含量过低时，物料在干燥区脱水脱硫十分充分，物料以粉末状态进入高温区，这种粉末状的物料在高温下容易发生烧结，使煅烧品颗粒变硬，色泽变黄变灰。涂料钛白生产时，偏钛酸水含量控制在65%左右。非涂料钛白生产时，偏钛酸的含水量控制在50%左右。

偏钛酸颗粒度是生产非涂料钛白时影响脱硫的重要因素。颗粒度较小，则脱硫容易且完全，物料不会向窑外冲流，得到的煅烧品色泽较白。颗粒度大，则脱硫比较困难，由于含硫高的钛白在高温下具有很强的流动性，物料容易向窑外冲流。偏钛酸的颗粒是钛液水解过程中形成的。因此必须按品种的不同要求，严格控制水解工艺条件，制得颗粒度合适的偏钛酸。

6.3.11 二氧化钛的粉碎

颜料用二氧化钛最重要的作用在于它被分散在介质中和涂在表面上（用作涂料）时的不透明性，这是二氧化钛主要的光学性能。与不透明性在不同程度上相互关联的重要光学性能是亮度、白度、色相、着色力和遮盖力。二氧化钛的不透明性很大程度上取决于两种首要的特性，即折射率和颗粒特性，颗粒特性包括粒度、粒度分布和颗粒形状。另外，二氧化钛在各种介质和设备中的分散能力也是很重要的因素。因为，在大多数情况下颜料的光学性能能否充分显现出来，还取决于二氧化钛的分散性如何，而分散性往往又和颗粒特性及表面性质密切相关。

颜料钛白对颗粒分布有很严格的要求。因此煅烧物需通过粉碎过程生产出符合这种要求的钛白粉。工业上粉碎钛白粉的方法可分为湿式粉碎和干法粉碎两类。湿式粉碎如湿法球磨及砂磨，均在水的介质中进行；干法粉碎有雷蒙磨、锤磨、离心磨、流能磨（气流粉碎）等。粉碎也可不用单一的研磨设备，而是由两种或两种以上研磨设备组合使用，如将煅烧物先经环辊研磨后再气流粉碎，也有用同一种设备进行多次研磨，如二次气流粉碎。

粉碎工艺流程的选择主要取决于钛白品种的需要，生产非颜料型产品（如焊条、冶金、搪瓷、电容器级钛白）时，不强调单个颗粒的粒度，只要求粒径大于 44.8μm 的颗粒不超过 0.5%，煅烧物经过一次干式机械粉碎（如离心磨、雷蒙磨或球磨）即可符合要求。按钛白工业发展过程看，大致走的是一条湿磨向干磨发展的道路，过去生产用有机体系涂料的钛白时大都用湿磨，生产用作水溶性涂料的钛白时用干磨，而目前越来越多的工厂采用干磨，干磨生产效率高，适应性强。

6.3.12 钛白的后处理

作为一种白色颜料，钛白固然有优良的光学性能和某些颜料特性，但未经表面处理的原始钛白颗粒，如直接用于制漆，尚存在一定的缺陷。例如，它在很多涂料介质中不能很好地分散；制成的漆膜不耐日晒雨淋，容易失光、泛色、粉化等等。要克服这些缺陷，就需要经过一系列的粒度分级和表面改性处理，称为后处理。通过后处理，还能改善它的底色、着色力、遮盖力和不透明度，并提高化学稳定性。对某些需要具有特殊性质的产品，例如化纤消光用钛白，应防止它使纤维产生对光和热的敏感性，也要通过后处理来解决。

钛白的后处理中最重要的工序是表面处理——包膜，这里主要介绍表面处理工艺。

要提高钛白的耐候性和在各种介质中的分散性，并使它具有优良的颜料性能，表面处理是常用的也是最有效的方法。所谓表面处理，就是在颗粒表面“包覆”一层特殊的“膜”。近年来，各国为了改善产品性能，发展符合特殊要求的不同品种，对表面处理进行了大量的研究，创造了很多方法。

按照处理剂类型的不同，表面处理分无机包膜和有机包膜两大类。一般地说，无机包膜是在钛白颗粒表面沉积一层金属的氢氧化物或水合氧化物，以降低光化学活性，提高耐候性。有机包膜即表面活性处理，主要目的是改进钛白在不同介质中的分散性。

按照处理工艺，表面处理分湿法和干法两种。湿法在水介质中进行，适用于无机包膜，又分煮沸法、中和法和碳化法三种。煮沸法是在强烈沸腾下使处理剂水解而沉淀在钛白颗粒上。此法适应性差，水解不易彻底，过程较慢，不易控制，故采用较少。中和法是在浆液中加入酸性（或碱性）包膜剂，再以碱（或酸）中和，使处理剂沉淀出来。碳化法是在含包膜剂的碱性钛白浆液中通入二氧化碳使处理剂沉淀，据称用此法使硅铝共沉淀形成的膜比中和法更均匀，因为此法反应缓慢，接触面亦大，反应式如下

$$Na_2O \cdot mAl_2O_3 + CO_2 + nH_2O = mAl_2O_3 \cdot nH_2O + Na_2CO_3$$

$$Na_2O \cdot mSiO_2 + CO_2 + nH_2O = mSiO_2 \cdot H_2O + Na_2CO_3$$

干法后处理是一种新工艺，是在气流载下用喷雾方法使钛白颗粒表面吸附一种金属卤化(如$AlCl_3$、$ZnCl_2$、$ZrCl_4$或$TiCl_4$)，再在氧气存在下焙烧使其氧化成氧化物，或在过热蒸气等含水气体存在下使其水解。此法对有机包膜尤为适宜，因为有机处理剂往往也是一种粉碎助剂。

A 无机包膜

钛白颗粒表面以铝或硅的氧化物包覆后能减少漆膜的黄变和粉化现象，这很早便被发现了。这两类化合物至今仍是用得最多的包膜剂。经过后处理，人们发现钛白的比表面积大为增加，有的能增加一倍。

对于所包的膜的物理状态，也应由性能要求的不同而不同。例如：如果主要目的是提高耐候性，其膜应薄而致密，呈表皮状，这样能使钛白与油料间循环不息的光氧化还原反应抑止到最大限度。当用于制造平光乳胶漆时，则应处理成海绵状的不规则的膜，这样由于颜料颗粒间隔而留有气孔，入射光穿过颜料，空气界面的折光指数差(2.76～1.06)大于颜料，漆料界面的折光指数差(2.76～1.50)，光散射力大为增强，从而提高了涂料的不透明度。

最常用的包膜剂仍然是铝和硅的化合物，使用时加入可溶性铝或硅盐的水溶液，再在一定条件下使它水解，沉淀出氢氧化物，包覆在钛白颗粒表面。

a 铝包膜

常用的是硫酸铝，当以碱中和时，它即水解为氢氧化物或它的聚合物$[HO\text{-}Al\text{-}O]_y$的沉淀，式中 $y \geqslant 2$，其反应式为

$$Al_2(SO_4)_3 + 6NaOH + (x-3)H_2O = Al_2O_3 \cdot xH_2O + 3Na_2SO_4$$

也可采用氯化铝和溴化铝。

包膜剂的用量，以 Al_2O_3计，一般为钛白质量的 0.5%～5%，可将它的溶液（含 Al_2O_3 40～100g/L）加入分散好的钛白浆液中，搅匀后以碱或酸中和，碱酸不宜太浓，缓慢而均匀地进行中和。当采用硫酸铝时，为了保持钛白均匀分散，可同时加碱保持浆液 pH 值为 8.5～11，最后再调节至中性使铝盐完全溶解。处理的温度，有用常温的，但一般控制在 50～80℃，使生成的膜结构致密，也有加温至近 100℃。对反应速度，一般地说，速度快则生成海绵状膜，使产品遮盖力高，但吸油量也高。欲得到均匀致密的膜，常使中和反应缓慢地延续至数小时。

理论研究表明，包覆的氧化铝约有 50%～80%是以 AlO(OH)形式存在，而其余为无定形水溶胶的形式。

b 硅包膜

常用的有硅酸钠、硅的卤素化合物、醋酸硅或一些有机硅化合物，经过水解，成为$Si(OH)_4$、$SiO(OH)_2$等。处理剂的用量，以 SiO_2计应为 1%～10%。硅包膜通过生成“活性硅”形成一层致密的无定形水合氧化硅的表皮状膜，大大提高了产品的耐候性。

c 其他包膜

为了提高包膜处理的效果，常常可以同时使用两种或多种包膜剂。这种复合包膜的方法分混合包膜和多次包膜两种。混合包膜又称共沉淀包膜，是通过中和反应使两种或多种处理剂同时沉淀出来；多次包膜是在不同条件下，将处理剂一层层地分次包覆。所用处理剂除铝硅外，常用的有钛、锆、锌等的化合物。前面谈的先在碱性条件下包覆致密表皮状氧化硅膜，然后再在酸性条件下沉淀氧化铝，就是一种典型的两次包膜。有关复合包膜工艺，国外曾有大量研

究，提出了很多方法，包括不同处理剂种类，不同配比和不同使用条件。在此不一一详述。

B 有机包膜

有机包膜的目的，主要是改进钛白在各种介质中的分散性能，其机理是改变钛白的表面性质。有机处理剂和钛白颗粒表面的连接主要有两种方式：一种是物理吸附；另一种方式是化学吸附，即它与钛白表面的羟基反应而连接起来，使钛白变为憎水而亲油。

可用于钛白包膜的有机处理剂种类很多，二异丙醇胺特别适用于油性漆用钛白，也可用于水性乳胶漆或丙烯酸树脂工业装饰漆以及塑料、造纸用钛白。有机处理剂的用量，一般为钛白质量的0.01%～3.0%，常用量为0.2%～0.6%，用量过多有时反而会造成凝聚现象。处理过程一般在无机包膜之后，在最外层“包”上一层有机涂层。其方法是在无机包膜并洗净后再与处理剂一起打浆，或在浆料干燥时加入。由于这些表面活性剂往往也是一种优良的粉碎助剂，因此常常在最后气流粉碎时加入，此时由于钛白颗粒的强烈运动和碰撞，它能均匀地分布在钛白颗粒表面。另据介绍，如在包膜前水洗时用作分散剂，对最后成品也仍能保持一定作用。有时还可将两种或数种处理剂同时配合使用。

C 包膜处理的控制条件

首先是添加剂的纯度，应不使成品受到危害性杂质的污染，对于有机处理剂还应考虑本身颜色，如果色深或经过烘烤后会变成深色物质者都不能使用。此外，各种试剂应尽量配成溶液使用，以便除去所带的固体机械杂质。

在处理过程中，为了使涂层均匀，没有漏涂，需要控制各项操作条件：如试剂浓度、pH值的调节、处理剂和中和剂的添加顺序、添加速度和反应温度等，浆液分散好坏也有很大影响。一般地说，选择适当的pH值和反应温度，试剂浓度稀一些，反应速度慢一些，得到的膜相对地要均匀一些，所以确定后处理工艺前，应根据各种不同性质的钛白粉进行试验，以求得最佳处理条件。对于表面涂层是否均匀和良好，可以通过电子显微镜放大后获取图片进行观察。

经包膜后的产品再经过过滤、洗涤、干燥、气流粉碎，即得最终成品。

6.4 海 绵 钛

钛作为化学元素早在1791年就已被英国的一位牧师兼矿物学家William McGregor在铁矿石中发现($FeO \cdot TiO_2$)。但是，由于钛与氧、氮、碳、氢等元素有极强的亲和力，且与绝大多数耐火材料在高温下发生反应，从而使金属钛的提取工艺非常复杂和困难。因此经历了100多年的摸索和努力，才于20世纪上半叶先后发明了生产金属钛的钠热法、碘化法及镁热法。其中以1937年William Kroll提出的镁热法最为成功和具有商业价值，它又被称为镁还原法或克劳尔法。其要点是将钛铁矿经电炉熔炼形成高钛渣，再于800℃下进行氯化还原处理($TiO_2 + 2Cl_2 + 2C \rightarrow TiCl_4 + 2CO$)获得四氯化钛，最后用镁还原并经真空蒸馏而成为海绵钛。这是目前国际上应用最广的一种制钛方法，有了这种方法，金属钛才得以步入现代工程材料的行列和揭开自己的发展历史。

尽管钛已经实现工业化生产，但与其他金属的冶金过程相比，钛提取冶金工艺仍处在发展和完善阶段。制约钛冶金工业发展的主要因素是目前钛生产工艺复杂、周期长、能耗高，以致钛材的价格昂贵，此外日益严格的环保要求，也是对钛工业严峻的挑战。所以开发成本低廉、工艺简单、环境友好的先进的钛材生产新工艺就成了人们一直关注的问题和努力方向。

自从20世纪60年代以来，国外一些海绵钛生产厂家就投入了大量的资源进行钛的新的生产工艺的研究。在四氯化钛熔盐电解法、流动式气相连续法、液态高温高压法、等离子法、铝钛合金法、氢碳和其他还原法等方法上进行了深入的研究，其中四氯化钛熔盐电解法，包括氯化电解法和氟化电解法曾接近工业化生产，但最终证明仍无法取代镁热法。但2000年9月英国剑桥大学的学者又提出了一种新的电解工艺（简称FFC工艺），使得对钛的电解制取研究又进入到了一个新的研究阶段。

由此可见，钛及其先进材料的制备技术一直受到世界发达国家的高度重视，特别是在新世纪，如何能够以清洁、低能耗的工艺制取海绵钛是一项具有十分重要的科学意义和应用价值的研究课题。

6.4.1 Kroll 工艺

卢森堡化学家Kroll W. A从20世纪初便致力于钛提取冶金的研究，终于在1937年发明了生产海绵钛的镁热法（称为Kroll法），并于1946年在美国的杜邦公司用该法首次生产了2t海绵钛，从此，开创了工业化生产金属钛的新纪元。

Kroll法制取海绵钛从热力学的角度看，还原剂的选择主要依据化学反应的生成焓来确定。只要AB的生成自由焓比CB的生成自由焓小，那么A就可以用来作为由CB生产C的还原剂。通常A与C不应生成合金或者化合物，而且，最终产物应易于分离。

在标准状态下，K、Ca、Mg、Na、Al等是由$TiCl_4$生产金属钛的主要的还原剂。但由于钾、钙等成本较高，因而限制了它们在工业生产中的应用。铝则由于它易与钛生成合金或金属间化合物，在用铝还原$TiCl_4$时所得产物为钛铝合金，而不是金属钛。在还原$TiCl_4$制取金属钛时，最合适的还原剂仅为镁和钠。

克劳尔法的还原操作是一炉一炉间歇式进行的。因为镁还原$TiCl_4$的反应是放热反应，所以在还原中期，生产中需要采用一些措施散去多余的热能，以维持正常的操作温度。

克劳尔法制取海绵钛的操作过程如下（为了使$TiCl_4$还原反应完全，还原剂镁要过理论量）。首先将还原剂镁（镁锭或熔体镁）一次性地加入到还原反应罐中，然后，将反应罐密封，经检漏合格后，将还原器转入还原炉内。在温度达到300℃时恒温脱水，以便除去体系中的残留水分。当温度达到800℃时，开始加入$TiCl_4$。在反应的过程中，为充分利用反应器的有效空间，不断暴露出液镁的新鲜表面，并维持反应区域完全位于还原炉的鼓排风风道高度，以便充分散出，因还原反应罐内充氩，增大罐内压力，并将熔融的$MgCl_2$排除反应罐。由于钛在高温下很活泼，若与空气接触，很容易与N_2、O_2、水蒸气等作用，污染产品，因此，还原过程始终用惰性气氛保护。反应体系压力的调节是通过放气操作实现的。

克劳尔法制取金属钛的还原反应具有以下特点：

(1) 还原过程是在$Ti\text{-}TiCl_2\text{-}TiCl_3\text{-}TiCl_4\text{-}Mg\text{-}MgCl_2$这样一个多元体系中进行的，在反应温度下，这些物质分别呈固、液、气三态，因此这也是个多相共存的体系。

所以在此还原过程中主要发生以下反应：

$$TiCl_{4(g)} + 2Mg_{(l)} = Ti_{(s)} + 2MgCl_{2(l)} \tag{6-5}$$

$$TiCl_{4(g)} + 2Mg_{(g)} = Ti_{(s)} + 2MgCl_{2(l)} \tag{6-6}$$

$$TiCl_{4(l)} + 2Mg_{(l)} = Ti_{(s)} + 2MgCl_{2(l)} \tag{6-7}$$

在反应初期和末期，反应式6-6更不能忽略。反应式6-7为液-液反应，主要发生在反应中期，这时液态的$TiCl_4$加入量较多，来不及汽化，便以液态的形式直接与熔体镁相互作用。

(2) 镁热还原$TiCl_4$的过程是个放热反应。由于热效应比较大，为了维持正常反应温度，防止还原产物烧结，减轻杂质铁由反应器壁向还原体系扩散，散热过程限制了还原反应速度，也限制了还原设备规模的大型化。

(3) 由于钛是典型的过渡族元素，还原反应过程分步进行，在某些条件下，很可能会得到中间产物——钛的低价氯化物 $TiCl_2$、$TiCl_3$ 等。

(4) 在高温下，钛很容易被大气中的 N_2、O_2、水蒸气等污染，因此，为了获得高质量的海绵钛必须在隔绝空气的条件下进行。

(5) 在还原过程中需要定期排放氯化镁，致使还原过程很不稳定。

6.4.1.1　镁热还原 $TiCl_4$ 反应过程

镁热还原 $TiCl_4$ 反应在钢制的还原罐中进行。在还原操作温度下（900℃），还原剂金属镁和生成物 $MgCl_2$ 均为液态。由于生成物 $MgCl_2$ 的密度为 1.672g/cm^3，比同温度下还原剂镁的密度（1.555g/cm^3）大，故沉积于反应罐的底部，而还原剂镁则浮于上面。

还原过程分三个阶段，即反应初始阶段、反应中期阶段、反应后期阶段。

在反应的初始阶段，由于下述原因，还原反应速率比较慢。

(1) 此时熔体镁的温度比较低。

(2) 在熔融镁表面有层氧化膜，正是这层氧化膜阻止了镁与 $TiCl_4$ 还原反应的正常进行。

(3) 此时镁与 $TiCl_4$ 的接触仅限熔体镁的表面。

(4) 由于镁热还原 $TiCl_4$ 的产物为海绵钛，在还原温度下海绵钛呈固态为新生相。在反应初期存在新相晶核形成与长大过程，该步骤的速率比较慢。

(5) 由于表面张力的作用，致使 $MgCl_2$ 部分覆盖了液镁表面，这也限制了还原反应速率。

刚生成的海绵钛的化学性质比较活泼，可与浮在熔体镁表面上的氧化膜反应，夺取其中的氧。此外，新生成的海绵钛在熔体镁内的下沉过程中，与熔体中的杂质相互作用。因此，这部分海绵钛起到净化熔体镁的作用。

在反应中期阶段，熔体镁对铁的接触角比较大，在初期液体镁的表面呈凸形，但是，当生成了一定量的 $MgCl_2$ 以后，改善了液体镁对反应器壁的润湿性能。据资料介绍，在 800℃时，若表面有一层 $MgCl_2$，熔体镁对铁的润湿角为 44.5°，所以，在由反应初期向反应中期过渡的过程中，也伴随着熔体镁对还原罐壁由不润湿到润湿的转化过程。反应中期的特点是自由镁量比较大。只要不生成钛桥，自由镁表面就可以充分暴露，因而反应速率比较大，同时，由于海绵钛本身对还原反应有“自催化作用”，因此，海绵钛的生成也加速了还原反应的进程。一旦有海绵钛桥生成，反应界面便被阻隔，此时，无论是反应物镁，还是反应产物 $MgCl_2$ 都必须扩散通过海绵钛的毛细孔，这样，就限制了反应速率。

另外，由于每加入 1L $TiCl_2$（室温）可生成 1.04L $MgCl_2$ 和 0.097L 海绵钛，所以，为了充分利用反应器的有效容积，必须将反应产物 $MgCl_2$ 排出反应罐。排放 $MgCl_2$ 后，由于海绵钛桥失去了熔体的浮力而塌落，又重新露出自由镁的新鲜表面，还原反应再度重复上述过程进行。

反应后期阶段，随着反应的进行，海绵钛毛细孔内，体系中自由镁量逐渐减少。此时还原剂镁必须借助通过毛细孔内的扩散达到反应区，因此，反应速率比较慢。溶于 $MgCl_2$ 内的 $TiCl_2$ 和 $TiCl_3$ 在随 $MgCl_2$ 向下流的过程中，被吸附于海绵钛毛细孔中的还原剂镁进一步还原，生成的金属钛便沉积于毛细孔内表面，结果使海绵钛更加密实，甚至堵塞毛细孔，这将给后续的真空蒸馏工序造成困难。当还原反应进行到镁消耗 65%～70%（质量分数）时，由于自由镁比较少，加入还原罐的 $TiCl_4$ 不能及时反应而汽化，结果使得罐内压力增大，这时进一步加料比较困难，应及时结束还原作业。

克劳尔法制取金属钛的反应机理学术界有不同的看法，最主要的有重熔再结晶机理、自催化机理、电化学反应机理三种。

(1) 重熔再结晶机理。认为镁热还原 $TiCl_4$ 蒸汽与镁蒸汽之间的气相反应。还原过程逐渐转化，即首先镁将 $TiCl_4$ 还原为钛的低价氯化物，再进一步将钛的低价氯化物还原为金属钛颗粒。由于还原反应的热效率比较大，因此，在反应区域温度较高，足以使钛颗粒发生烧结，再结晶现象。这样就形成了海绵钛所特有的海绵钛结构。按着这一理论，反应的热效应不仅影响反应速率，还影响产物结构。

(2) 自催化机理。认为还原反应新生成的海绵钛，由于其化学反应活性较高，$TiCl_4$ 便首先被吸附在海绵钛的所谓的“活动中心”处，这样便增强了 $TiCl_4$ 的化学反应活性。正是在这些活性点，发生了被活化的 $TiCl_4$ 与还原剂之间的化学反应，反应生成的钛微粒便沉积在这些活性点上。由于晶体的尖端、棱角处的活性最强，所以，得到的产物钛也就沿着这些尖角处发展，这样还原产物就形成了海绵钛结构。随着反应的进行，海绵钛数量增多，活性点的数目也增大，从而加快了反应的进程，宏观表现为镁热还原 $TiCl_4$ 反应具有“自催化特征”。

(3) 电化学反应机理。这是有些学者最近提出的，认为在还原反应过程中还原剂镁失去电子成为 Mg^{2+} 进入熔体。

$$Mg-2e=Mg^{2+} \tag{6-8}$$

$TiCl_4$ 获得电子，钛离子被还原为金属钛，并分离出 Cl^- 进入熔体。

$$TiCl_4+4e=Ti+4Cl^- \tag{6-9}$$

反应式 6-8 和反应式 6-9 分别为阳极反应和阴极反应，构成短路原电池。发生短路原电池反应的基体既可以是反应器壁，也可以是生成的海绵钛。实验结果表明，至少有 70%（质量分数）的 $TiCl_4$ 是按照电化学反应机理被还原的。按照此种机理，可以成功地解释海绵钛首先沉积在反应器壁，对于小型反应器而言，可能会发生搭桥现象的原因。

以上三种观点都能较为令人满意地说明还原反应所特有的规律，以及还原产物呈海绵状这一现象。

6.4.2 碘化法

这是 Van Arkll 和 De Boer 发明的碘化钛热分解法，即用钠还原法制得的金属钛加以提纯，获得比较纯净的金属钛。

碘化钛热分解法是把纯度低的钛原料（粗钛）与碘一起充填于密闭容器中，在 227～627℃的温度下发生碘化反应，合成四碘化钛，再把四碘化钛放在通电加热到 1327～1527℃的钛细丝上进行热分解，析出高纯钛，游离的碘再扩散到碘化反应区，重复上述反应，其反应式为：

$$Ti_{(粗)}+2I_2\xrightarrow{200℃}TiI_4 \quad （合成） \tag{6-10}$$

$$TiI_4\xrightarrow{1300\sim1500℃}2I_2+Ti \quad （热分解） \tag{6-11}$$

在高于 1000℃的条件下，四碘化钛几乎能完全离解，由于钛的氯化物和氧化物在制取碘化钛的温度下不与碘起作用，因此，该法能制出高纯度的钛，且在工业生产中有着重要的地位。但是，碘化钛热分解法尚存在如下问题：

(1) 反应是通过四碘化钛及碘的相互扩散进行的，分子量大时，扩散速度反而小，钛的析出速度也慢，约为 0.01μg/s；

(2) 由于钛是在细丝上析出的，生产量小；

(3) 由于是通电加热，温度调节困难；

(4) 反应是在密闭、高温的条件下进行的，容易受到来自反应容器的污染；

(5) 由于反应时产生了 TiI_3 和 TiI_2，阻碍了钛的析出，降低了反应速度及生产率。由于上述原因，阻碍了该方法在大规模工业化生产上的应用。

但后来，有人改造了碘化法，新的碘化法是使 TiI_2 分解，而 TiI_2 分解反应要比 TiI_4 的热分解温度低 200℃，从而克服了原碘化法的缺点，并且以钛管代替了钛丝作为高纯钛析出的基体，增加了反应面积，钛的析出量可提高 100 倍以上，提高了生产效率。

6.4.3　传统熔盐电解法

传统熔盐电解法是利用钛卤化物的电化学性能制取海绵钛的一种方法，即 $TiCl_4$ 在阴极上不完全放电，转变为钛的低价氯化物进入熔盐（如氯化钠）中，低价钛离子向阴极迁移并在阴极放电，钛金属沉积在阴极处。氯离子通过扩散在阳极上放电，生成氯气，在阳极放出。铝适合用这种电解法生产，但钛就不同了。钛的熔点比铝高 1000℃，在电解槽中铝只有一个稳定的原子结构，钛却有两个。

总之，固态钛从熔盐中沉积特别困难，总是产生一些很细小的易于氧化的粉末金属。另外，钛在熔盐中常以几种氧化态形式存在，大大降低了工艺效率。

传统熔盐电解法的工艺研究开发，已花掉几千万美元的资金。美国曾建造了两条这种电解生产线，但因无法控制钛与氯的逆反应而关闭。目前，意大利 GTT 公司的 Marco Ginatta 仍继续研究此工艺，并在意大利的托里诺市建造了大型试验工厂。

事实上，钛可以用 $TiCl_4$ 电解还原法生产，问题是成本居高不下。同时，其技术上存在的问题表现为：

(1) 作为共价键化合物，$TiCl_4$ 在熔盐中的溶解度较低，难以满足工业化生产的要求。要满足熔盐电解的作业要求，必须将 $TiCl_4$ 转化为钛的低价氯化物，因为钛的低价氯化物在熔盐中的溶解度较高。

(2) 钛属于过渡族金属，钛离子在阴极的不完全放电以及不同价态的钛离子在阴极和阳极之间的迁移会降低电解电流的效率。因此，在保证电解体系完整的同时，必须把阴极和阳极隔开。

(3) 钛在高温下反应性极强，所以电解槽必须密封良好，同时整个体系要实施惰性气体保护，这样才能防止阴极产物与空气中的氧作用。另外还有电解质吸水性强、电解槽腐蚀严重等弱点。

6.4.4　新熔盐电解法

6.4.4.1　FFC 法

FFC 工艺由英国剑桥大学开发，可工业化生产，具有创新性、操作简单，是一种低成本电化学生产钛的方法。FFC 工艺采用的原材料不是钛盐，而是很容易获得的氧化物材料。其原理是基于熔盐电解，使用熔融的氯化钙（$CaCl_2$）作为电解液，还原固态二氧化钛粉末（即白色颜料），在阴极处获得电子成为纯钛金属，氧含量随时间的增加而不断减少（可低达 6×10^{-6}）。电解槽的工作温度在 800～1000℃，工作电压为 2.8～3.2V。用这种方法生产的海绵钛价格为目前镁还原法钛价格（5.6～8.9 美元/kg）的一半或更低。

具体的工艺是在钛坩埚中，二氧化钛通过一定的方法被制作成熔盐电解槽的阴极，石墨作阳极，熔融的 $CaCl_2$ 作电解液，通上适量的电流，氧作为氧离子离开了氧化物，扩散到阳极处，与碳结合生成 CO_2 或 CO，在阳极放出，金属钛被留在阴极。整个工艺过程中不存在液态钛或离子态钛，这是与传统电解工艺的主要区别。另外，尽管二氧化钛是绝缘的，但仍可作为有效的阴极。原因是很少量的氧一放出，材料就变成了导电体，允许进行电化学加工。整个过程是将绝缘的氧化物用作电化学电池的阴极，氧被抽出留下纯钛。

研究人员在1997年以前就发明了这种工艺，当时按传统的想法认为这是不可能的，但研究结果表明，这不仅是可行的，而且是非常成功的。FFC法完全不同于过去的熔盐电解提取钛的方法，是一种直接把钛与氧分开而得到金属钛的新方法，不产生氯气，不使用$TiCl_4$这些强腐蚀性污染环境的化学物质，是一种绿色工艺。因此可以说，这种工艺是真正的发明创新，而不是对现有工艺的改进。

该法的技术优点有：

(1) 大大降低了成本，TiO_2（约1.067美元/kg）比$TiCl_4$（约3美元/kg）成本低。

(2) 大大降低了钛中的氧含量，原来的工艺解决不了氧含量高的问题。

(3) 氧化物可混合在一起，通过电化学还原直接制成合金。这可解决许多问题，如氧化、偏析等。

(4) 工艺生产周期短，产品适于粉末冶金成形，取消铸造、机加工和其他昂贵的加工过程，可节省大量的生产成本。

(5) 工艺不单适用于钛，还适用于许多其他金属，尤其是那些加工难、成本高、活性强的金属。

FFC法的缺点是金红石不是纯的TiO_2，含有很多杂质，生产钛的同时，也带来了杂质。必须有一种提高纯度的方法，而原来的氯化还原方法制钛的纯度高，但氧含量也高。如果解决了去除杂质、提高纯度的问题，此电解法将更加完善。并且，采用氧溶解能力较高的$CaCl_2$熔盐体系的金属钛氧含量比较高，要降低氧含量必须进行过量电解，这就造成了电流效率降低。

6.4.4.2 OS法

FFC工艺给钛工业带来了新的曙光，该法提出的电解思路降低了钛的生产成本，减少了环境污染，掀起了一股研究电解法制备金属钛的热潮，日本东京大学正在研究OS工艺[5]制备金属钛。该工艺是在FFC工艺的基础上，对阴极处进行了改进后的一种新工艺（见图6-5）。其实质仍为$CaCl_2$熔盐电解，是一种在$CaCl_2$熔盐中钙热还原TiO_2的工艺。

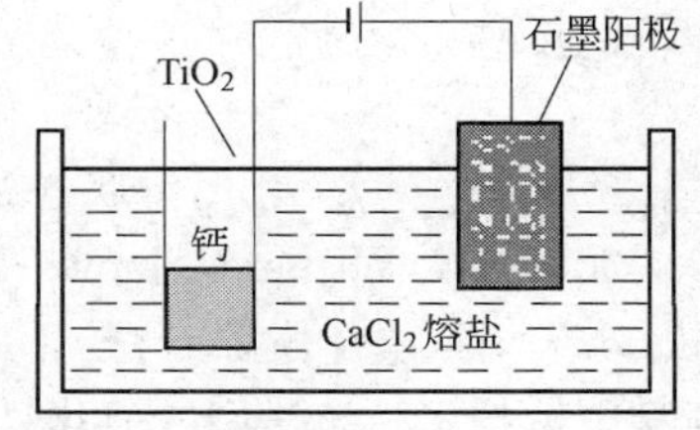

图6-5 OS工艺图

此方法的主要特点是：在阴极钛篮筐里加少量的钙单质作为电解开始的引发剂，随着反应的进行，$CaCl_2$熔盐中的CaO不断电解提供用于钙热反应的钙单质，这是因为CaO在$CaCl_2$中的电解电压只有1.66V，而$CaCl_2$的电解电压为3.2V，此方法的电解电压在3V左右，因此反应可以顺利进行。通过计算调节加入TiO_2的量来控制反应平衡，有利于提高电解效率。其电极反应为：

阴极反应

$$Ca^{2+}+2e \longrightarrow Ca$$

阳极反应

$$C+2O^{2-} \longrightarrow CO_2+4e$$

总反应

$$TiO_2+2Ca \longrightarrow Ti+2O^{2-}+2Ca^{2+}$$

据称，此方法可大幅度降低生产成本，并用来生产钛粉，与FFC工艺有相似的优缺点。在OS法的基础上Suzuki在2004年又提出了TiO_2的钙热还原和电解熔融$CaCl_2$中的CaO的方法（MSE法）。

6.4.4.3 EMR法

2004年，日本专家II Park，Takashi Abilo和ToRu H. Okabe又提出了EMR法，此方法

目的是寻找降低钛被污染的新技术。EMR 法不仅可以有效地防止钛被污染，而且与传统的 $CaCl_2$ 熔盐中电解 CaO（MSE 法）制取还原剂钙合金的方法联合（即 EMR/MSE 法）可以提高电解效率，TiO_2 的还原反应和还原剂合金的生成可以分开进行。

EMR 法的主要特点是：将 TiO_2 粉末或成型块盛在不锈钢容器以便钛的收集和防止钛污染，因为钛是被合金释放的电子还原的，而没有直接和合金接触；还原剂采用液体的 Ca（18%）-Ni 合金，更有利于氧的迁移和降低电解成本，这种方法有可能提供钛的半连续化生产。

EMR 法工艺流程主要包括以下几步：

（1）电解实验前将作为电解质的无水 $CaCl_2$ 在真空装置中干燥 12h（473K）；

（2）1173K 时将 TiO_2 在氩气保护气氛下电解，TiO_2 的还原过程主要是通过还原剂合金释放的电子来完成的；

（3）还原结束后，将不锈钢容器从反应器中拿出，用蒸馏水浸泡 24h 以便溶解 $CaCl_2$，实验结束后用醋酸和盐酸过滤得到钛粉；

（4）用蒸馏水、酒精和丙酮漂洗，最后在真空容器中干燥，最终可得到金属钛。其电极反应为：

阴极还原反应

$$TiO_2 + 4e \longrightarrow Ti + 2O^{2-}$$

阳极氧化反应

$$2Ca \longrightarrow 2Ca^{2+} + 4e$$

总反应

$$TiO_2 + 2Ca \longrightarrow Ti + 2\ Ca^{2+} + 2O^{2-}$$

6.4.4.4　热-电化学联合法

2003 年，Wtthers，James 等提出了“Thermal and Electrochemical Process for Metal Production”（热-电化学联合法），此法能有效地防止钛被污染，是热力学和电化学结合提取钛的新型电解技术。该法中二氧化钛和碳通过一定的方法被制作成 Ti_xO_y/C 阳极，钢或其他金属材料作阴极，熔融的高导电性金属熔盐作电解液，通上适量的电流，氧与碳结合生成 CO_2 或 CO，在阳极放出，低价钛扩散到阴极处还原为金属钛被留在阴极。

该法的技术优点有：

（1）低价钛溶解性好，能找到适宜的电解液；

（2）生产的金属钛纯度较高；

（3）Ti_xO_y/C 具有良好的导电性，电解过程易于控制。该法的缺点是 Ti_xO_y/C 制备工艺复杂，电解温度较高，生产成本较高等。

6.4.4.5　国内新熔盐电解法

目前世界上二氧化钛电解直接提取钛的研究处于初期发展阶段，为国际前沿课题，无论在深度和广度方面都有待进一步研究和探索。国内近几年在这方面的研究也在稳步地进行着。诸如重庆大学、上海大学、东北大学、北京科技大学、中科院过程工程研究所、昆明理工大学及攀枝花学院等都在该领域做了深入研究，并有望在今后几年内取得突破性进展。其中上海大学的赵志国等人于 2005 年在熔盐电解 TiO_2 的基础上提出一种新的海绵钛制备工艺——利用固体透氧膜提取海绵钛的新技术（SOM 法见图 6-6）。

其核心思想为：将含钛氧化物矿熔于熔点低、TiO_x 溶解度大的熔盐体系，熔盐电解质体系可由 MCl_m-MF_m-TiO_x（M 可以为 Na、Ca、K 等）组成。控制参与电解反应的带电离子，使得参与电解反应的是 TiO_x，而不是其他物质。阴极材料为石墨，阳极则是表面覆盖氧渗透膜的多孔金属陶瓷涂层。可传导氧离子的固体透氧膜把阳极和熔融电解质隔离，因而参与阳极反应的阴离子只有 O^{2-}，电解过程中，在阳极端通入还原气体氢，则生成的产物是 H_2O，而不是 CO、CO_2 或 Cl_2。

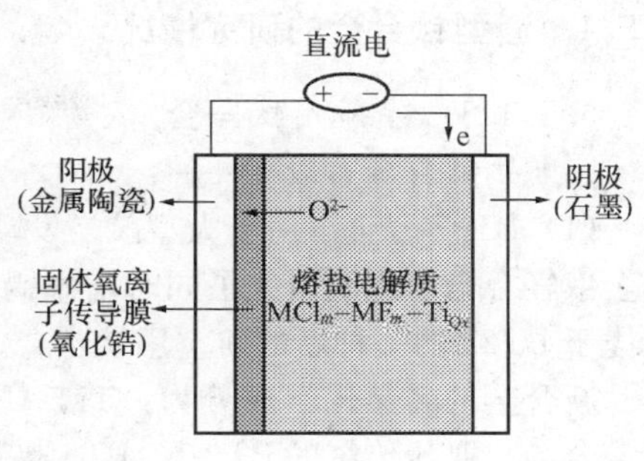

图 6-6 SOM 法实验原理图

阳极反应为

$$O^{2-}+2H_2 \longrightarrow 2H_2O+2e$$

阴极反应为

$$Ti^{n+}+ne \longrightarrow Ti$$

总反应为

$$2Ti^{n+}+n\,O^{2-}+2nH_2 \longrightarrow 2nH_2O+2\ Ti$$

此方法将改变传统制备海绵钛方法不能实现连续化生产的缺点，将大大提高生产率，降低生产成本；绿色环保，在阳极端通入还原气体氢，生成产物为 H_2O 而非 CO、CO_2 或 Cl_2；直接从含有钛氧化物的矿石中提取海绵钛，工艺流程短，能耗低；阳极不会消耗；只要透氧膜稳定，在电解槽上施加相当高的电压也不会导致熔盐的电离；参与反应的是 TiO_x 而不是其他物质，这可极大地降低传统电解法对原材料的苛刻要求，可以对我国各类低品位钛矿资源进行开发利用；此方法具有无法比拟的优越性，但要实现工业生产，仍需要致力于研究和解决许多难题。

6.4.5 发展趋势

金属钛生产成本高是限制其应用推广的主要因素之一。钛提取冶金工艺处于不断发展和完善阶段，只有开发新的低成本生产工艺代替传统工艺，才能从根本上解决高生产成本问题。

纵观目前钛的诸多提取工艺的研究开发现状可以看出，以 $TiCl_4$ 为原料的钛制备工艺在降低成本方面普遍存在困难，而 TiO_2 直接电解法钛的生产给钛工业带来了新的曙光，开辟了新的思路，以 TiO_2 还原为基础的连续生产工艺最有希望作为一种新的提炼技术取代传统 Kroll 工艺，有望实现商业化。所以在降低原料成本的基础上，转变现有间歇的海绵钛生产工艺为连续的金属钛粉及其合金生产工艺是低成本金属钛制备新工艺的发展方向，但任何一种生产工艺都是各有利弊，真正要得到十分完美的工艺还需漫长的道路。

6.5 钛 合 金

钛合金具有比强度高、中温性能好、耐腐蚀、无磁、焊接性能好等特点，是一种重要的金属材料，已广泛应用于宇航及武器装备，包括军用和民用飞机、航空发动机、导弹、舰艇、一体化核反应堆、轻型火炮等，从而可降低飞机的结构质量系数，提高航空发动机的推重比，减轻武器质量，延长使用寿命等等，受到美、俄、英、法等军事强国及日本等国高度重视，促进了钛的发展，包括新合金、新加工技术、熔炼技术和应用技术等方面。

中国钛产业经历了近 40 年的发展，在国家支持下已有了很大的进步，并形成了自己独立的钛工业体系。

6.5.1　新型钛合金的研究情况

6.5.1.1　宇航用钛合金

宇航用钛合金有以下几种：

(1) BT37 合金。由于大型航空发动机压气机对工作温度在 300～350℃用材的需要，俄罗斯全俄轻合金研究院研究了同时增添锡和锆的 BT2 合金的强度和高温蠕变性能，研制出了性能优于 BT22 的一种新的航空用钛合金。

新合金的名义化学成分为：Ti-5Al-5Mo-5V-1F-1Cr-1.7Sn-2.5Zr，被赋予正式牌号 BT37。用该合金来取代传统的 BT3-1、BT6 热强钛合金，来制造在 300～350℃工作的压气机大尺寸盘和叶片，可使质量减轻 20%～25%。

(2) NINCT20 合金。该合金是由西北有色金属研究院在国家“863”计划资助下研制的一种应用于某型号火箭发动机液氢管路的新型低温钛合金，具有强度适中（600～700MPa），低温性能、焊接性能、冷成型性能及液氢相容性优异的特点，在－253℃（20K）温度下，强度可高于 1200MPa，伸长率可达 10%以上。

该合金不仅可用于火箭发动机管路系统，而且还可广泛用于宇航工业形状复杂的低温管路系统。表 6-6 列出了该合金的典型性能。

(3) NINTi-600 合金。该合金是西北有色金属研究院研制的一种可在 600℃以上使用的新型高温钛合金，其名义成分为 Ti-6Al-2.8Sn-4Zr-0.5Mo-0.4Si-0.1Y。该合金在 600～650℃均具有良好的力学性能，尤其是蠕变性能超过了 IMI834 合金（如表 6-7 所示），是航空航天发动机优选的高温结构材料。

表 6-6　NINCT20 合金管材的高温和低温拉伸性能

室温（27℃）			低温（－253℃）	
σ_b/MPa	$\sigma_{0.2}$/MPa	δ/%	σ_b/MPa	δ/%
630～653	470～523	21～26	1201～1301	12～18

表 6-7　NINTi-600 合金的蠕变性能

合　金	试验温度/℃	应力/MPa	时间/h	残余应变/%
Ti-600	600	150	100	0.03
		200	100	0.106
	620	125	100	0.019
	650	100	100	0.07
IMI834	600	150	100	≤0.1
		200	100	0.14
Ti-1100	600	150	100	≤0.1

(4) Ti-60 合金。该合金是中科院金属研究所在 T-55 合金基础上研制出的一种 600℃高温钛合金，其名义成分为：Ti-5.8Al-4.8Sn-2.0Zr-1.0Mo-0.35Si-0.85Nd。与 Ti-55 合金相比，Ti-60 合金主要增加了 Al、Si、Sn 等合金元素含量，以进一步提高合金的耐热性能。目前，已完成该合金的全面性能测试、工业试制和应用研究工作。

(5) 7715D 合金。该合金是上海钢铁研究所为通讯卫星的远地点发动机喷注器用高温钛合金而研制的。其名义成分为：Ti-6.5Al-3Sn-2Nb-2Zr-2Mo-微量［Si+Ce］。

该合金具有优良的600℃高温强度、弹性模量和焊接性能，已成功用于DFH-3卫星的FY-25型远地点发动机喷注器。表6-8列出了该合金的力学性能。

表6-8 7715D合金的力学性能

温度/℃	σ_b/MPa	$\sigma_{0.2}$/MPa	δ/%	ψ/%	A_k/J	HB
室温	1230	1165	12	33	26.4	343
600	783	740	22	65		
650	670	—	20	59		

(6) NINTi-40合金。该合金是西北有色金属研究院研制的一种新型阻燃钛合金，并在“九五”期间进行了扩大试验，其名义化学成分为Ti-25V-15Cr-0.2Si。该合金具有良好的力学性能和优良的阻燃性能，其阻燃性能与美国的AlloyC合金相当。

(7) NINTi-26合金。该合金是西北有色金属研究院针对航空紧固件的新要求，研制成功的一种中强高塑（固溶态）和良好冷成型性的紧固件材料，其名义成分为Ti-15V-3Al-3Sn-3Cr-1Nb-1Zr。NINTi-26合金可冷镦成螺栓，它主要用于制作航空紧固件。

(8) NINTP-650合金。该合金是西北有色金属研究院采用独创的PTMP技术研制成功的一种TiC颗粒增强的钛基复合材料。该合金具有高比强、高比刚度和良好的耐腐蚀性能，可以用到650℃高温。NINTP-650的高周疲劳性能与TC4和Ti811合金相当，它的疲劳裂纹扩展门槛值优于细晶粒的TC4。

我国将在推比8以上航空发动机中将该合金制作某些关键部件。

6.5.1.2 船用钛合金

船用钛合金如下所述：

(1) Timetal5111合金。美国Timet与美国海军联合开发了一种具有强度适中、韧性高、焊接性能好的近A钛合金，命名为Timetal5111，其名义化学成分为：Ti-5Al-1Zr-1Sn-1V-0.8Mo-0.1Si。

该合金突出的特点是具有良好的断裂韧性及抗应力腐蚀性能，同时又具有良好的室温蠕变性能。其冲击韧性约为Ti-6Al-4V的3倍，并且易焊接，可以进行大规格型材的焊接，主要用于舰船制造和海洋工程。

在Timetal5111合金基础上添加0.05%Pd，研制出了Timetal5111Pd合金，主要为了提高耐腐蚀性能，以达到一种合金多种用途的目的。

除船用外，该合金还可以向石油化工及氯碱工业推广应用。

(2) NINTi-B19合金。该合金是西北有色金属研究院针对航空母舰弹射装置缸体用材，在“九五”攻关项目资助下研制的一种新型高强耐蚀B钛合金，其合金体系为Ti-Al-Mo-Zr-Cr-V。该合金在具有高强度（≥1250MPa）的同时，还具有很好的韧性（K_{IC}≥70MPa·m），在我国拟用于航母的制动水缸。

(3) NINTi-91合金。该合金是西北有色金属研究院针对我国舰船导流罩装置用材需求，在“九五”攻关项目资助下，研制的一种低强、高塑、近A型透声钛合金，合金体系为Ti-Al-V-Fe-Zr。该合金具有良好的力学性能、透声性能和加工性能，将用于我国的舰船声纳装置。

6.5.1.3 生物用钛合金

最新开发的生物用钛合金主要有：

Ti-5Al-3Mo-4Zr，Ti-6Al-7Nb，Ti-13Nb-13Zr，Ti-35Zr-10Nb，Ti-16Nb-10Hf，Ti-35.3Nb-5Ta-7.1Zr，Ti-12Mo-6Zr-2Fe，Ti-15Mo-3Nb，Ti-29Nb-13Ta-4.6Zr，Ti-15Mo-3Nb-3Al等。

为减少或消除铝、钒元素的不利影响，开发了一系列生物用新型钛合金，其中 Ti-12Mo-6Zr-2Fe 是一种亚稳态合金，与 Ti-6Al-4V 合金相比，该合金具有较高的强度断裂韧性、较好的耐磨性、优秀的耐蚀性和较低的弹性模量，适合用于矫形器件。而另一种代表合金 Ti-13Nb-13Zr，经时效处理后与退火态 Ti-6Al-4V 合金相比，有较高的强度、较低的弹性模量及较高的断裂韧性。

用 Zr、Nb、Ta、Pd、Sn 作为合金元素来改善钛合金力学性能、耐蚀性和生物相容性是开发生物钛合金的主要途径。如开发出的 Ti-29Nb-13Ta-4.6Zr 合金的耐磨性和力学性能都接近于 Ti-6Al-4V 合金，且弹性模量更接近于人体骨骼。

6.5.2 钛合金材料的加工工艺

6.5.2.1 熔炼技术

近年来，在钛的熔炼技术方面最引人注目的进展是发展了冷床炉熔炼技术，包括电子束冷床炉和等离子冷床炉技术。

目前，冷床炉熔炼已达到商业化水平，可熔炼重达 25t 的铸锭；能生产无偏析、无夹杂的优质钛及钛合金铸锭，满足航空转动部件对高性能钛材的需求；还能生产扁锭、空心锭，简化板材和大规格管材的后续加工，并可大量回收残钛。但目前这种熔炼技术还存在成本高、操作复杂等问题。与此同时，俄罗斯也发展了一种类似于冷床炉的新型熔炼技术，即所谓的凝壳-自耗电极熔炼。

与常规的真空自耗熔炼技术相比，该熔炼技术主要有以下优点：

(1) 能有效去除熔融金属中密度和熔点高于基体金属的颗粒；

(2) 可大量回收利用残钛；

(3) 可调整熔融金属保持液态时间的长短；

(4) 可制备异型铸锭；

(5) 炉子造价低，耗电量较小。

此外，冷坩埚熔炼技术近来也有较大发展，该熔炼技术与离心浇铸工艺结合起来用于钛铸件的精密铸造。

目前正在制造第二代的冷坩埚熔炼炉。第二代冷坩埚炉可大大提高熔化能力，缩短熔炼时间，并实现完全悬浮熔炼，消除金属凝壳。

6.5.2.2 铸造技术

近年来，钛在铸造技术方面的主要进展是发展了冷坩埚＋离心浇铸技术、真空吸铸技术和真空压铸技术。多年来，钛的精密铸造依赖于真空自耗电弧熔炼工艺。这种工艺生产效率低，成本高，限制了铸件生产能力的提高，难以满足用户的需要。

为此，法国一家公司开发了一种独特的冷坩埚感应熔炼并进行离心浇铸的精密铸造工艺，来生产钛合金铸件。与传统工艺相比，该工艺具有以下优点：

(1) 节省原材料，可以使用优质的锻造或轧制边角料；

(2) 可降低铸模的预热温度，降低预热成本；

(3) 可大大减少由于铸模与金属液反应而形成的富氧 A 层，相应地减少清除铸件表面 A 层的工作量，同时又保留了大部分铸造表面，尺寸精度高。

该工艺适合生产从几克到 2kg 的铸件，铸件的壁厚最小可达 0.5mm。由于采用了离心浇铸和随后的热等静压，铸件几乎不存在缩孔和疏松。真空吸铸法是将悬浮熔炼技术和真空吸铸技术结合在一起的精密铸造方法。该方法铸造速度快，无滞流及气泡卷入等现象产生，可制造出壁厚小于1mm的钛合金铸件。高尔夫球杆头就是用该方法大量生产的。

在美国，真空压铸法作为新的钛铸造方法已进入实用化。以前，钛铸造的主要铸型为熔模法。该法制作的陶瓷模具与钛熔液反应，在钛铸件表面生成A壳层，随后必须进行酸洗加以清除。而压铸法最大的优点在于：由于采用了金属模，不会产生如上所述的表面污染，质量比较稳定，也省去了后续的酸洗工序。这种工艺适于制造简单形状的钛铸件。

6.5.2.3 激光成形技术

激光成形技术是采用计算机模型直接由金属粉末生产零件的一种工艺。成形时无需硬模，省时又省钱。这种技术可制造简单零件，也可成形形状复杂的零件。

目前已用该技术制造出了Ti-6Al-4V，Ti-5Al-2.5Sn，Ti-6Al-2Sn-4Zr-2Mo-0.1Si和Ti-6Al-2Sn-2Zr-2Cr-2Mo-0.25Si合金零件。与传统的工艺相比，该工艺制造出的钛零件成本可降低15%～30%，而且性能介于铸造和锻造状态之间。

值得指出的是，这种工艺可用合金粉末一次成形形状复杂的最终零件，无需继续加工，因此，特别适合金属间化合物一类脆性合金的成形。

6.5.2.4 金属粉末注射成形技术

金属粉末注射成形（MIM）技术作为一种近终成形技术，可制造高质量、高精度的复杂零件，被认为是目前最有优势的成型技术之一。但钛粉末的MIM技术刚刚起步，其主要障碍有：

(1) 球形钛粉末的高价格；

(2) 黏结剂的选择和去除工艺；

(3) 间隙元素的去除。

美国对钛合金的MIM进行了大量研究工作，日本、德国和加拿大也开展了MIM研究工作，我国的中南大学和广州有色金属研究院也对钛的MIM进行过研究。

目前钛的MIM产品应用最多的还是轻武器、外科手术工具、表壳、表带等。

综上所述，钛研究的发展方向是：

(1) 通过设备和工艺改进，改善现有合金的使用性能，扩大老合金的应用范围；

(2) 大力开发民用钛合金，如汽车用低成本钛合金，生物钛合金等；

(3) 冷床炉熔炼技术、激光成型技术、注射成型技术和精密铸造技术将得到更广泛的应用和发展；

(4) 钛铝金属间化合物和钛基复合材料将开始应用于宇航工业和汽车工业。

6.6 其他钛材料

6.6.1 KSTi-19合金

日本神户制钢所最近研制出了一种命名为KSTi-19的新型钛合金，其名义化学成分为Ti-4.5Al-2Mo-1.6V-0.5Fe-0.3Si，是一种A+B两相钛合金。这种合金具有优良的加工性能，采用热轧工艺可以代替传统的叠轧方法，成功地生产出厚度为0.8mm的薄板是Ti-6Al-4V合金的替代合金之一。由于加工性能的限制，Ti-6Al-4V合金只能采用叠轧方法来生产薄板，但由于工艺复杂，成本高，限制了Ti-6Al-4V合金薄板的民用推广。

KSTi-19合金的研制成功，使钛合金薄板的成本下降，扩展了钛合金的应用范围。目前，该合金薄板已投入正式生产，它主要应用于高尔夫球杆。据报道，高尔夫球杆使用这种材料后，可使杆头变细、坚固，质量减轻。在此之前，高尔夫球杆头的顶部截面及底部均采用锻造法生产。

6.6.2　汽车用钛铝合金

日本大同钢铁公司研制成一种新型钛铝合金，将它应用于制造汽车发动机的排气气门，可大大改善发动机的性能。这种新型钛铝合金的成分为 Ti-33.5Al-1Nb-0.5Cr-0.5Si（质量分数），其中加入铌和硅是为了提高抗氧化性能及抗蠕变性能。

该合金与排气门常用的马氏体耐热钢和镍基合金相比，其突出特点是：密度小（只有马氏体耐热钢的一半），而且具有良好的导热性。此外该新合金在较高温度（540℃以上）条件下的强度要高于常用合金，而且其蠕变强度也高于镍基合金，同时还具有很好的耐磨性能。

6.7　含钛新材料简介

6.7.1　纳米钛白

纳米材料是一种新型材料，一般是指粒径小于 100nm 的超微颗粒。这种超微颗粒具有表面积大，表面活性高，良好的催化特性，它既具有金属又具有非金属的特异性能。随着现代科学技术的迅速发展，纳米材料的应用也越来越广泛，对其要求也越来越高。就纳米二氧化钛而言，由于它具有极大的体积效应、表面效应、光学特性、颜色效应，故在光、电及催化等方面显示出其特殊性质，所以它作为一种新型材料，其应用领域日益广泛。

6.7.1.1　纳米 TiO_2 粉体的制备

由于纳米 TiO_2 具有许多优异性能，其用途相当广泛，因而其制备受到极大的关注。目前制备纳米 TiO_2 粉体的方法主要有两大类：物理法和化学法。

A　物理法制备纳米 TiO_2

物理法主要有溅射法、热蒸发法及激光蒸发法。物理法制备纳米粒子是最早的方法，它的优点是设备相对比较简单，易于操作和易于对粒子进行分析，能制备高纯粒子，还可制备薄膜和涂层。它的产量较大，但成本较高。

B　化学法制备纳米 TiO_2

制备纳米 TiO_2 粉体的化学方法主要有液相法和气相法。液相法包括沉淀法、溶胶-凝胶法和 W/O 微乳液法；气相法主要有 $TiCl_4$ 气相氧化法。液相法反应周期长，"三废"量较大，虽然能首先得到非晶态粒子，高温下发生晶型转变，但煅烧过程极易导致粒子烧结或团聚；气相氧化法具有成本低、原料来源广等特点，能快速形成锐钛型、金红石型或混合晶型 TiO_2 粒子，后处理简单，连续化程度高，但此法对技术和设备要求较高。

a　均匀沉淀法制备纳米 TiO_2

纳米颗粒从液相中析出并成形包括两个过程：

一是核的形成过程，称为成核过程；二是核的长大过程，称为生长过程。当成核速率小于生长速率时，有利于生成大而少的粗粒子；当成核速率大于生长速率时，有利于纳米颗粒的形成。因而，为了获得纳米粒子必须保证成核速率大于生长速率，即保证反应在较高的过饱和度下进行。

均匀沉淀法制备纳米 TiO_2，是利用 $CO(NH_2)_2$ 在溶液中缓慢地、均匀地释放出 OH^-。其基本原理主要包括下列反应：

$$CO(NH_2)_2+3H_2O=2NH_3\cdot H_2O+CO_2\uparrow$$

$$NH_3\cdot H_2O=NH_4^++OH^-$$

$$TiO^{2+}+2OH^-=TiO(OH)_2\downarrow$$

$$TiO(OH)_2=TiO_2+H_2O$$

在这种方法中，不是加入溶液的沉淀剂直接与 $TiOSO_4$ 发生反应，而是通过化学反应使沉淀在整个溶液中缓慢地生成。向溶液中直接添加沉淀剂，易造成沉淀剂的局部浓度过高，使沉淀中夹有杂质。而在均匀沉淀法中，由于沉淀剂是通过化学反应缓慢生成的，因此，只要控制好生成沉淀剂的速度，就可避免浓度不均匀现象，使过饱和度控制在适当范围内，从而控制粒子的生长速度，获得粒度均匀、致密、便于洗涤、纯度高的纳米粒子。该法生产成本低，生产工艺简单，便于工业化生产。

b 溶胶-凝胶法

溶胶-凝胶法是制备纳米粉体的一种重要方法。它具有其独特的优点，其反应中各组分的混合在分子间进行，因而产物的粒径小、均匀性高；反应过程易于控制，可得到一些用其他方法难以得到的产物。另外反应在低温下进行，避免了高温杂相的出现，使产物的纯度高。但缺点是由于溶胶-凝胶法是采用金属醇盐作原料，其成本较高，工艺流程较长，而且粉体的后处理过程中易产生硬团聚。

采用溶胶-凝胶法制备纳米 TiO_2 粉体，是利用钛醇盐为原料，先通过水解和缩聚反应使其形成透明溶胶，然后加入适量的去离子水后转变成凝胶结构，将凝胶陈放一段时间后放入烘箱中干燥。待完全变成干凝胶后再进行研磨、煅烧即可得到均匀的纳米 TiO_2 粉体。

在溶胶-凝胶法中，最终产物的结构在溶液中已初步形成，且后续工艺与溶胶的性质直接相关，因而溶胶的质量是十分重要的。醇盐的水解和缩聚反应，是均相溶液转变为溶胶的根本原因，控制醇盐水解缩聚的条件是制备高质量溶胶的关键，因此溶剂的选择是溶胶制备的前提。同时，溶液的 pH 值对胶体的形成和团聚状态有影响，加水量的多少会影响醇盐水解缩聚物的结构，陈化时间的长短会改变晶粒的生长状态，煅烧温度的变化对粉体的相结构和晶粒大小有影响。

总之，在溶胶-凝胶法制备 TiO_2 粉体的过程中，有许多因素影响粉体的形成和性能。因此应严格控制好工艺条件，以获得性能优良的纳米 TiO_2 粉体。

c 反胶团或 W/O 微乳液法

反胶团或 W/O 微乳液法是近十年发展起来的一种新方法。该法设备简单，操作容易，并可人为控制合成颗粒的大小，在超细颗粒尤其是纳米粒子的制备方面有独特优点。

反胶团是指表面活性剂溶解在有机溶剂中，当其浓度超过 CMC（临界胶束浓度）后，形成亲水极性头朝内、疏水链朝外的液体颗粒结构。反胶团内核可增溶水分子，形成水核，颗粒直径小于 100nm 时，称为反胶团，颗粒直径介于 100～2000nm 时，称为 W/O 型微乳液。

反胶团或微乳液体系一般由表面活性剂、助表面活性剂、有机溶剂和 H_2O 四部分组成。它是一个热力学稳定体系，其水核相当于一个“微型反应器”，这个“微型反应器”具有很大的界面，在其中可以增溶各种不同的化合物，是非常好的化学反应介质。

反胶团或微乳液的水核尺寸是由增溶水的量（增水量）决定的，随增水量的增加而增大。因此，在水核内进行化学反应制备超微颗粒时，由于反应物被限制在水核内，最终得到的颗粒粒径将受水核大小的控制。

反胶团或微乳液法制备纳米 TiO_2 是利用 TBP（磷酸三丁酯）为萃取剂，煤油作稀释剂，在室温下萃取金属钛离子，同时控制条件使其形成有机相的反胶团溶液，将该溶液在室温下以氨水反萃，控制氨水用量和浓度，将得到的沉淀物洗涤、干燥、焙烧，即获得纳米 TiO_2 粉体。

反胶团或微乳液法可利用胶团大小来控制微粒尺寸，在纳米粒子制备中具有潜在优势，但这种方法刚刚起步，有许多基础研究要做，反胶团或微乳的种类、微观结构与颗粒制备的选择性之间的规律尚需探索，更多的用于超微颗粒合成的新反胶团或微乳液体系需要寻找。

d $TiCl_4$ 气相氧化法

气相法制备纳米 TiO_2 比较典型的是 $TiCl_4$ 气相氧化法。该法以氮气作为 $TiCl_4$ 的载气，以氧气作为氧化剂，在高温管式气溶胶反应器中进行氧化反应，经气固分离，获得纳米 TiO_2 粉体。在此过程中，停留时间和反应温度对 TiO_2 的粒径和晶型有影响。其反应原理为：气相反应器中反应物的消耗对粒子成核速率的影响比对生长速率的影响大，因为成核速率对体系中产物单体过饱和度更加敏感。随着反应进行，过饱和度迅速降低。反应初期以成核为主，而在反应后期成核终止，以表面生长为主。通常在高温下反应速率极快，延长停留时间，只是延长了粒子生长时间，因此产物粒径增大，比表面积减小。同时，停留时间延长，锐钛分子簇有足够时间转变成金红石分子簇，使金红石含量增大。另外，气相反应器中，超微粒子形成过程包括气相化学反应、表面反应、均相成核、非均相成核、凝并和聚集或烧结等步骤。

在高温下气相反应速率非常快，以致温度变化对成核速率的影响已不显著，而温度升高，粒子表面单分子外延和表面反应速率加快；同时气体分子平均自由度增大，粒子之间碰撞加剧，颗粒凝并速率增大，粒子间易发生凝并长大。另外由于反应器中初生粒子相当细小，颗粒边界表面能很大，小粒子极易逐渐扩散，融合形成大粒子，从而降低表面能，反应温度越高，晶界扩散速率越快，烧结驱动力越大，从而导致粒子比表面积减小、粒径增大。

6.7.1.2 纳米 TiO_2 的应用

由于纳米超微粒子具有特殊性能，这就决定了它在各个领域中具有广阔的应用前景。

A 在化学工业中的利用

催化是纳米超微粒子应用的重要领域之一。利用纳米超微粒子的高比表面积与高活性可以显著地提高催化效率，国际上已作为第四代催化剂进行研究和开发。

纳米 TiO_2 具有很高的化学活性、良好的耐热性和耐化学腐蚀性，可用作性能优良的催化剂、催化剂载体和吸收剂。如纳米 TiO_2 在催化 H_2S 除去 S 时，显示出相当高的催化活性。此外，纳米 SiO_2 和 TiO_2 的无机或有机复合材料具有特殊功能，这些纳米材料正在开发中。

B 在电子工业产品中的应用

纳米 TiO_2 是许多电子材料的重要组成部分，可用于制作纳米敏感材料及纳米陶瓷功能材料。由于纳米粒子尺寸小、比表面积大、表面活性高，所以适合作气敏材料。如纳米 TiO_2 可制成灵敏度很高的气敏元件。同时，由于纳米相陶瓷一次成型塑性形变是可以实现的，人们利用纳米 TiO_2 一次成型形变，制成了纳米 TiO_2 陶瓷，这种陶瓷具有超细晶粒尺寸并保持它们的特性。

C 在环保方面的应用

纳米 TiO_2 粒子的光催化作用在环保方面有广阔的用途。国内外有许多文献报道了这方面的进展。英国伦敦和安大略核子技术环境公司，开发了一种新颖的常温光催化技术，采用人工光和纳米 TiO_2 催化剂，可将工业废液和污染地下水中的多氯联苯类化合物分解。当污染水通过 TiO_2 涂层网络时，只要受到低计量紫外光的照射，便会发生反应，生成活性极强的氢氧自由基，迅速将有机毒物分解为二氧化碳和水。此外，利用纳米 TiO_2 材料作为光催化剂还可催化降解纺织印染业和照相业排出的染料污染物。

随着社会经济的发展，人们越来越重视生活质量和健康水平的提高。抗菌、防腐、除味、净化空气、优化环境将成为人们的追求。当前全球面临着严重的环境污染，纳米 TiO_2 作为光催化剂已被应用在除了水和空气净化之外的各种环境方面的问题。

有关资料表明，纳米 TiO_2 对于破坏微观的细菌和气味是有用的。另外还可以使癌细胞失活，对臭味进行控制，对于氮的固化和对于清除油的污染都是十分有效的。

D 在化妆品工业中的应用

纳米 TiO_2 具有优异的紫外线屏蔽性，再加上它的透明性（不会在皮肤上残留白色，能厚涂抹）和无毒（不会刺激皮肤引起发炎）等特点，至今已成为防晒化妆品的理想原料。具有防晒效率高、防晒效果持久、完全屏蔽 UVA 和 UVB、无毒副作用、不会引起皮肤过敏等特点，是高防晒指数（SPF，涂覆防晒用品后皮肤被晒红的时间与裸肤被晒红的时间比，SPF 越高，防晒效率越高）的防晒用品必不可少的成分。

防晒化妆品是卫生部规定的九种特殊用途的化妆品之一。自 1993 年羽西化妆品（深圳）有限公司首先推出专用防晒化妆品后，防晒用品市场增长很快。1996 年获准生产防晒化妆品的厂家有 40 多个，品种达 200 多个。

纳米 TiO_2 主要应用于 SPF10 以上的防晒用品中，特别是 SPF20 以上的防晒产品，纳米 TiO_2 加入量 0.2%～15%，防晒指数越高，加入量越大。据行业报道，在日本每年已有一定量的纳米 TiO_2 作为防晒剂、化妆品和口红等产品的添加原料。

E 在医药卫生和食品加工领域的应用

纳米结构不仅坚固，而且具有自身对抗外界不纯物质的能力，不易与外界不纯物质结合。同时，纳米级微粒或有机小分子将更有利于人体吸收，能提高药物的效能。因此纳米 TiO_2 在健康卫生及食品工业有广阔的应用前景。有资料报道，已开发出具有抗菌和净化性能的 TiO_2 薄膜陶瓷。

F 在颜料领域的应用

在国外，作为效应颜料是纳米 TiO_2 最为重要的应用。巴斯夫公司汽车涂料总设计师 Jon·R·Hall 认为，汽车涂料对纳米 TiO_2 的需求将与云母钛珠光颜料相当。

纳米 TiO_2 在涂料中的应用，主要是与铝粉或云母钛配合使用，其协同作用产生随角异色效应（Flop-floppy effect），即从不同角度观察，涂装面反射出从亮黄色到蓝色的随角异色效果，20 世纪 90 年代初用作高档豪华汽车面漆，引起汽车界极大的兴趣，发展很快，已成为纳米 TiO_2 最为重要的应用领域。

G 塑料薄膜

纳米 TiO_2 在塑料薄膜上的应用有三个：可降解农用地膜、耐久农用大棚塑料膜、食品保鲜包装塑料膜。前者利用纳米 TiO_2（锐钛型或混晶型）的催化氧化活性，促进塑料膜的降解。后两者利用纳米 TiO_2（包膜处理的金红石产品）对可见光透明却屏蔽紫外线的特性，延缓塑料的老化或使包装食品保色保鲜。

塑料膜中纳米 TiO_2 的应用主要取决于使用成本，其潜在市场容量是非常大的。

6.7.1.3 发展趋势

纳米材料是当今新材料研究中最富有活力的，对未来社会经济发展有着十分重要影响的研究领域。纳米 TiO_2 作为其中重要的一员，近年来一直是国际竞相研究开发的热门课题，其制法日趋完善，其应用领域日益扩大。

纳米 TiO_2 技术开发的趋势是：继续向原料品位低且简单易得、工艺流程短且可控性强、过程能耗小且损失低、产品粒度小且分布窄、产品团聚少且化学活性高、生产成本低等方向发展，而且制备工艺逐渐由气相法向液相法转移，研发重心逐渐由粉体制备技术开发向粉体应用技术开发转移，由实验室技术开发向产业化技术开发转移。其中在超微颗粒的制备过程中，粒子的团聚是需要解决的一大难题。目前，对用湿化学法制备氧化物超微粉体过程中团聚体形成的机理及其团聚状态的控制已有许多报道，这方面的研究已取得一定进展。

就纳米 TiO_2 的制备而言，其沉淀、干燥、煅烧等过程都有可能产生团聚，因此，要实现对粉末团聚状态的控制，就必须对粉末制备的全过程进行控制，从而获得分散性好、性能优良的纳米 TiO_2 粉体。

6.7.2　泡沫多孔钛

自 20 世纪 60 年代，特别是 80 年代以来，国内外材料工作者在金属多孔材料方面做了大量的研究工作。研究发现，金属多孔材料除了具有金属材料的可焊性等基本的金属属性之外，由于大量的内部孔隙，金属多孔材料表现出诸多优异的特性。如质量轻、比表面积大、能量吸收性好、热导率低（闭孔体）、换热散热能力高（通孔体）、吸声性好（通孔体）、渗透性优（通孔体）、电磁波吸收性好（通孔体）、阻焰、耐热耐火、抗热震、气敏、能再生、加工性好等。

随着应用领域的拓宽和应用环境要求的提高，出现了钛、不锈钢等抗腐蚀、耐高温的粉末冶金多孔材料和特殊用途的多孔钨、锆及难熔金属化合物多孔材料。其中，多孔钛不仅具有普通金属多孔材料的特性，还具有密度小、比强度高、耐蚀性和良好的生物相容性等钛独具的优异性能，因此被广泛应用于航空、航天等军工部门及化工、冶金、轻工、医药等民用部门。

多孔钛的制备方法有很多，如粉末冶金法、纤维冶金法、铸造法、自蔓延高温合成等。其中，纤维冶金法可生产高质量的多孔金属纤维材料，但产品尺寸受限制，成本较高；铸造法可制备多种泡沫金属，缺点是难于控制气泡大小，故难以获得均匀的多孔材料；自蔓延高温合成是近 20 年来发展非常迅速的材料制备新技术，可用来制备金属间化合物和复合材料，但采用自蔓延高温合成工艺只能制备出成分有限的多孔钛合金制品。与上述方法相比，粉末冶金法制备多孔钛的生产工艺简单，成本低，能控制制品的孔隙度和孔径并且能够得到组织结构均匀的多孔钛。

6.7.2.1　钛合金泡沫金属的制备方法

到目前为止，国内外对多孔泡沫金属的制备工艺方面的研究较多，归纳起来主要有以下几种：

(1) 铸造法；
(2) 粉末冶金法；
(3) 金属沉积法；
(4) 纤维烧结法。

各种工艺方法的原理如下所述。

A　铸造法

该方法是由熔融金属或合金冷却凝固后，形成多孔泡沫金属，随不同的铸造方法可覆盖很宽的孔隙范围和具备各种形状的孔隙。与其他各种工艺方法相比，该方法具有生产工艺简单、成本较低等优点，便于工业推广应用。

在铸造法中又可分为四种方法：直接发泡法、加中空球料法、渗流铸造法和熔模铸造法。

B　粉末冶金法

该方法是将金属粉末与发泡粉末按比例配制并混匀，在适当的压力下将其压成具有气密结构的预制品，然后将压好的预制品进一步地加工，如轧制、模锻或挤压，使之成为半成品，再将此半成品放入所需零件形状的钢模内，加热到接近或高于混合物熔点的温度，使发泡剂分解释放气体，使预制品膨胀，从而形成多孔泡沫金属。

用此法制备的多孔金属，孔径大都小于0.3mm，孔隙率一般不高于30%，但也可通过特殊的工艺方法制成孔隙率大于30%的产品。此方法虽然工艺较为复杂，但产品质量高、性能稳定、便于商业化生产，从而得到迅速发展。

C　金属沉积法

该方法是由原子态金属在有机多孔基体内表面沉积后，去除有机体并烧结而成。由此方法所获得的多孔泡沫金属的主要特点是孔连通、孔隙率高（均在80%以上），具有三维网络结构。

这类多孔金属材料是一种性能优异的功能结构材料，但其强度性能受到一定的限制。目前在国内外均大批量生产，其典型产品是泡沫镍和泡沫铜。

D　纤维烧结法

该方法是使用金属纤维来代替粉末颗粒制造多孔金属。由此方法制备的多孔金属其渗透性要比粉末法制取的高几十倍。此外，它还具有较高的机械强度、抗腐蚀性能和热稳定性能，可用于许多过滤环境苛刻的行业，被称为第二代多孔金属过滤材料。

目前，钛合金泡沫金属大部分是采用粉末冶金方法制备，一般都是用钛合金粉作为原料，然后冷压、烧结、进行热处理，得到泡沫金属。通过改变以上制备过程的工艺参数，得到所需不同孔隙率和不同用途泡沫金属。

6.7.2.2　钛合金泡沫金属的性能和应用

钛合金作为人体植入材料，广泛地应用于骨骼、关节、血管以及牙齿的修复等。但是一般钛合金的杨氏模量高于骨头的杨氏模量，使得钛合金作为骨架的支撑体，与骨架本体在受力条件下变形不协调，这导致前者容易脱离后者，不利于患者的康复。而且，致密钛合金不利于水分和养料在植入体内传输，所以减缓了组织的再生与重建。钛合金泡沫金属的出现将很好地解决这个问题。泡沫钛合金的表面微观形貌如图6-7所示，杨氏模量如表6-9所示。

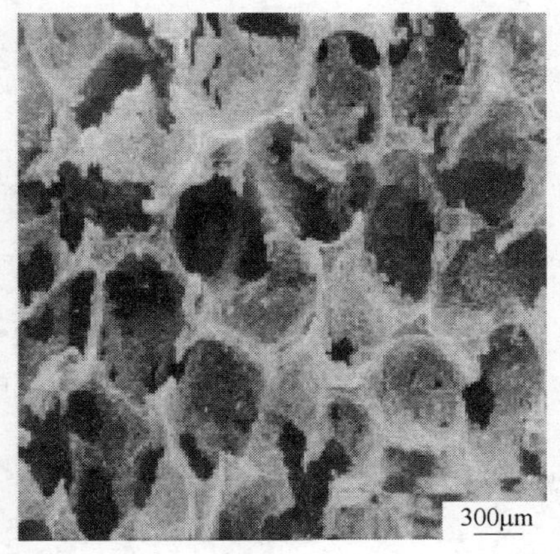

图6-7　泡沫钛合金SEM图

表6-9　泡沫钛合金的压应力和杨氏模量

相对密度	杨氏模量/GPa	压应力/MPa	相对密度	杨氏模量/GPa	压应力/MPa
0.20	2.90	25	0.48	5.13	208
0.30	3.40	53	0.57	7.24	329
0.39	4.05	122	0.65	10.30	478

对于给病人应用的钛合金泡沫金属，要求其杨氏模量与骨头相近。于是人们通过改变泡沫钛的孔隙率来控制其杨氏模量。

由表6-9可见，随着孔隙率的降低，泡沫钛合金杨氏模量亦增加。利用它们的这种关系，通过在生产过程中控制泡沫钛合金的孔隙率，来改变泡沫钛合金的杨氏模量，使制备的泡沫钛合金的杨氏模量与骨头非常相近，加快了患者的康复。并且泡沫钛丰富的孔隙，有利于骨细胞的粘附、分化和生长。

新骨细胞的生长是骨头恢复的开始，而它的生长需要足够的水分和养料，这些水分和养料可以通过泡沫钛中相互联通的孔隙进行传输，提供给骨细胞生长所需要的养分。所以泡沫钛合金的孔隙给新骨的生长提供了合适的场所。当骨细胞在孔隙中长大，还可促使骨长入孔隙，加强植入体与骨的连接，实现生物固定。

本章小结：

介绍了钛精矿生产中采用的重选、电选、磁选、浮选等工艺；电炉熔炼法、还原锈蚀法、盐酸浸出法、硫酸浸出法生产富钛料工艺；硫酸法和氯化法钛白粉生产工艺；Kroll法、传统熔盐电解法和新熔盐电解法生产海绵钛工艺；新型钛合金的研究情况和钛合金的熔炼、铸造、激光成形、金属粉末注射等加工工艺；KSTi-19 合金、汽车用钛铝合金等其他钛材的研究情况；最后介绍了纳米钛白、泡沫钛的研究进展和发展趋势。

思　考　题

(1) 目前，钛精矿生产主要采用哪些工艺？并简述各工艺的特点和原理。
(2) 简述电炉冶炼钛渣的工艺和特点。
(3) 人造金红石可采用哪些工艺进行生产，各工艺有哪些优缺点？
(4) 简述 Kroll 工艺的原理和特点。目前，新熔盐电解法制备金属钛有哪些方法，与 Kroll 工艺相比较，其优势体现在哪些方面？
(5) 简述新型钛合金的研究情况。
(6) 纳米钛白主要应用在哪些方面，其发展前景如何？
(7) 简述纳米钛白的主要研究方法和原理。
(8) 简述泡沫钛的特点和制备原理。
(9) 简述钒钛材料的发展趋势。
(10) 酸解反应的主要方程式有哪些，钛液的 F 值是什么含义？
(11) 简述钛液水解的原理和水解过程。
(12) 偏钛酸煅烧过程的物理化学变化有哪些，锐钛型和金红石型钛白的煅烧条件有什么不同？

参　考　文　献

1　莫畏，邓国珠等．钛冶金．北京：冶金工业出版社，1998
2　孙康．钛提取冶金物理化学．北京：冶金工业出版社，2001
3　邓国珠．富钛料生产现状和今后的发展．钛工业进展．2000（4）：1～3
4　汪镜亮．高级人造金红石生产工艺．钛工业进展．2002（4）：6～9
5　毕胜．2005 年国内外钛白工业的现状和形势分析．现代涂料与涂装［J］，2006（1）：51～53
6　邹建新．国内钛原料现状与市场展望．四川有色金属［J］，2004（1）：13～17
7　唐文骞，侯益民．钛白生产工艺设备技术分析及进展．化工设计［J］，2005（5）：15～17
8　毕胜．中国钛白工业现状及“十一五”发展展望．中国涂料［J］，2006（7）：19～21
9　杨雨．钛白粉行业竞争战略分析．新材料产业［J］，2005（11）：3～5
10　邹建新，王刚，王荣凯，等．全球钛原料现状与市场展望．钛工业进展［J］．2003，20（1）：5～11
11　邓炬，赵永庆，于振涛．钛及钛合金新材料的研究与开发战略．钛工业进展［J］．2002，19（4）：30～32

12 颜学柏. 我国钛加工业的发展战略. 钛工业进展 [J]. 2002, 19 (4): 21~25
13 周天华. 国内外海绵钛工业现状及今后的发展趋势. 钛工业进展 [J]. 2001, 18 (6): 7~12
14 梁德忠. 我国海绵钛生产现状及发展方向. 钛工业进展 [J]. 2002, 19 (1): 1~5
15 莫畏, 邓国珠, 罗方承. 钛冶金 (第二版) [M]. 北京: 冶金工业出版社, 1998
16 邓国珠, 刘水根, 郭伟, 等. 钛和钛白生产大型化所面临的问题. 钛工业进展 [J]. 2001, 18 (6): 1~6
17 高兆祖. 关于发展我国钛工业的几点建议. 钛工业进展 [J]. 2002, 19 (4): 13~16
18 王向东, 徐颜儒. 关于年产 5000t 级海绵钛现代生产技术及装备产业化项目的推荐意见. 钛工业进展 [J]. 2001, 18 (4): 1~3
19 邹建新. 世界钛渣生产技术现状与趋势. 轻金属 [J]. 2004, (12): 28~30
20 吴引江, 罗建军, 段庆文. 钛工业的研究开发现状. 钛工业进展 [J]. 2003, 20 (1): 1~4
21 冯亮. 电解沉积生产钛. 钛工业进展 [J]. 2001, 18 (2): 11~12
22 韩明臣. 钛的低成本电化学生产. 钛工业进展 [J]. 2001, 18 (3): 30
23 杨冠军. 钛合金研究和加工技术的新进展. 钛工业进展 [J]. 2001, 18 (3): 1~5
24 邓炬. 我国钛科学与工程的新进展. 钛工业进展 [J]. 2002, 19 (5): 1~3
25 赵永庆. 高温钛合金研究. 钛工业进展 [J]. 2001, 18 (1): 33~39
26 邱竹贤. 有色金属冶金学 [M]. 北京: 冶金工业出版社, 1988
27 邹建新. 国内外钛及钛合金材料技术现状、展望与建议. 宇航材料与工艺 [J]. 2003, (6): 26~29
28 魏绍东, 夏林胜. 纳米二氧化钛的现状与发展 [J]. 化工科技市场, 2005, 28 (2): 7~11
29 Kroll W J. The production of ductile titanium [J] . Trans Am Electrochem Soc, 1940, 1 (78): 35~37
30 Chen G Z, Fray D J, Farthing T W. Direct electrochemical reduction of titanium dioxide to titanium molten Calcium Chloride [J] . Nature, 2000, 407 (1): 361~364
31 Flower H M. Direct electrochemical reduction of titanium dioxide [J] . Nature, 2000, 407 (1): 305
32 Fray D J. Electrochemical processing using slags, fluxes and salts [J] . VII International Conference on Molten Slags Fluxes and Salts, 2004, 6 (2): 6~12
33 Suzulik R O. Calciothermic reduction of TiO_2 and in situ electrolysis of CaO in the molten $CaCl_2$ [J] . Journal of Physics and Chemistry of Solids, 2005, 66 (1): 461~465
34 Abiko T, Okabe T H. Production of titanium powder directly from TiO_2 in $CaCl_2$ through an electronically mediated reaction [J] . Journal of Physics and Chemistry of Solids, 2005, 66 (1): 410~413
35 Suzulik R O. One proceedings of Yazawa international symposium metallurgical and materials procdsssing [J] . Principles and Technologies The Minerals Soc, OH, 2003, 11 (1): 187~199
36 Wang S L, Li Y J. Reaction mechanism of direct electro-reduction of titanium dioxidein molten calcium chloride [J] . Journal of Electroanalytical Chemistry, 2004. 571 (1): 37~42
37 Wtthers, James. Thermal and electrochemical process for metal production. WO 019501 A2, 2005
38 王志, 袁章福, 郭占成. 金属钛生产工艺研究进展 [J] . 过程工程学报, 2004, 4 (1): 90~95
39 郭胜惠, 彭金辉, 张世敏, 等. 熔盐电解法生产海绵钛回顾和新技术开发 [J] . 轻金属, 2002, 4 (11): 5~153
40 徐君莉, 石忠宁, 邱竹贤. 二氧化钛直接制取金属钛工艺简介 [J] . 有色矿冶, 2004, 20 (3): 44~45
41 郝红卫, 吴秦健. 从熔盐中电解制取金属钛 [J] . 钛工业进展, 2000, 1 (3): 16~18
42 高敬, 郭琦. 降低钛生产成本的新工艺——电解法 [J] . 稀有金属, 2002, 26 (6): 483~486
43 许原, 白晨光, 陈登福, 等. 海绵钛生产工艺研究进展 [J] . 重庆大学学报, 2003, 26 (7): 97

44　赵志国，鲁雄刚，丁伟中，等．利用固体透氧膜提取海绵钛的新技术［J］．上海金属，2005，27（2）：40～43
45　郭胜惠，彭金辉，张波，等．海绵钛生产过程的能耗分析及新技术的提出［J］．云南冶金，2002，31（3）：114～117

7 钒钛材料发展趋势

本章要点：

钒钛材料发展趋势。

7.1 钒材料的发展趋势

钒材料的发展趋势主要表现在以下几个方面：

(1) 在钒资源上更加注重二次钒资源的开发和利用。目前主要提钒的资源有钒钛磁铁矿(钒渣)、石油灰渣、脱硫废催化剂、硫酸废催化剂等二次资源以及石煤等多元化钒资源。总的来说还是较为丰富的。按目前消费的速率，钒的资源还可以用数百年，但是今后更加注重二次资源的开发和利用，目前二次资源所占的比例越来越大。发达国家把本国的资源作为战略物资保护起来，而向不发达的国家购买产品。俄罗斯的钒资源发展潜力最大。

我国除了攀西地区有大型钒资源外，承德地区也有新的钒资源发现，但是还要加大勘探力度，坚持资源的可持续发展战略。目前国内一些企业已经向国外的钒资源延伸（俄罗斯、南非、澳大利亚等)，这对我国钒的资源保护也是可取的措施。

(2) 生产工艺上更加注意环保，采用新的技术保护环境，污染大、生产规模大的企业向不发达的国家和地区转移。

我国目前更加重视废水的排放，特别是对氨氮废水排放进行了限制，而这一问题面临技术难题，需要解决好，作为今后生产五氧化二钒和三氧化二钒生产中重点解决的问题。同时注重开发无污染提钒新工艺，依靠技术创新解决这些问题。

目前世界钒材料生产能力高度集中，南非、美国、俄罗斯已经联合，要垄断国际的钒市场，而我国目前比较分散，难以抗拒国外的竞争，因此国内也要相对联合集中，扩大能力应对国外的竞争。

(3) 在应用上，在很长一段时间内钢铁工业仍将是钒的主要用户，因此开发新的含钒钢种，是影响钒用量的关键。

(4) 在市场供应上钒材料（原料）生产能力大大超过了需求。许多厂家不能满负荷生产，这对今后的市场价格的波动影响极大。今后竞争将会更加激烈，只有在资源和成本上占优势的企业才能得以生存。

在钢铁工业中铌铁是钒铁的主要竞争对手，由于钒价格波动大，而铌价格相对稳定，因此铌铁代替钒铁的比例越来越大，因此价格是决定钒材料市场的主要因素。

(5) 开发新型钒功能材料是科研工作的重点。有些好的有潜力的项目，尽管已经进行了多年的研究并取得了实验室研究成果，但是距离产业化还有一段距离。

我国目前钒材料研究力量相对较分散，需要集中组织力量，突出重点攻关，实行产学研结合，才会有新的、大的突破。

7.2　钛材料发展趋势

2001 年始，随着全球经济衰退，“9·11”恐怖袭击事件的发生，以及中东地区冲突的加剧，对整个钛工业产生了严重的负面影响。这种状况一直持续到 2003 年。2004 年后，世界经济开始复苏，民用飞机部门的空中运输需求显著增加，军工用钛持续增长，使得钛工业重获新生，2005 年世界钛工业呈现出一片欣欣向荣的景象。

（1）世界海绵钛需求进一步增长。世界海绵钛生产量 2004 年约为 80000t，2005 年约为 90000t。由于供不应求的局面持续存在，日本两家公司增产 8000t，中国两家公司将增产 9000t，世界各国海绵钛生产厂都制定了增产计划。如哈萨克的 TMK 将增产 2000t（2006 年），美国的 Timet 将增产 4000t（2007 年），俄罗斯 AVISMA 将增产 6000t（2008～2009 年）。2008 年世界海绵钛的产量达 125000t。据日本先进材料公司资料，到 2010 年，世界钛加工材料市场将扩大到 120000t，海绵钛的需求将达到 150000～160000t。

（2）民用飞机用钛量将大量增加。目前，世界钛加工材料生产的市场份额为工业 8%，民用航空 35%，军用 12%，新兴和消费品市场 6%，其他 9%。多年来对钛市场起着决定性作用的民用飞机 2004 年交货量为 602 架（包括 147 架宽体机）。2005～2009 年飞机交货量如表 7-1 所示。由表 7-1 可知，2009 年飞机的交货量将比 2005 年增长约 17%，其中宽体机将增长约 48%。除飞机的数量在增加之外，单架飞机的用钛量也在增加。宽体机将使用更多的钛材料，如新型波音 787 中，30%的零件为钛制件。生产一架波音 777 飞机大约需要 58t 的钛，而据初步估算，生产一架波音 787 大约需要 91t 钛（80t 用于机架，11t 用于发动机）。这是飞机建造史上第一次单架飞机使用这么多的钛。世界民用飞机的钛用量从 2004 年的 29000t 增加到 2008 年的 48000t。

表 7-1　2005～2009 年飞机交货量

年　份	交货量/架		年增长率/%	
	总　计	宽机体	总　计	宽机体
2005	680	172	13	17
2006	720	171	6	−1
2007	760	200	6	17
2008	805	240	6	20
2009	795	255	−1	6

（3）军事用钛量稳步增加。全世界军事用钛总量 2003 年为 8165t，2004 年为 9526t，2005 年约为 10886t，到 2014 年将会增加到 22680t。目前，美国的军用宇航计划占了世界军事用钛的一半。估计 2014 年军事用钛的需求为：美国的军事航空领域为 4536t，非航空的军事用途为 9072t，其他国家的军事消费为 9072t。

（4）汽车用钛市场最具发展潜力。汽车用钛市场一直被认为是最具发展潜力的市场，一旦钛在汽车工业中得到广泛的应用，那么其用量将远远超过目前航天航空工业的用量。

2006 年，世界钛工业呈现一片欣欣向荣的景象。钛市场随着全球经济好转而壮大，随着科学技术的发展而拓宽应用领域，随着一般工业和航空工业的发展而繁荣。未来的全球钛市场将会持续稳定走强。

本章小结：

简要介绍了钒材料的发展趋势：在钒资源上更加注重二次钒资源的开发和利用，生产工艺上更加注意环保，采用新的技术保护环境，在应用上很长一段时间内钢铁工业仍将是钒的主要用户，在市场供应上钒材料（原料）生产能力大大超过了需求，开发新型钒功能材料是科研工作的重点。

简要介绍了钛材料在主要应用领域呈现增长趋势。

思　考　题

(1) 简述钒材料发展趋势。
(2) 简述钛材料发展趋势。

术 语 索 引

冶金工业出版社部分图书推荐

书　　名	作　者	定价(元)
材料科学基础	陈立佳	20.00
材料的晶体结构原理	毛卫民	26.00
金属材料工程概论	刘宗昌　等	26.00
冶金电化学原理	唐长斌　薛娟琴	50.00
工业催化原理及应用	马　晶　薛娟琴	39.00
材料加工工程科技英语	王快社　刘　环　张　郑	29.00
铝合金阳极氧化工艺技术应用手册	朱祖芳	29.00
铝阳极氧化膜电解着色及其功能膜的应用	[日]川合慧著　朱祖芳　译	20.00
铝加工技术实用手册(精)	肖亚庆	248.00
大型铝合金型材挤压技术与工模具优化设计	刘静安　谢建新	29.00
铝型材挤压模具设计、制造、使用及维修	刘静安	49.00
铝型材挤压模具 3D 设计 CAD/CAE 实用技术	李积彬　等	28.00
Ni-Ti 形状记忆合金在生物医学领域的应用	杨大智　等	33.00
功能材料学概论	马如璋　等	89.00
金属半固态成形理论与技术	管仁国　等	29.00
超细晶钢——钢的组织细化理论与控制技术	翁宇庆	188.00
金属固态相变教程	刘宗昌	30.00
材料加工新技术新工艺	谢建新　等	26.00
金刚石薄膜沉积制备工艺与应用	戴达煌　周克崧	20.00
金属凝固过程中的晶体生长与控制	常国威　王建中	25.00
复合材料液态挤压	罗守靖	25.00
陶瓷材料的强韧化	穆柏春　等	29.50
超磁致伸缩材料制备与器件设计	王博文	20.00
Ti/Fe 复合材料的自蔓延高温合成工艺及应用	邹正光	16.00
现代材料表面技术科学	戴达煌	99.00
有序金属间化合物结构材料物理金属学基础	陈国良(院士)　等	28.00
材料的结构	余永宁　毛卫民	49.00
金属材料学	吴承建	32.00
金属学原理(第 2 版)	余永宁	53.00
金属塑性加工有限元模拟技术与应用	刘建生　等著	35.00
金属挤压理论与技术	谢建新　等	25.00
金属腐蚀与防护	孙秋霞	25.00
金属的高温腐蚀	李美栓	35.00
耐磨高锰钢	张增志	45.00
合金相与相变(第 2 版)	肖纪美　主编	37.00
现代含铌不锈钢	孟繁茂	45.00
陶瓷基复合材料导论(第 2 版)	贾成厂	23.00
材料腐蚀与防护	孙秋霞	25.00
钢材质量检验	刘天佑	23.00
新材料概论	谭　毅　李敬锋	89.00